# 建筑设备与识图


主　编　曾澄波　周硕珣

副主编　成永辉　方金刚　肖玉红

参　编　傅强根　张云霞　雷远达

陈　勇　张红霞　万雄威

陈玉中　石树勇



北京理工大学出版社

BEIJING INSTITUTE OF TECHNOLOGY PRESS

## 内 容 提 要

本书对建筑设备五大系统按基础知识、系统组成及原理、安装与验收、识图的思路分别进行了详细介绍。全书主要内容包括建筑给水排水，建筑电气，建筑通风、防火排烟与空气调节，建筑采暖，建筑燃气等。书中融入建筑设备发展的新技术、新材料、新工艺及其在建筑物中的设置和应用情况。

本书可作为高等院校土木工程类相关专业的教材，也可供建筑设计人员、建筑节能工程监理人员和相关科研人员参考使用。



**图书在版编目（CIP）数据**

建筑设备与识图 / 曾澄波，周硕珣主编. —北京：北京理工大学出版社，2017.8

ISBN 978-7-5682-4109-0

Ⅰ. ①建… Ⅱ. ①曾… ②周… Ⅲ. ①房屋建筑设备－建筑安装－高等学校－教材 ②房屋建筑设备－建筑安装－建筑制图－识图－高等学校－教材 Ⅳ. ①TU8

中国版本图书馆CIP数据核字(2017)第122848号

出版发行 / 北京理工大学出版社有限责任公司
社　　址 / 北京市海淀区中关村南大街5号
邮　　编 / 100081
电　　话 / (010)68914775(总编室)
(010)82562903(教材售后服务热线)
(010)68948351(其他图书服务热线)
网　　址 / http://www.bitpress.com.cn
经　　销 / 全国各地新华书店
印　　刷 / 北京紫瑞利印刷有限公司
开　　本 / 787毫米×1092毫米 1/16
印　　张 / 17.5
字　　数 / 460千字
版　　次 / 2017年8月第1版 2017年8月第1次印刷
定　　价 / 68.00元

责任编辑 / 李玉昌
文案编辑 / 瞿义勇
责任校对 / 周瑞红
责任印制 / 边心超

# 前言

国家的高速发展加快了城市和小城镇建设的步伐，建筑业发展形势迅猛，急缺更多高素质、高技能的建筑类应用型人才。因此，国家高等教育政策作了必要的调整，高等教育规模得到了迅速的发展，全国各地高等院校纷纷设置工程造价、工程管理、建筑学和物业管理等专业，但能够做到既符合当前改革形势又适用于目前教学形式的教材建设却相对滞后。为了更好地体现高等教育的特点，满足高等院校培养高素质、高技能型人才的需求，同时，为了更好地将理论与实践相结合，应用和推广新技术、新设备、新材料、新工艺，并满足建筑类各专业建筑设备课程的教学需要，我们在充分考虑读者意见，广泛征求相关专家建议的基础上，按照最新高等教育教学改革要求和最新相关专业规范，组织编写了本书。

本书具有以下特点：

（1）本书整体导向正确，科学精炼，编排合理，指导性、学术性、实用性和可读性强，符合学校、学科的课程设置要求。

（2）本书以建筑学科专业指导委员会的专业培养目标为出发点，面向广大高等院校学生，理论知识以“必需、够用、会用”为原则，注重实践应用能力的培养。

（3）本书系统地介绍了建筑给水排水，建筑电气，建筑通风、防火排烟与空气调节，建筑采暖，建筑燃气等建筑设备五大系统的基础知识。

（4）本书注重理论联系实际，强调建筑设备工程设计和施工的密切结合，以工程应用为重点，侧重培养建筑设备识图能力及安装能力。

（5）本书以最新设计、施工验收规范为依据，涉及国内外在建筑设备技术方面的最新发展与设备在建筑中的设置和应用情况，通过工程实例介绍了最新标准规范、技术措施、技术和设备，推广应用新技术、新材料、新设备、新工艺，以及环保、节能产品，满足建筑行业快速发展的需要。

本书的编写得到了广东省建筑业协会、广东省揭阳市建筑装饰协会、广东省集盛建筑有限公司、广州城建职业学院等行业协会、企业院校的大力支持，在此一并表示感谢！本书在编写过程中，参考和引用了大量文献资料，在此谨向相关作者表示衷心感谢！

由于编写水平及篇幅有限，书中难免有疏漏之处，敬请同行专家及读者批评指正。

编　者

# 目录

# 模块 1

# 建筑给水排水

## 教学导航

<table>
<tr><td rowspan="5">项目引领</td><td colspan="2">项目 1.1 建筑给水系统</td><td rowspan="5">学时</td><td rowspan="5">理论：20 学时<br>实训：8 学时</td></tr>
<tr><td colspan="2">项目 1.2 建筑消防给水系统</td></tr>
<tr><td colspan="2">项目 1.3 建筑排水系统</td></tr>
<tr><td colspan="2">项目 1.4 建筑热水供应系统</td></tr>
<tr><td colspan="2">项目 1.5 建筑给水排水施工图</td></tr>
<tr><td>教学载体</td><td colspan="4">多媒体课室、教学课件及教材相关内容</td></tr>
<tr><td rowspan="2">教学目标</td><td>知识目标</td><td colspan="3">了解建筑给水排水的基础知识；熟悉建筑给水排水管材、管道连接、管道布置；掌握建筑给水排水施工图的读图</td></tr>
<tr><td>能力目标</td><td colspan="3">能够识读建筑给水排水施工图；能够安装建筑给水排水系统</td></tr>
<tr><td>过程设计</td><td colspan="4">任务布置及知识引导—学习相关新知识点—解决与实施工作任务—自我检查与评价</td></tr>
<tr><td>教学方法</td><td colspan="4">项目教学法</td></tr>
</table>

## 项目 1.1　建筑给水系统

### 项目引领

我们每天都要饮用、洗浴，打开水龙头水就以一定的速度流出。那么，水是从哪里来的，我们对水质、水压、水量和水温有哪些要求？输送水的管材应达到哪些要求，水在供应的过程中都有哪些设备？如果我们居住的建筑物高度在 100 m 以上，供水方式和供水设施会有哪些变化呢？建筑给水系统是如何安装在建筑物内部，在实现其供水要求的同时，达到防水、防振、防噪声以及美观要求的呢？

建筑给水系统从室外给水管网或水池引水，由管道输送，通过各种阀门启闭水流或调节流量，送至建筑物内的各个用水点后，由水龙头等用水附件将水量进行分配，并通过水表对用水量进行计量，作为缴纳水费的依据。当水压不足时设置水泵加压，并用水箱或气压罐调节水泵供水与系统用水的平衡。水输送时具有压能，有一定水头损失，并考虑到所在安装位置与环境对管道是否有腐蚀，以及管道的安装方法等因素，合理选用塑料管、钢管、铸铁管及其连接方式。当建筑物是高层建筑时，由于管道的耐压性，需要对供水进行必要的竖向分区，根据建筑物具体情况及供水的可靠性要求，可选用分区串联、分区并联、减压等供水方式。

根据建筑物对水质、水压、水量和水温的要求等具体情况，绘制建筑给水排水施工图，依据施工图要求，在建筑物内进行安装并验收合格，才能交付使用。

### 1.1.1 建筑给水系统和给水方式

建筑给水系统是指将室外给水管网或自备水源给水管网的水引入建筑内部，经配水管送至生活、生产和消防用水设备，并满足各用水点对水质、水压、水量、水温要求的水供应系统。

#### 1. 建筑给水系统的分类

根据用户对水质、水压、水量和水温的要求，并结合外部给水系统情况对建筑给水系统进行划分，包括生活给水系统、生产给水系统、消防给水系统和组合给水系统四种基本给水系统。

(1) **生活给水系统**。生活给水系统提供人们日常生活中所需的饮用、烹饪、盥洗、沐浴、洗涤衣物、冲厕、清洗地面和其他生活用途的用水。近年来，随着人们对饮用水质量要求的不断提高，在某些城市、地区或高档住宅小区、综合楼等实施分质供水，管道直饮水给水系统已进入住宅。生活给水系统按供水水质又可分为生活饮用水系统、直饮水系统和杂用水系统。生活饮用水系统包括盥洗、沐浴等用水；直饮水系统包括纯净水、矿泉水等用水；杂用水系统包括冲厕、浇灌花草等用水。

**知识链接**

**生活饮用水标准**

我国现行的《生活饮用水卫生标准》(GB 5749—2006)控制指标主要有以下四种：

(1)感官性指标。

(2)化学指标。

(3)毒理性指标。

(4)细菌学指标。

新标准具有以下三个特点：

一是加强了对水质有机物、微生物和水质消毒等方面的要求。新标准中的饮用水水质指标由原标准的35项增至106项，增加了71项。其中，微生物指标由2项增至6项；饮用水消毒剂指标由1项增至4项；毒理指标中无机化合物由10项增至21项；毒理指标中有机化合物由5项增至53项；感官性状和一般理化指标由15项增至20项；放射性指标仍为2项。

二是统一了城镇和农村饮用水卫生标准。

三是实现饮用水标准与国际接轨。新标准水质项目和指标值的选择，充分考虑了我国实际情况，并参考了世界卫生组织的《饮用水水质准则》，参考了欧盟、美国、俄罗斯和日本等国饮用水标准。1985年出台的《生活饮用水卫生标准》中，饮用水浑浊度的指标是“3～5”，新《生活饮用水卫生标准》则将之提高到“1～3”，也就是说，抛开一大堆老百姓看不懂的理化指标不说，最直观能感受到的是水色将更为清亮。

(2) **生产给水系统**。生产给水系统供给生产设备冷却、原料和产品的洗涤，以及各类产品制造过程中所需的生产用水。生产用水应根据工艺要求，提供所需的水质、水量和水压。

(3) **消防给水系统**。消防给水系统供给各类消防设备灭火用水。消防用水对水质要求不高，但必须按照建筑防火规范保证供给足够的水量和水压。

(4) **组合给水系统**。上述三种给水系统可独立设置，也可根据实际条件和用户需要，组合成不同的共用给水系统，如生活－生产共用给水系统、生活－消防共用给水系统、生产－消防共用给水系统、生活－生产－消防共用给水系统等。

上述各种给水系统，在同一建筑物中不一定全部都有，系统的选择应根据生活、生产、消防等各项用户对水质、水压、水量、水温的要求，结合室外给水系统的实际情况，经技术经济比较确定。

### 2. 建筑给水系统的组成

**建筑给水系统一般由水源、引入管、水表节点、室内给水管道、给水附件、配水设施、升压和贮水设备等组成**，如图 1-1 所示。

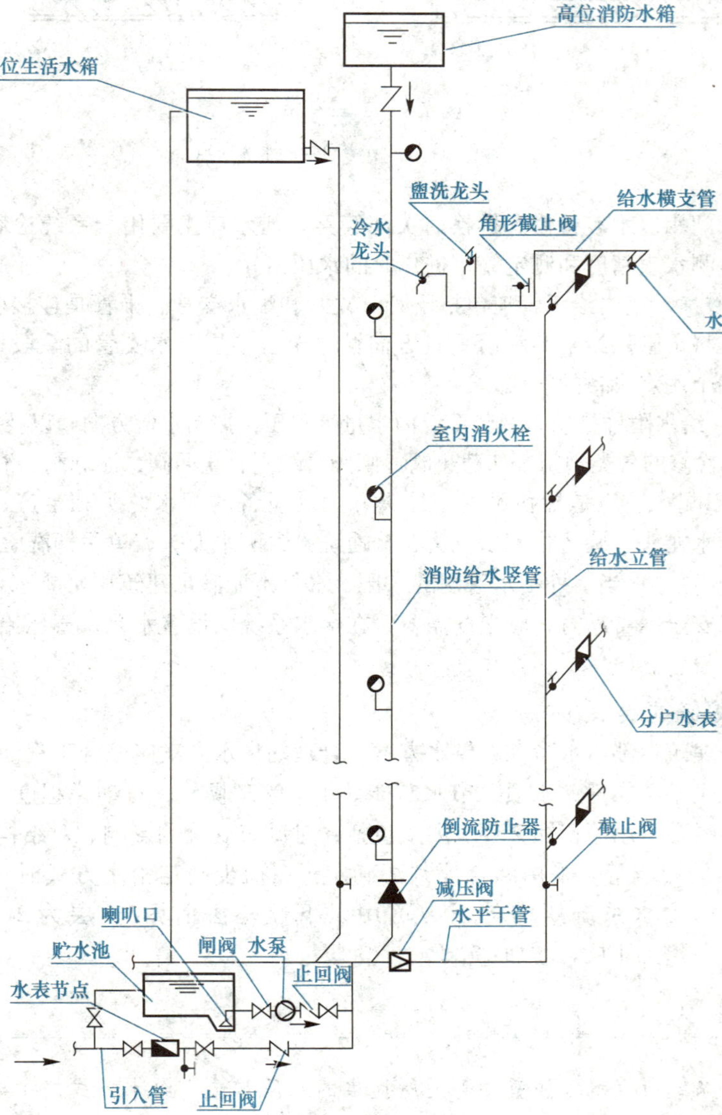


**图 1-1　建筑给水系统组成示意图**

(1) **水源**。水源是指市政给水管网或自备贮水池等。

(2) **引入管**。引入管是指将室外供水管网的水引入建筑内部的联络管段，也称进户管。

(3)**水表节点**。水表节点是指引入管上装设的水表及其前后设置的阀门与泄水装置的总称，如图 1-2 所示。水表用以计量建筑用水量。在建筑内部给水系统中，广泛采用流速式水表，它是根据管径一定时，水流速度和流量成正比的原理进行计量的。流速式水表按翼轮构造不同可分为两类：叶轮转轴与水流方向垂直的称为旋翼式水表，适用于用水量较小的用户；叶轮转轴与水流方向平行的称为螺翼式水表，适用于用水量大的用户。

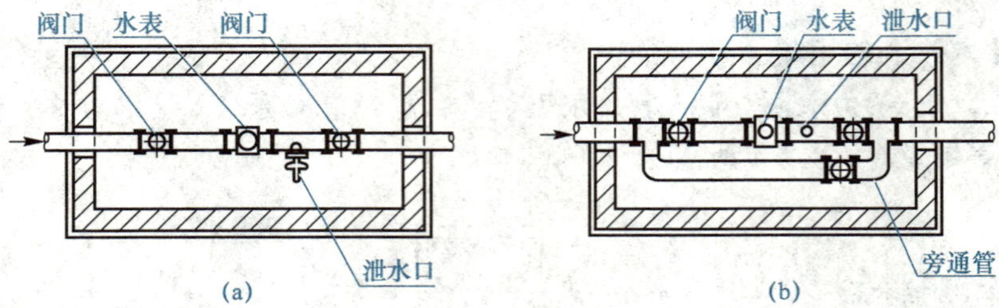


**图 1-2　水表节点**

(a)水表节点；(b)有旁通管的水表节点

水表前后的阀门用以水表检修、拆换时关闭管路，泄水口主要用于系统检修时放空管网的余水，也可用于检测水表精度和测定管道进户时的水压值。

(4)**室内给水管道**。室内给水管道包括干管、立管和配水支管。干管是连接引入管和给水立管的管段；立管是将干管供给来的水沿垂直方向输送至各楼层配水支管的管段；配水支管是将水从立管输送至各个用水设备的管段。

(5)**给水附件**。给水附件是用以调节系统内水量、水压，控制水流方向，以及关断水流，便于管道、仪表和设备检修的各类阀门。如截止阀、闸阀、蝶阀、止回阀、浮球阀、液位控制阀等。

(6)**配水设施**。配水设施是指各类卫生器具和用水设备的配水龙头和生产、消防等用水设备。如球形阀式配水龙头、旋塞式配水龙头、普通洗脸盆配水龙头、单手柄洗脸盆水龙头等。

(7)**升压和贮水设备**。当室外给水管网的水压、水量不能满足建筑用水要求，或要求供水压力稳定，确保供水安全、可靠时，应根据需要，在给水系统中设置水泵、气压给水设备和水池、水箱等升压和贮水设备。

### 3. 建筑给水系统的给水方式

给水方式就是建筑内部给水系统的供水方案。合理的供水方案应综合工程涉及的各项因素，如技术因素包括：供水可靠性、水质、节水节能效果、管理操作、自动化程度等；经济因素包括：基建投资、年经常费用等；社会环境因素包括：对城市观瞻的影响、对结构和基础的影响、占地面积、对环境的影响等，采用综合评判法确定。在初步确定给水方式时，对层高不超过 3.5 m 的民用建筑，给水系统所需的压力可用以下经验法估算：1 层为 100 kPa，2 层为 120 kPa，3 层以上每增加 1 层，增加 40 kPa。

## 温馨提示

建筑内部给水系统所需水压和室外管网所提供的水压是选定给水方式的主要依据。对于一般民用建筑可按下式计算：

$$H = H_1 + H_2 + H_3 + H_4 \tag{1-1}$$

式中　$H$——建筑内给水系统所需的水压(kPa)；

$H_1$——引入管起点至配水最不利点位置高度所要求的静水压(kPa)；

$H_2$——引入管起点至配水最不利点的给水管路，即计算管路的沿程与局部水头损失之和(kPa)；

$H_3$——水流通过水表时的水头损失(kPa)；

$H_4$——配水最不利点所需的流出水头(kPa)，见表 1-1。

**表 1-1　卫生器具的给水额定流量、当量、连接管公称管径和最低工作压力**

| 序号 | 给水配件名称 | 额定流量/(L·s) | 当量 | 连接管公称管径/mm | 最低工作压力/MPa |
|---|---|---|---|---|---|
| 1 | 洗涤盆、拖布盆、盥洗槽 | | | | 0.050 |
| | 单阀水嘴 | 0.15～0.20 | 0.75～1.00 | 15 | |
| | 单阀水嘴 | 0.30～0.40 | 1.50～2.00 | 20 | |
| | 混合水嘴 | 0.15～0.20(0.14) | 0.75～1.00(0.70) | 15 | |
| 2 | 洗脸盆 | | | | 0.050 |
| | 单阀水嘴 | 0.15 | 0.75 | 15 | |
| | 混合水嘴 | 0.15(0.10) | 0.75(0.50) | 15 | |
| 3 | 洗手盆 | | | | 0.050 |
| | 感应水嘴 | 0.10 | 0.50 | 15 | |
| | 混合水嘴 | 0.15(0.10) | 0.75(0.50) | 15 | |
| 4 | 浴盆 | | | | |
| | 单阀水嘴 | 0.20 | 1.00 | 15 | 0.050 |
| | 混合水嘴(含带淋浴转换器) | 0.24(0.20) | 1.20(1.00) | 15 | 0.050～0.070 |
| 5 | 淋浴器 | | | | 0.050～0.100 |
| | 混合阀 | 0.15(0.10) | 0.75(0.50) | 15 | |
| 6 | 大便器 | | | | |
| | 冲洗水箱浮球阀 | 0.10 | 0.50 | 15 | 0.020 |
| | 延时自闭式冲洗阀 | 1.20 | 6.00 | 25 | 0.100～0.150 |
| 7 | 小便器 | | | | |
| | 手动或自动自闭式冲洗阀 | 0.10 | 0.50 | 15 | 0.050 |
| | 自动冲洗水箱进水阀 | 0.10 | 0.50 | 15 | 0.020 |
| 8 | 小便槽穿孔冲洗管(每 m 长) | 0.05 | 0.25 | 15～20 | 0.015 |
| 9 | 净身盆冲洗水嘴 | 0.10(0.07) | 0.50(0.35) | 15 | 0.050 |
| 10 | 医院倒便器 | 0.20 | 1.00 | 15 | 0.050 |
| 11 | 实验室化验水嘴(鹅颈) | | | | |
| | 单联 | 0.07 | 0.35 | 15 | 0.020 |
| | 双联 | 0.15 | 0.75 | 15 | 0.020 |
| | 三联 | 0.20 | 1.00 | 15 | 0.020 |
| 12 | 饮水器喷嘴 | 0.05 | 0.25 | 15 | 0.050 |
| 13 | 洒水栓 | 0.40 | 2.00 | 20 | 0.050～0.100 |
| | | 0.70 | 3.50 | 25 | 0.050～0.100 |

续表

| 序号 | 给水配件名称 | 额定流量/(L·s) | 当量 | 连接管公称管径/mm | 最低工作压力/MPa |
|---|---|---|---|---|---|
| 14 | 室内地面冲洗水嘴 | 0.20 | 1.00 | 15 | 0.050 |
| 15 | 家用洗衣机水嘴 | 0.20 | 1.00 | 15 | 0.050 |

注：1. 表中括弧内的数值是在有热水供应时，单独计算冷水或热水时使用。
2. 当浴盆上附设淋浴器或混合水嘴有淋浴器转换开关时，其额定流量和当量只计水嘴，不计淋浴器。但水压应按淋浴器计。
3. 家用燃气热水器所需水压按产品要求和热水供应系统最不利配水点所需工作压力确定。
4. 绿地的自动喷灌应按产品要求设计。

建筑给水系统最基本的给水方式有以下几种：

(1)**直接给水方式**。直接给水方式由室外管网直接供水，即室内给水管道系统与室外供水管网直接相连，是最为简单、经济的给水方式，如图 1-3 所示。其适用于室外供水管网的水量和水压充足，能全天满足用水要求的建筑。

这种给水方式的优点是：给水系统简单、投资少、安装维修方便，充分利用了室外管网压力，供水较为安全、可靠；其缺点是：此种系统内无贮备水量，当室外管网停水时，室内系统立即断水。

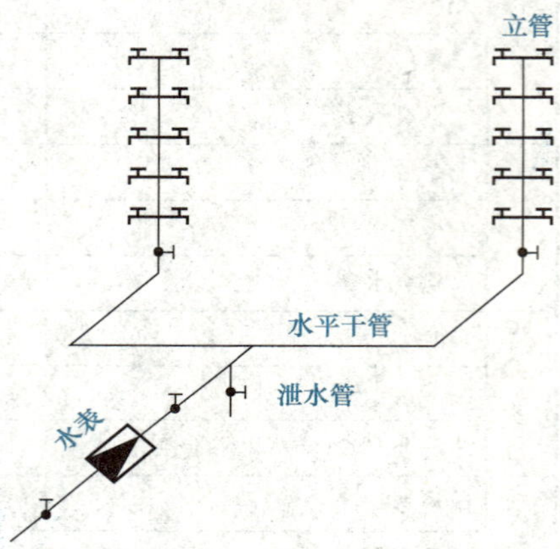

图 1-3　直接给水方式

(2)**单设水箱的给水方式**。单设水箱的给水方式宜在室外管网的供水压力周期性不足，室内给水系统要求水压稳定，且允许设置水箱的建筑内采用。如图 1-4 所示，建筑物在屋顶设有高位水箱、室内给水系统与室外供水管网连接。当室外供水管网压力满足室内用水要求时，由室外供水管网直接向室内给水系统供水，并向高位水箱充水，从而贮备一定的水量。当用水高峰时，室外供水管网的压力不足，则由水箱向室内给水系统补充供水。为防止水箱中的水回流至室外管网，应在引入管上设置止回阀。

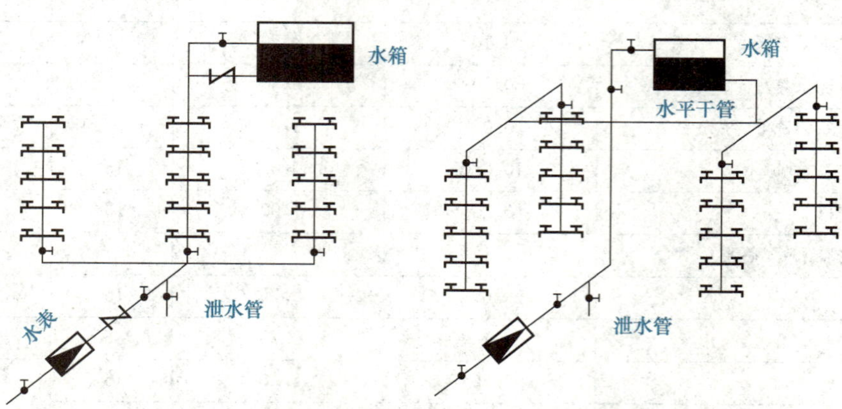

图 1-4　单设水箱的给水方式

(a)室内所需水量由给水管网和水箱联合供水；(b)室内所需水量全部由水箱供水

这种给水方式的优点是：系统比较简单，投资较能充分利用室外管网的压力供水，节省电耗；具有一定的贮备水量，供水可靠性较好；其缺点是：由于设置了高位水箱，增加了建筑结构荷载，并给建筑的立面处理带来了一定困难。

(3)**设水泵升压的给水方式**。设水泵升压的给水方式宜在室外给水管网的水压经常不足时采用。当建筑内用水量大且较均匀时，可用恒速水泵供水；当建筑内用水不均匀时，宜采用一台或多台水泵变速运行供水，以提高水泵的工作效率。

1)**设贮水池、水泵和水箱的给水方式**。设贮水池、水泵和水箱的给水方式宜在室外供水管网压力经常不能满足室内给水系统需要，并且不允许水泵直接从室外管网吸水且室内用水又不均匀时采用，如图 1-5 所示。

水泵从贮水池中吸水，经加压后供给室内系统。当水泵供水水量大于系统用水量时，多余的水流入水箱贮存；当水泵供水水量小于系统用水量时，则由水箱向系统补充供水，以满足室内给水系统要求。另外，贮水池和水箱又起到了贮备一定水量的作用，提高了供水可靠性。

这种给水方式的优点是：水泵能及时向水箱充水，可缩小水箱的容积，同时在水箱的调节下，水泵的出水量稳定，能保持在高效区运行，节省电耗。

2)**气压给水方式**。气压给水方式即在给水系统中设置气压给水设备，利用该设备的气压水罐内气体的可压缩性，升压供水。气压水罐的作用相当于高位水箱，但其位置可根据需要设置在高处或低处。这种给水方式宜在室外给水管网压力低于或经常不能满足建筑内给水管网所需水压，室内用水不均匀，且不宜设置高位水箱时采用，如图 1-6 所示。

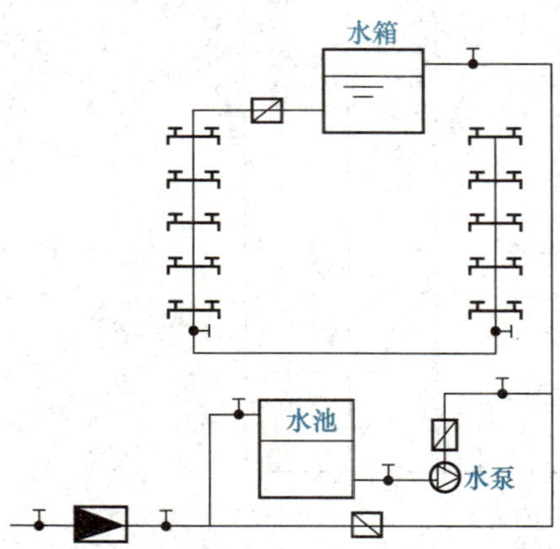


图 1-5　设贮水池、水泵和水箱的给水方式

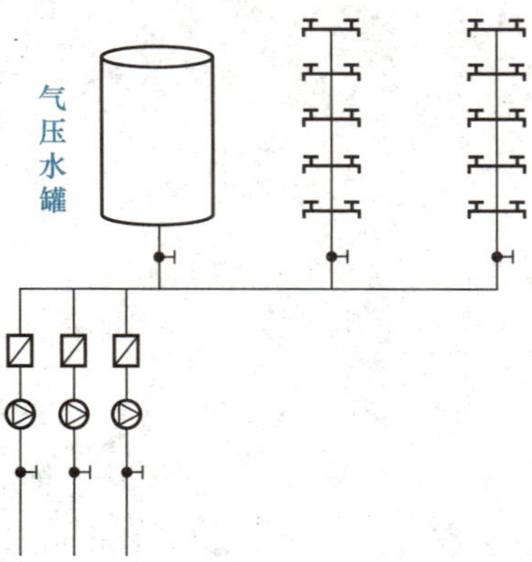


图 1-6　气压给水方式

3)**叠压给水方式**。水泵直接从室外供水管网吸水时，应设旁通管，在旁通管上设阀门，如图 1-7 所示。当室外供水管网压力足够大时，可停泵，由室外管网直接向室内系统供水。应在水泵出水口和旁通管上设止回阀，以防止水泵停止运行时，室内系统中的水回流至室外管网，这样设置的优点是充分利用了室外管网压力，节省了电能。

因水泵直接从室外管网抽水，会使外网压力降低，影响附近用户用水，严重时还可能造成外网负压，在管道接口不严密时，其周围土壤中的渗漏水会吸入管内，污染水质。当采用水泵直接从室外管网抽水时，必须经供水部门同意，并在管道连接处采取必要的防护措施，以免水质污染。

4)**变频调速给水方式**。水箱设在小区公共设备间或某幢建筑单独设备间内，水箱贮水量根据用水标准确定，水泵把水箱内的水取出，供给小区供水管网或建筑内部供水管线，变频调速装置根据水泵出口压力变化来调节水泵转速，使水泵出口压力维持在一个非常恒定的水平，当用水量非常小时，水泵转速极低，甚至停转，节能效果显著，供水压力稳定，如图 1-8 所示。

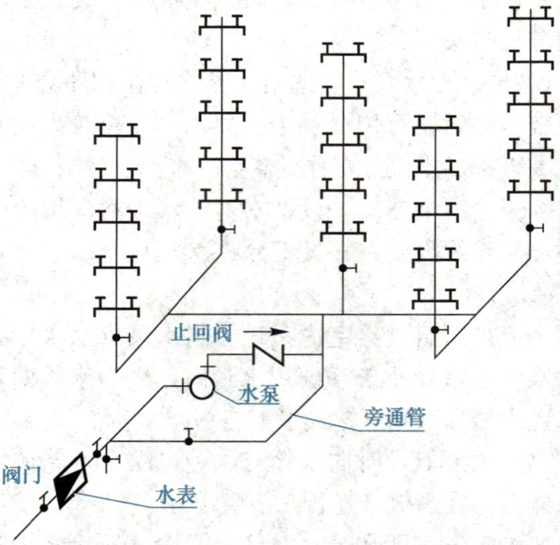

图 1-7　叠压给水方式

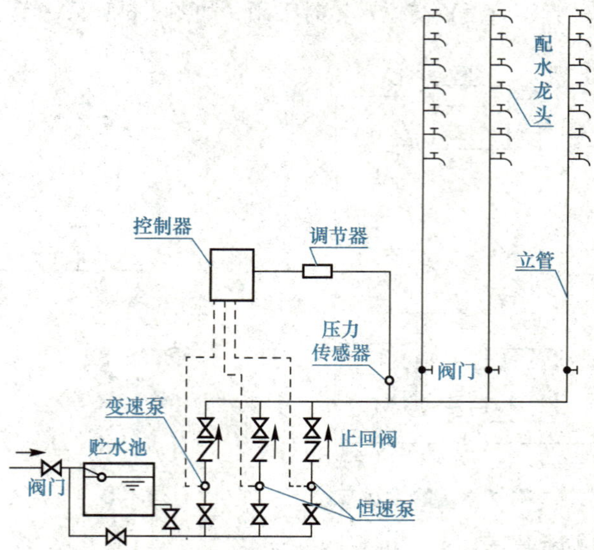

图 1-8　变频调速给水方式

(4) **分区给水方式**。

1) **多层建筑的分区给水方式**。当室外给水管网的压力只能满足建筑下层供水需求时，可采用分区给水方式，如图 1-9 所示，室外给水管网水压线以下楼层为低区由外网直接供水，以上楼层为高区由升压贮水设备供水。可将两区的 1 根或几根立管相连，在分区处设阀门，以备低区进水管发生故障或外网压力不足时，打开阀门由高区水箱向低区供水。

2) **高层建筑的分区给水方式**。在高层建筑中常见的分区给水方式有分区减压给水方式、分区并联给水方式和分区串联给水方式，如图 1-10 所示。

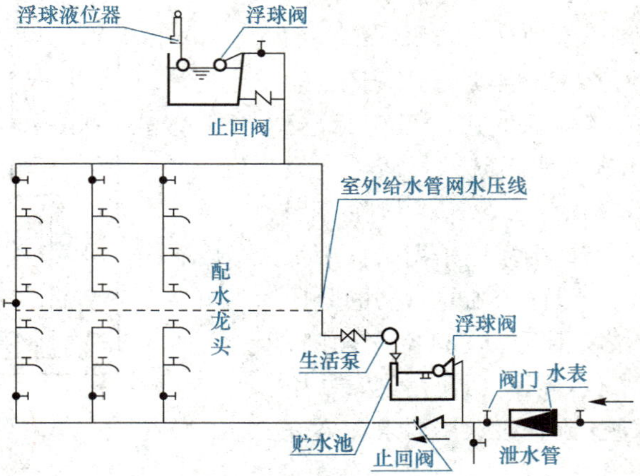


图 1-9　多层建筑的分区给水方式

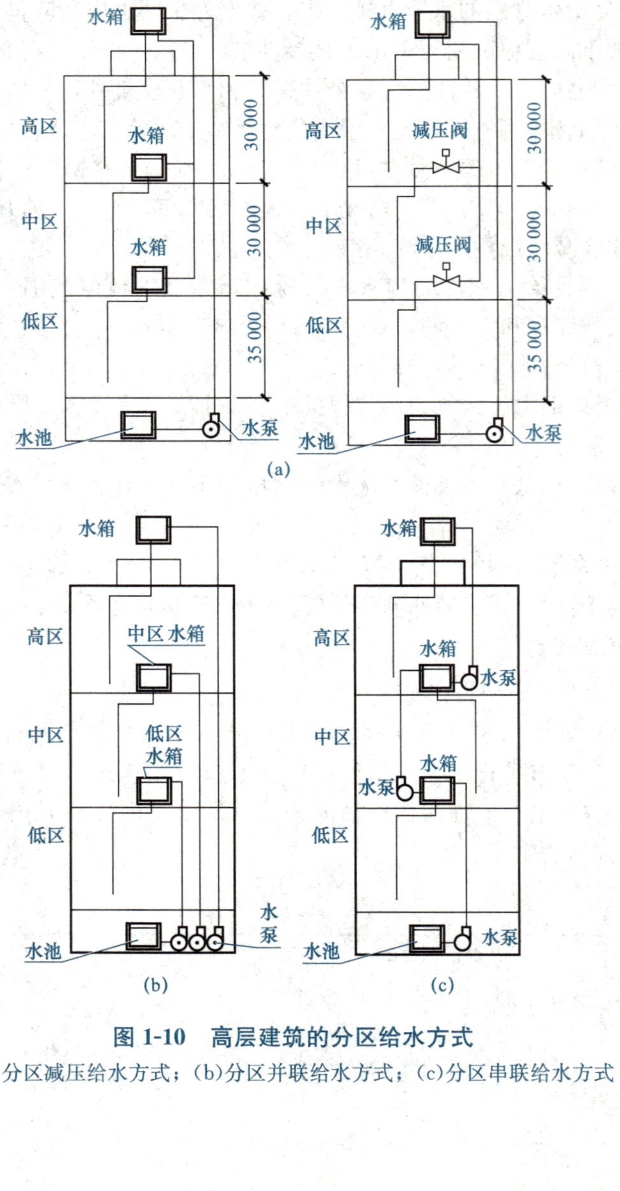


图 1-10　高层建筑的分区给水方式

(a)分区减压给水方式；(b)分区并联给水方式；(c)分区串联给水方式

(5)**分质给水方式**。分质给水方式根据不同用途所需的不同水质，分别设置独立的给水系统。如图 1-11 所示，饮用水给水系统供饮用、烹饪、盥洗等生活用水，水质符合《生活饮用水卫生标准》(GB 5749—2006)；杂用水给水系统水质较差，只能用于建筑内冲洗便器、绿化、洗车、扫除等用水。近年来为确保水质，有些国家还采用了饮用水与盥洗、沐浴等生活用水分设两个独立管网的分质给水方式。生活用水均先入屋顶水箱(空气隔断)后，再经管网供给各用水点，以防回流污染。饮用水则根据需要，深度处理达到直接饮用要求，再进行输配。

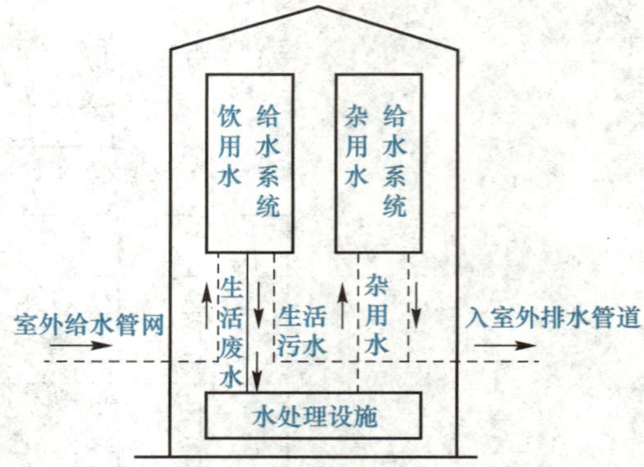

图 1-11　分质给水方式

**4. 给水方式的选择原则**

(1)尽量利用室外给水管网的水压直接供水。在室外管网水压和流量不能满足整个建筑物用水要求时，则建筑物下几层应利用外网水压直接供水，上层可设置加压和流量调节装置供水。

(2)除高层建筑和消防要求较高的大型公共建筑和工业建筑外，一般情况下，消防给水系统宜与生活或生产给水系统共用一个系统，但应注意生活给水管道水质不能被污染。

(3)生活给水系统中，卫生器具处的静水压力不得大于 0.60 MPa，各分区最低卫生器具配水点静水压力不宜大于 0.45 MPa(特殊情况下不宜大于 0.55 MPa)。水压大于0.35 MPa 的入户管(或配水横管)，宜设减压或调压设施。

一般最低处卫生器具给水配件的静水压力应控制在以下数值范围：旅馆、招待所、宾馆、住宅、医院等晚间有人住宿和停留的建筑为 0.30～0.35 MPa；办公楼、教学楼、商业楼等晚间无人住宿和停留的建筑为 0.35～0.45 MPa。

(4)生产给水系统的最大静水压力，应根据工艺要求、用水设备、管道材料、管道配件、附件、仪表等工作压力确定。

(5)消火栓给水系统最低处消火栓的最大静水压力不应大于 0.80 MPa，超过 0.50 MPa 时，应采取减压措施。

(6)自动喷水灭火系统管网的工作压力不应大于 1.20 MPa，最低喷头处的最大静水压力不应大于 1.00 MPa，其竖向分区按最低喷头处最大静水压力不大于 0.80 MPa 进行控制，若超过 0.80 MPa，应采取减压措施。

**5. 建筑给水系统的管道布置形式**

给水系统管道的布置按供水可靠性程度要求可分为枝状和环状两种形式。前者单向供水，供水安全、可靠性差，但节省管材，造价低；后者管道相互连通，双向供水，安全、可靠，但是管线长，造价高。按照水平干管在建筑物内的敷设位置又可分为下分式、上分式、中分式和环状式四种布置形式，见表 1-2。

表 1-2　管道布置形式

| 名称 | 特征及使用范围 | 优缺点 |
|---|---|---|
| 下分式 | 水平配水干管敷设在底层(明装、埋设或沟敷)或地下室天花板下。<br>居住建筑、公共建筑和工业建筑，在利用外网水压直接供水时多采用下分式 | 图式简单，便于安装维修。<br>与上分式相比，最高层配水点流出水头较低，埋地管道检修不便 |

续表

| 名称 | 特征及使用范围 | 优缺点 |
| --- | --- | --- |
| 上分式 | 水平配水干管敷设在顶层天花板下或吊顶内，对非冰冻地区，也有敷设在屋顶上的，对于高层建筑可设在技术夹层内。<br>设有屋顶水箱的建筑一般采用此种方式 | 与下分式相比，最高层配水点流出水头稍高。<br>安装在吊顶内的配水干管因漏水或结露损坏吊顶和墙面，要求外网水压稍高，管材消耗较多 |
| 中分式 | 水平配水干管敷设在中间技术层内或中间层吊顶内，向上、下供水。<br>屋顶用作露天茶座、舞厅或设有中间技术层的高层建筑多采用这种形式 | 管道安装在技术层内便于安装维修，不影响屋顶多功能使用，有利于管道排气。<br>需要设置技术层或增加中间层的层高 |
| 环状式 | 水平配水干管或配水立管互相连接成环，组成水平干管环状或立管环状。在有两个引入管时，也可将两个引入管通过水平配水干管相连通，组成贯穿环状。<br>在任何时间都不允许间断供水的大型公共建筑、高层建筑和工艺要求不间断供水的工业建筑常用环状式，消防管网均采用环状式 | 任何管段发生事故时，可用阀门关闭事故管段，而不中断供水，水流通畅，水头损失小，水质不易因滞流而变质，造价较高 |

## 1.1.2　给水管材、附件和设备

**给水系统是由管道、管件、附件和给水设备连接而成的，管道材料及附件合适与否，对工程质量、工程造价及使用产生直接影响。**

### 1. 给水管材

建筑给水系统的常用管材有给水塑料管、铸铁给水管、钢管和复合管材等。

(1)**给水塑料管**。给水塑料管作为一种新型化学管材，已被广泛推广使用，加快了民用建筑“以塑代钢”的步伐。塑料管材因具有质轻、耐腐蚀、不生锈、易着色、隔热保温性能好，以及外观美观等金属管材无可比拟的优点，而得到了较快的发展，各种新型塑料管材相继推出，由最先的PVC管材逐步发展到高密度聚乙烯管(HDPE管)、铝塑复合管、聚丁烯管(PB管)、无规共聚聚丙烯管(PP－R管)等，这些管材已在不同领域得到越来越广泛的应用。

1)**硬聚氯乙烯给水管(UPVC管)**。生产UPVC管的材料以PVC树脂为主，加入所必需的添加剂。UPVC管的使用温度为5 ℃～45 ℃，公称压力为0.60～1.00 MPa。其优点是耐腐蚀性好、抗衰老性强、粘结方便、价格低、产品规格全、质地坚硬；其缺点是无韧性，环境高温低于5 ℃时脆化，高于45 ℃时软化，长期使用有UPVC单体和添加剂渗出，在饮用水应用上受到很大限制，已广泛用于排水系统中。UPVC管有三种连接方式：可采用承插连接，也可采用橡胶密封圈柔性连接，还可采用螺纹或法兰连接。

2)**聚乙烯给水管(PE管)**。PE管包括高密度聚乙烯管(HDPE管)、低密度聚乙烯管(LDPE管)和交联聚乙烯管(PE－X管)，聚乙烯管的特点是质量轻、韧性好、耐腐蚀、耐低温性能好、运输及施工方便，在建筑给水系统中得到广泛应用。目前，国内产品的规格为De16～De160，最大可达De400。常采用热熔、电熔、橡胶圈柔性连接，工程上主要采用熔接。

交联聚乙烯管(PE－X管)具有良好的耐高温(－70 ℃～110 ℃)、耐高压(爆破压力6.00 MPa)、稳定性和持久性。这种管材是目前比较理想的冷热水及饮用水塑料管材。采用卡箍连接、卡压式连接、过渡连接。生产工艺要求较高，废品不能回收；线膨胀系数大，由于热胀冷缩引起的温差应力导致接头部位漏水。

3)**聚丙烯管(PP 管)**。PP 管具有密度小、力学均衡性好、耐化学腐蚀性强、易成型加工、热变形温度高等优点。根据材质不同可分为均聚聚丙烯(PP－H)、嵌段共聚聚丙烯(PP－B)、无规共聚聚丙烯(PP－R)三种。其基本连接方式为热熔承插连接，局部采用螺纹接口配件与金属管件连接。

PP－R 管的优点是热膨胀系数小，耐压可达 4.90 MPa，可输送 90 ℃热水；热熔连接牢固，不需要铜接头，成本较低；产生的废品可回收利用。采用热熔连接、电熔连接、过渡连接和法兰连接，如图 1-12 所示。其缺点是刚性和抗冲击性能差，线膨胀系数较大，抗紫外线性能差，属于可燃性材料，不得用于消防给水系统。PP－R 管应用于公共及民用建筑，用于输送冷热水、采暖系统和空气调节系统。

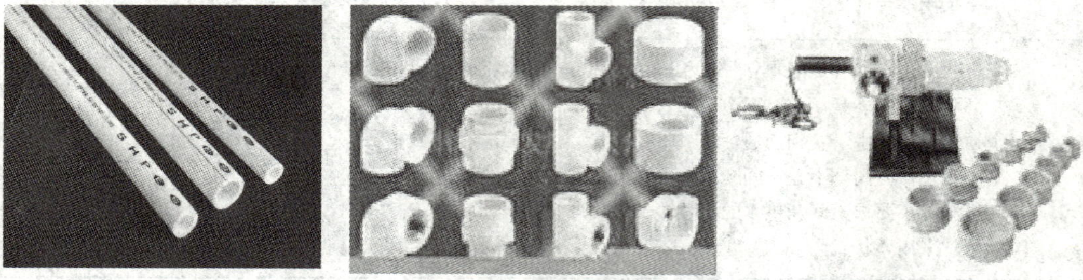

**图 1-12　PP－R 管、管件及热熔连接器**

4)**聚丁烯管(PB 管)**。PB 管质量很轻，具有独特的抗蠕变(冷变形)性能，基本连接方式为热熔连接，局部采用螺纹接口配件与金属管件、附件连接。

5)**工程塑料管(ABS 管)**。ABS 管质量轻，具有较高的耐冲击强度和表面硬度，基本连接方式为粘接，在与其他管道或金属管件、附件连接时，可采用螺纹、法兰等接口。

(2)**铸铁给水管**。我国生产的铸铁给水管按其材质不同可分为球墨铸铁管和普通灰口铸铁管。铸铁管具有耐腐蚀性强、使用期长、价格较低等优点；其缺点是性脆、长度小、质量大，适用于消防系统、生产给水系统的埋地敷设。

给水铸铁管有低压管、普压管和高压管三种，工作压力分别不大于 0.45 MPa、0.75 MPa、1.00 MPa。实际选用时应根据管道的工作压力来选择，表 1-3 为常用给水铸铁管规格。

**表 1-3　常用给水铸铁管规格**

| 公称内径/mm | 壁厚/mm | | 有效长度/m | | 质量/kg | | | |
|---|---|---|---|---|---|---|---|---|
| | | | | | 低压 | | 高压 | |
| | 低压 | 高压 | | | 3 m | 4 m | 3 m | 4 m |
| 75 | 9 | 9 | 3 | 4 | 58.5 | 75.6 | 58.5 | 75.6 |
| 100 | 9 | 9 | 3 | 4 | 75.5 | 97.7 | 75.5 | 97.7 |
| 125 | 9 | 9 | — | 4 | — | 119 | — | 119 |
| 150 | 9 | 9.5 | — | 4 | — | 143 | — | 149 |
| 200 | 9.4 | 10 | — | 4 | — | 196 | — | 207 |

铸铁管的接口形式一般为承插接口，可分为柔性接口和刚性接口两类。柔性接口采用胶圈连接；刚性接口采用石棉水泥接口或膨胀性填料接口，重要场合可采用铅封接口。常用给水铸铁管管件，如图 1-13 所示。

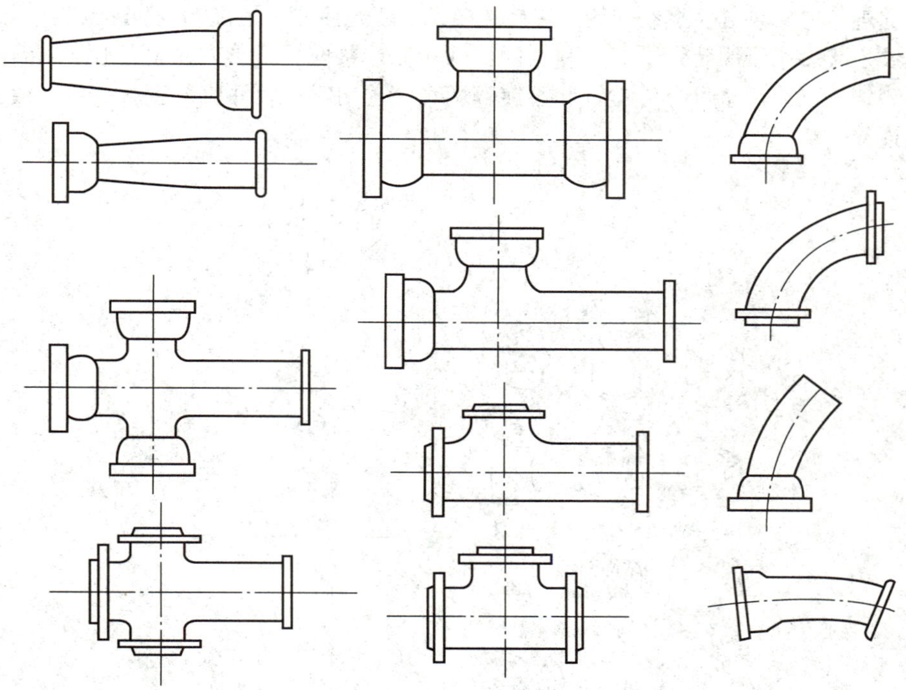

图 1-13　常用给水铸铁管管件

(3)**钢管**。钢管主要有焊接钢管和无缝钢管两种。焊接钢管又可分为普通钢管和加厚钢管，各又可分为镀锌钢管和不镀锌钢管。钢管镀锌的目的是防锈、防腐，保护水质，并延长使用年限。

钢管强度高、承受压力大、抗震性能好、每根管长度大、质量比铸铁管轻、接头少，加工安装方便，但造价较高，抗腐蚀性差。

低压流体输送用焊接钢管的规格型号见表 1-4。

表 1-4　低压流体输送用焊接钢管的规格型号(GB/T 3091—2015)

mm

| 公称口径(*DN*) | 外径(*D*) | | | 最小公称壁厚 /t | 不圆度 不大于 |
|---|---|---|---|---|---|
| | 系列 1 | 系列 2 | 系列 3 | | |
| 6 | 10.2 | 10.0 | — | 2.0 | 0.20 |
| 8 | 13.5 | 12.7 | — | 2.0 | 0.20 |
| 10 | 17.2 | 16.0 | — | 2.2 | 0.20 |
| 15 | 21.3 | 20.8 | — | 2.2 | 0.30 |
| 20 | 26.9 | 26.0 | — | 2.2 | 0.35 |
| 25 | 33.7 | 33.0 | 32.5 | 2.5 | 0.40 |
| 32 | 42.4 | 42.0 | 41.5 | 2.5 | 0.40 |
| 40 | 48.3 | 48.0 | 47.5 | 2.75 | 0.50 |
| 50 | 60.3 | 59.5 | 59.0 | 3.0 | 0.60 |
| 65 | 76.1 | 75.5 | 75.0 | 3.0 | 0.60 |
| 80 | 88.9 | 88.5 | 88.0 | 3.25 | 0.70 |
| 100 | 114.3 | 114.0 | — | 3.25 | 0.80 |
| 125 | 139.7 | 141.3 | 140.0 | 3.5 | 1.00 |
| 150 | 165.1 | 168.3 | 159.0 | 3.5 | 1.20 |
| 200 | 219.1 | 219.0 | — | 4.0 | 1.604 |

注：1. 表中的公称口径是近似内径的名义尺寸，不表示外径减去两倍壁厚所得的内径。

2. 系列 1 是通用系列，属推荐选用系列；系列 2 是非通用系列；系列 3 是少数特殊、专用系列。

**钢管的连接方式可分为螺纹连接、焊接连接、法兰连接和沟槽式(卡箍)连接。**

1)螺纹连接多用于明装管道，是利用配件连接。连接配件的形式及其应用如图 1-14 所示。配件用可锻铸铁制成，也可分为镀锌和不镀锌两种。选用时，管件应与管材一致。镀锌钢管必须用螺纹连接。

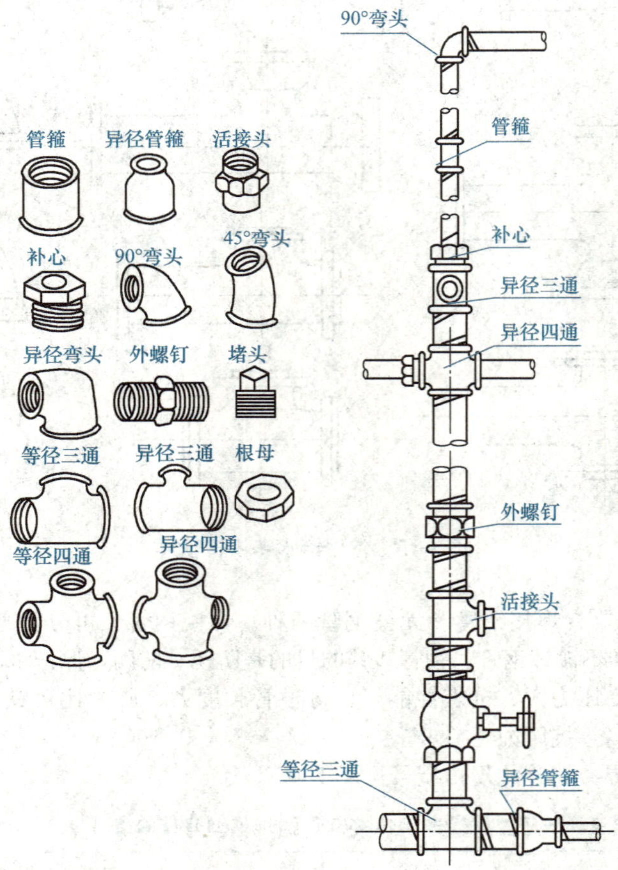


**图 1-14　钢管螺纹连接配件及连接方法**

2)焊接连接多用于暗装管道，接头严密、不漏水，施工迅速，不需配件，但不能拆卸。焊接只能用于非镀锌钢管。

3)法兰连接用于较大管径的管道上(50 mm 以上)，将法兰盘焊接或用螺纹连接在管端，再以螺栓连接。法兰连接一般用于连接闸阀、止回阀、水泵、水表等处，以及需要经常拆卸、检修的管段上。

4)沟槽式(卡箍)连接用滚槽机或开槽机在管材上开(滚)出沟槽，套上密封圈，再用卡箍固定。沟槽式(卡箍)连接方式不仅用于钢管，还可用于其他管材。沟槽式(卡箍)连接可分为刚性接头连接和柔性接头连接，如图 1-15 所示。

(4)**复合管材。复合管包括钢塑复合管和铝塑复合管等类型。**

1)钢塑复合管可分为衬塑和涂塑两大系列。第一系列为衬塑的钢塑复合钢管，兼有钢材强度高和塑料耐腐蚀的优点，但需在工厂预制，不宜在施工现场切割；第二系列为涂塑的钢塑复合钢管，是将高分子粒沫涂料均匀地涂敷在金属表面，经固化或塑化后，在金属表面形成一层光滑、致密的塑料涂层，它也具备第一系列的优点。钢塑复合管一般采用螺纹连接，其配件一般也是钢塑制品。

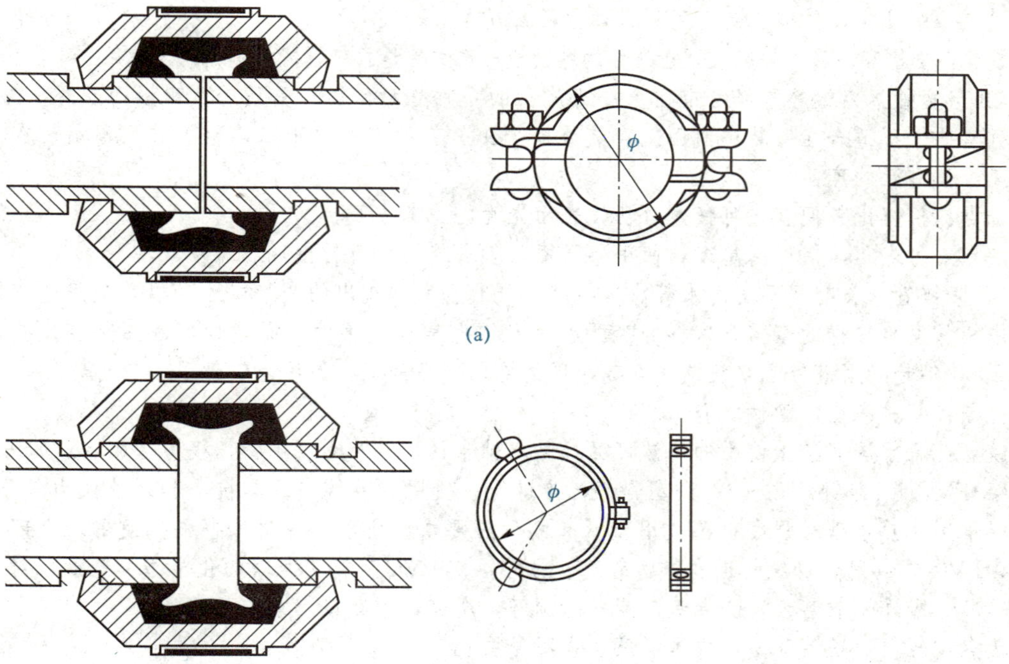

(a)

(b)

**图 1-15　钢管的沟槽式连接**

(a)沟槽式刚性连接；(b)沟槽式柔性连接

2)铝塑复合管内、外壁均为聚乙烯，中间以铝合金为骨架，该种管材具有质量轻、耐压强度好、输送流体阻力小、耐化学腐蚀性能强、接口少、安装方便、耐热、可挠曲、美观等优点，是一种可用于给水、热水、采暖、煤气等方面的多用途管材，在建筑给水范围可用于给水分支管。铝塑复合管一般采用螺纹卡套压接，其配件一般是铜制品。

**知识链接**

### 给水管的选用方法

(1)PP—R 管：作为一种新型的水管材料，PP—R 管具有得天独厚的优势，卫生无毒，其材料完全由碳、氢元素组成；质量轻，密度为 0.89～0.91 g/cm³；耐压、耐腐蚀；管材内壁光滑，阻力小；它既可以用作冷水管，也可以用作热水管。PP—R 管的接口采用热熔技术，管在热熔连接后，能使管材与管件在接口处连为一体，整体性好，所以，一旦安装打压测试通过，不会像铝塑管一样存在时间长了就老化、漏水的现象。

优点：价格适中、性能稳定、耐热保温、耐腐蚀、内壁光滑不结垢，管道系统安全、可靠，并不渗透，使用年限可达 50 年。

缺点：连接时需要专用工具，连接表面需加热，加热时间过长或承插口插入过度会造成水流堵塞。

(2)铜管：铜管是水管中的上等品，铜在化学活性排序中的序位很低，比氢还靠后，因而性能稳定，不易腐蚀。据有关资料介绍，铜能抑制细菌的生长，保持饮用水的清洁卫生。铜管接口的方式有卡套和焊接两种。卡套和铝塑管一样，长时间存在老化、漏水的问题。目前，大多数铜管的安装采用焊接式，焊接就是接口处通过氧焊接到一起，这样就能够与 PP—R 水管一样，永不渗漏。因其价格昂贵，一般在高档公寓或别墅里使用较多。

优点：强度高，性能稳定，可杀菌，且不易腐蚀。

缺点：价格高，施工难度大，在寒冷的冬天极易造成热量损耗，能源消耗大，使用成本高。

(3)铝塑管：铝塑管曾经是市面上较为流行的一种管材，由于其质轻、耐用而且施工方便，它的可弯曲性更适合在家装中使用。在装修理念比较新的广东和上海，铝塑管已渐渐没有了市场，属于被淘汰的产品。

优点：价格比较便宜，可任意弯曲，表面光滑，施工方便。

缺点：易老化，使用隐患多，使用年限短，管道连接处极易出现渗漏现象。

(4)镀锌管：长时间不用的水管，当突然打开时会发现流出的是“黄”水，以前老房子中镀锌铁管中极易发生这样的事情，这样的“黄”水对人体也是有危害的。原建设部等四部委发文，明确从2000年起禁用镀锌管，目前，新建小区的冷水管已经很少使用镀锌管了。

优点：品种齐全，管件配套多。

缺点：属于国家禁止使用的淘汰产品，易腐蚀生锈，导致水流不畅，极易造成水源的污染。

(5)PVC管：实际上就是一种塑料管，接口处一般用胶粘接。因其抗冻和耐热能力都不好，所以很难用作热水管；强度也不适用于水管的承压要求，所以，冷水管也很少使用。大部分情况下，PVC管适用于电线管道和排污管道。另外，使PVC变得更柔软的化学添加剂酞，对人体内肾、肝、睾丸影响甚大，会导致癌症、肾损坏，所以，不建议大家购买。

优点：轻便，安装简易，成本低廉，也不易腐化。

缺点：质量差的会很脆，易断裂，遇热也容易变形。

(6)薄壁不锈钢钢管：薄壁不锈钢钢管耐腐蚀、不易生锈，使用安全、可靠，抗冲击性强，热传导率相对较低。但不锈钢钢管的价格相对较高，另外，在选择时应采用耐水中氯离子的不锈钢型号。薄壁不锈钢钢管的连接有焊接、螺纹、封压等方式。

优点：不易氧化生锈，冲击性强，热传导较低。

缺点：成本较高，应采用耐水中氯离子的不锈钢型号。

(7)衬PVC镀锌钢管：衬PVC镀锌钢管兼有金属管材强度大、刚性好和塑料管材耐腐蚀的优点，同时，也克服了两类材料的缺点。衬PVC镀锌钢管采用螺纹连接方式。

优点：管件配套多、规格齐全。

缺点：管道内实际使用管径变小；对环境温度和介质温度变化大时，容易产生离层而导致管材质量下降。

### 2. 给水附件

给水附件是给水管网系统中调节水量和水压、控制水流方向、关断水流等各类装置的总称，可分为配水附件和控制附件两类。

(1)**配水附件**。一般情况下，配水附件和卫生器具配套安装，主要起分配、调节给水流量的作用，如图1-16所示。

1)升降式水龙头。一般安装在洗涤盆、污水盆、盥洗槽上。该龙头阻力较大，因其橡胶衬垫容易磨损而引起漏水，目前，城市中正逐渐淘汰此种水龙头。

2)旋塞式水龙头。旋塞式水龙头的主要零件为柱状旋塞，沿径向开有一圆形孔，旋塞限定旋转90°即可完全开启，短时间可获得较大的流量，由于水流呈直线通过，其阻力较小，但由于启闭迅速，容易产生水击，一般配水点不宜采用，仅用于浴池、洗衣房、开水间等需要迅速启闭的配水点。

3)球形水龙头。装设在洗脸盆、污水盆、盥洗槽上，因水流改变流向，故压力损失较大。

4)盥洗龙头。装设在洗脸盆上，用于供给冷热水，有莲蓬头式、角式和长脖式等多种形式。

5)混合水龙头。用以调节冷热水的温度，如盥洗、洗涤、浴用热水等。

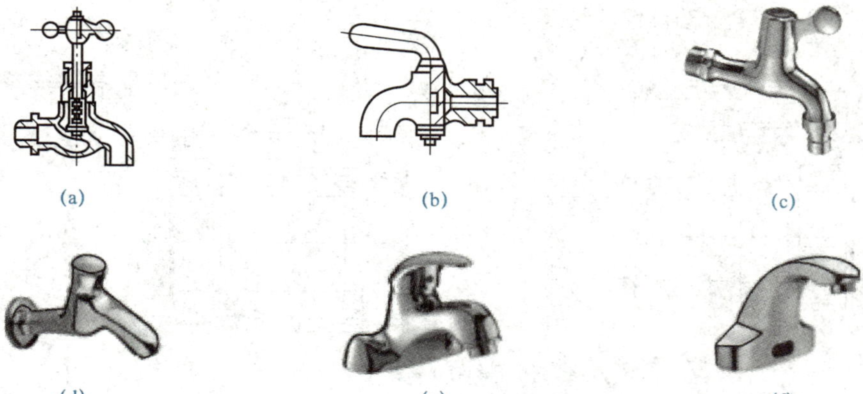


**图 1-16　配水附件**

(a)升降式水龙头；(b)旋塞式水龙头；(c)陶瓷芯片水龙头；
(d)延时自闭水龙头；(e)混合水龙头；(f)感应式水龙头

6)感应式水龙头。其控制能源仅需安装几节干电池，使用时不用接触水嘴，只需将手伸至出水口下方，即可使水流出，既卫生、安全又节水。

(2)**控制附件**。控制附件用来调节水压、调节管道水流量大小及切断水流、控制水流方向，如闸阀、截止阀、蝶阀、球阀、止回阀、倒流防止器、安全阀、减压阀、自动水位控制阀等。

1)闸阀(图 1-17)。闸阀全开时水流呈直线通过，阻力小，但水中杂质沉积阀座时，阀板关闭不严，易产生漏水现象。闸阀多用于管径大于 50 mm 或允许水双向流动的管道上，用来开启和关闭管道中的水流，调节水量。

2)截止阀(图 1-18)。截止阀关闭后是严密的，但水流阻力较大。一般用在管径小于或等于 50 mm 经常启闭的管道上，用来启闭水流，调节水量，同时，也可以用来调节压力。安装时注意方向，应使水流低进高出，不得装反。

3)蝶阀(图 1-19)。蝶阀为盘状圆板启闭件，绕其自身中轴旋转改变与管道轴线间的夹角，从而控制水流通过，具有结构简单、尺寸紧凑、启闭灵活、开启度指示清楚、水流阻力小等优点。在双向流动的管段上应采用闸阀或蝶阀。

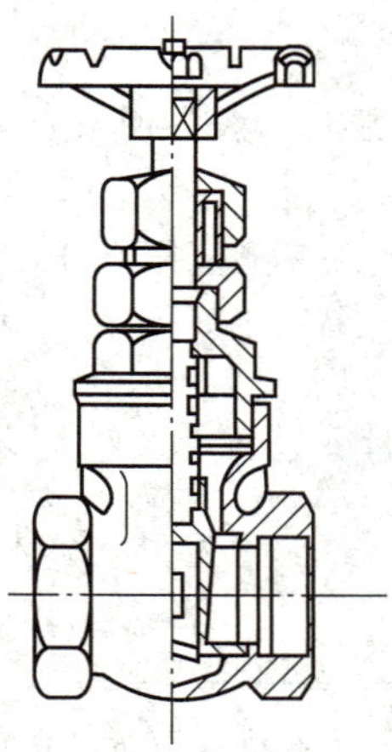

**图 1-17　闸阀**

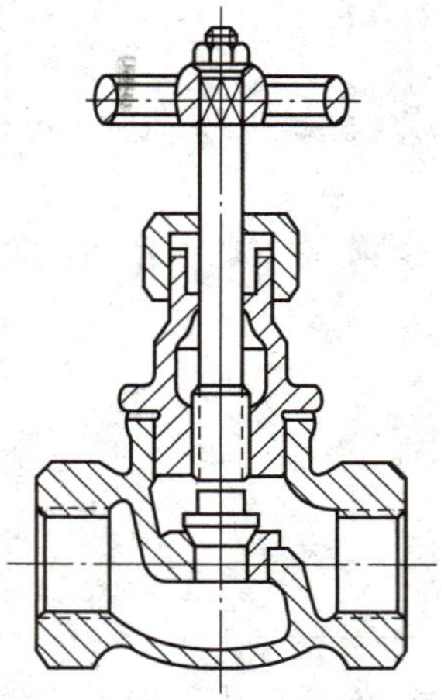

**图 1-18　截止阀**

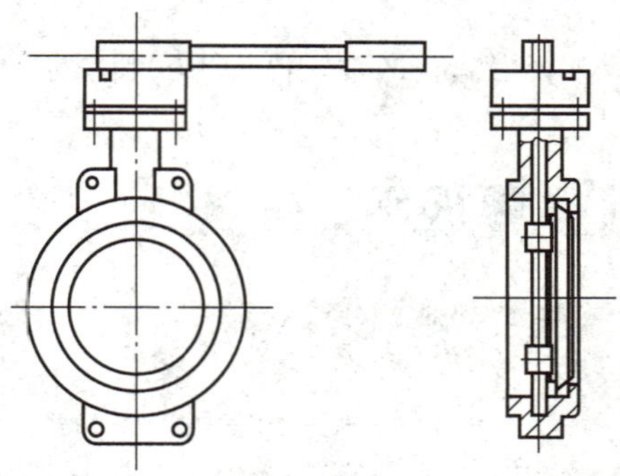

**图 1-19　蝶阀**

4)球阀(图 1-20)。球阀具有闸阀或截止阀的作用，与闸阀和截止阀相比，具有阻力小、密封性能好、机械强度高、耐腐蚀等特点。

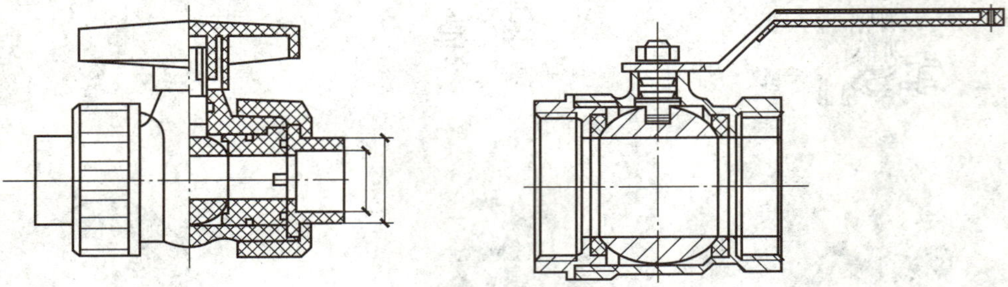

图 1-20　球阀

## 温馨提示

给水管道上使用的阀门，应根据使用要求按下列原则选型：需调节流量、水压时，应采用截止阀；要求水流阻力小的部位(如水泵吸水管上)，宜采用闸阀；安装空间小的场所，宜采用蝶阀、球阀；水流需双向流动的管段上的阀门，不得使用截止阀。

5)止回阀(图 1-21)。止回阀用来阻止水流的反向流动，有升降式止回阀和旋启式止回阀两种。

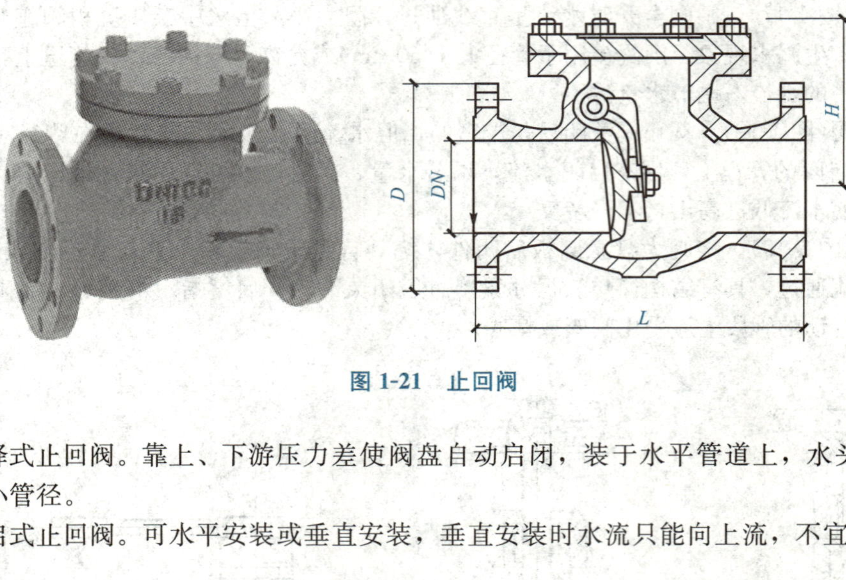


图 1-21　止回阀

①升降式止回阀。靠上、下游压力差使阀盘自动启闭，装于水平管道上，水头损失较大，只适用于小管径。

②旋启式止回阀。可水平安装或垂直安装，垂直安装时水流只能向上流，不宜用在压力大的管道中。

## 温馨提示

以上两种止回阀安装都有方向性，阀板或阀芯启闭既要与水流方向一致，又要在重力作用下能自动关闭，以防止常开不闭的状态。

6)倒流防止器(图 1-22)。倒流防止器是防止倒流污染的专用附件。其是由进水止回阀、出水止回阀和自动泄水阀共同连接在一个阀腔上构成。正常工作时不会泄水，当止回阀有渗漏时能自动泄水，当进水管失压时，阀腔内的水会自动泄空，形成空气间隙，从而防止倒流污染。

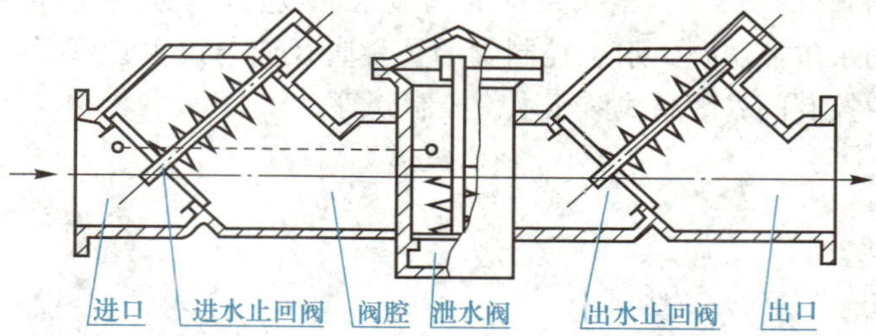


图 1-22　倒流防止器

7)安全阀(图 1-23)。安全阀是在管网和其他设备所承受的压力超过规定情况时，为了避免遭受破坏而装设的附件。一般有弹簧式和杠杆式两种。

(a)　　(b)

图 1-23　安全阀

(a)弹簧式安全阀；(b)杠杆式安全阀

8)减压阀。减压阀的作用是降低水流压力。在高层建筑中，可以减少或替代减压水箱，简化给水系统，增加建筑的使用面积，同时，可防止水质的二次污染。在消火栓给水系统中，可以防止消火栓栓口处的超压现象。

常用的减压阀有两种，即可调式减压阀和比例式减压阀，如图 1-24 所示。可调式减压阀采用阀后压力反馈机构，工作中既减动压也减静压，既可水平安装也可垂直安装，在高层建筑冷热供水系统中完全可以代替分区供水中的分区水箱；比例式减压阀是在进口压力的作用下，活动活塞被推开，介质通过，由于活塞两端截面面积不同而造成的压力差改变了阀后的压力，也就是在管路有压力的情况下，活塞两端的面积比构成了阀前与阀后的压力比。无论阀前压力如何变化，阀后静压及动压按比例可减至相应的压力值。

(a)　　(b)

图 1-24　减压阀

(a)可调式减压阀；(b)比例式减压阀

9)自动水位控制阀(图 1-25)。给水系统的调节水池(箱)，除进水能自动控制切断进水外，其进水管上应设自动水位控制阀。水位控制阀的公称直径应与进水管管径一致。常见的有浮球阀、活塞式液压水位控制阀、薄膜式液压水位控制阀等。

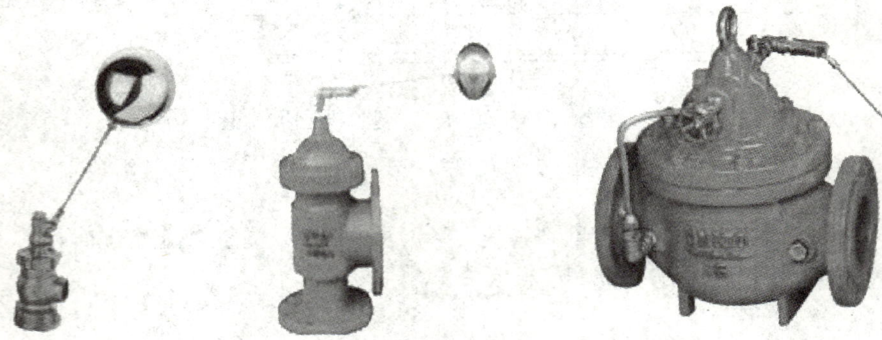

(a)　　　　(b)　　　　(c)

**图 1-25　自动水位控制阀**

(a)浮球阀；(b)液压水位控制阀；(c)电池遥控浮球阀

(3)**水表**。水表是一种计量用户累计用水量的仪表。其主要由外壳、翼轮和减速指示机构组成。水表的类型有流速式和容积式两种。在建筑给水系统中，广泛采用的是流速式水表，它是根据管径一定时，通过水表的水流速度与流量成正比的原理来测量用水量的。水流通过水表时推动翼轮旋转，翼片转轴传动一系列联动齿轮(减速装置)，再传递到记录装置，在刻度盘指针下便可读到流量的累计值。

1)水表的种类。流速式水表如图 1-26 所示。按翼轮转轴构造不同可分为旋翼式水表、螺翼式水表和复式水表。旋翼式水表的翼轮转轴与水流方向垂直，水流阻力较大，多为小口径水表，宜计量的用水量较小；螺翼式水表的翼轮转轴与水流方向平行，水流阻力较小，多为大口径水表，宜计量的用水量较大；复式水表是旋翼式和螺翼式的组合形式，在流量变化很大时采用。流速式水表按计数机构是否浸于水中，又分为干式水表和湿式水表两种。

2)水表的技术参数。

最大流量：只允许短时间内使用的流量，为水表使用的流量上限值。

公称流量：水表长期正常使用的流量。

分界流量：水表误差限改变时的流量。

最小流量：在规定误差限内，水表使用的流量下限值。

始动流量：水表开始连续指示时的流量。

3)水表的选用。水表的选用包括种类的选择和口径的确定。一般情况下，公称直径小于或等于 50 mm 时，应采用旋翼式水表；公称直径大于 50 mm 时，应采用螺翼式水表。对于用水不均匀的给水系统，以设计流量不大于水表的最大流量确定水表的口径；对于用水均匀的给水系统，以设计流量不大于水表的公称流量确定水表的口径。

4)电控自动流量计(IC 卡智能水表)。IC 卡智能水表如图 1-27 所示。内部设有微电脑测控系统，通过传感器检测水量，用 IC 卡传递水量数据，主要用来计量经自来水管道供给用户的饮用冷水，适于家庭使用。IC 卡智能水表性能技术参数见表 1-5 。

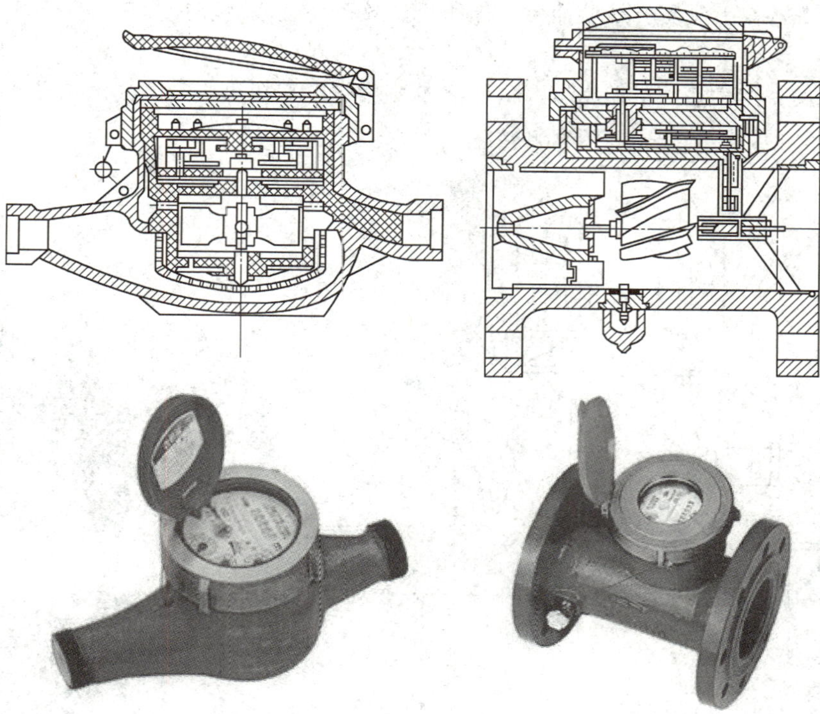

(a) (b)

**图 1-26　流速式水表**

(a)旋翼式水表；(b)螺翼式水表

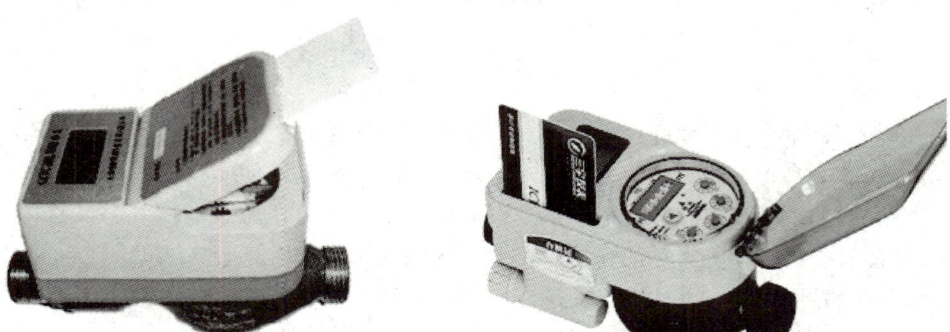

**图 1-27　IC 卡智能水表**

**表 1-5　IC 卡智能水表性能技术参数表**

| 公称直径/mm | 计量等级 | 过载流量/($m^3 \cdot h^{-1}$) | 常用流量/($m^3 \cdot h^{-1}$) | 分界流量/($m^3 \cdot h^{-1}$) | 最小流量/($m^3 \cdot h^{-1}$) | 水温/℃ | 最高水压/MPa |
|---|---|---|---|---|---|---|---|
| 15 | A | 3 | 1.5 | 0.15 | 0.06 | ≤60 | 1.0 |

### 3. 给水设备

**建筑给水系统的供水设备包括水泵、吸水井、贮水池、高位水箱及气压给水装置等。**

(1)水泵。水泵是将原动机的机械能传递给流体的一种动力机械，是提升水压和输送水的重要设备。**水泵的种类很多，有离心泵、轴流泵、混流泵、活塞泵、真空泵等。**这里介绍在水暖工程中常用的离心泵，其具有结构简单、体积小、效率高且流量和扬程在一定范围内可以调整等优点。

1)离心泵的基本构造和工作原理。图 1-28 所示为一个单级离心泵的构造示意图。其主要由叶轮、泵壳、泵轴、轴承和填料函等组成。

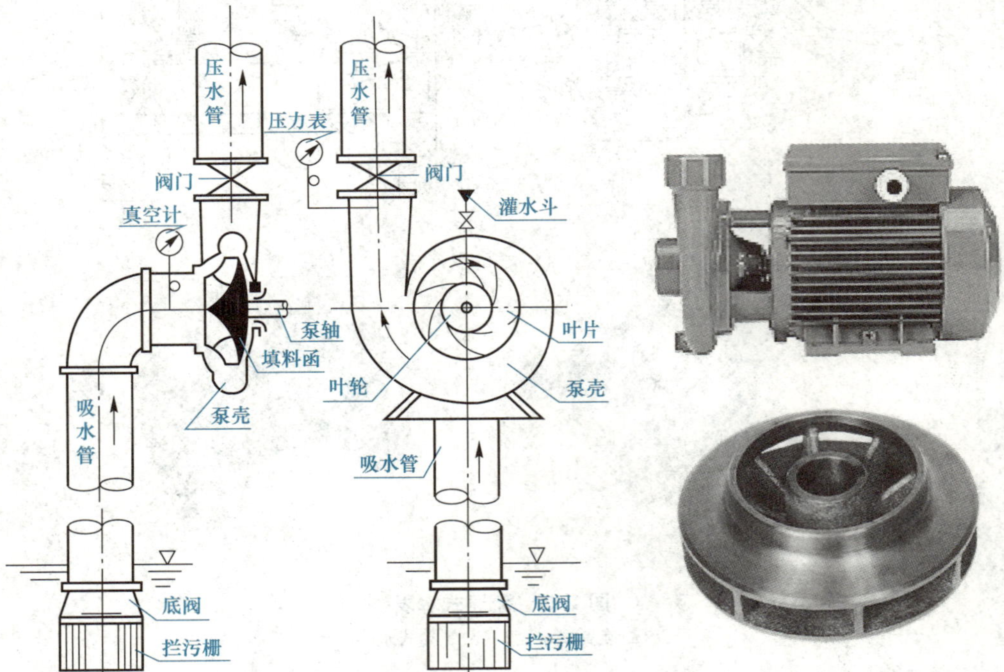


图 1-28　离心泵构造示意图

离心泵的主要工作部分有叶轮及其叶片、泵轴、蜗形泵壳、吸水管和压水管。离心泵在启动前必须先将泵壳与吸水管充满水，启动后，在电动机的带动下使叶轮高速旋转，在离心力的作用下，叶片间的水被甩出叶轮，再沿蜗形泵壳中的流道而流入压水管。由于水经叶轮后获得了动能，又经泵壳后转化为很高的压能，因此，水流入压水管时具有很大的压力，就可压向管网。同时，在叶轮中心处，水被甩出而形成真空，水池的水便在大气压力的作用下，经吸水管不断地流入叶轮空间，由于叶轮的连续旋转，水泵连续不断地吸水和压水。

为了保证水泵正常工作，还必须装设一些管路附件，如压力表、闸阀、可曲挠接头等，当水泵从水池戏水时，还应装设底阀、真空表等。

2)水泵的基本性能参数。水泵的基本性能，通常由以下几个参数来表示：

①流量：水泵在单位时间内输送的液体体积，用符号 $Q$ 表示，单位为 $m^3/h$ 或 L/s。

②扬程：单位质量的液体通过水泵后所获得的能量，用符号 $H$ 表示，单位为 m。

### 温馨提示

流量和扬程表明了水泵的工作能力，是水泵的主要性能参数，也是选择水泵的主要依据。

③功率：水泵在单位时间内所做的功，也就是单位时间内通过水泵的液体所获得的能量，水泵的这个功率称为有效功率，用符号 $N$ 表示，单位为 kW。电动机通过泵轴传递给水泵的功

率称为轴功率，用符号 $N$ 轴表示。轴功率大于有效功率，这是因为电动机传递给水泵轴的功率除用于增加水的能量外，还有一部分功率损耗掉了，这些损失包括水泵转动时产生的机械摩擦损失、水在泵中流动时由于克服水力阻力而产生的水头损失等。

④效率：水泵的有效功率与轴功率的比值，用符号 $\eta$ 表示，即

$$\eta = N/N_{轴} \times 100\% \tag{1-2}$$

### 温馨提示

效率 $\eta$ 是评价水泵性能的一项重要指标。小型水泵效率为 70%左右，大型水泵可达 90%以上，但一台水泵在不同的流量、扬程下工作时，其效率也是不同的。

⑤转速：水泵叶轮的转动速度，以每分钟转动的转数来表示。用符号 $n$ 表示，单位为 r/min。常用的转速为 2 900 r/min、1 450 r/min、960 r/min。选用电动机时，必须使电动机的转速与水泵转速相一致。

⑥吸程：吸程也称为允许吸上真空高度，是指水泵在标准状态下(即水温为 20℃，水面压力为一个标准大气压)运转时，进口处允许产生的真空度数值，一般是生产厂家以清水做试验得到的发生汽蚀的吸水扬程减去 0.3 m，用符号 $H_s$ 表示。

### 温馨提示

吸程是确定水泵安装高度时使用的重要参数，单位为 m。

(2)吸水井。室外给水管网能够满足建筑内所需水量，无须设置贮水池，但室外给水管网又不允许直接抽水，即可设置满足水泵吸水要求的吸水井。**吸水井的尺寸应满足吸水管的布置、安装和水泵正常工作的要求**。吸水井的容积应大于最大一台水泵 3 min 的出水量。

(3)贮水池。贮水池是建筑给水常用调节和贮存水量的构筑物，采用钢筋混凝土、砖石等材料制作，形状多为圆形和矩形。贮水池布置在地下室或室外泵房附近，并应有严格的防渗漏、防冻和抗倾覆措施。贮水池设计应保证池内贮水经常流动，不得出现滞流和死角，以防水质变坏。贮水池一般应分为两格，并能独立工作，分别泄空，以便清洗和维修。消防水池容积超过 500 $m^3$ 时，应分成两个，并应在室外设供消防车取水用的吸水口。生活或生产用水与消防用水合用水池时，应设有消防水用平时不被动用的措施。贮水池应设进水管、出水管、溢流管、泄水管、通气管和水位信号装置。

**贮水池的有效容积(不含被梁、柱、墙等构件占用的容积)应根据调节水量、消防贮备水量和生产事故备用水量计算确定，当资料不足时，贮水池的调节水量可按最高日用水量的 10%～20%估算**。

### 知识链接

**消防用水平时不被动用的措施**

措施一：在生产或生活水泵吸水管上开小孔形成虹吸出流，如图 1-29(a)所示。

措施二：在贮水池中设溢流墙，生活或生产用水经消防用水贮存部分出流，如图 1-29(b)所示。

措施三：在水箱出水管上设小孔形成虹吸出流。

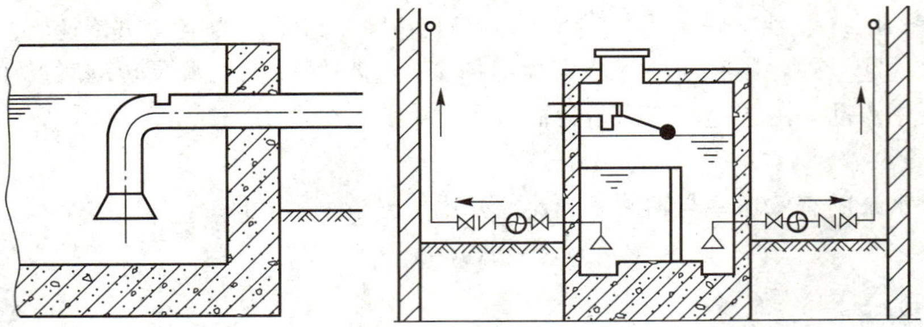

(a) (b)

图 1-29 消防水平时不被动用的结构示意图

(4)高位水箱。按用途不同，水箱可分为高位水箱、减压水箱、冲洗水箱和断流水箱等多种类型。其形状多为矩形和圆形，制作材料有钢板、钢筋混凝土、玻璃钢等。这里只介绍给水系统中广泛采用的起到保证水压和贮存、调节水量的高位水箱。

高位水箱的配管、附件示意图如图 1-30 所示。

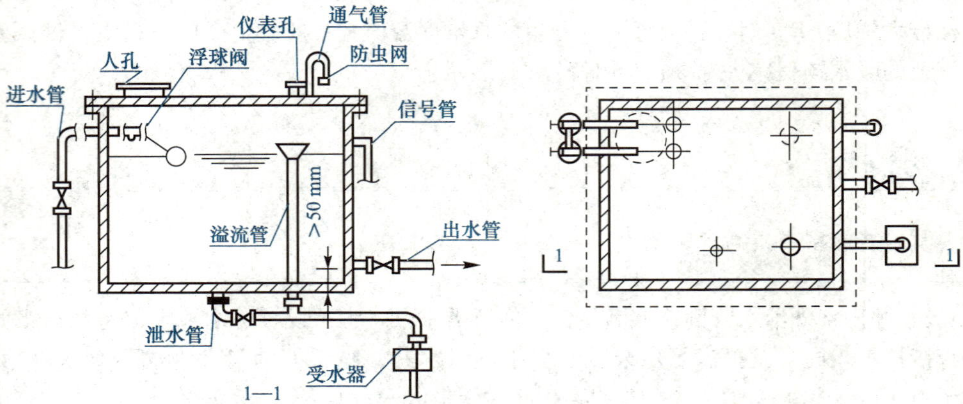


图 1-30 高位水箱的配管、附件示意图

1)进水管。一般由侧壁接入，也可由顶部或底部接入，管径按水泵出水量或设计秒流量确定。当水箱利用管网压力进水时，应在进水管上安装浮球阀或液压水位控制阀，并在进水端设检修用的阀门；当管径大于或等于 50 mm 时，控制阀不少于 2 个；利用水泵供水并采用自动控制水泵启闭的装置时，可不设浮球阀或水位控制阀。侧壁进水管中心与水箱上缘应有 150～200 mm 的距离。

2)出水管。出水管可由水箱底部或侧壁接出，其出水管口顶面(底部接出)或出水管内底(侧壁接出)应高出水箱内底 50 mm，以防箱内污物进入配水系统，管径按水泵出水量或设计秒流量确定。出水管上应安装阻力较小的闸阀(不允许安装截止阀)，为防止短流，水箱进出水管宜分设在水箱两侧。

3)溢流管。溢流管可从底部或侧壁接出，用来控制水箱内最高水位。溢流管宜采用水平喇叭口集水，喇叭口顶面应高出水箱最高水位 50 mm，管径宜比进水管管径大一号。溢流管上不允许设置阀门。

4)泄水管。泄水管从水箱底接出，管上应设置阀门，可与溢流管相连接，但不得与排水系统直接相连，管径不得小于 50 mm。

5)通气管。设在饮用水箱的密封盖上，以使水箱内空气流通，管上不应设阀门，管口应朝下，并设防止尘土、昆虫和蚊蝇进入的滤网，其管径一般宜为 100～150 mm。

6)水位信号装置。反映水位控制阀失灵的信号装置，可采用自动液位信号计，设在水箱内。若在水箱未安装液位信号计时，可在溢流管下 10 mm 处设水位信号管，直通值班室的洗涤盆等处，其管径为 15～20 mm 即可。若水箱液位与水泵连锁，则可在水箱侧壁或顶盖上安装液位继电器或信号器，采用自动水位报警装置。

7)水箱的布置。水箱间的位置应便于管道布置，尽量缩短管线长度；水箱间应有良好的通风、采光和防蚊蝇措施，室内最低气温不得低于 5 ℃；水箱间的承重结构应为非燃烧材料；水箱间的净高不应低于 2.2 m。水箱底距地面宜有不小于 800 mm 的净空高度，以便安装管道和进行检修。水箱布置间距见表 1-6。

**表 1-6　水箱布置间距**

| 水箱布置间距/m | | | | |
|---|---|---|---|---|
| 形式 | 箱外壁至墙面的距离 | | 水箱之间的距离 | 箱顶至建筑最低点的距离 |
| | 有阀一侧 | 无阀一侧 | | |
| 圆形 | 0.8 | 0.5 | 0.7 | 0.6 |
| 矩形 | 1.0 | 0.7 | 0.7 | 0.6 |

(5)气压给水装置。气压给水装置是利用密闭罐中空气的压缩性进行贮存、调节、压送水量和保持气压的装置，其作用相当于高位水箱或水塔。气压给水设备设置的位置限制条件少，便于操作和维护，但其调节容积小，供水可靠性稍差，耗材、耗能较大。

气压给水设备按罐内水、气接触方式可分为补气式和隔膜式两类；按输水压力的稳定状况可分为变压式和定压式两类。气压给水设备一般由气压水罐、水泵机组、管路系统、电控系统、自动控制箱(柜)等组成。补气式气压给水设备还包括气体调节控制系统。

1)补气变压式气压给水设备。如图 1-31 所示，罐内的水在压缩空气的起始压力 $P_2$ 的作用下被压送至给水管网，随着罐内水量的减少，压缩空气体积膨胀，压力减小，当压力降至最小工作压力 $P_1$ 时，压力信号器动作，使水泵启动。水泵出水除供用户外，多余部分进入气压水罐，罐内水位上升，空气又被压缩，当压力达到 $P_0$ 时，压力信号器动作，使水泵停止工作，气压水罐再次向管网输水。

2)补气定压式气压给水设备。定压式气压给水设备在向给水系统输水过程中，水压相对稳定，如图 1-32 所示。目前，常见的做法是在变压式气压给水设备的供水管上安装压力调节阀。

补气式气压给水设备补气的方法很多，在允许停水的给水系统中，可采用开启罐顶进气阀，泄空罐内存水的简单补气法。不允许停水时，可采用空气压缩机补气，也可通过在水泵吸水管上安装补气阀，在水泵出水管上安装水射器或补气罐等方法补气。如图 1-33 所示为设补气罐的补气方式。

3)隔膜式气压给水设备。隔膜式气压给水设备在气压水罐中设置弹性隔膜，将气、水分离，水质不易污染，气体也不会溶入水中，故无须设置补气调压装置。隔膜主要有帽形和囊形两类。囊形隔膜气密性好，调节容积大，且隔膜受力合理，不易损坏，优于帽形隔膜。如图 1-34 所示为胆囊形隔膜式气压给水设备。

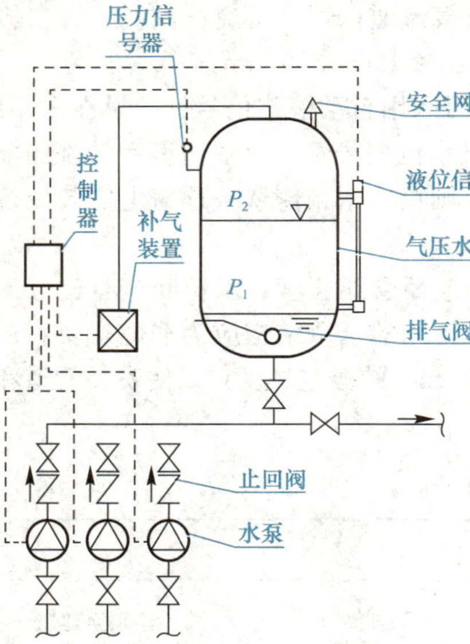


图 1-31　补气变压式气压给水设备

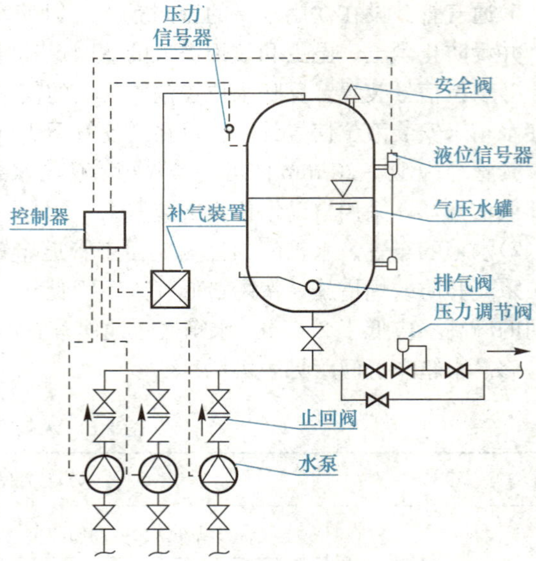


图 1-32　补气定压式气压给水设备

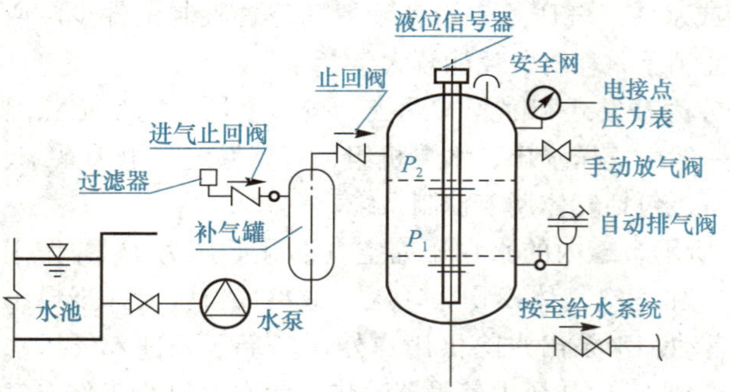


图 1-33　设补气罐的补气方式

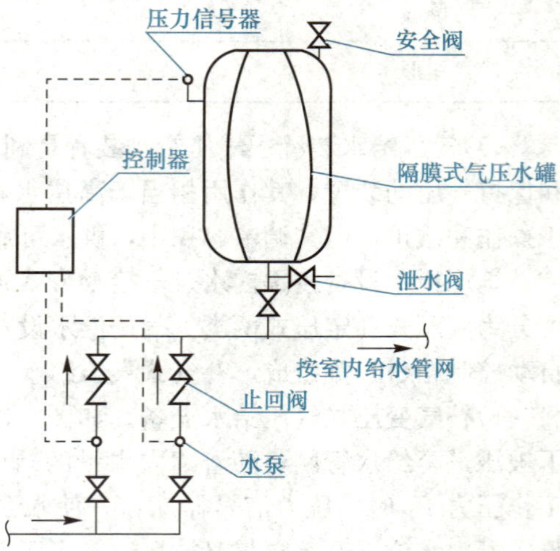


图 1-34　胆囊形隔膜式气压给水设备

## 1.1.3　建筑给水管道的布置、敷设、防护、安装及验收

合理布置室内给水管道并确定管道的敷设方式，以确保供水的安全、可靠，节省工料，便于施工和日常维护管理。**管网布置的总原则：缩短管线、减少阀门、安装维修方便、不影响美观**。

### 1. 给水管道的布置

给水管道的布置与建筑性质、外形、结构状况、卫生器具布置及采用的给水方式有关，一般要布置成枝状，单向供水。对于不允许中断供水的建筑物，在室内应连成环状，双向供水，如消火栓系统。进行管道布置时应满足以下基本要求：

(1) **确保供水安全和良好的水利条件，力求经济合理**。管道尽可能与墙、梁、柱平行，呈直线走向，力求管路简短，以减少工程量，降低造价。干管应布置在用水量大或不允许间断供水的配水点附近，既利于供水安全，又可减少流程中不合理的转输流量，节省管材。

不允许间断供水的建筑应从室外环状管网不同管段，设 2 条或 2 条以上引入管，在室内将管道连成环状或贯通状双向供水。若条件不可能达到，可采取设贮水池(箱)或增设第二水源等安全供水措施。

(2)**保护管道不受损坏**。给水埋地管道应避免布置在可能受重物压坏处。管道不得穿越生产设备基础，如遇特殊情况必须穿越时，应与有关专业协商处理。管道也不宜穿过伸缩缝、沉降缝，若需穿过应采取保护措施，常用的措施有：软性接头法，即用橡胶软管或金属波纹管连接沉降缝、伸缩缝两边的管道；丝扣弯头法，在建筑沉降过程中，两边的沉降差由丝扣弯头的旋转来补偿，适用于小管径的管道；活动支架法，在沉降缝两侧设支架，使管道只能垂直位移，不能水平横向位移，以适应沉降、伸缩产生的应力。为防止管道腐蚀，管道不允许布置在烟道、风道和排水沟内，不允许穿大、小便槽，当立管位于小便槽端部≤0.5 m 时，在小便槽端部应有建筑隔断措施。

(3)**不影响生产安全和建筑物的使用**。为避免管道渗漏，造成配电间电气设备故障或短路，管道不能从配电间通过，也不能布置在妨碍生产操作和交通运输处或遇水易引起燃烧、爆炸损坏的设备、产品和原料上，不宜穿过橱窗、壁柜、吊柜等设施，且不宜在机械设备上通过，以免影响各种设施的功能和设备的维修。

(4)**便于安装维修**。布置管道时，其周围要留有一定的空间，以满足安装、维修的要求。需进入检修的管道井，其通道不宜小于 0.6 m。管道井每层应设检修设施，每两层应有横向隔断，检修门宜开向走廊。给水管道与其他管道或建筑结构的最小净距应满足安装操作需要。

### 2. 给水管道的敷设

(1)敷设方式。根据建筑对卫生、美观方面的要求不同，可分为明装和暗装两种。

1)明装。管道的明装是指管道在室内沿墙、梁、柱、天花板下及地板旁暴露敷设。管道的明装造价低，便于安装维修；但是存在不美观、凝结水、积灰、妨碍环境卫生等方面的缺点。一般适用于对卫生、美观没有特殊要求的建筑。

2)暗装。管道的暗装是指管道敷设在地下室或吊顶中，或在管井、管槽、管沟中隐蔽敷设。管道的暗装卫生条件好、美观；但是其造价高，施工、维护均不便。对于建筑标准高的建筑，如高层、宾馆，要求室内洁净无尘的车间，如精密仪器、电子元件等场所应进行暗装敷设。室内给水管道可以与其他管道一同架设，应当考虑安全、施工、维护等要求。

(2)敷设要求。

1)给水管道在穿过建筑物内墙及楼板时，一般均应预留孔洞或设置金属或塑料套管，安装在楼板内的套管，其顶部应高出装饰地面 20 mm；安装在卫生间及厨房内的套管，其顶部应高出装饰地面 50 mm，底部应与楼板底面相平；安装在墙壁内的套管，其两端与饰面相平。暗装管道在墙中敷设时，也应预留墙槽，待管道装好后，用水泥砂浆堵塞，以防孔洞墙槽影响结构强度。横管穿过预留洞时，管顶上部净空不能小于建筑物的沉降量，以保护管道不致因建筑沉降而损坏，一般不小于 0.1 m。敷设具体要求见表 1-7。

**表 1-7　给水管预留孔洞、墙壁尺寸**　　mm

| 管道名称 | 管径 | 明装管道 | | 暗管墙槽尺寸宽×深 |
|---|---|---|---|---|
| | | 预留尺寸长(高)×宽 | 管外皮距墙面距离 | |
| 立管 | ≤25 | 100×100 | 25～35 | 130×130 |
| | 32～50 | 150×150 | 30～50 | 150×130 |
| | 75～100 | 200×200 | 50 | 200×200 |

续表

| 管道名称 | 管径 | 明装管道 | | 暗管墙槽尺寸宽×深 |
|---|---|---|---|---|
| | | 预留尺寸长(高)×宽 | 管外皮距墙面距离 | |
| 两根立管 | ≤32 | 150×100 | — | 200×130 |
| 横支管 | ≤25 | 100×100 | — | 60×60 |
| | 32～40 | 150×130 | — | 150×100 |
| 引入管 | ≤100 | 300×300 | — | — |

2)管道在空间敷设时，必须采取固定措施，以保证施工方便和供水安全。固定水平管道常用的支、托架如图 1-35 所示。给水立管当层高不大于 5 m 时，一般每层安装 1 个管卡，距离地面高度为 1.5～1.8 m；当层高大于 5 m 时，则每层须安装 2 个管卡，均匀安装。水平安装管道支架最大间距见表 1-8。

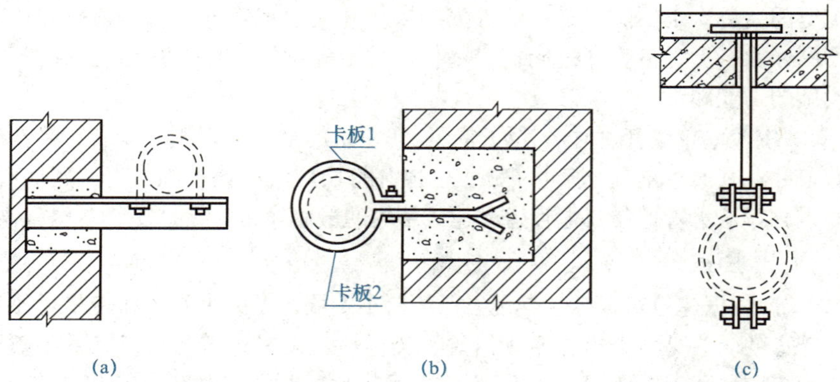


图 1-35　支、托架

(a)托架；(b)管卡；(c)吊架

表 1-8　钢管水平安装支架最大间距

| 公称直径 $DN$/mm | | 15 | 20 | 25 | 32 | 40 | 50 | 70 | 80 | 100 | 125 | 150 |
|---|---|---|---|---|---|---|---|---|---|---|---|---|
| 支架的最大间距/m | 保温管 | 2 | 2.5 | 2.5 | 2.5 | 3 | 3 | 4 | 4 | 4.5 | 6 | 7 |
| | 非保温管 | 2.5 | 3 | 3.25 | 4 | 4.5 | 5 | 6 | 6 | 6.5 | 7 | 8 |

(3)引入管。引入管自室外管网将水引入室内，引入管力求简短，铺设时常与外墙垂直，引入管的位置，结合室外给水管网的具体情况，由建筑物用水量最大处接入；在居住建筑中，如卫生器具分布比较均匀，则从房屋中央接入。在选择引入管的位置时，应考虑便于水表安装与维修，同时，要注意与其他地下管线保持一定的距离。一般的建筑物设一根引入管，单向供水。对不允许间断供水及用水量大、设有消防给水系统的大型或多层建筑，应设两根以上引入管，在室内连成环状或贯通枝状供水。引入管的埋设深度主要根据城市给水管网及当地的气候、水文地质条件和地面的荷载而定。在寒冷地区，引入管应埋在冰冻线以下 0.15 m 处。生活给水引入管与污水排出管管外壁的水平距离不宜小于 1.0 m，引入管应有不小于 0.003 的坡度，坡向室外给水管网。

引入管穿越承重墙的基础时，应注意管道保护。如果基础埋深较浅时，管道可以从基础底部穿过，如图 1-36(a)所示；如果基础埋深较深，则引入管将穿越承重墙的基础墙体，如图 1-36(b)所示。此时应预留洞口，管顶上部净空高度一般不小于 0.15 m。

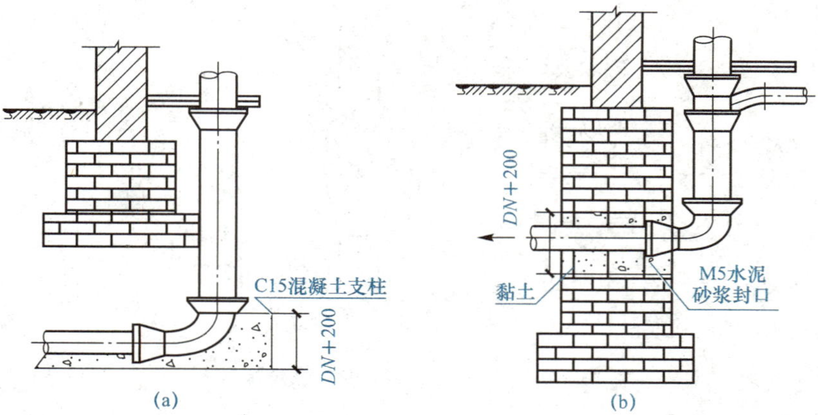


**图 1-36　引入管进入建筑物示意图**

(a)从浅基础下穿过；(b)穿越基础墙体

### 3. 给水管道的防护

(1)**防腐。明装和暗装的金属管道都要采取防腐措施，以延长管道的使用寿命**。通常的防腐做法是管道除锈后，在外壁刷涂防腐涂料。明装的管道刷外防锈底漆一道，面漆两道；暗装和埋地管道均应采用有足够的耐压强度，与金属有良好的黏结性，以及采用防水性、绝缘性和化学稳定性能好的材料做管道防腐层。如环氧煤沥青防腐层是在管道外壁刷底漆后，再刷环氧煤沥青面漆，然后外包玻璃布。管道外壁所做的防腐层数，可根据防腐要求确定。铸铁管因自身具有较好的防腐性能，可只刷沥青漆。

(2)**防冻与防结露**。设在温度低于 0 ℃以下位置的设备和管道，如寒冷地区的屋顶水箱，冬季不采暖的室内和阁楼中的管道以及敷设在受室外冷空气影响的门厅、过道等处的管道，均应采取保温防冻措施。常用的防冻做法是：管道除锈后，包扎矿渣棉、石棉硅藻土、玻璃棉、膨胀硅石或用泡沫水泥瓦等保温层，外包玻璃布涂漆等作保护层。

给水管道明装在湿热气候条件下或在空气湿度较高的房间，如厨房、洗涤间或某些车间等，由于管道内的水温较低，空气中的水分会凝结成水附着在管道表面，严重时还会产生滴水、管道结露现象，不但会加速腐蚀，还会影响建筑的使用，如使墙面受潮、粉刷层脱落，影响墙体质量和建筑美观。防结露措施与保温方法相同。

(3)**防漏**。管道布置不当或管材质量和施工质量低劣，均能导致管道漏水。管道漏水不仅浪费水，影响给水系统正常供水，而且还会损坏建筑物。特别是湿陷性黄土地区，管道漏水将会造成土壤湿陷，严重影响建筑基础的稳固性，是绝对不允许的。防漏的主要措施是避免将管道布置在易受外力损坏的位置，或采取必要的保护措施，避免其直接承受外力，并要健全管理制度，加强管材质量和施工质量的检查监督。在湿陷性黄土地区，可将埋地管道敷设在防水性能良好的检漏管沟内，一旦漏水，水可沿沟排至检漏井内，便于及时发现和检修。管径小的管道，也可敷设在检漏套管内。

(4)**防噪声**。当管道中水流速度过大时，启闭水嘴、阀门，易出现水锤现象，引起管道、附件的振动，不但会损坏管道附件造成漏水，还会产生噪声。为防止噪声污染，应控制管道的水流速度，在系统中尽量减少使用电磁阀或速闭型水栓。住宅建筑进户管的阀门后(沿水流方向)，宜装设可曲挠橡胶接头进行隔振。并可在管支架、吊架内衬垫减振材料，以减少噪声的扩散，如图 1-37 所示。

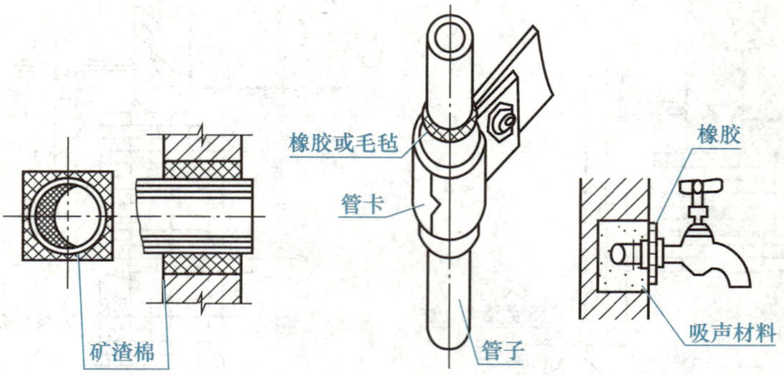


图 1-37　各种管道器材的防噪声措施

**4. 建筑内给水管道的安装**

建筑内给水管道的安装包括生活给水、消防及生活热水管道的施工。一般按引入管(总管)→水平干管→立管→横支管→支管的顺序施工。

(1)建筑内给水管道安装的技术要求。

1)管道穿越建筑物基础，墙、楼板的空洞和暗装时管道的墙槽，应配合土建预留。

2)管道穿过墙壁和楼板，应设置金属或塑料套管。穿过楼板的套管与管道之间缝隙应用阻燃密实材料和防水油膏填实，端面光滑。穿墙套管与管道之间缝隙宜用阻燃密实材料填实，且端面应光滑。管道的接口不得设置在套管内。

3)给水管道与其他管道同沟或共架敷设时，应铺设在排水管、冷冻管的上面，热水管或蒸汽管的下面。给水管不宜与输送易燃或有害流体的管道同沟敷设。

4)管道支、吊、托架的安装，应符合下列规定：

①位置正确，埋设应平整牢固。

②固定支架与管道接触紧密，固定应牢靠。

③滑动支架应灵活，滑拖与滑槽两侧间应留有 3～5 mm 的间隙，纵向移动量应符合设计要求。

④固定在建筑结构上的管道支、吊架，不得影响结构的安全。

5)直埋管在室外部分要考虑冰冻线深度和地面荷载情况，室内直埋管应避免穿越柱基，埋深不应小于 500 mm。管道及其支墩严禁铺设在冻土和未经处理的松土上。

6)隐蔽管道和给水、消防系统的水压试验及管道冲洗，应按规定执行。

7)生活给水管、消防管，应根据需要及设计要求，进行保温处理，以防止结露。

8)除敷设在地下室的给水管道外，给水引入管(总管)入户处均设竖井，并盖活动盖板以便于维修，而且应设置总阀(或装水表组)，以利启闭与调节。

9)管道安装用螺纹连接时，凡采用管段原有螺纹，均应检查螺纹的完整情况，并应切去 2～3 个螺纹，重新套丝，以保证连接的严密。

(2)建筑内给水管道的安装。

1)引入管的安装。引入管穿越建筑物基础时，应按要求施工，并妥善封填预留的基础空洞。当有防水要求时，给水引入管应采用防水套管，常用刚性防水套管。引入管底部宜用三通管件连接，三通底部装泄水阀或管堵，以利管道系统试验及冲洗时排水，引入管在室外的埋深应大于当地的冰冻深度。

2)干管的安装。给水干管对下分式系统，可置于地下室楼板下、地沟内或沿一层地面拖地安装；对上分式系统可明装于顶层楼板下，或暗装于屋顶、吊顶或技术层内。所有暗装给水干管均应在压力试验合格后，方可进行隐蔽。

给水干管的安装程序如下：

①管子的调直与刷油。

②管子的定位放线及支架安装。依据施工图所要求的干管走向、位置、标高和坡度，检查预留孔洞。如未预留孔洞时，应打通干管需穿越的隔墙洞，挂通线弹出管子安装的坡度线。在此管中心坡度线下方，画出支架安装打洞位置方块线，即可安装支架。

③管子的上架与连接。对焊接连接的干管，直线部分可整根管子上架，弯曲部分应在地面上焊好弯管后上架。

干管如采用焊接连接时，对口应不错口并留有对口间隙(1.5 mm)，点焊后调直管道最后焊死。

3)给水立管的安装。给水立管可分为明装或暗装。暗装即安装于管道竖井内或墙槽内。立管预制以楼层管段长度为单元。每安装一层立管，均应使其位于立管安装中心线上，并用立管卡予以固定。立管卡的安装高度宜为 1.5 m。

给水立管与排水立管并行时，应置于排水立管的外侧，与热水立管(蒸汽立管)并行时，应置于热水立管的右侧。从地下室、地沟干管上接出给水立管时，应用 2～3 个弯头引向地面上(或墙槽内)。立管穿越各层楼板时，应加钢套管。

4)给水横支管的安装。给水系统的横支管安装应具有不小于 0.2%的坡度。

5)给水弯道的特殊处理。

①管道通过伸缩缝和沉降缝的处理。管道通过建筑沉降缝、伸缩缝时，需作特殊处理。常用方法有两种：一种是柔性做法，即把通过伸缩缝的管段部分采用软管；另一种是刚性做法，即利用螺纹弯头把管道做成 U 形管，利用弯头螺纹微小的旋动缓解由沉降不均匀引起的剪切力。

②管道的防噪声处理。管道的噪声源主要来自水泵运行、水流速度较大、阀门或水嘴启闭引起的水击等原因。减弱和消除这些噪声的措施除在设计方面采用合理流速、水泵减振等方法外，从安装角度考虑，主要是利用吸声材料隔离管道与其依托的建筑实体的硬接触。如暗装管和穿墙套管填充矿渣棉、管道托架及立管卡和管子之间的衬垫橡胶或毛毡，水嘴采用软管连接等。

### 5. 建筑给水管道的验收

室内给水工程的验收包括室内给水管道的试压、冲洗及消毒。

(1)**建筑内部给水管道试压**。

1)室内给水管道试压适用范围：水压试验是在管道系统施工完毕后，对其管道的材质与配件结构的强度和接口严密性检查的必要手段，是确保管道系统使用功能的关键措施，也是管道安装质量检验评定中的保证项目之一。室内给水管道系统水压试验适用于室内生活用水、消防用水和生活(生产)与消防合用的管道系统，工作压力不大于 0.6 MPa 的管道工程。

2)水压试验操作程序。

①向管道系统注水。水压试验是以水为介质，可用自来水，也可用未被污染、无杂质、无腐蚀性的清水为介质。向管道系统注水时，水压试验的充水点和加压装置，一般应选在系统或管段的较低处，以利于低处进水、高点排气。当注水压力不足时，可采取增压措施。注水时需将给水管道系统最高处用水点的阀门打开，关闭最低点的排水阀，连接好进水管、压力表和加压泵等，待管道系统内的空气全部排净见水后，再将阀门关闭，此时，表明管道系统注水已满(可反复关闭数次进行验证)。

②向管道系统加压。管道系统注满水后，启动加压泵使系统内水压逐渐升高，先升至工作压力，停泵观察。当各部位无破裂、无渗漏时，再将压力升至试验压力，其试验压力不应小于0.6 MPa。生活饮用水和生产、消防合用的管道，试验压力应为工作压力的1.5倍，但不得超过1.0 MPa。管道试压标准是在试验压力下，10 min内压力降不大于0.05 MPa，表明管道系统强度试验合格。然后再将试验压力缓慢降至工作压力，再做较长时间观察，此时，全系统的各部位仍无渗漏，则管道系统的严密性为合格。只有强度试验和严密性试验均合格时，水压试验才算合格。在气温低于0 ℃时进行水压试验，应采用严格的防冻措施，并用50 ℃左右的热水进行试验，或在水中掺入20%～30%的盐，以冷盐水试验。冬季进行水压试验时，应准备充分，动作迅速，以不超过2～3 h结束试验为好，最后将工作压力逐渐降为零。至此，管道系统试压全过程结束。

③泄水。给水管道系统试压合格后，应及时将系统低处的存水泄掉，防止积水，尤其在冬季因冻结而破坏管道。

3)填写管道系统试压记录。填写管道系统试压记录时，应如实填写试压实际情况。试压记录是管道工程的重要技术资料，存入工程档案里，随工程的完工，转交给建设单位留存。

(2)**建筑内部给水管道的冲洗**。先冲洗给水管道系统底部干管，后冲洗各环路支管。冲洗时，应把已安装的水表拆下，并加以短管代替。由给水入户管控制阀前接临时供水入口向系统供水。关闭其他支管的控制阀门，只开启干管末端支管(一根或几根)最底层的阀门，由底层放水并引至排水系统内。观察出水口处水质的变化。底层干管冲洗后再依次冲洗各分支(一只或几只)环路。直至系统管路冲洗完毕为止。冲洗后如实填写冲洗记录，存入工程技术档案内。

冲洗时应符合以下几项技术要求：

1)冲洗时水压应大于系统供水的工作压力。

2)出水口处的管径截面不得小于被冲洗管径截面的3/5(即出水口管径应比被冲洗管径小1号)。出口管径截面大，出水流速低即无冲洗力；出口管径截面小，出水流速大，不好控制和观察。

3)出水口处的排水流速 $v \geq 1.5$ m/s。

4)控制冲洗水管管径与流速的关系。

(3)**建筑内部给水管道的消毒**。对于室内饮用给水管道，应先进行管路的冲洗，再进行管路的消毒，然后用饮用水再冲洗。进行消毒处理时，先将漂白粉放入桶内加以溶解，然后以每升水中含20～30 mg游离氯的水灌满管道，浸泡24 h以上，再用饮用水冲洗，并经有关部门取样检验，直至合格为止。

### 1.1.4 居住小区给水工程

#### 1. 居住小区的给水方式

一般工业与民用建筑小区的水源应首选城市自来水，小区的给水方式有以下几种类型：

(1)**城市给水管网直接给水方式**。直接给水方式即城市管网→小区管网→建筑物。这种给水方式适用于城市给水管网的水压能满足建筑物直接给水的要求，或城市给水管网的水压能在夜间将水压入建筑物屋顶水箱，利用建筑物的屋顶水箱调节日间外管网水压的不足。

(2)**小区集中加压给水方式**。小区集中加压给水方式即城市管网→小区升压→建筑物。当城市给水管网水量、水压不能满足小区给水要求时，整个小区由一个集中设置的加压泵房供水。当小区内各建筑物的高度相近时，应根据最不利点所需水压确定供水压力；当小区内各建筑物的高度相差较大，可考虑分压供水。其优点是加压泵站集中设置，维护管理方便，节省投资；其缺点是不能充分利用城市管网压力，增加了能源消耗，如采用分压供水时，增加管网造价。

(3)**小区内各建筑分散加压的给水方式**。分散加压的给水方式即城市管网→小区管网→建筑物升压(部分为城市管网→小区管网→建筑物)。当城市给水管网水量、水压不能满足小区内的建筑物要求时，小区内的各建筑物分别设置加压水泵房，每个水泵房只负责一栋楼或几栋楼的给水，此系统使用较为普遍。通常下面几层由市政给水管网直接供水，上面几层由水泵加压后供水。其优点是可以充分利用城市给水管网的压力，节约能源；其缺点是水泵房分散布置，维护管理较麻烦，投资较大，有水泵振动噪声干扰。

(4)**集中加压与分散加压相结合的给水方式**。对建筑物高度相差较大的小区，城市给水管网水压不能满足小区给水要求，集中加压站的供水压力只满足高度相近的建筑物对水压的要求，而另一部分较高的建筑物，则另外进行加压的给水系统。这种给水系统的优缺点介于集中加压给水系统与分散加压给水系统之间。

**2. 中水系统**

**中水系统是由给水系统和排水系统派生出来的，其水质介于给水和排水之间**。小区中水系统是指小区内排放的各种污、废水经集流、水质处理、配送等技术措施，回用于小区，用于冲洗便器、冲洗汽车、绿化和浇洒道路等杂用水的供水系统。

(1)**中水系统的分类**。中水系统按照其服务的范围不同，可分为建筑中水系统、小区中水系统和城市中水系统。

1)**建筑中水系统**。建筑中水系统是指单幢建筑(或几幢相邻建筑)所形成的中水供应系统。根据其系统的设置情况不同，可分为以下两种形式：

①具有完善排水设施的建筑中水系统：是指建筑物内部的排水系统为分流制，生活污水单独排入小区排水管网或化粪池，以杂排水或优质杂排水(不含粪便污水)作为中水的水源，这种杂排水经过收集汇流后，通过设置在建筑物地下室内或临近建筑物室外的水处理设施的处理，又输送到该建筑内或周围，用以冲洗厕所、涮洗拖布、绿化、洗车、水景布水等。建筑物内部的供水采用生活饮用水给水系统和中水给水系统的双管分质给水系统。

②排水设施不完善的建筑中水系统：是指建筑物内的排水采用合流制排水系统，建筑物内的生活污水排入到污水局部处理构筑物，如沉砂池、沉淀池、隔油井或化粪池等，以通过污水局部处理构筑物简单处理过的水作为建筑物中水的水源，然后再通过设置在建筑物地下室内或临近建筑物室外的水处理设施的处理，采用双管分质供水的方式将中水输送到建筑物内，作为杂用水之用。

2)**小区中水系统**。小区中水系统是指在居住小区、院校和机关大院等建筑区内建立的中水系统。设置小区中水给水系统的建筑区的排水系统大多采用分流制的排水体制，小区建筑物内的排水方式应根据居住小区内排水设施的完善程度来确定，但应使居住小区给水排水系统与建筑物内的给水排水系统相配套。小区中水系统以小区内各建筑物排放的优质杂排水或杂排水作为水源，经过中水处理系统的处理后，通过小区配水管网分配到各个建筑物内使用。小区内的中水给水系统可采用全部完全分流系统、部分完全分流系统、半完全分流系统和无分流管系的简化系统等形式。

3)**城市中水系统**。城市中水系统是以城市二级污水处理厂(站)的出水和雨水作为中水的水源，再经过城镇中水处理设施的处理，达到中水水质标准后，作为城市杂用水使用。设置中水系统的城市供水采用双管分质、分流的供水系统，但城市排水和建筑物内的排水系统不要求必须采用分流制。

(2)**中水系统的组成**。中水系统一般由中水原水系统、中水处理系统和中水管道系统三部分组成。

1)**中水原水系统**。中水原水系统是指收集、输送中水原水到中水处理设施的管道系统和附属构筑物，可分为污废水分流制和合流制两类系统。建筑中水系统多采用分流制中的优质杂排水或杂排水作为中水水源。

2)**中水处理系统**。中水处理工艺按组成段可分为预处理、主处理和后处理三个阶段。预处理阶段主要是用来截留中水原水中较大的漂浮物、悬浮物和杂物，分离油脂，调节水量和pH值等，其处理设施主要有格栅、滤网、沉砂池、隔油井、化粪池等；主处理阶段主要是用来去除原水中的有机物、无机物等，其主要处理设施包括沉淀池、混凝池、气浮池和生物处理设施等；后处理阶段主要是对中水水质要求较高的用水进行的深度处理，常用的处理方法或工艺有膜滤、活性炭吸附和消毒等，其主要处理设施包括过滤池、吸附池、消毒设施等。

3)**中水管道系统**。中水管道系统是指将中水处理站处理后的中水输送到各中水用水点的管网系统，包括中水输配水管道系统、中水贮水池、高位水箱、中水加压泵站或气压给水设备等。中水供水管道系统应单独设置，管网系统的类型、供水方式、系统组成、管道敷设形式和水力计算的方法均与给水系统基本相同，只是在供水范围、水质、使用等方面有些限定和特殊要求。中水供水管道必须具有耐腐蚀性，一般宜采用塑料给水管、塑料和金属复合管或其他给水管材，不得采用非镀锌钢管。中水贮存池(箱)宜采用耐腐蚀、易清垢的材料制作，钢板池(箱)的内、外壁及其附配件均应采取防腐蚀处理。中水管道上不得装设取水龙头，当装有取水接口时，必须采取严格的防止误饮、误用的措施。中水用水点宜采用使中水不与人直接接触的密闭器具，冲洗汽车、浇洒道路和绿化等的用水处宜采用有防护功能的壁式或地下式给水栓。

(3)**中水水源、水质、处理工艺流程**。

1)中水水源。中水水源的选用应根据原排水的水质、水量、排水状况和中水所需的水质、水量等来确定。一般生产冷却水和生活废、污水，其取舍顺序为：冷却水→淋浴排水→盥洗排水→洗衣排水→厨房排水→厕所排水等。医院污水不宜作为中水水源，严禁将工业污水、传染病医院污水和放射性污水作为中水的水源。

2)中水水质。建筑中水原水的水质应以实测资料为准。由于在不同的地区人们的生活习惯不同，污水中污染物成分也不尽相同，因此，生活污水的分项水质相差很大，但人均排出的污染浓度比较稳定。建筑物排水的污染浓度与用水量有关，用水量越大，其污染浓度越低；反之，则越高。

中水的水质必须在卫生方面安全、可靠，无有害物质，外观上无使人不快的感觉，不得引起管道设备产生结垢和腐蚀。中水用于采暖系统补水等其他用途时，其水质应达到相应使用要求的水质标准，当中水同时满足多种用途时，其水质应按最高水质标准确定。

3)中水处理工艺流程。中水处理工艺流程的确定，应充分了解本地区的用水环境、节水技术的应用情况、城市污水及污泥的处理程度、当地的技术与管理水平是否适应处理工艺的要求等，再根据中水原水的水质、水量和要求的中水水质、水量及使用要求等因素，经技术经济比较，并参考已经应用成功的处理工艺流程确定。

当以优质杂排水或杂排水作为中水原水时，可采用以物化处理为主的工艺流程，或采用生物处理与物化处理相结合的工艺流程，如图1-38所示。

当以生活污水为中水水源时，因原水中悬浮物和有机物的浓度都很高，中水处理的目的是去除水中的悬浮物和有机物，此时，宜采用二段生物处理或生物处理与物化处理相结合的工艺流程，如图1-39所示。

当利用污水处理站二级生物处理出水作为中水水源时，中水处理的目的是去除水中残留的悬浮物，降低水的浊度和色度，此时，宜采用物化处理或三级处理工艺流程。其工艺流程如图1-40所示。

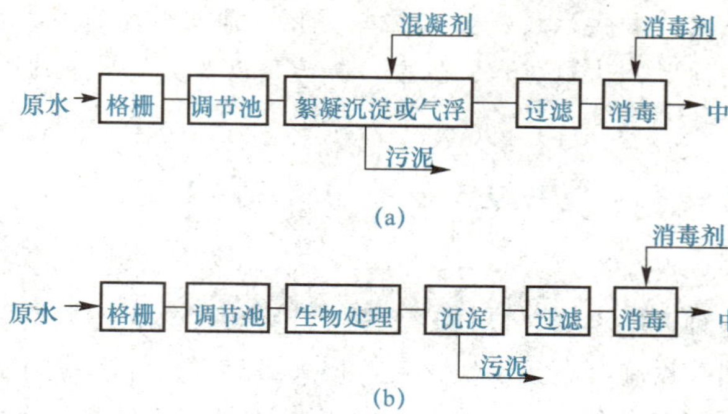


**图 1-38　优质杂排水和杂排水为中水水源的水处理工艺流程**

(a)物理化学处理；(b)生物处理与物理化学处理相结合

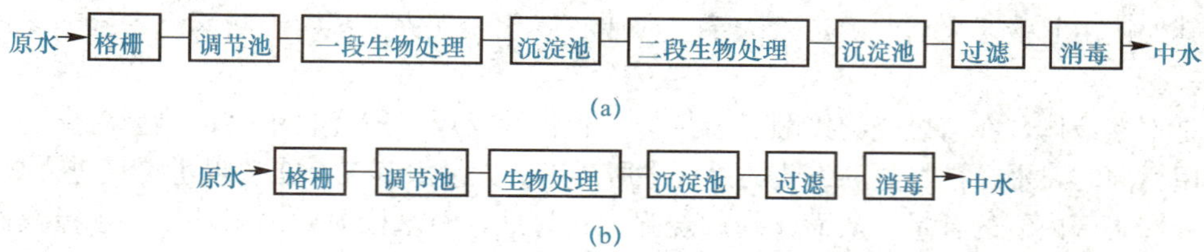


**图 1-39　生活污水为中水水源的水处理工艺流程**

(a)二段生物处理；(b)生物处理与物理化学处理相结合

**图 1-40　小区污水处理站二级生物处理出水为中水水源的水处理工艺流程**

(4)**中水系统的安全防护**。中水管道严禁与生活饮用水管道连接，避免造成因中水管道系统与生活饮用水系统误接，污染生活饮用水水质。向中水池(箱)内补水的自来水管道应采取防污染措施，补水管出水口应高于中水贮存池(箱)内溢流水位，其间距不得小于 2.5 倍管径，严禁采用淹没式浮球阀补水。

中水管道与生活饮用水给水管道、排水管道等平行埋设时，其水平净距不得小于0.5 m；交叉埋设时，中水管道应位于生活饮用水管道下面、排水管道的上面，其净距均不得小于 0.15 m。

中水管道外壁应按有关标准的规定涂色和做标志，一般情况下，若中水管道采用外壁为金属的管材时，其外壁的颜色应涂浅绿色；当采用外壁为塑料的管材时，应采用浅绿色的管道，并应在其外壁模印或打印明显耐久的“中水”标志，以避免与其他管道混淆。在中水贮存池(箱)、阀门、水表、给水栓、取水口等处均应有明显的“中水”标志。公共场所及绿化的中水取水口应设带锁装置。

中水贮存池(箱)设置的溢流管、泄水管均应采用间接排水方式排出，溢流管应设隔网。

# 项目 1.2　建筑消防给水系统

## 项目引领

应选择哪种消防给水方式，消防的水质、水压和水量有哪些要求？如果居住的建筑物高度在 100 m 以上，消防供水方式和供水设施会有哪些变化？消防给水系统是如何安装在建筑物内部，在实现其供水要求的同时，达到防水、防振、防噪声以及美观要求的呢？

### 1.2.1 建筑消防给水系统的设置、消防用水量的确定

#### 1. 建筑消防给水系统的设置

建筑业快速发展，各种住宅小区、高层建筑群大量出现。由于城市人口多，建筑物密集，如果没有合理、安全的消防设施，一旦发生火灾，损失将难以估计。我国制定的《建筑设计防火规范》(GB 50016—2014)和《自动喷水灭火系统设计规范》(GB 50084—2005)等规范对需要设置消防系统的建筑物作了若干规定，以防止和减少火灾的危害。

建筑消防系统根据使用灭火剂的种类和灭火方式可分为：消火栓灭火系统、自动喷水灭火系统、其他使用非水灭火剂的固定灭火系统，如二氧化碳灭火系统、干粉灭火系统、卤代烷灭火系统等。

水是不燃液体，在与燃烧物接触后通过物理、化学反应从燃烧物中摄取热量对燃烧物起到冷却作用；同时，水在被加热和汽化的过程中所产生的大量水蒸气，能够阻止空气进入燃烧区，并能稀释燃烧区内氧的含量，从而减弱燃烧强度；另外，经水枪喷射出来的压力水流具有很大的动能和冲击力，可以冲散燃烧物使燃烧强度显著减弱。

在水、泡沫、酸碱、卤代烷、二氧化碳和干粉等灭火剂中，水具有使用方便、灭火效果好、来源广泛、价格便宜、器材简单等优点，是目前建筑消防的主要灭火剂。这里重点介绍多层民用建筑中以水作为灭火剂的消火栓给水系统和自动喷水灭火系统。

(1)建筑高度的分界线。建筑高度是指室外设计地面到其屋面面层或檐口的高度，屋面上的瞭望塔、冷却塔、水箱间、微波天线间或设施、电梯机房、排风或排烟机房及楼梯出口小间等，不计入建筑高度。

根据建筑高度和层数的不同，民用建筑可分为以下几类：

1)**多层民用建筑：**9 层及 9 层以下的居住建筑(包括设置商业网点的居住建筑，居住建筑包括住宅、公寓、宿舍等)；建筑高度小于等于 24 m 的公共建筑；建筑高度超过 24 m 的单层公共建筑。

2)**高层民用建筑：**10 层及 10 层以上的居住建筑(包括设置商业服务网点的居住建筑)；建筑高度超过 24 m 且层数为 2 层及 2 层以上的公共建筑。

3)**超高层建筑：**建筑高度 100 m 以上的建筑。

(2)室内消火栓等的设置场所。《建筑设计防火规范》(GB 50016—2014)中对建筑物是否设置消防给水作了若干规定。

下列建筑可不设置消火栓给水系统，但宜设置消防软管卷盘或轻便消防水龙：

1)耐火等级为一、二级且可燃物较少的单层、多层丁、戊类厂房(仓库)。

2)耐火等级为三、四级且建筑体积小于等于 3 000 $m^3$ 的丁类厂房和建筑体积小于等于 5 000 $m^3$ 的戊类厂房(仓库)。

3)粮食仓库、金库、远离城镇且无人值班的独立建筑。

4)存有与水接触能引起燃烧爆炸的物品的建筑。

5)室内没有生产、生活给水管道，室外消防用水取自储水池且建筑体积小于等于 5 000 $m^3$ 的其他建筑。

下列建筑或场所应设置室内消火栓系统：

1)建筑占地面积大于 300 $m^2$ 的厂房和仓库。

2)高层公共建筑和建筑高度大于 21 m 的住宅建筑。

3)体积大于 5 000 $m^3$ 的车站、码头、机场的候车(船、机)建筑、展览建筑、商店建筑、旅馆建筑、医疗建筑和图书馆建筑等单层、多层建筑。

4)特等、甲等剧场，超过 800 个座位的其他等级的剧场和电影院等以及超过 1 200 个座位的礼堂、体育馆等单层、多层建筑。

5)建筑高度大于 15 m 或体积大于 10 000 $m^3$ 的办公建筑、教学建筑和其他单层、多层民用建筑。

国家级文物保护单位的重点砖木或木结构的古建筑，宜设置室内消火栓系统。

人员密集的公共建筑、建筑高度大于 100 m 的建筑和建筑面积大于 200 $m^2$ 的商业服务网点内应设置消防软管卷盘或轻便消防水龙。高层住宅建筑的户内宜配置轻便消防水龙。

下列场所应设置自动灭火系统，并宜采用自动喷水灭火系统：

1)大于等于 50 000 纱锭的棉纺厂的开包、清花车间；大于等于 5 000 纱锭的麻纺厂的分级、梳麻车间；火柴厂的烤梗、筛选部位。

2)占地面积大于 1 500 $m^2$ 的木器厂房。

3)占地面积大于 1 500 $m^2$ 或总建筑面积大于 3 000 $m^2$ 的单层、多层制鞋、制衣、玩具及电子等类似生产的厂房。

4)泡沫塑料厂的预发、成型、切片、压花部位。

5)高层乙、丙、丁类厂房。

6)建筑面积大于 500 $m^2$ 的地下或半地下丙类厂房。

7)每座占地面积大于 1 000 $m^2$ 的棉、毛、丝、麻、化纤、毛皮及其制品的仓库。

8)每座占地面积大于 600 $m^2$ 的火柴仓库。

9)邮政建筑内建筑面积大于 500 $m^2$ 的空邮袋库；建筑面积大于 500 $m^2$ 的可燃物品地下仓库。

10)可燃、难燃物品的高架仓库和高层仓库。

11)设计温度高于 0 ℃的高架冷库，设计温度高于 0 ℃且每个防火分区建筑面积大于 1 500 $m^2$ 的非高架冷库。

12)总建筑面积大于 500 $m^2$ 的可燃物品地下仓库。

13)每座占地面积大于 1 500 $m^2$ 或总建筑面积大于 3 000 $m^2$ 的其他单层或多层丙类物品仓库。

14)特等、甲等剧场，超过 1 500 个座位的其他等级的剧院；超过 2 000 个座位的会堂或礼堂；超过 3 000 个座位的体育馆；超过 5 000 人的体育场的室内人员休息室与器材间等。

15)任一楼层建筑面积大于 1 500 $m^2$ 或总建筑面积大于 3 000 $m^2$ 的展览、商店、餐饮和旅馆建筑以及医院中同样建筑规模的病房楼、门诊楼和手术部。

16)设置送回风道(管)的集中空气调节系统且总建筑面积大于 3 000 $m^2$ 的办公建筑等。

17)藏书量超过 50 万册的图书馆。

18)总建筑面积大于 500 $m^2$ 的地下或半地下商店。

19)大、中型幼儿园，总建筑面积大于 500 $m^2$ 的老年人建筑。

20)设置在地下、半地下或地上四层及以上楼层的歌舞娱乐放映游艺场所(游泳场所除外)，设置在首层、二层和三层且任一层建筑面积大于 300 $m^2$ 的地上歌舞娱乐放映游艺场所(游泳场所除外)。

下列部位宜设置水幕系统：

1)特等、甲等或超过 1 500 个座位的其他等级的剧院和超过 2 000 个座位的会堂或礼堂的舞台口以及与舞台相连的侧台、后台的门窗洞口。

2)应设防火墙等防火分隔物而无法设置的局部开口部位。

3)需要冷却保护的防火卷帘或防火幕的上部。

(3)消防水源。

1)市政消防管网为水源。城镇、居住区、企业单位的室外消防给水，一般均采用低压给水系统，即消防市政管网中最不利点的供水压力为大于或等于 0.1 MPa。市政给水管网在满足建筑物内最大生活用水量的同时，要确保建筑所需的消防用水量(包括室内、室外消防用水量)

2)天然水源。当建筑物靠近江、河、湖泊、泉水等天然水源时，可采用其作为消防水源，但应采取必要的技术措施使消防车能靠近水源，最低水位也能正常吸水，为消防车取水和往返提供方便条件。天然水源的水量可靠性，一般为 25 年一遇的保证率。在寒冷地区，应有可靠的防冻措施，使在冰冻期内仍能供水。

3)消防水池。储有消防用水的水池均称为消防水池。生活用水、生产用水也往往需要储备。因此，除独立设置的消防水池外，还可以和储备其他用水合建。当采用合建时，应有确保消防用水不作他用的技术措施。

具有下述情况之一者应设消防水池：市政给水管道为树状或只有一条进水管，且室内外消防用水量之和大于 25 L/s；当生产、生活用水量达到最大时，市政给水管道、进水管或天然水源不能满足室内外消防水量。

## 温馨提示

消防用水可由市政给水管网、天然水源或消防水池供给，为了确保供水安全、可靠，高层建筑室外消防给水系统的水源不宜少于两个。

(4)建筑消防给水系统的种类。建筑消防给水可按以下不同方法分类：

1)按我国目前消防登高设备的工作高度和消防车的供水能力划分，有低层和高层建筑消防给水系统。低层建筑与高层建筑消防给水系统的划分，主要是根据我国目前普遍使用的消防车的供水能力及消防登高器材的性能来确定的。**9 层及 9 层以下的住宅及建筑高度小于 24 m 的低层民用建筑，属低层建筑消防系统。**室内消火栓系统主要是扑灭建筑物的初期火灾，后期火灾可依靠消防车扑救。**10 层及 10 层以上的住宅建筑和建筑高度为 24 m 以上的其他民用和工业建筑，属高层建筑消防系统。**对于高层建筑而言，因我国目前登高消防车的工作高度约为 24 m，消防云梯一般为 30～48 m，普通消防车通过水泵接合器向室内消防系统输水的供水高度约为 50 m，因此，发生火灾时建筑的高层部分已无法依靠室外消防设施协助救火。所以，高层建筑消防给水系统要立足于自救，即立足于用室内消防设施来扑救火灾。

2)按消防给水系统的救火方式划分，有消火栓消防系统、自动喷水消防系统、水雾消防系统和水幕消防系统。消火栓给水系统由水枪喷水灭火，系统简单，工程造价低，是我国目前各类建筑普遍采用的消防给水系统；自动喷水灭火系统由喷头喷水灭火，该系统自动喷水并发出报警信号，灭火、控火成功率高，是当今世界上广泛采用的固定灭火设施，但因工程造价高，目前我国主要用于建筑内消防要求高，火灾危险性大的场所。

3)按消防给水压力划分，有高压、临时高压和低压消防给水系统。

4)按消防给水系统的供水范围划分，有独立消防给水系统和区域集中消防给水系统。

### 2. 消防用水量的确定

消火栓给水系统水力计算的主要任务是根据有关规范规定的消防用水量及要求使用的水枪

数量和水压确定管网的管径，系统所需的水压，水池、水箱的容积和水泵的型号等。我国规范规定的各种建筑物消防用水量及要求同时使用的水枪数量见表 1-9。

**表 1-9　室内消火栓用水量**

| 建筑物名称 | 高度 $h$/m、层数、体积 $v$/m³ 或座位数 $n$/个 | | 消火栓用水量 /(L·s⁻¹) | 同时使用水枪数量/支 | 每根竖管最小流量/(L·s⁻¹) |
|---|---|---|---|---|---|
| 厂房 | $h\leqslant24$ | $v\leqslant10\ 000$<br>$V>10\ 000$ | 5<br>10 | 2<br>2 | 5<br>10 |
| | $24<h\leqslant50$<br>$h>50$ | | 25<br>30 | 5<br>6 | 15<br>15 |
| 仓库 | $h\leqslant24$ | $v\leqslant5\ 000$<br>$V>5\ 000$ | 5<br>10 | 1<br>2 | 5<br>10 |
| | $24<h\leqslant50$<br>$h>50$ | | 5<br>10 | 1<br>2 | 5<br>10 |
| 科研楼、试验楼 | $H\leqslant24$，$V\leqslant10\ 000$<br>$H\leqslant24$，$V>10\ 000$ | | 10<br>15 | 2<br>3 | 10<br>10 |
| 车站、码头、机场的候车(船、机)楼和展览建筑等 | $5\ 000<V\leqslant25\ 000$<br>$25\ 000<V\leqslant50\ 000$<br>$V>50\ 000$ | | 10<br>15<br>20 | 2<br>3<br>4 | 10<br>10<br>15 |
| 剧院、电影院、会堂、礼堂、体育馆等 | $800<n\leqslant1\ 200$<br>$1\ 200<n\leqslant5\ 000$<br>$5\ 000<n\leqslant10\ 000$<br>$n>10\ 000$ | | 10<br>15<br>20<br>30 | 2<br>3<br>4<br>6 | 10<br>10<br>15<br>15 |
| 商店、旅馆等 | $5\ 000<V\leqslant10\ 000$<br>$10\ 000<V\leqslant25\ 000$<br>$V>25\ 000$ | | 10<br>15<br>20 | 2<br>3<br>4 | 10<br>10<br>15 |
| 病房楼、门诊楼等 | $5\ 000<V\leqslant10\ 000$<br>$10\ 000<V\leqslant25\ 000$<br>$V>25\ 000$ | | 5<br>10<br>15 | 2<br>2<br>3 | 5<br>10<br>10 |
| 办公楼、教学楼等其他民用建筑 | 层数≥5 层或 $V>10\ 000$ | | 15 | 3 | 10 |
| 国家级文物保护单位的重点砖木或木结构的古建筑 | $V\leqslant10\ 000$<br>$V>10\ 000$ | | 20<br>25 | 4<br>5 | 10<br>15 |
| 住宅 | 层数≥8 | | 5 | 2 | 5 |

注：1. 丁、戊类高层厂房(仓库)室内消火栓的用水量可按本表减少 10 L/s，同时使用水枪数量可按本表减少 2 支；

2. 消防软管卷盘或轻便消防水龙及住宅楼梯间中的干式消防竖管上设置的消火栓，其消防用水量可不计入室内消防用水量。

### 1.2.2　建筑消火栓给水系统

建筑消火栓给水系统是把室外给水系统提供的水量，经过加压(外网压力不满足需要时)，输送到用于扑灭建筑物内的火灾而设置的固定灭火设备，是建筑物中最基本的灭火设施。

**1. 室内消火栓给水系统的给水方式**

室内消火栓给水系统的给水方式，由室外给水管网所能提供的水压、水量及室内消火栓给水系统所需水压和水量的要求来确定。

(1)**无加压泵和水箱的室内消火栓给水系统**(图 1-41)。建筑物高度不大，而室外给水管网的压力和流量在任何时候均能够满足室内最不利点消火栓所需的设计流量和压力时，宜采用此种方式。

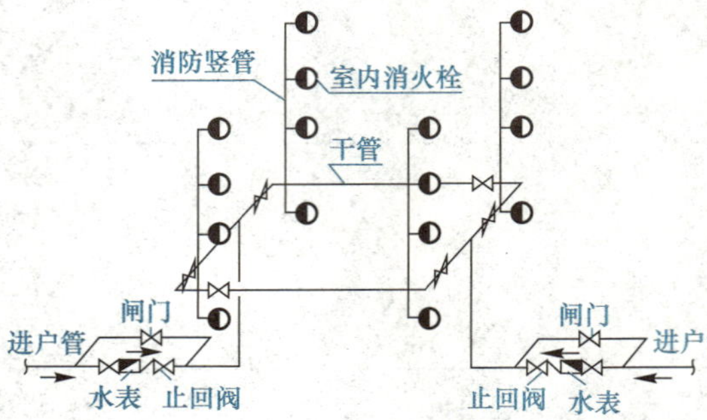


图 1-41　无加压泵和水箱的室内消火栓给水系统

(2)**设有水箱的室内消火栓给水系统**(图 1-42)。在室外给水管网中水压变化较大的城市和居住区，当生活、生产用水量达到最大时，室外管网不能保证室内最不利点消火栓的压力和流量；而当生活、生产用水量较小时，室内管网的压力又能较高出现，昼夜内间断地满足室内需求。在这种情况下，宜采用此种方式。在室外管网水压较大时，室外管网向水箱充水，由水箱储存一定水量，以备消防使用。

消防水箱的容积按室内 10 min 消防用水量确定。当生活、生产与消防合用水箱时，应具有保证消防水不作他用的技术措施，以保证消防储水量。水箱的设置高度应保证室内最不利点消火栓所需的水压要求。

(3)**设有消防水泵和水箱的室内消火栓给水系统**(图 1-43)。当室外管网水压经常不能满足室内消火栓给水系统水压和水量要求时，宜采用此种给水方式。当消防用水与生活、生产用水共用室内给水系统时，其消防水泵应保证供应生活、生产、消防用水的最大秒流量，并应满足室内最不利点消火栓的水压要求。水箱应保证储存 10 min 的消防用水量。水箱的设置高度应保证室内最不利点消火栓所需的水压要求。

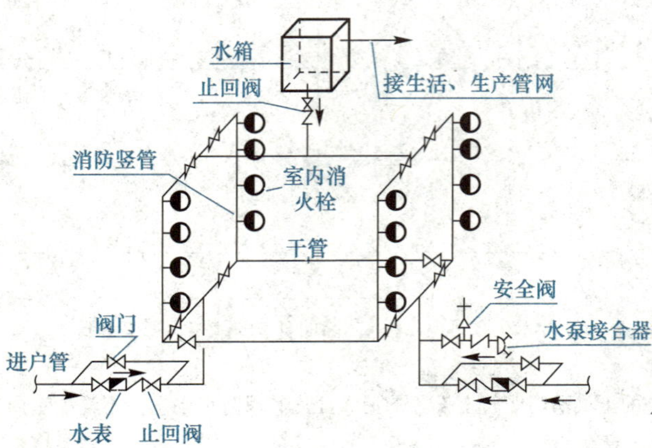


图 1-42　设有水箱的室内消火栓给水系统

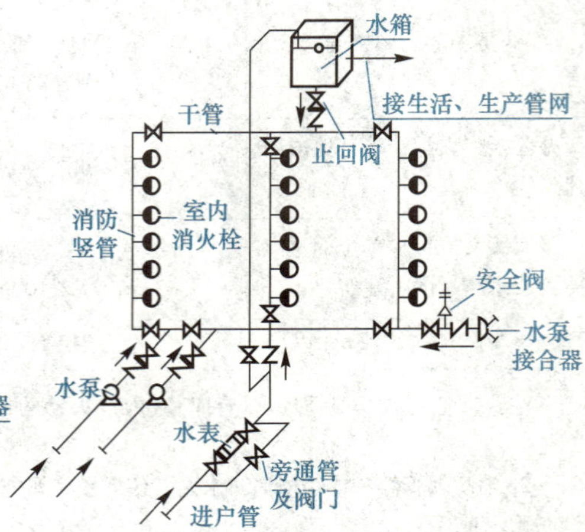


图 1-43　设有消防水泵和水箱的室内消火栓给水系统

### 2. 室内消火栓给水系统的组成

室内消火栓给水系统主要由消火栓、水带、水枪、消防卷盘(消防水喉设备)、水泵接合器，以及消防管道(进户管、干管、立管)、水箱、增压设备、水源等组成。

(1)消火栓。室内消火栓分为单阀和双阀两种，如图 1-44 所示。单阀消火栓又分为单出口、双出口和直角双出口三种；双阀消火栓为双出口。在低层建筑中，单阀单出口消火栓较多采用，消火栓口直径有 *DN*50、*DN*65 两种。对应的水枪最小流量分别为 2.5 L/s 和 5 L/s。双出口消火栓直径为 *DN*65，用于每支水枪最小流量不小于 5 L/s。高层建筑消火栓一般选择 *DN*65。消火栓进口端与管道相连接，出口与水带相连接。

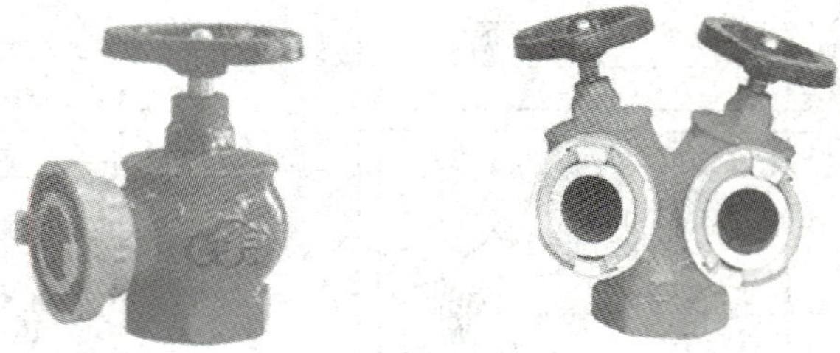

(a)　　　　(b)

**图 1-44　消火栓**

(a)单阀；(b)双阀

(2)水带。水带如图 1-45(a)所示，其接口如图 1-45(b)所示。水带分为麻质和化纤两种，有衬胶与不衬胶之分，衬胶水带阻力小。水带口径有 50 mm、65 mm 两种，长度有 15 m、20 m、25 m 三种，选择时，应根据水力计算确定。

(3)消防卷盘。消防卷盘如图 1-45(c)所示，是由 *DN*25 的小口径消火栓、内径不小于 19 mm 的橡胶胶带和口径不小于 6 mm 的消防卷盘喷嘴组成，胶带缠绕在卷盘上。

(4)水枪。水枪如图 1-45(d)所示，室内一般采用直流式水枪，喷口直径有 13 mm、16 mm、19 mm 三种。喷嘴口径 13 mm 水枪配 *DN*50 接口；喷嘴口径 16 mm 水枪配 *DN*50 或 *DN*65 两种接口；喷嘴口径 19 mm 水枪配 *DN*65 接口。

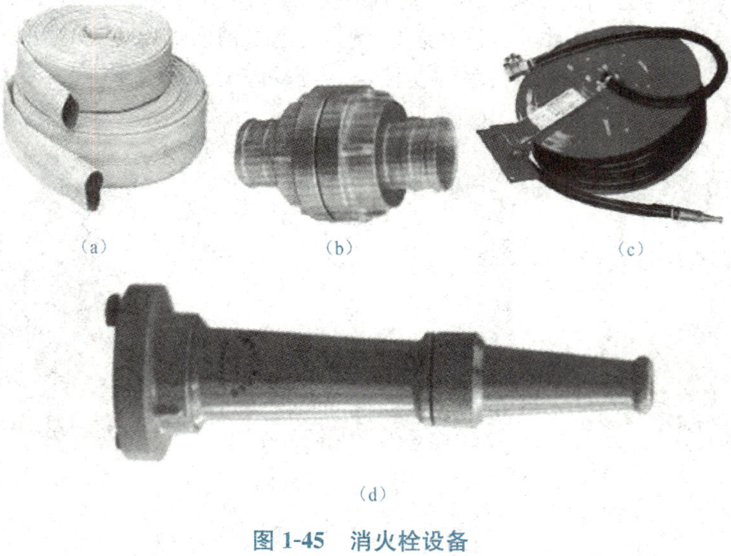

(a)　　　　(b)　　　　(c)

(d)

**图 1-45　消火栓设备**

(a)水带；(b)水带接口；(c)消防卷盘；(d)水枪

在高层建筑中，由于水压及消防水量大，对于没有经过专业训练的人员，使用 *DN*65 口径的消火栓较为困难，因此，可使用消防卷盘进行有效的自救灭火。

## 温馨提示

消火栓、水枪、水带设于消防箱内，常用消防箱的规格有 800 mm×650 mm×200 mm，用钢板、铝合金等制作。消防卷盘设备可与 *DN*65 消火栓同放置在一个消防箱内，也可设单独的消防箱，如图 1-46 所示。

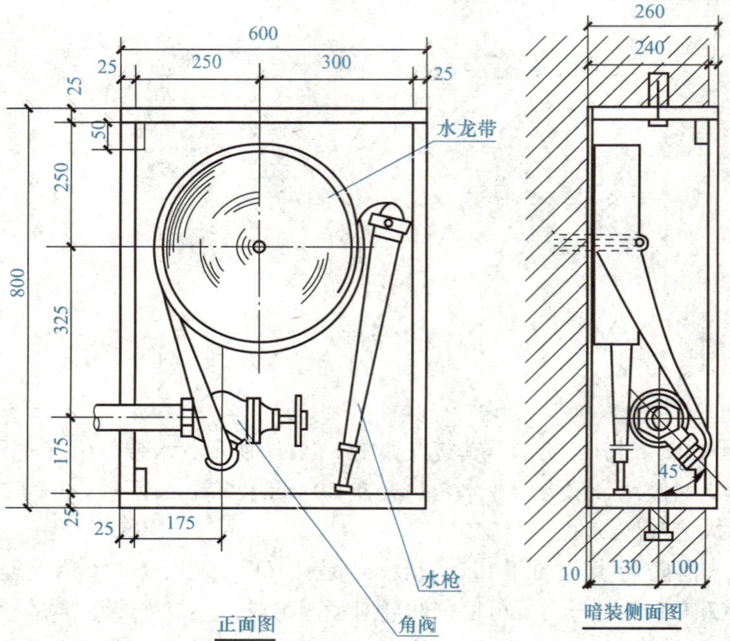


**图 1-46　消火栓箱**

(5)**水泵接合器**。当建筑物发生火灾，室内消防水泵不能启动或流量不足时，消防车由室外消火栓、水池或天然水源取水时，通过水泵接合器向室内消防给水管网供水。水泵接合器是消防车或移动式水泵向室内消防管网供水的连接口。**水泵接合器的接口直径有 *DN*65 和 *DN*80 两种，分为墙壁式、地上式和地下式**，如图 1-47 所示。

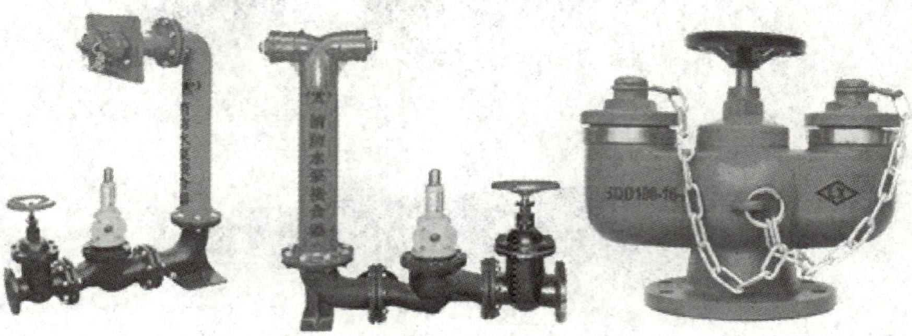

(a)　　(b)　　(c)

**图 1-47　消防水泵接合器**

(a)墙壁式；(b)地上式；(c)地下式

**3. 室内消火栓给水系统的布置要求**

(1)**室内消防给水管道要求**。

1)当室内消火栓超过 10 个且室外消防用水量大于 15 L/s 时，其消防给水管道应连成环状，且至少应有两条进水管与室外管网或消防水泵连接。当其中一条进水管发生事故时，其余的进水管应仍能供应全部消防用水量。

2)高层厂房(仓库)应设置独立的消防给水系统。室内消防竖管应连成环状。

3)室内消防竖管直径不应小于 $DN100$。

4)室内消火栓给水管网宜与自动喷水灭火系统的管网分开设置；当合用消防泵时，供水管路应在报警阀前分开设置。

5)高层厂房(仓库)、设置室内消火栓且层数超过 4 层的厂房(仓库)、设置室内消火栓且层数超过 5 层的公共建筑，其室内消火栓给水系统应设置消防水泵接合器。消防水泵接合器应设置在室外便于消防车使用的地点，与室外消火栓或消防水池取水口的距离宜为 15.0～40.0 m。消防水泵接合器的数量应按室内消防用水量计算确定。每个消防水泵接合器的流量宜按 10～15 L/s 计算。

6)室内消防给水管道应采用阀门分成若干独立段。对于单层厂房(仓库)和公共建筑，检修停止使用的消火栓不应超过 5 个。对于多层民用建筑和其他厂房(仓库)，室内消防给水管道上阀门的布置，应保证检修管道时关闭的竖管不超过 1 根。当设置的竖管超过 3 根时，可关闭 2 根。阀门应保持常开，并应有明显的启闭标志或信号。

7)消防用水与其他用水合用的室内管道，当其他用水达到最大小时流量时，应仍能保证供应全部消防用水量。

8)允许直接吸水的市政给水管网，当生产、生活用水量达到最大且仍能满足室内外消防用水量时，消防泵宜直接从市政给水管网吸水。

9)严寒和寒冷地区非采暖的厂房(仓库)及其他建筑的室内消火栓系统，可采用干式系统，但在进水管上应设置快速启闭装置，管道最高处应设置自动排气阀。

(2)**水枪的充实水柱长度**。水枪的充实水柱是指靠近水枪出口的一段密集不分散的射流。由水枪喷嘴起到射流 90%的水柱水量穿过直径为 380 mm 圆孔处的一段射流长度，称为充实水柱长度。这段水柱具有扑灭火灾的能力，为直流水枪灭火时的有效射程，如图 1-48 所示。为使消防水枪射出的水流能射及火源和防止火焰热辐射烤伤消防队员，水枪的充实水柱应具有一定的长度。各类建筑要求水枪充实水柱长度见表 1-10。

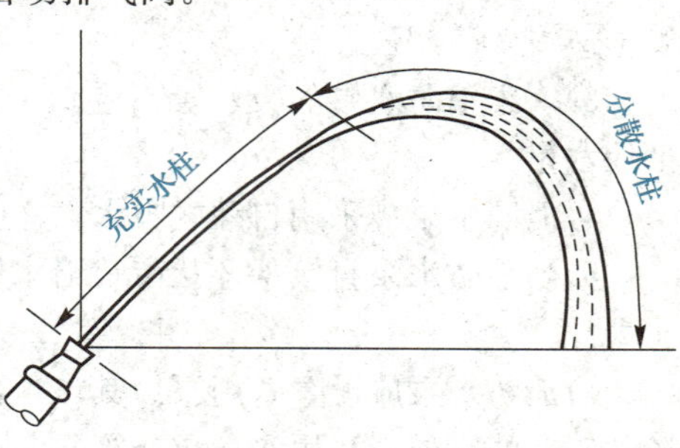


**图 1-48　直流水枪密集射流**

**表 1-10　各类建筑要求水枪充实水柱长度**

| 建筑物类别 | | 长度/m | 建筑物类别 | | 长度/m |
| --- | --- | --- | --- | --- | --- |
| 多层建筑 | 一般建筑 | ≥7 | 高层建筑 | 民用建筑高度≥100 m | ≥13 |
| | 甲、乙类厂房，大于 6 层民用建筑，大于 4 层厂房、库房 | ≥10 | | 民用建筑高度 | <100 |
| | | | | 高层工业建筑 | ≥13 |
| | 高架库房 | ≥13 | 停车库、修车库内 | | ≥10 |

(3)**室内消火栓布置的规定**。

1)除无可燃物的设备层外，设置室内消火栓的建筑物，其各层均应设置消火栓。

单元式、塔式住宅的消火栓宜设置在楼梯间的首层和各层楼层休息平台上，当设 2 根消防竖管确有困难时，可设 1 根消防竖管，但必须采用双口双阀型消火栓。干式消火栓竖管应在首层靠出口部位设置便于消防车供水的快速接口和止回阀。

2)消防电梯间前室内应设置消火栓。

3)室内消火栓应设置在位置明显且易于操作的部位。栓口离地面或操作基面高度宜为 1.1 m，其出水方向宜向下或与设置消火栓的墙面呈 90°角；栓口与消火栓箱内边缘的距离不应影响消防水带的连接。

4)冷库内的消火栓应设置在常温穿堂或楼梯间内。

5)室内消火栓的间距应由计算确定。高层厂房(仓库)、高架仓库和甲、乙类厂房中室内消火栓的间距不应大于 30.0 m；其他单层和多层建筑中室内消火栓的间距不应大于 50.0 m。

6)同一建筑物内应采用同一规格的消火栓、水枪和水带。每条水带的长度不应大于 25.0 m。

7)室内消火栓的布置应保证每一个防火分区同层有两支水枪的充实水柱同时到达任何部位。建筑高度小于等于 24.0 m 且体积小于等于 5 000 $m^3$ 的多层仓库，可采用 1 支水枪充实水柱到达室内任何部位。

8)高层厂房(仓库)和高位消防水箱静压不能满足最不利点消火栓水压要求的其他建筑，应在每个室内消火栓处设置直接启动消防水泵的按钮，并应有保护设施。

9)室内消火栓栓口处的出水压力大于 0.5 MPa 时，应设置减压设施；静水压力大于 1.0 MPa 时，应采用分区给水系统。

10)设有室内消火栓的建筑，如为平屋顶时，宜在平屋顶上设置试验和检查用的消火栓。

### 4. 对消防给水设备的要求

(1)**对消防水泵的要求**。

1)消防水泵房应有不少于两条的出水管直接与消防给水管网连接。当其中一条出水管关闭时，其余的出水管应仍能通过全部用水量。

2)出水管上应设置试验和检查用的压力表和 *DN*65 的放水阀门。当存在超压可能时，出水管上应设置防超压设施。

3)一组消防水泵的吸水管不应少于 2 条。当其中 1 条关闭时，其余的吸水管应仍能通过全部用水量。

4)消防水泵应采用自灌式吸水，并应在吸水管上设置检修阀门。

5)当消防水泵直接从环状市政给水管网吸水时，消防水泵的扬程应按市政给水管网的最低压力计算。

6)消防水泵应设置备用泵。其工作能力不应小于最大一台消防工作泵。当工厂、仓库、堆场和储罐的室外消防用水量小于等于 25 L/s 或建筑的室内消防用水量小于等于 10 L/s 时，可不设置备用泵。

7)消防水泵与动力机械应直接连接，消防水泵应保证在火警后 30 s 内启动。

(2)**对室内消防水箱的要求**。室内消防水箱的设置，应根据室外管网的水压和水量及室内用水要求来确定。

1)设置常高压给水系统并能保证最不利点消火栓和自动喷水灭火系统等的水量和水压的建筑物，可不设置消防水箱。

2)设置临时高压给水系统的建筑物，应设消防水箱或气压水罐、水塔，并应符合下列规定：

①重力自流的消防水箱应设置在建筑的最高部位。

②消防水箱应储存 10 min 的消防用水量。当室内消防用水量小于等于 25 L/s，经计算消防水箱所需消防储水量大于 12 $m^3$ 时，仍可采用 12 $m^3$；当室内消防用水量大于 25 L/s，经计算消

防水箱所需消防储水量大于 18 $m^3$ 时，仍可采用 18 $m^3$。

③消防用水与其他用水合用的水箱，应采取消防用水不作他用的技术措施。

④发生火灾后，由消防水泵供给的消防用水不应进入消防水箱。为维持管网内的消防水压，可在与水箱相连的消防用水管道上设置单向阀。发生火灾后，消防水箱的补水应由生产或生活给水管道供应，严禁消防水箱采用消防泵补水，以防火灾时消防用水进入水箱。

⑤消防水箱可分区设置。

(3)对减压节流设备的要求。在底层室内消火栓给水系统中，消火栓口处静水压力不能超过 1.0 MPa，否则应采用分区给水系统。消火栓栓口处出水水压超过 0.5 MPa 时，应考虑减压。

### 1.2.3 高层建筑室内消火栓给水系统

高层建筑消防用水量与建筑物的类别、高度、使用性质、火灾危险性和扑救难度有关。我国《建筑设计防火规范》(GB 50016—2014)中对建筑物的分类，见表 1-11。

表 1-11 民用建筑的分类

| 名称 | 高层民用建筑 | | 单、多层民用建筑 |
|---|---|---|---|
| | 一类 | 二类 | |
| 住宅建筑 | 建筑高度大于 54 m 的住宅建筑(包括设置商业服务网点的住宅建筑) | 建筑高度大于 27 m，但不大于 54 m 的住宅建筑(包括设置商业服务网点的住宅建筑) | 建筑高度大于 27 m 的住宅建筑(包括设置商业服务网点的住宅建筑) |
| 公共建筑 | 1. 建筑高度大于 50 m 的公共建筑。<br>2. 任一楼层建筑面积大于 1 000 $m^2$ 的商店、展览、电信、邮政、财贸金融建筑和其他多种功能组合的建筑。<br>3. 医疗建筑、重要公共建筑。<br>4. 省级及以上的广播电视和防灾指挥调度建筑、网局级和省级电力调度建筑。<br>5. 藏书超过 100 万册的图书馆、书库 | 除一类高层公共建筑外的其他高层公共建筑 | 1. 建筑高度大于 24 m 的单层公共建筑。<br>2. 建筑高度不大于 24 m 的其他公共建筑 |

注：1. 表中未列入的建筑，其类别应根据本表类比确定。

2. 除《建筑设计防火规范》(GB 50016—2014)另有规定外，宿舍、公寓等非住宅类居住建筑的防火要求，应符合 GB 50016—2014 有关公共建筑的规定；裙房的防火要求应符合 GB 50016—2014 有关高层民用建筑的规定。

#### 1. 高层建筑室内消火栓给水系统的形式

(1)按管网的服务范围分类。

1)独立的室内消火栓给水系统。即每幢高层建筑设置一个室内消防给水系统。这种系统安全性高，但管理比较分散，投资也较大。在地震区要求较高的建筑物及重要建筑物宜采用独立的室内消防给水系统。

2)区域集中的室内消火栓给水系统。即数幢或数十幢高层建筑物共用一个泵房的消防给水系统。这种系统便于集中管理。在有合理规划的高层建筑区，可采用区域集中的高压或临时高压消防给水系统。

(2)按建筑高度分类。

1)不分区供水室内消火栓给水系统。建筑高度在 50 m 以内或建筑内最低消火栓处静水压力不超过 1.0 MPa 时，整个建筑物组成一个消防给水系统。火灾时，消防队使用消防车，从室外消火栓或消防水池取水，通过水泵接合器往室内管网供水，协助室内扑灭火灾。可根据具体条件确定分区高度，并配备一组高压消防水泵向管网系统供水灭火，如图 1-49 所示。

2) **分区供水室内消火栓给水系统**。建筑高度超过 50 m 的高层建筑或消火栓处静水压力大于 1.0 MPa 时，室内消火栓给水系统难以得到一般消防车的供水支援，为加强供水安全和保证火场灭火用水，宜采用分区给水系统。

分区供水室内消火栓给水系统可分为并联分区供水和串联分区供水。并联分区供水的特点是水泵集中布置、便于管理，其适用于建筑高度不超过 100 m 的情况，如图 1-50 所示；串联分区供水的特点是系统内设中转水箱(池)，中转水箱的蓄水由生活给水补给，消防时生活给水补给流量不能满足消防要求，随水箱水位降低，形成的信号使下一区的消防水泵自动开泵补给。

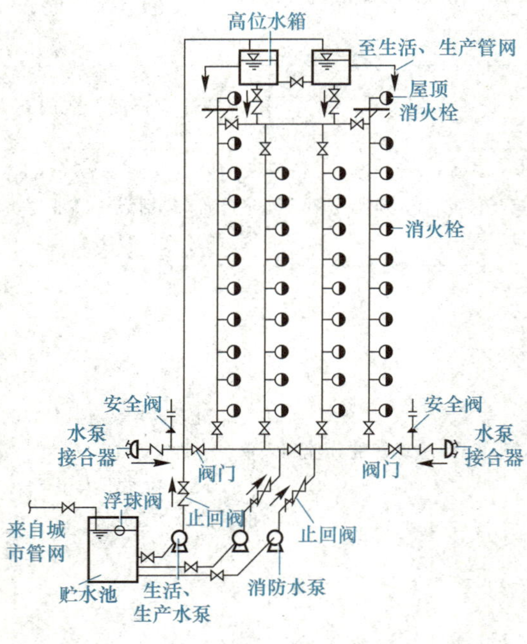


图 1-49　不分区室内消火栓给水系统

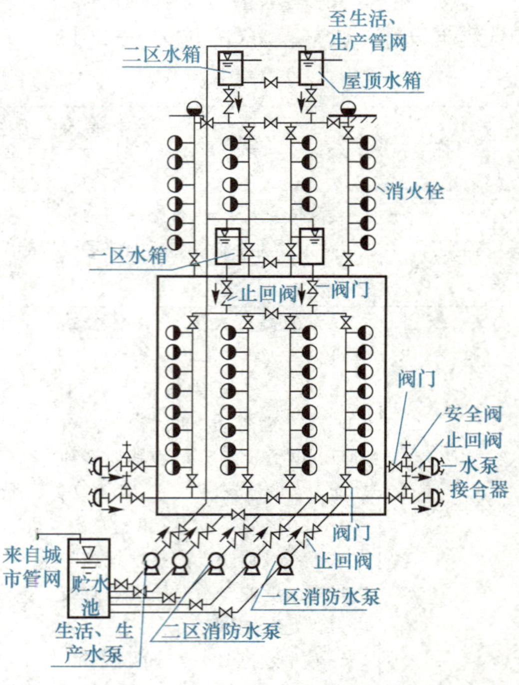


图 1-50　分区供水室内消火栓给水系统

## 2. 室内消火栓给水系统的布置及要求

(1) **室内消防给水管道**。

1)高层建筑室内消防给水系统应是独立的高压(或临时高压)给水系统或区域集中的室内高压(或临时高压)消防给水系统，室内消防给水系统不能和其他给水系统合并。

2)消防管道宜采用非镀锌钢管。

3)室内消防给水管道应布置成环状，室内环网有水平环网、垂直环网和立体环网，可根据建筑类体型、消防给水管道和消火栓布置确定，但必须保证供水干管和每个消防竖管都能做到双向供水。

4)室内管道的引入管不少于两条，当其中一条发生故障时，其余引入管仍能保障消防用水量和水压的要求，以提高管网供水的可靠性。

5)室内消火栓给水管网与自动喷水灭火系统应分开设置，其可靠性强。若分开设置有困难时，可合用消防泵，但在自动喷水灭火系统的报警阀前(沿水流方向)必需分开设置，避免互相影响。

6)室内消防给水管道应用阀门将室内环状管网分成若干独立段。阀门的布置应保证检修管道时关闭停用的竖管不超过 1 根；当竖管超过 4 根时，检修管道时可关闭不相邻的 2 根竖管。阀门处应有明显启闭标志，阀门应处于正常开启状态。

7)消防竖管的布置，应保证同层相邻两个消火栓水枪的充实水柱同时到达室内任何部位。竖管的直径应按其流量计算确定，但不应小于 100 mm，以保证消防车通过水泵接合器向室内管网顺利供水。

对于建筑高度不超过 18 层，每层不超过 8 户且面积不超过 650 $m^2$ 的普通塔式住宅，如设 2 根竖管有困难时，可设 1 根，但必须采用双阀双出口的消火栓。

8)泵站内设有两台或两台以上的消防泵与室内消防管网连接时，应采用单独直接连接法，不宜共用 1 根总的出水管与室内消防管网相连接。

(2)**消火栓的设置**。

1)高层建筑及其裙房的各层(除无可燃物的设备层外)均应设室内消火栓，消火栓应设在明显易于取用的地方，有明显的红色标志。

2)消火栓的出水方向宜向下或与设置消火栓的墙面呈 90°角，距离地面 1.1 m。

3)消火栓的间距不应大于 30 m，与高层建筑直接相连的裙房不应大于 50 m，以保证由相邻两个消火栓引出的两支水枪的充实水柱同时达到被保护的任何部位，从而尽快出水灭火。

4)高层民用建筑室内消火栓水枪的充实水柱长度应通过水力计算确定，建筑高度不超过 100 m 的高层建筑不应小于 10 m；建筑高度超过 100 m 的高层建筑，水枪充实水柱长度不应小于 13 m。

5)主体建筑和与其相连的附属建筑应采用同一型号、规格的消火栓和配套的水带及水枪。高层建筑室内消火栓栓口直径应采用与消防队通用直径为 65 mm 的水带配套，配备的水带长度不应超过 25 m，水枪喷嘴口径不应小于 19 mm，其目的是使水带、水枪与消防队常用的规格一致，便于扑救火灾。

6)消火栓栓口的静水压力不应大于 1.0 MPa；当大于 1.0 MPa 时，应采取分区给水系统。消火栓栓口的出水压力大于 0.50 MPa 时，消火栓处应设减压装置。

7)临时高压给水系统，每个消火栓处应设启动消防水泵的按钮，并有保护设施。

8)消防电梯间前室应设有消火栓，屋顶应设检验用消火栓，在北方寒冷地区，屋顶消火栓应有防冻和泄水装置。

9)高级旅馆、重要办公楼、一类建筑的商业楼、展览楼、综合楼和建筑高度超过 100 m 的其他高层建筑应增设消防卷盘，以便一般工作人员扑灭初起火灾。

(3)**水泵接合器的设置**。

1)水泵接合器的数量应按室内消防用水量计算确定，每个水泵接合器的流量为 10～15 L/s，采用竖向分区给水方式的高层建筑，在消防车供水压力范围内的分区，每个分区应分别设置水泵接合器。采用单管串联给水方式时，可仅在下区设水泵接合器。

2)室内消火栓给水系统和自动喷水灭火系统均应设置水泵接合器。

3)水泵接合器的设置应便于消防车的消防水泵使用，应设在室外不妨碍交通的地方，与建筑物外墙应有一般不小于 5 m 的距离；离水源(室外消火栓或消防水池)不宜过远，一般为 15～40 m；水泵接合器的间距不宜小于 20 m，有困难时也可缩小间距，但应考虑停放消防车的位置和消防车转弯半径的需要。采用墙壁式水泵接合器时，其上方应有遮挡落物的装置。

4)水泵接合器应与室内环状管网相连接，外形不应与消火栓相同，以免误用而影响火灾的及时扑救。

5)水泵接合器在温暖地区宜采用地上式，在寒冷地区采用地下式，应有明显标志。墙壁式安装在建筑物的墙角或外墙处，不占地面位置且使用方便。

(4)消防水箱的设置。

1)临时高压消防给水系统应设消防水箱，采用高压给水系统可不设水箱。其消防储水量为：一类公共建筑不应小于 18 $m^3$；二类公共建筑和一类居住建筑不应小于 12 $m^3$；二类住宅建筑不应小于 6 $m^3$。其储水量已包括消火栓和自动喷水两个系统的必备用水量。

2)高位消防水箱的设置高度应保证最不利点消火栓静水压力。建筑高度不超过 100 m 时，高层建筑最不利点消火栓的静水压力不应低于 0.07 MPa(检查用消火栓除外)。当建筑高度超过 100 m 时，其最不利点消火栓的静水压力不应低于 0.15 MPa。如不能保证，应设增压设施，其增压设施应符合下列条件：增压水泵的出水量，对消火栓给水系统不应大于5 L/s；对自动喷水灭火系统不应大于 1 L/s；气压水罐的调节水量宜为 450 L。

在屋顶设小水泵增压或设气压给水设备增压，增压小水泵只需满足顶部一层或数层火灾初期 10 min 的消防水量和水压。

3)高位水箱出水管应设止回阀。

4)消防水箱宜与其他用水的水箱合用，但应有防止消防储水长期不用而水质变坏和确保消防水量不作他用的技术措施。

5)除串联消防给水系统外，发生火灾时由消防水泵供给的消防用水不应进入高位消防水箱。

(5)消防水泵与消防水泵房的设置。

1)消防水泵设置。消防水泵设置，如图 1-51 所示。

图 1-51 消防水泵设置图

①消防给水系统应设置备用消防水泵，其工作能力不应小于其中最大一台消防工作泵。

②一组消防水泵，吸水管不应少于 2 根。当其中 1 根损坏或检修时，其余吸水管应仍能通过全部水量。

③消防水泵应采用自灌式吸水，其吸水管应设阀门。供水管上应装设试验和检查用压力表

和 65 mm 的放水阀门。

④当市政给水环形干管允许直接吸水时，消防水泵应直接从室外给水管网吸水。直接吸水时，水泵扬程计算应考虑室外给水管网的最低水压，并以室外给水管网的最高水压校核水泵的工作情况。

⑤高层建筑消防给水系统应采取防超压措施。

⑥室内消防水泵应按消防时所需的水枪实际出流量进行设计，其扬程应满足消火栓给水系统所需的总压力的需要。室外消防水泵按室内、外消防水量之和设计。

2)消防水泵房设置。消防水泵房应设不少于 2 根的供水管与环状管网连接。

### 1.2.4 自动喷水灭火系统

自动喷水灭火系统是一种在发生火灾时，能自动打开喷头喷水灭火并同时发出火警信号的消防灭火设施。**据资料统计，自动喷水灭火系统扑灭初期火灾的效率在 97%以上，因此，一些国家的公共建筑都要求设置自动喷水灭火系统。**鉴于我国的经济发展状况，目前要求在人员密集不宜疏散、外部增援灭火与救生较困难或火灾危险性较大的场所设置自动喷水灭火系统。

#### 1. 自动喷水灭火系统的基本形式及工作原理

自动喷水灭火系统用于扑救初期火灾。该系统有限的喷水强度和喷水面积不能控制进入猛烈燃烧阶段的火灾。系统控火灭火的有效性取决于闭式喷头的开放时间和投入的灭火能力。灭火能力体现在两个方面，即抑制燃烧的喷水强度和覆盖起火范围的喷水面积。所以，系统的设计首先应保证闭式喷头响应火灾的灵敏性，使之在初期火灾阶段被热烟气流启动，在此基础上应保证喷头开放后立即持续喷水和在喷水范围内保持足够的喷水强度。此类系统的一大弱点是喷水容易受障碍物的阻挡而不能顺利到达起火部位，因此，必须确定系统的最大喷水范围，即作用面积。

自动喷水灭火系统根据组成构件、工作原理及用途可以分成若干种基本形式。按喷头平时开阀情况分为闭式和开式两大类。属于闭式自动喷水灭火系统的有湿式系统、干式系统、预作用系统、重复启闭预作用系统、自动喷水－泡沫联用灭火系统；属于开式自动喷水灭火系统的有水幕系统、雨淋系统和水雾系统。下面介绍几种常用的灭火系统。

(1)**湿式自动喷水灭火系统。**湿式自动喷水灭火系统为喷头常闭的灭火系统，如图 1-52 所示。其由闭式喷头、湿式报警阀、报警装置、管网及供水设施等组成。由于该系统在准工作状态时报警阀的前后管道内始终充满有压水，故称湿式喷水灭火系统。

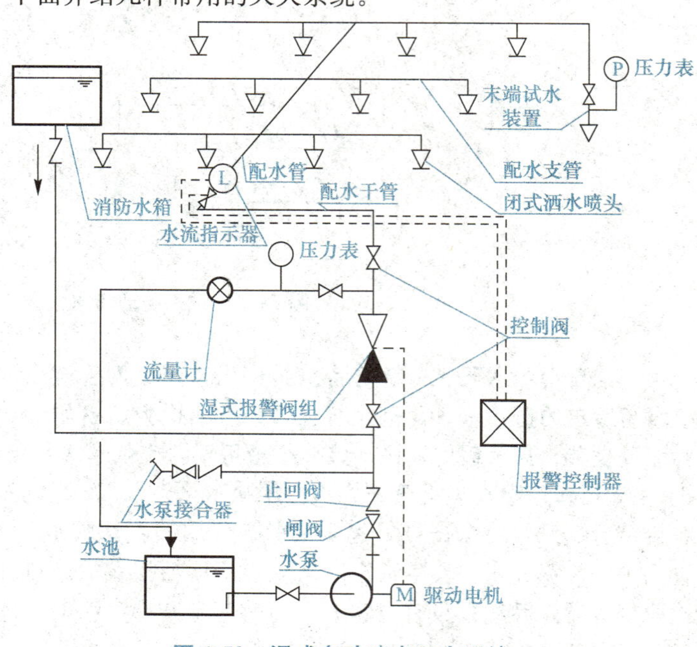

图 1-52 湿式自动喷水灭火系统

湿式自动喷水灭火系统的工作原理为：火灾发生的初期，建筑物的温度随之不断上升。当温度上升到以闭式喷头温感元件爆破或熔化脱落时，喷头即自动喷水灭火。此时，管网中的水由静止变为流动，水流指示器被感应送出电信号，在报警控制器上指示某一区域已在喷水。持续喷水造成报警阀的上部水压低于下部水压，其压力差值达到一定值时，原来处于闭状的报警阀就会自动开启。同时，消防水通过湿式报警阀，流向干管和配水管供水灭火。同时，一部分水流沿着报警阀的环节槽进入延迟器、压力开关及水力警铃等设施发出火警信号。另外，根据水流指示器和压力开关的信号或消防水箱的水位信号，控制箱内控制器能自动启动消防泵向管网加压供水，达到持续自动供水的目的。

**湿式自动喷水灭火系统的结构简单、使用方便可靠、便于施工、容易管理、灭火速度快、控火效率高、比较经济、适用范围广，占整个自动喷水灭火系统的75%以上。适合安装在常年室温为4 ℃～70 ℃能用水灭火的建筑物内。鉴于上述特点，应优先考虑选用湿式喷水灭火系统。**

(2)**干式自动喷水灭火系统**。该系统是由闭式喷头、管道系统、干式报警阀、干式报警控制装置、充气设备、排气设备和供水设施等组成，如图1-53所示。该系统与上述系统类似，只是控制信号阀的结构和作用原理不同，配水管网与供水管之间设置干式控制信号阀将它们隔开，而在配水管网中平时充满有压气体用于系统的启动。火灾时，喷头首先喷出气体，致使管网中压力降低，供水管道中的压力水打开控制信号阀而进入配水管网，接着从喷头喷出灭火。

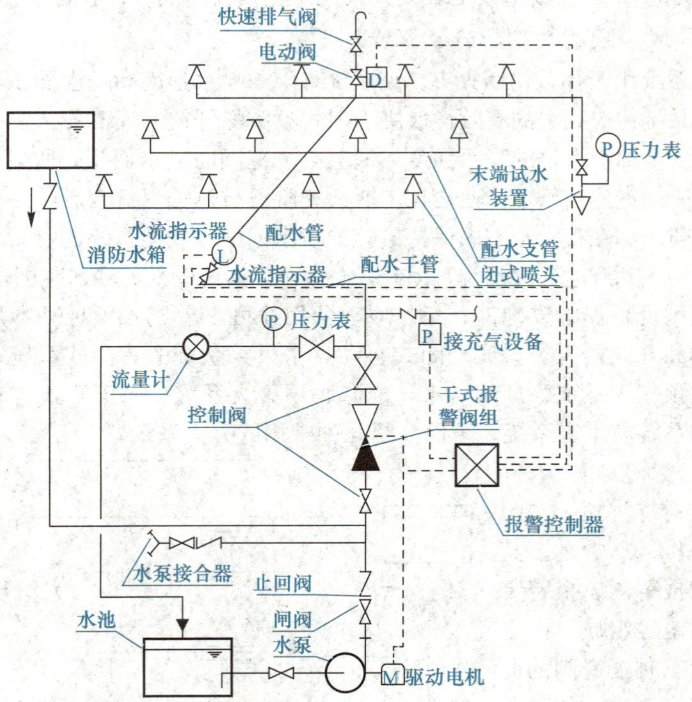


图1-53　干式自动喷水灭火系统

**干式自动喷水灭火系统的特点是：报警阀后的管道无水，不怕冻、不怕环境温度高，能减少水渍造成的严重损失。干式与湿式系统相比较，多增设一套充气设备，一次性投资高，平时管理较复杂，灭火速度较慢。该系统适用于温度低于4 ℃或温度高于70 ℃的场所。**

(3)**预作用喷水灭火系统**。预作用喷水灭火系统(图1-54)是将火灾探测报警技术和自动喷水系统结合起来，对保护对象起双重保护作用的自动喷水灭火装置。其为喷头常闭的灭火系统，管网中平时不充水，发生火灾时，火灾探测器报警后，自动控制系统控制阀门排气、冲水，由干式变为湿式系统；只有当着火点温度达到开启喷头时，才开始喷水灭火。该系统弥补了上述两种系统的缺点，通常安装于那些既需要用水灭火，但又不允许发生非火灾原因而喷水的地方。

如贮藏珍稀真本的图书馆、档案室、博物馆、贵重物品贮藏室、计算机房等。由于管路内平时充满低压压缩空气，具有干式系统的特点，能够满足寒冷场所安装自动喷水灭火系统的需要，如地下车库、仓库、温度低于冰点的大型冷冻库等地方。

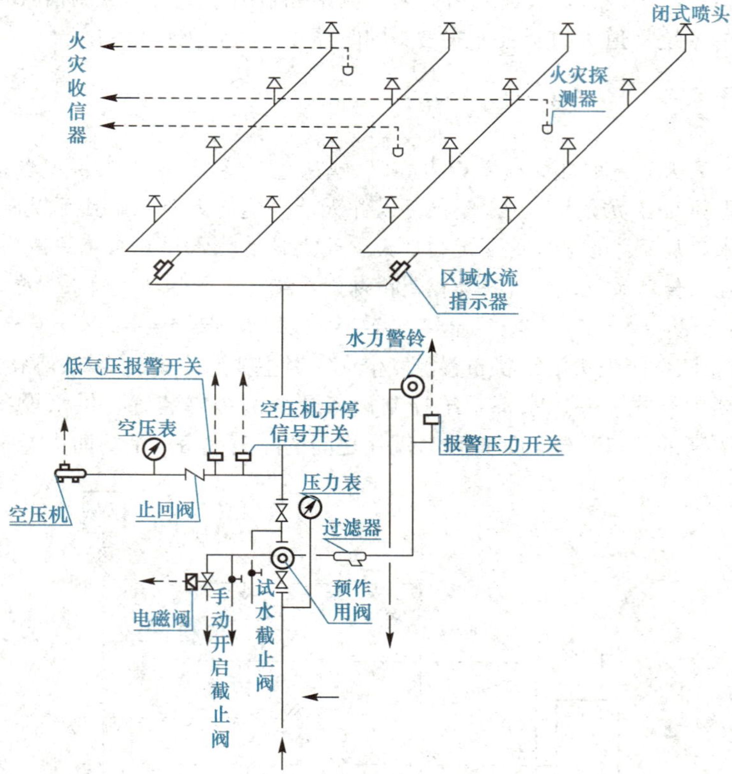


图 1-54　预作用喷水灭火系统

(4)**雨淋喷水灭火系统**。雨淋喷水灭火系统为喷头常开的灭火系统，也是自动喷水系统的一种，如图 1-55 所示。

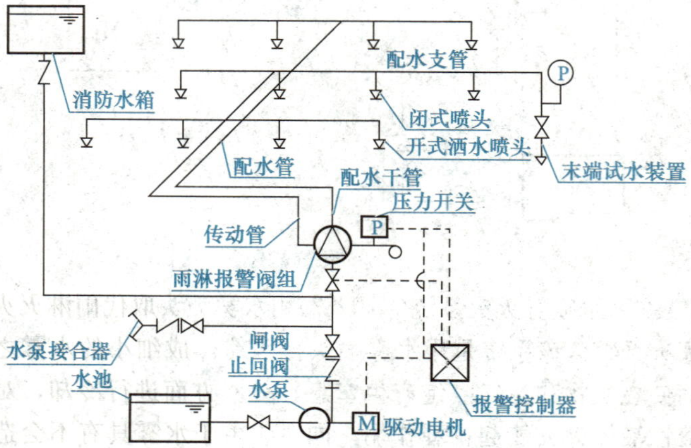


图 1-55　雨淋喷水灭火系统

雨淋系统采用的是开式喷头，所以，喷水是在整个保护区域内同时进行的。发生火灾时，由火灾探测传动系统感知火灾，控制雨淋阀开启，接通水源和雨淋管网，喷头出水灭火。该系统具有出水量大、灭火控制面积大、灭火及时等优点，适用于大面积喷水快速灭火的特殊场所。雨淋阀之后的管道平时为空管，火灾时由火灾探测系统中两路不同的探测信号自动开启雨淋阀，由该雨淋阀控制的系统管道上的所有开式喷头同时喷水，达到灭火目的。

## 温馨提示

开式自动喷水灭火系统的开式喷头，由感温(或感光、感烟)等火灾探测器接到火灾信号后，通过自动控制雨淋阀而自动喷水灭火。不仅可以扑灭着火处的火源，而且可以同时自动向整个被保护的面积上喷水，从而防止火灾的蔓延和扩大。开式自动喷水灭火系统一般由三部分组成：一是火灾探测自动控制传动系统；二是自动控制雨淋阀系统；三是带开式喷头的自动喷水灭火系统。

(5)水幕系统。该系统喷头沿线状布置，发生火灾时主要起阻火、冷却、隔离作用，如图 1-56 所示，该系统主要由开式喷头、水幕系统控制设备及探测报警装置、供水设备、管网等组成。其适用于需防火隔离的开口部位，如舞台与观众之间的隔离水帘、消防防火卷帘的冷却等。

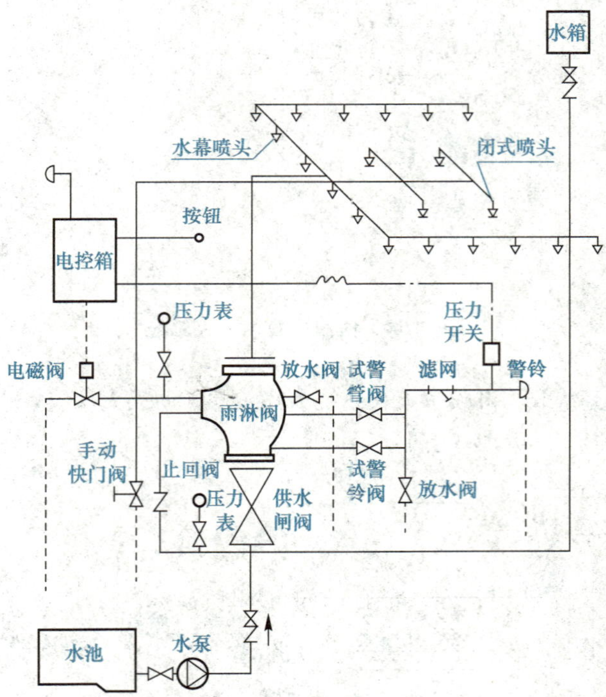


图 1-56　水幕系统

(6)水喷雾灭火系统。水喷雾灭火系统(图 1-57)用水雾喷头取代雨淋灭火系统中的干式洒水喷头，形成水喷雾灭火系统。该系统是用水雾喷头把水粉碎成细小的水雾之后喷射到正在燃烧的物质表面，一方面使燃烧物和空气隔绝产生窒息；另一方面进行冷却，对油类火灾能使油面起乳化作用，对水溶性液体火灾能起稀释作用。同时，由于水雾具有不会造成液体火飞溅，具有电气绝缘性好的特点，在扑灭可燃液体火灾、电气火灾中均得到了广泛应用，如飞机发动机试验台、各类电气设备、石油加工场所等。该系统可用于扑救固体火灾，闪点高于 60 ℃的液体火灾和电气火灾。

## 2. 自动喷水灭火系统的主要组件

(1)管道。自动喷水灭火系统的管网由供水管、配水立管、配水干管、配水管及配水支管组成，如图 1-58 所示。管道布置形式应根据喷头布置的位置和数量来确定。

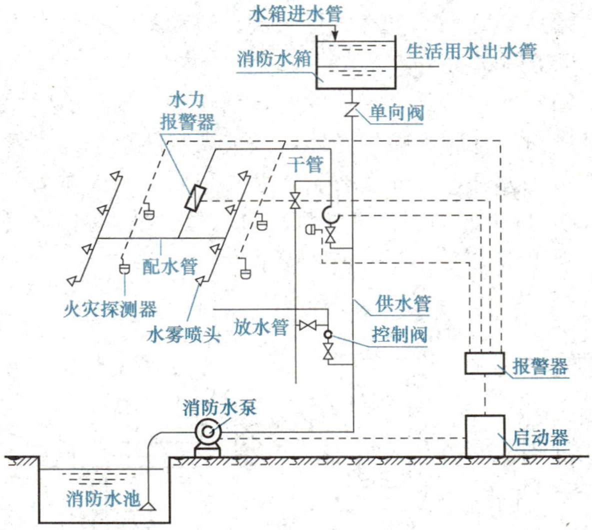


图 1-57　水喷雾灭火系统

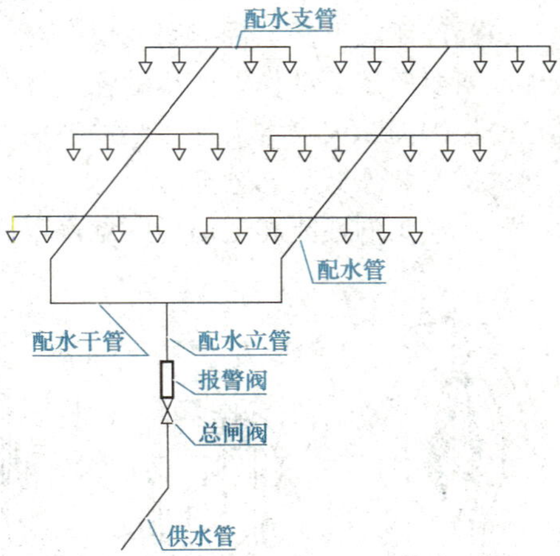


图 1-58　管段名称

## 温馨提示

自动喷水灭火系统管道布置应符合以下要求：

1)自动喷水灭火系统报警阀后的管道上不应设置其他用水设施，并应采用镀锌钢管或镀锌无缝钢管。干式系统、预作用系统的供气管道采用钢管时，管径不宜小于 15 mm；采用铜管时，管径不宜小于 10 mm。

2)每根配水支管或配水管的直径不应小于 25 mm。

3)为了避免配水支管过长造成水头损失增加，每侧每根配水支管设置的喷头数应符合下列要求，如图 1-59 所示。

①轻危险级、中危险级建筑物、构筑物均不应多于 8 个。

②当同一配水支管的吊顶上、下布置喷头时，其上、下侧的喷头数各不多于 8 个。

③严重危险级的建筑物不应多于 6 个。

4)自动喷水灭火系统应设泄水装置，且在管网末端设有充水的排气装置。水平安装的管道宜有坡度，并应坡向泄水阀，充水管道的坡度不宜小于 0.2%，准工作状态不充水管道的坡度不宜小于 0.4%。

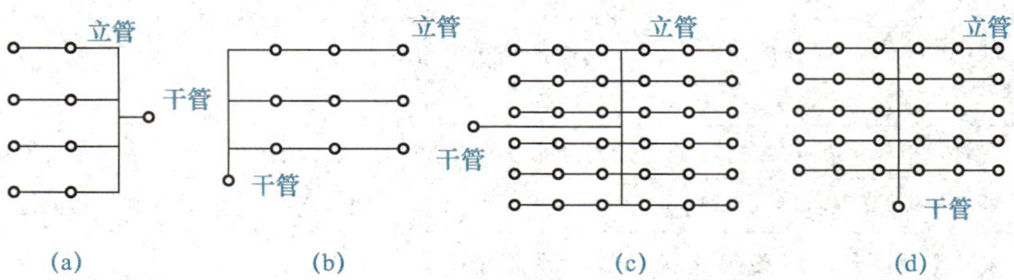


图 1-59　管网布置形式

(a)侧边中心式；(b)侧边末端式；(c)中央中心式；(d)中央末端式

5)自动喷水灭火系统管网内的工作压力不应大于 1.2 MPa。

6)干式系统的配水管道充水时间不宜大于 1 min；预作用系统与雨淋系统的配水管道充水时间不宜大于 2 min。

(2)喷头。闭式喷头是自动喷水灭火系统的关键部件，起着探测火灾、启动系统和喷水灭火的重要作用。根据系统的应用可将喷头分为标准闭式喷头和特殊喷头。

1)标准闭式喷头。标准闭式喷头是带热敏感元件及其密封组件的自动喷头。该热敏感元件在预定温度范围下动作，使热敏感元件及其密封组件脱离喷头主体，并按规定的形状和水量在规定的保护面积内喷水灭火。此种喷头按热敏感元件，可分为玻璃球喷头和易熔元件喷头两种类型；按安装形式、布水形状，又可分为普通型、下垂型、直立型、边墙型、吊顶型等多种。常用闭式喷头的性能和适用场所见表 1-12，常用闭式喷头如图 1-60 所示。

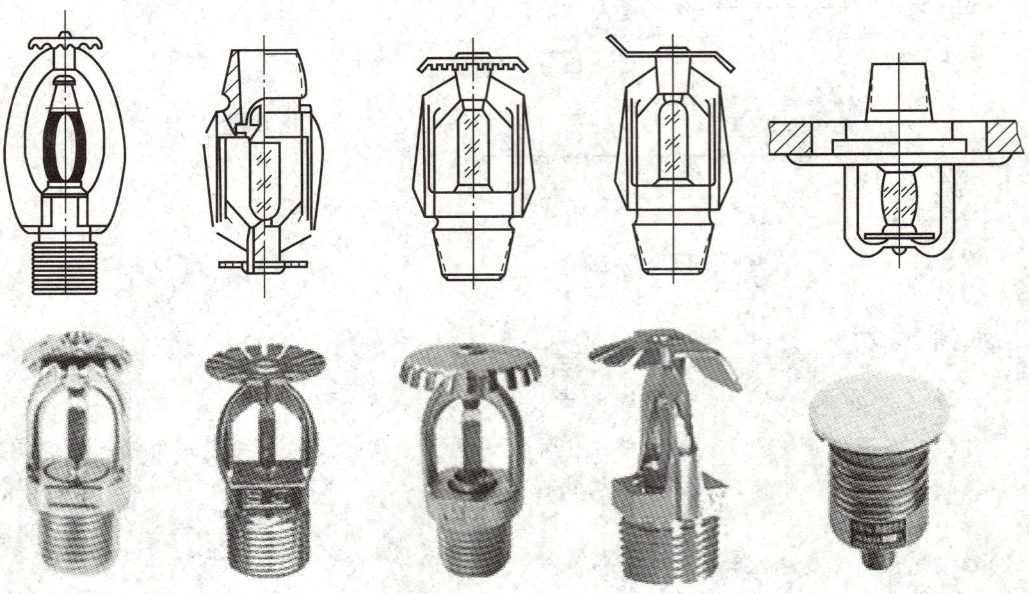

(a) (b) (c) (d) (c)

**图 1-60 玻璃球洒水喷头**

(a)普通型；(b)下垂型；(c)直立型；(d)边墙型(立式)；(e)吊顶型

**表 1-12 常用闭式喷头的性能和适用场所**

| 喷头类别 | 适用场所 | 溅水盘朝向 | 喷水量分本 |
|---|---|---|---|
| 玻璃球 | 宾馆等美观要求高或具有腐蚀性场所；环境温度高于 10 ℃ | — | — |
| 易熔元件 | 外观要求不高或腐蚀性不大的工厂、仓库或民用建筑 | — | — |
| 直立型 | 在管路下经常有移动物体的场所或尘埃较多的场所 | 向上安装 | 向下喷水量占 60%～80% |
| 下垂型 | 管理要求隐蔽的各种保护场所 | 向下安装 | 全部水量洒向地面 |
| 边墙型 | 安装空间狭窄、走廊或通道状建筑，以及需靠墙壁安装的场所 | 向上或水平 | 85%喷向前方，15%喷在后面 |

续表

| 喷头类别 | 适用场所 | 溅水盘朝向 | 喷水量分本 |
|---|---|---|---|
| 吊顶型 | 装饰型喷头，可安装于旅馆、客户、餐厅、办公厅等建筑 | 向下安装 | — |
| 普通型 | 可直立或下垂安装，适用于可燃吊顶的房间 | 向上或向下 | 40%～60%向地面喷洒 |

标准闭式喷头应用范围广，能有效地灭火、控火，但有其局限性，适用场所的最大净空高度限制在 8 m 范围内，喷头喷水的覆盖面积较小，喷出的水滴较小，穿透力较弱，在可燃物较多的仓库灭火、控火有一定难度，喷头的响应时间较长，滞后于火灾探测器。

2)特殊喷头(快速响应喷头)。快速响应喷头的原理是感温元件表面积较大，使具有一定质量的感温元件的吸热速度加快。在同样条件下，喷头的感温元件吸热较快，喷头的启动时间就可缩短。

快速响应喷头应作为高级住宅或超过 100 m 的超高层住宅喷水灭火的必选喷头，尤其适用于公共娱乐场所、中庭环廊；医院、疗养院的病房及治疗区域；老年、少儿、残疾人的集体活动场所；超出水泵接合器供水高度的楼层；地下商业及仓储用房。

快速响应早期抑制喷头是用于保护高堆垛与货架仓库的大流量特种洒水喷头。这种喷头水滴直径大，穿透力强，能够穿过火舌到达可燃物品的表面，喷头适用场所的最大净空高度可达到 12 m，远远超过标准喷头的能力。快速响应早期抑制喷头不应用在不属于仓库建筑的大空间。

(3)**报警阀**。报警阀是自动喷水灭火系统的关键组件之一，它在系统中起着启动系统、确保灭火用水畅通、发出报警信号的关键作用。报警阀的类型包括湿式、干式、干湿式、雨淋阀和预作用阀。

1)湿式报警阀。湿式报警阀主要用于湿式自动喷水灭火系统上，在其立管上安装。其作用是：接通或切断水源；输送报警信号启动水力警铃报警；防止水倒回到供水源。湿式报警阀是湿式自动喷水灭火系统的一个重要组成部件，主要由湿式阀、延迟器及水力警铃等组成，如图 1-61 所示。

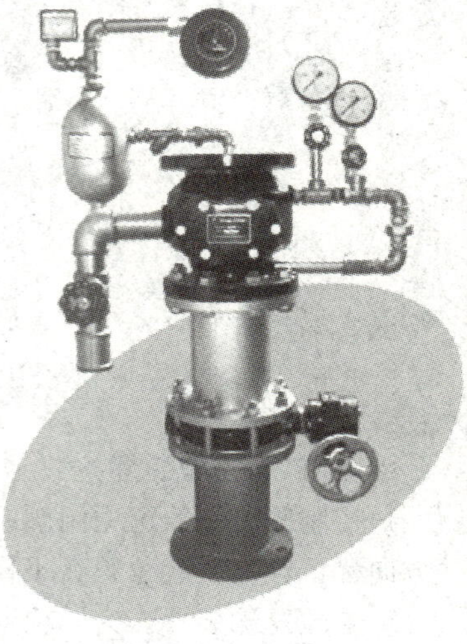

图 1-61　湿式报警阀

2)干式报警阀。干式报警阀主要用于干式自动喷水灭火系统上，在其立管上安装。由于干式自动喷水灭火系统在喷头未动作以前，在干式报警阀以后的系统管道内充的是加压空气或氮气，气压一般为水压的 1/4。

3)干湿式报警阀。这种阀用于干、湿交替式喷水灭火系统，是既适合湿式喷水灭火系统又适合干式喷水灭火系统的双重作用阀门，其是由湿式报警阀与干式报警阀依次连接而成。在温暖季节用湿式装置，在寒冷季节则用干式装置。

4)雨淋阀。雨淋阀主要用于雨淋系统、水幕系统和水喷雾灭火系统。

5)预作用阀。预作用阀主要用于预作用喷水灭火系统。

(4)**水流报警装置**。水流报警装置包括水力警铃、延迟器、压力开关和水流指示器，如图1-62 所示。

1)水力警铃。水力警铃主要用于湿式喷水灭火系统，安装在湿式报警阀附近。当报警阀打开水源，水流将冲动叶轮，旋转铃锤，打铃报警，如图 1-62(a)所示。

2)延迟器。延迟器主要用于湿式喷水灭火系统，安装在湿式报警阀和水力警铃、压力开关(水力继电器)之间的管网上，用以防止湿式报警阀因水压不稳所引起的误动作而造成误报，如图 1-62(b)所示。

3)压力开关。安装在延迟器后水力警铃入口前的管道上，在水力警铃报警的同时，由于警铃管水压升高，接通电触点而成报警信号向消防中心报警或启动消防水泵。稳压泵的控制应采用压力开关，并应能调节启闭压力；雨淋系统和防火分割水幕的水力报警装置宜采用压力开关，如图 1-62(c)所示。

4)水流指示器。当失火时喷头开启喷水或者管道发生泄漏或意外损坏时，有水流过装有水流指示器的管道，则水流指示器即发出区域水流信号，起辅助电动报警作用。每个防火分区或每个楼层均应设置水流指示器，如图 1-62(d)所示。

(5)**火灾探测器**。目前常用的有烟感和温感两种探测器。烟感探测器是根据烟雾浓度进行探测并执行动作；温感探测器是通过火灾引起的温升产生反应。火灾探测器通常布置在房间或走道的顶棚下面，其数量应根据其计算而定。

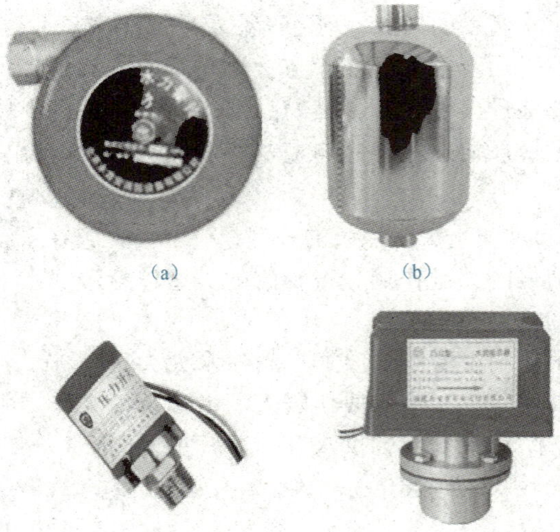

(a)　　(b)

(c)　　(d)

**图 1-62　水流报警装置**

(a)水力警铃；(b)延迟器；(c)压力开关；(d)水流指示器

(6)**控制和检验装置**。

1)控制阀。一般选用闸阀，平时应全开，应用环形软锁将手轮锁死在开启位置，并应有开关方向标记，其安装位置在报警阀前。

2)末端监测装置。为了检验系统的可靠性，测试系统能否在开放一只喷头的最不利条件下可靠报警并正常启动，要求在每个报警阀的供水最不利点处设置末端监测装置。末端监测装置由排水阀门、压力表、排气阀组成。测试内容包括水流指示器、报警阀、压力开关、水力警铃的动作是否正常，配水管道是否畅通，以及最不利点处的喷头工作压力等。打开排水阀门相当于一个喷头喷水，即可观察到水流指示器和报警阀是否正常工作。压力表可测量系统水压是否符合规定要求，排气阀用来排除管中的气体，安装在系统管网末端，管径为 25 mm。

# 项目 1.3　建筑排水系统

## 项目引领

某综合楼地下 1 层，地上 5 层，楼高为 20.50 m，框架结构，屋面为平屋顶，属多层建筑，建筑面积为 7 331.10 $m^2$。各层卫生间的大便器、洗手盆、污水池等所产生的生活污水、废水由生活排水系统收集并排放；降落在屋面的雨水由雨水排水系统收集并排放。将污水、废水快速、畅通地收集、输送、排出建筑物，是建筑排水系统的任务。

污水、废水经卫生器具收集后，经存水弯、排水支管、横管、立管、干管、排出管排出室外，通过检查井与室外排水管网相连。考虑到排水管道堵塞时清通方便，在排水系统的横管上设置清扫口，在排水立管上设置检查口等清通设施。

污水、废水对排水管道具有腐蚀性，所含有的固体污物对管道磨损严重，同时，因为排水系统是依靠势能使水从高处向低处汇流至室外，排水管道必须保证自由液面，故排水管道一般管径较大，所以，排水系统所用管材在选用上与给水管材有很大区别，视情况不同可选用排水铸铁管、UPVC 管。

我们所在的建筑物每个卫生器具虽然都按要求设置了水封装置，但时常仍有管道中的臭气向室内溢出，影响室内的空气质量，主要是因为管道内部气压波动造成水封被吸入或被压出的原因，随着建筑物高度增大，排水立管长度增长，会加剧水封的破坏，故高层建筑的排水系统应采取一定措施平衡排水立管中的气压，防止水封破坏。

### 1.3.1　建筑排水系统的分类与组成

**建筑排水系统主要包括建筑物内污水与废水的收集、输送、排出以及进行局部处理。**

#### 知识链接

**排水水质指标**

由于室内排水是使用后受污染的水，水中会含有不同的污染物，且污染物的种类繁多，为了能够简单反映水质受污染的程度，常用排水水质指标表示。

(1)悬浮物。悬浮物是指不溶于水的颗粒物，其粒径在 1 μm 以上，可以用普通滤纸将它与水分离，被滤纸截留的残渣，在 103 ℃～105 ℃温度下烘干至恒重的固体物质称为悬浮物，常用 SS 来表示。

(2)有机物。由于有机物种类繁多，组成复杂，用直接测定各种有机物的方法来表示有机物多少有一定困难，因此，我们常用氧化有机物所消耗氧的数量——耗氧量来间接表示有机物的数量。

1)生物化学耗氧量(BOD)。BOD 是一个反映水中可生物降解的含碳有机物含量的指标。一般以 20 ℃温度下经过 5 天时间，有机物在好氧微生物作用下分解前后水中溶解氧的差值称为 5 天生物耗氧量，即 $BOD_5$，单位通常为 mg/L。

2)化学耗氧量(COD)。COD 是在高温、有催化剂及酸性条件下，用强氧化剂($K_2MnO_4$)氧化有机物所消耗的氧量，单位为 mg/L。由于 BOD 只能氧化可生物降解的有机物，而 COD 对难生物降解的有机物也可以氧化，因此，COD 一般高于 BOD。

(3)pH 值。酸度和碱度是污水的重要污染指标，用 pH 值来表示。

(4)色度。水的色度有碍于感观，同时，有些色度是有毒有害物质造成的，应引起充分的重视。

(5)有毒物质。有毒物质对人体和污水处理中的生物都有一定的毒害作用。如氰化物、砷化物、酚以及重金属汞、镉、铬、铅等。

### 1. 建筑排水系统的分类及排水体制

(1)建筑排水系统的分类。建筑排水系统根据所接纳污、废水类型的不同，可分为以下三类：

1)**生活排水系统**。生活排水系统排除居住建筑、公共建筑以及工厂生活间的污水、废水。生活排水系统又可进一步分为排除冲厕所的生活污水排水系统和排除盥洗、沐浴、洗涤废水的生活废水排水系统。

2)**工业废水排水系统**。工业废水排水系统排除生产过程中所产生的污水、废水，根据污染的程度不同，又可分为生产污水和生产废水。生产污水是指生产过程中被化学物质(氰、铬、酸、碱、铅、汞等)和有机物污染较重的水，生产污水必须经过相关处理达到排放标准后才能排放；生产废水是指生产过程中受污染较轻或被机械杂质(悬浮物及胶体)污染的水。

3)**屋面雨水排水系统**。屋面雨水排水系统是收集并排除降落到建筑屋面的雨、雪水的排水系统。雨、雪水一般较清洁，可直接排放。

(2)室内排水系统的排水体制。室内排水系统的排水体制可分为合流制和分流制两种。选择排水体制时主要考虑以下因素：污水、废水性质，污水、废水污染程度，室外排水体制以及污水、废水综合利用的可能性和处理要求等。

## 知识链接

**污水排放标准**

建筑排水的出路有两条：一是排入水体；二是排入城市下水道中。如果直接排向天然河流、湖泊，会破坏水体，产生各种不利影响，如水体富营养化等；如果直接向市政管道排放，会影响污水厂的工艺流程及处理效果，因此，各种污水的排放，都必须达到国家规定的相关排放标准。

排入城市下水道的污水水质标准，其最高允许浓度必须符合表 1-13 的水质标准。

**表 1-13　污水排入城市下水道水质标准**

| 序号 | 项目名称 | 单位 | 最高允许浓度 | 序号 | 项目名称 | 单位 | 最高允许浓度 |
|---|---|---|---|---|---|---|---|
| 1 | pH 值 | mg/L | 6.0～9.0 | 10 | 温度 | ℃ | 35 |
| 2 | 悬浮物 | mg/L·15min | 150(400) | 11 | 生化需氧量($BOD_5$) | mg/L | 100(300) |
| 3 | 易沉固体 | mg/L | 10 | 12 | 化学需氧量(CODcr) | mg/L | 150(500) |
| 4 | 油脂 | mg/L | 100 | 13 | 溶解性固体 | mg/L | 2000 |
| 5 | 矿物油类 | mg/L | 20 | 14 | 有机磷 | mg/L | 0.5 |
| 6 | 苯系物 | mg/L | 2.5 | 15 | 苯胺 | mg/L | 5 |
| 7 | 氰化物 | mg/L | 0.5 | 16 | 氟化物 | mg/L | 20 |
| 8 | 硫化物 | mg/L | 1 | 17 | 总汞 | mg/L | 0.05 |
| 9 | 挥发性酚 | mg/L | 1 | 18 | 总镉 | mg/L | 0.1 |

续表

| 序号 | 项目名称 | 单位 | 最高允许浓度 | 序号 | 项目名称 | 单位 | 最高允许浓度 |
|---|---|---|---|---|---|---|---|
| 19 | 总铅 | mg/L | 1 | 28 | 总硒 | mg/L | 2 |
| 20 | 总铜 | mg/L | 2 | 29 | 总砷 | mg/L | 0.5 |
| 21 | 总锌 | mg/L | 5 | 30 | 硫酸盐 | mg/L | 600 |
| 22 | 总镍 | mg/L | 1 | 31 | 硝基苯类 | mg/L | 5 |
| 23 | 总锰 | mg/L | 2.0(5.0) | 32 | 阴离子表面活性剂(LAS) | mg/L | 10.0(20.0) |
| 24 | 总铁 | mg/L | 10 | 33 | 氨氮 | mg/L | 25.0(35.0) |
| 25 | 总锑 | mg/L | 1 | 34 | 磷酸盐(以P计) | mg/L | 1.0(8.0) |
| 26 | 六价铬 | mg/L | 0.5 | 35 | 色度 | 倍 | 80 |
| 27 | 总铬 | mg/L | 1.5 | | | | |

注：括号内数值适用于有城市污水处理厂的城市下水道系统。

### 2. 建筑排水系统的组成

建筑排水系统的主要任务是将生活污水、工业废水及降落在屋面上的雨水、雪水用最经济、合理的方式迅速、通畅地排至室外。完整的排水系统由以下部分组成，如图 1-63 所示。

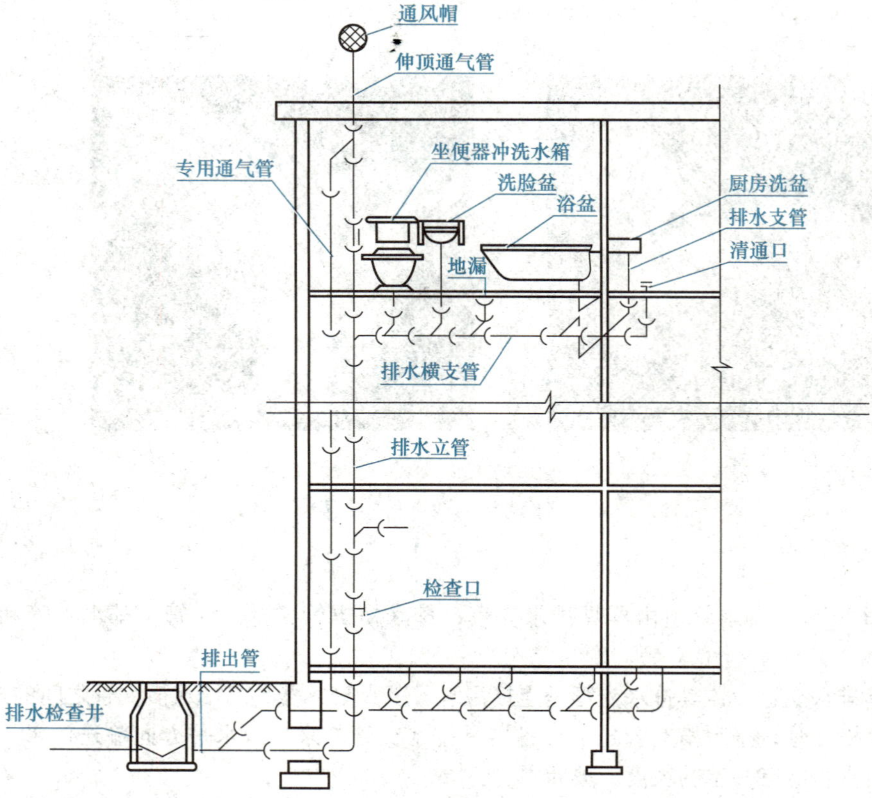


图 1-63　多层住宅排水系统示意图

(1)**污水、废水收集器具**。污水、废水收集器具往往就是用水器具，是排水系统的起点，收集和排出污水、废水，包括各种卫生器具、生产设备上的受水器、收集屋面雨水的雨水斗等。

(2)**水封装置**。水封装置是设置在污、废水收集器具的排水口下方处，与排水横支管相连的一种存水装置，俗称存水弯。其作用是阻挡排水管道中的臭气和其他有害气体、虫类等通过排水管进入室内，污染室内环境。

存水弯一般有S形和P形两种，水封高度不能太大，也不能太小，若水封高度太大，污水中固体杂质容易沉积，太小则容易被破坏，因此，水封高度一般为50～100 mm。水封底部应设清通口，以利于清通。存水弯的形式及安装如图1-64所示。

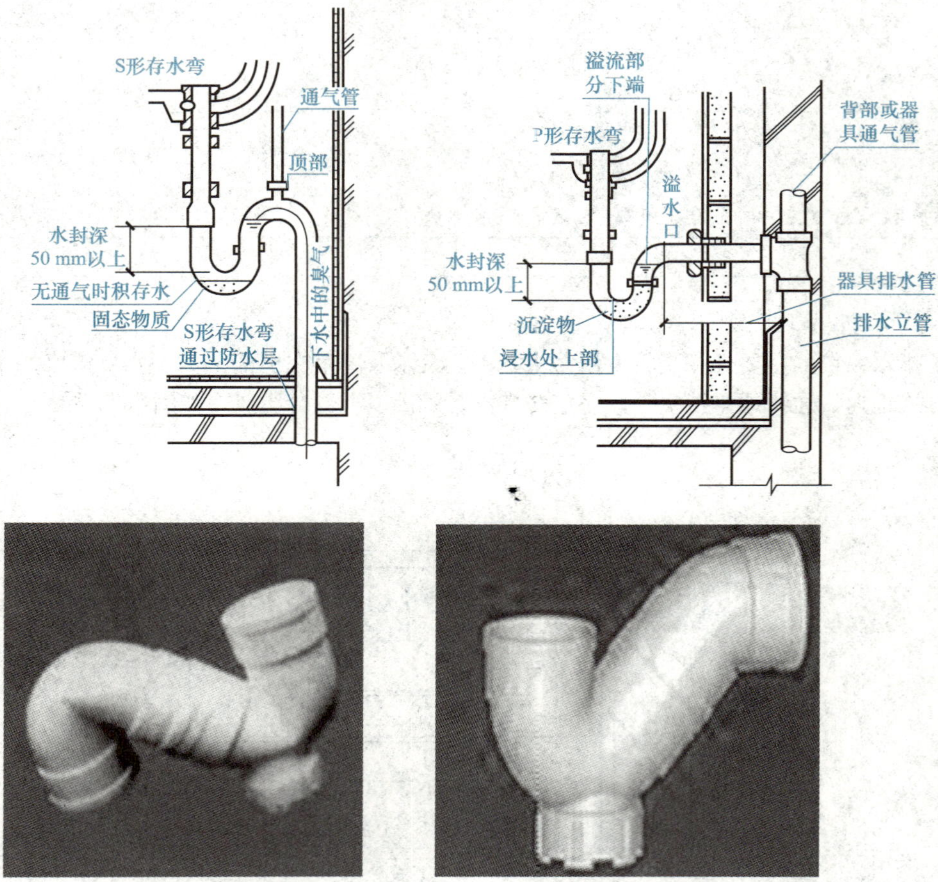


(a)　　(b)

**图1-64　存水弯安装图**

(a)S形存水弯；(b)P形存水弯

(3)**排水管道**。排水管道由器具排水支管、排水横支管、排水立管、排水干管和排出管等组成。

1)器具排水支管。器具排水支管是连接污水、废水收集器具与排水横支管之间的短管。

2)排水横支管。排水横支管是汇集各器具排水支管的来水，水平方向输送污水、废水的管道。排水横支管应有一定的坡度，坡向立管。

3)排水立管。排水立管收集各排水横支管的来水，为保证污水、废水的水流畅通，立管的管径不应小于任何一根接入的横支管管径。

4)排水干管。排水干管是收集排水立管的污水、废水，水平方向输送污水、废水的管道。排水干管应有一定的坡度。

5)排出管。排出管是水平方向穿过建筑外墙或外墙基础，连接室内排水立管与室外污水检查井之间的管段，也称出户管。排出管的管径不得小于所连接立管的管径，排出管也应有一定的坡度。

(4)**通气管系统**。绝大多数排水管道内部流动的是重力流，即管道系统中的污水、废水是依靠重力的作用排出室外，因此，排水管道系统必须与大气相同。

1)通气管系统的作用。其既能向排水管内补充空气、使水流畅通、减少排水管内的气压变化幅度、防止卫生器具水封被破坏，又能将管道中散发的有毒、有害气体和臭气排到大气中去。同时，还可以保持管道内的新鲜空气流通，减轻废气对管道的锈蚀。

2)通气管系统的形式。对于楼层不高、卫生器具不多的建筑物，通气管是将排水立管的上端伸出屋顶一定高度，为防止异物落入立管，通气管顶端应装设网罩或伞形通气帽，该通气管称为伸顶通气管；对于层数较多或卫生器具较多的建筑物，必须设置专用通气管，如图 1-65 所示。

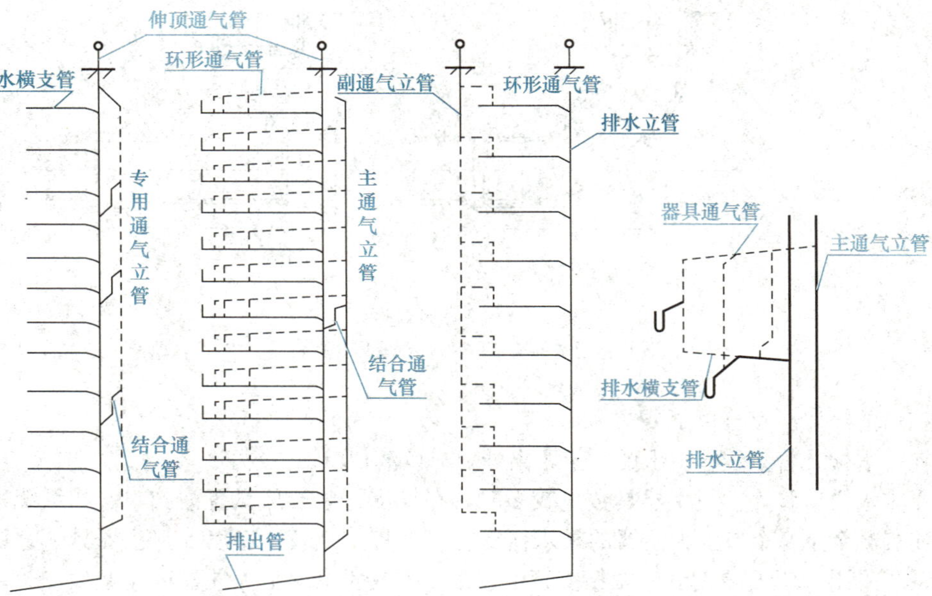


图 1-65　通气管系统

①主通气立管：指连接环形通气管和排水立管，并为排水支管和排水立管内空气流通而设置的垂直管道。当主通气立管通过环形通气管，每层都和污水横管相连时，不宜多于 8 层设结合通气管与排水立管相连。

②副通气立管：指仅与环形通气管连接，为使排水横支管内空气流通而设置的通气管道。其作用同专用通气立管，设在污水立管对侧。

③环形通气管：指从最始端卫生器具的下游端接至通气立管的一段通气管段。其适用于排水横支管较长、连接的卫生器具较多时，即污水支管上连接 4 个或 4 个以上卫生器具，且污水支管长度大于 12 m，或同一污水支管所连接的大便器在 6 个或 6 个以上。

④器具通气管：指设在卫生器具存水弯出口端，在高于卫生器具一定高度处与主通气立管连接的通气管段。其可防止卫生器具产生自虹吸现象和噪声，适用于对卫生、安静要求较高的建筑物。

⑤结合通气管：指排水立管与通气立管的连接管段。其作用是当上部横支管排水水流沿立管向下流动，水流前方空气被压缩时，通过它释放被压缩的空气至通气立管。当结合通气管布置有困难时，可用H形管件替代。

(5)**清通设备**。为了使排水管道疏通方便，管道上需设清通设备。在室内排水系统中，一般有清扫口、检查口和检查井等。

1)清扫口。一种安装在排水横支管上，用于清扫排水横支管的附件。清扫口设置在楼板或地坪上，且与地面相平。也可用带清扫口的弯头配件或在排水管起点设置堵头代替清扫口。清扫口构造如图1-66所示。

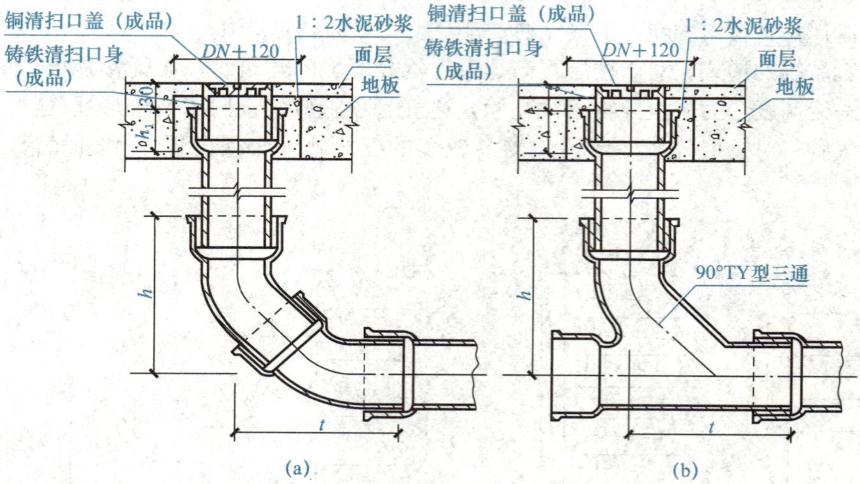


**图1-66　清扫口构造**

(a)横支管起端的清扫口；(b)横支管中段的清扫口

清扫口的设置应符合以下要求：

①在排水横支管直线管段上的一定距离处，应设清扫口。

②当排水横支管连接卫生器具数量较多时，在横支管起端应设置清扫口。如系统采用铸铁管时，连接2个及2个以上大便器的排水横支管或连接3个及3个以上卫生器具，宜设置清扫口；如系统采用UPVC管时，一根横支管上连接4个或4个以上大便器的排水横支管，宜设置清扫口。

③在水流偏转角大于45°的排水横支管上，应设清扫口。

④管径小于100 mm的排水管道上，设置清扫口的尺寸应与管径相同；管径等于或大于100 mm的排水管道上设置的清扫口，其尺寸应采用100 mm。

⑤清扫口不能高出地面，必须与地面相平。污水横管起端的清扫口与墙面的距离不得小于0.2 m。当采用管堵代替清扫口时，为了便于清通和拆装，与墙面的净距不得小于0.4 m。

2)检查口。检查口设置在排水立管以及较长的水平管段上，是一个带盖板的开口短管，清通时将盖板打开，如图1-67所示。

在生活排水管道上，应按下列规定设置检查口：铸铁排水立管上检查口之间的距离不宜大于10 m，塑料排水立管宜每6层设置一个检查口；但在建筑物最底层和设有卫生器具的二层以上建筑物的最高层，应设置检查口；当立管有水平拐弯或乙字管时，在该层立管拐弯处和乙字管的上部应设检查口。

排水管上设置的检查口应符合下列规定：

①立管上设置检查口，应在地(楼)面以上 1.0 m，并应高于该层卫生器具上边缘 0.15 m。

②地下室立管上设置检查口时，检查口应设置在立管底部之上。

③立管上的检查口应面向便于检查清扫的方位。

④横干管上的检查口应垂直向上。

3)检查井。埋地管道上应设检查井，以便清通，如图 1-68 所示。

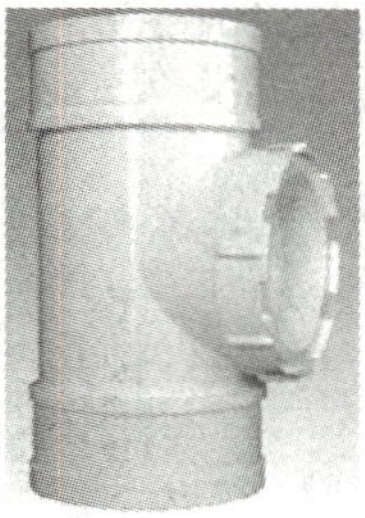

图 1-67　检查口

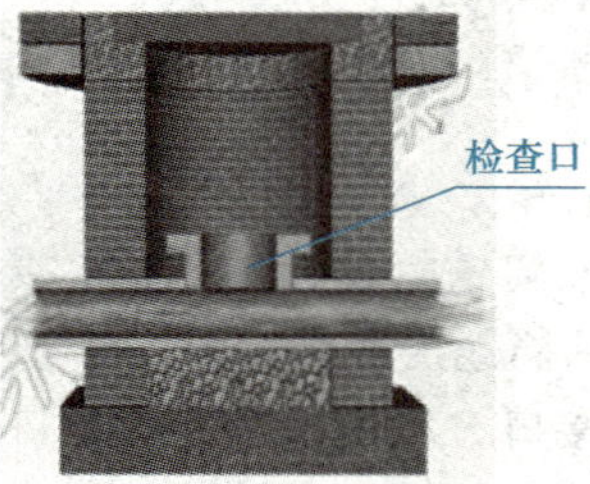


图 1-68　检查井

检查井的设置应符合以下要求：

①生活污水排水管道，在建筑物内不宜设检查井。

②对于不散发有害气体或大量蒸汽的工业废水的排水管道，可在建筑物内排水管上以下部位设检查井：一是在管道转弯或连接支管处；二是在管道管径及坡度改变处；三是在直线管段上每隔一定距离处(生产废水不宜大于 30 m，生产污水不宜大于 20 m)。

③检查井直径不得小于 0.7 m。

④检查井中心至建筑物外墙的距离不宜小于 3.0 m。

(6)**地漏的设置**。地漏是一种内有水封，用来排除地面水的特殊排水装置，一般由铸铁或塑料制成。地漏有 50 mm、75 mm、100 mm 三种规格，卫生间及盥洗室一般设置直径为 50 mm 的地漏，地漏一般设置在地面的最低处，地面做成 0.5%～1%的坡度坡向地漏，地漏箅子面低于地面标高 5～10 mm。

(7)**污、废水抽升设备**。建筑物的地下室、人防建筑工程等地下建筑物内的污、废水不能以重力流排入室外检查井时，应利用集水池、污水泵把污、废水集流、提升后排放。

集水池的净容积应按小区或建筑物地下室内污水量大小、污水泵启闭方式和现场场地条件等因素确定。集水池的有效水深一般取 1～1.5 m，保护高度取 0.3～0.5 m。

污水泵应优先选用潜水污水泵和液下污水泵。

(8)**局部处理构筑物**。当建筑内部污水未经处理不允许直接排入市政排水管网或水体时，须设污水局部处理构筑物。如处理民用建筑生活污水的化粪池，去除含油污水的隔油池，降低锅炉、加热设备排放的高温污水的降温池，以及以消毒为主要目的的医院污水处理设施等。

## 1.3.2　建筑排水系统的管材及卫生设备

### 1. 排水管材

对敷设在建筑物内部的排水管道，要求其具有足够的机械强度、抗污水侵蚀性能好、不漏水等特性。下面重点介绍排水铸铁管、塑料管等常用管材的性能及特点。

(1)**排水铸铁管**。排水铸铁管具有耐腐蚀性能强、有一定的强度、使用寿命长、价格便宜等优点，每根管长一般为 1.0～2.0 m，与给水铸铁管相比管壁较薄，不能承受较大的压力，主要用于一般的生活污水、雨水和工业废水的排水管道，要求强度较高或排除压力水的地方常用给水铸铁管代替。

**排水铸铁管的连接方法有承插连接、法兰连接。承插连接有刚性接口和柔性接口两种。**排水铸铁管承插直管的规格见表1-14。

**表1-14　排水铸铁管直管的规格**

| 管内径/mm | 壁厚/mm | 长度/m | 质量/kg | 管内径/mm | 壁厚/mm | 长度/m | 质量/kg |
|---|---|---|---|---|---|---|---|
| 50 | 5 | 1.5 | 10.3 | 125 | 6 | 1.5 | 29.4 |
| 75 | 5 | 1.5 | 14.9 | 150 | 6 | 1.5 | 34.9 |
| 100 | 5 | 1.5 | 12.6 | 200 | 7 | 1.5 | 53.7 |

1)刚性接口排水铸铁管及管件。刚性接口排水铸铁管采用承插连接，承插连接管件如图1-69所示，接口有铅接口、石棉水泥接口、沥青水泥砂浆接口、膨胀性填料接口、水泥砂浆接口等。实践证明，刚性接口排水管道的寿命可与建筑物使用寿命相同。

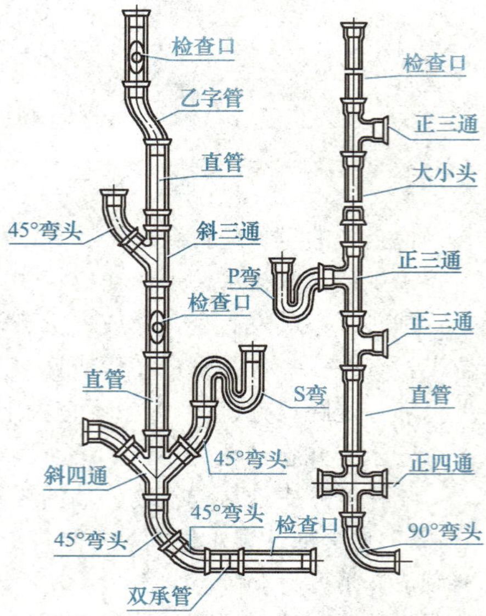

**图1-69　承插连接管件**

2)柔性接口排水铸铁管及管件。随着房屋建筑层数和高度的增加，刚性接口已经不能适应高层建筑在风荷载、地震等作用下的位移，宜采用柔性接口，使其具有良好的曲挠性和伸缩性，以适应建筑楼层间变位导致的轴向位移和横向曲挠变形，防止管道裂缝、折断。柔性接口排水铸铁管具有强度高、抗震性能好、噪声低、防火性能好、寿命长、膨胀系数小、安装施工方便、美观、耐磨、耐高温等优点；其缺点是造价高。对于建筑高度超过100 m的高层建筑、防火等级要求高的建筑物、要求环境安静的场所、环境温度可能出现0 ℃以下的场所，以及连续排水温度大于40 ℃或瞬间排水温度大于80 ℃的排水管道应采用柔性接口排水铸铁管。

如图1-70所示，柔性抗震接头的构造有两种：一种是由承口、插口、法兰压盖、密封橡胶圈、紧固螺栓、定位螺栓等组成，橡胶圈在螺栓和压盖的作用下，呈压缩状态与管壁紧贴，起到密封作用，承口端有内八字，使橡胶圈嵌入，增强了阻水效果；同时，由于橡胶圈具有弹性，插口可在承口内伸缩和弯折，接口仍可保持不渗、不漏，定位螺栓则在安装时起定位作用；另一种是采用不锈钢钢带、橡胶圈密封、卡紧螺栓连接，安装时只需将橡胶圈套在两根连接管的端部，用不锈钢钢带卡紧，螺栓锁住即可。这种连接方法具有安装和更换管道方便、接头轻巧、美观等优点。

(2)**塑料管。塑料管具有质轻、耐腐蚀、水流阻力小、外表美观、施工安装方便、价格低廉等优点。近年来，塑料管在国内建筑排水工程中得到普遍认可和应用。最常用的是硬聚氯乙烯管。**

1)硬聚氯乙烯管(UPVC管)的特点。排水硬聚氯乙烯管(UPVC管)是以聚氯乙烯树脂为主要原料，加入必要的助剂，经注塑成型，具有质轻、不结垢、耐腐蚀、抗老化、强度高、耐火性能好、施工方便、造价低、可制成各种颜色、节能等优点，在正常的使用情况下寿命可达50年以上，但排水噪声大。目前，在一般民用建筑和工业建筑的内排水系统中已广泛使用。

2)硬聚氯乙烯管(UPVC管)的规格。排水硬聚氯乙烯管规格见表1-15。

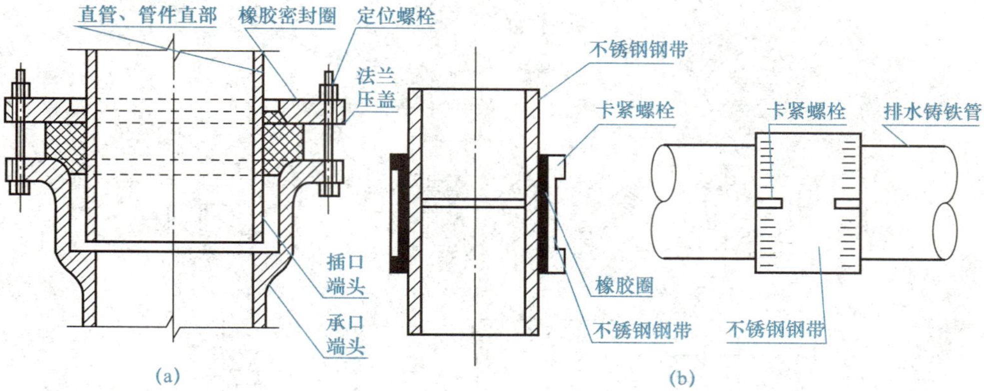


**图 1-70 排水铸铁管柔性抗震接头连接方法**

(a)法兰压盖螺栓连接；(b)不锈钢钢带卡紧螺栓连接

**表 1-15 排水硬聚氯乙烯直管公称外径与壁厚及粘结承口** mm

| 公称外径 D | 平均外径极限偏差 | 直管 | | | | 粘结承口 | | |
|---|---|---|---|---|---|---|---|---|
| | | 壁厚 e | | 长度 L | | 承口内径 d3 | | 承口深度最小长度 |
| | | 基本尺寸 | 极限偏差 | 基本尺寸 | 极限偏差 | 最小 | 最大 | |
| 40 | +0.30 | 20 | +0.40 | 4 000 或 6 000 | ±10 | 40.1 | 40.4 | 25 |
| 50 | +0.30 | 20 | +0.40 | | | 50.1 | 50.4 | 25 |
| 75 | +0.30 | 23 | +0.40 | | | 75.1 | 75.5 | 40 |
| 90 | +0.30 | 32 | +0.60 | | | 90.1 | 90.5 | 46 |
| 110 | +0.40 | 32 | +0.40 | | | 110.2 | 110.6 | 48 |
| 125 | +0.40 | 32 | +0.40 | | | 125.2 | 125.6 | 51 |
| 160 | +0.50 | 40 | +0.40 | | | 160.2 | 160.7 | 58 |

3)硬聚氯乙烯管(UPVC 管)管件。排水塑料管道的连接方法有粘结、橡胶圈连接、螺纹连接等。

排水管件是用来改变排水管道的直径、方向以及连接交汇的管道，并便于检查和清通管道的配件。常用的排水硬聚氯乙烯管(UPVC 管)管件如图 1-71 所示。

4)伸缩节的设置要求。排水硬聚氯乙烯管使用时，要求瞬时排水水温不超过 80 ℃，连续排水水温不超过 40 ℃。为消除 UPVC 管受温度变化影响而产生的伸缩，通常采用设置伸缩节的方法。一般立管应每层设一伸缩节。

## 2. 卫生设备

卫生设备是用来满足日常生活的各种卫生要求，收集和排除生活及生产中产生的污水、废水的设备，它是排水系统的重要组成部分。对卫生器具的一般要求是：耐腐蚀、耐老化、耐摩擦、耐冷热、强度好、表面光滑、易清洗、便于安装和维修、节水低噪，水封效果好。

为防止粗大污物进入管道发生堵塞，除大便器外，所有卫生器具均应在放水口处设截留杂物的栅栏。卫生器具与排水管道连接处应设存水弯，但坐式大便器和地漏因自带水封而例外。

卫生器具按用途，可分为便溺用卫生器具、盥洗用卫生器具、沐浴用卫生器具和洗涤用卫生器具四类。

(1)便溺用卫生器具。便溺用卫生器具用来收集和排出粪便污水。便溺用卫生器具包括便器

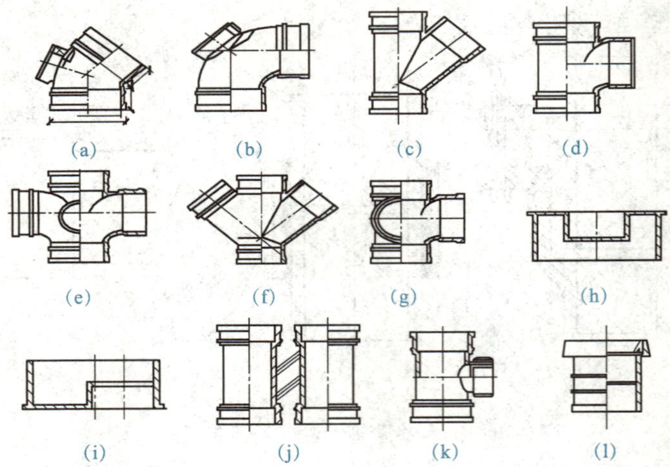


**图 1-71 排水硬聚乙烯管管件**

(a)45°弯头；(b)90°弯头；(c)45°斜三通；(d)90°顺水三通；(e)90°顺水四通；(f)45°斜四通；(g)立体四通；(h)同心异径接头；(i)偏心异径接头；(j)H 管；(k)检查口；(l)伸缩节

和冲水设备两部分。

1)坐式大便器。冲洗式大便器结构如图 1-72 所示，斗下端作为存水弯，上口是一圈空心边，下边均布许多孔口。水由孔口沿大便器的内表面冲下，水面升高，水带着粪便冲过存水弯边缘，流入排水管中。这种大便器在使用时粪便直接落入存水弯，臭气少，但每次冲洗不一定能全部将粪便等脏物冲走，且粪便落下时易溅。

虹吸式大便器在大便器存水弯下面增加一段向下的弯管，形成虹吸管，冲洗时，迅速形成虹吸作用，将粪便吸到排水管中。每次冲洗均能将粪便及赃物带走，且在水封中充入新水，卫生。但是虹吸管易堵塞，用水量大，噪声大，仍易溅，喷射虹吸式大便器、旋涡虹吸式大便器的排污能力强，噪声低，用水量少。

坐式大便器多装设在住宅、宾馆或其他高级建筑内。

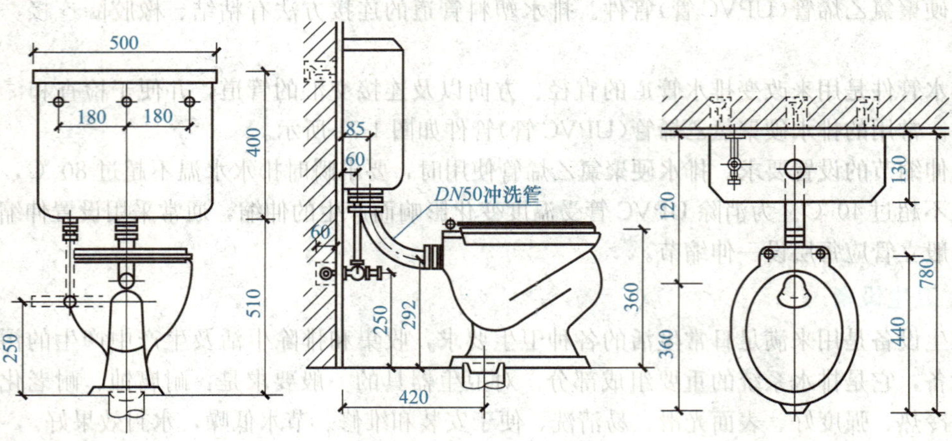


**图 1-72 低水箱坐式大便器安装图**

2)蹲式大便器。蹲式大便器(图 1-73)有自带存水弯、不带存水弯和自带冲洗阀、不带冲洗阀、水箱冲洗等多种形式。使用蹲式大便器时可避免某些因与人体直接接触引起的疾病传染，所以多用于集体宿舍、学校、办公楼等公共场所中。

蹲式大便器多采用高位水箱或延时自闭式冲洗阀进行冲洗，延时自闭式冲洗阀可采用脚踏式、手动式、红外线数控式等多种开启方式，可根据不同场合选取。

3)大便槽。大便槽一般用于建筑标准不高的公共建筑或公共厕所内，其优点是设备简单、造价低。从卫生观点评价，大便槽受污面积大、有恶臭且耗水量大、不够经济。大便槽可采用集中冲洗水箱或红外线数控冲洗装置冲洗。

大便槽槽宽 200～250 mm，底宽 150 mm，起端深 350～400 mm，底坡大于 0.015，末端有存水门坎，水深为 10～15 mm，存水弯和管径一般为 150 mm。

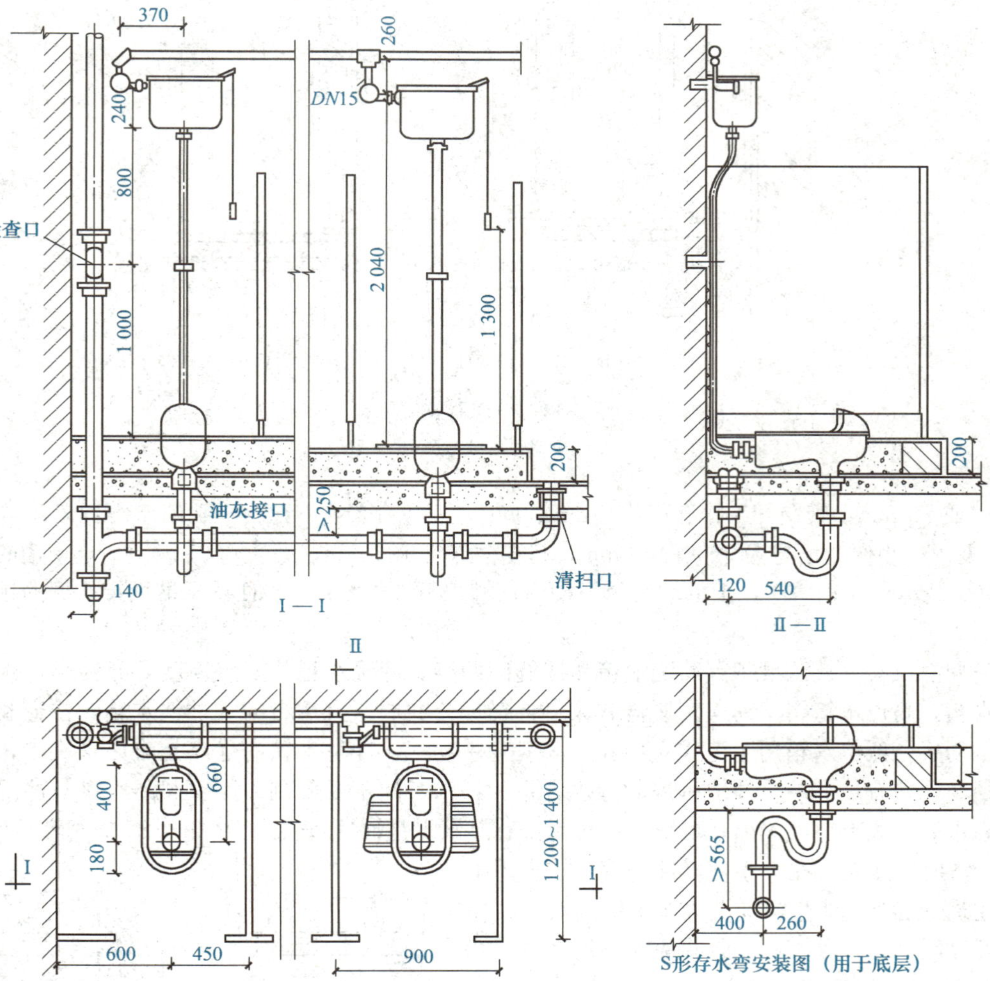


图 1-73 蹲式大便器安装图

4)小便器。小便器设在机关、学校、旅馆等公共建筑的男卫生间内，是用于收集和排除小便的便溺用卫生器具，多为陶瓷制品。小便器有挂式小便器和立式小便器，如图 1-74 所示。其中，立式小便器用于标准高的建筑中，多为成组设置；挂式小便器悬挂在墙壁上，多采用手动启闭截止阀冲洗。

5)小便槽。小便槽具有建造简单、经济、占地面积小、可供多人同时使用等特点，常用于工业企业、公共建筑和集体宿舍的男厕所中。小便槽可用普通阀门控制的多孔管冲洗，但应尽量采用自动冲洗水箱控制的多孔管冲洗。冲洗管设在距离地面 1.1 m 高度的地方，管径为

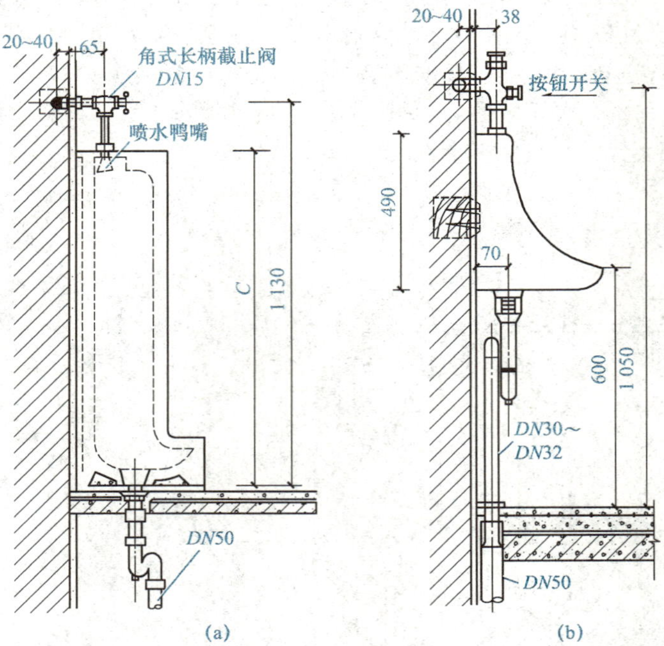


**图 1-74 小便器安装图**

(a)立式小便器；(b)挂式小便器

15 mm 或 20 mm，管壁开一排孔径为 2 mm、间距为 30 mm 的小孔；小孔喷水方向朝墙与墙面成 45°夹角；小便槽槽宽为 300～400 mm，起端槽深为 100 mm，底坡 0.01 以上；小便槽的台阶宽为400 mm，并有 0.01 以上的坡度坡向槽内；槽长不大于 6 m。小便槽末端设带格栅的排水口或地漏。

6)冲洗设备。冲洗设备有冲洗水箱和冲洗阀两种。冲洗水箱按安装高度可分为高位水箱和低位水箱。高位水箱用于蹲式大便器和大小便槽，公共厕所宜用自动式冲洗水箱，住宅和旅馆多用手动式；低位水箱用于坐式大便器，一般为手动式。冲洗水箱的优点是流出水头小，进水管管径小，并有足够一次冲洗所需的储水容量，补水时间不受限制，浮球阀出水口与冲洗水箱的最高水面之间有空气隔断，可防止回流污染；其缺点是冲洗时噪声大，进水浮球阀容易漏水。

冲洗阀直接安装在大小便器冲洗管上，多用于公共建筑、工业企业生活间及火车上的厕所内，使用者可以用手、脚或光控开启冲洗阀。延时自闭式冲洗阀由使用者控制冲洗时间(5～10 s)和冲洗水量(1～2 L)，具有体积小、占用空间少、外观洁净美观、使用方便、节约水量、流出水头较小以及冲洗设备与大、小便器之间有空气隔断的特点。

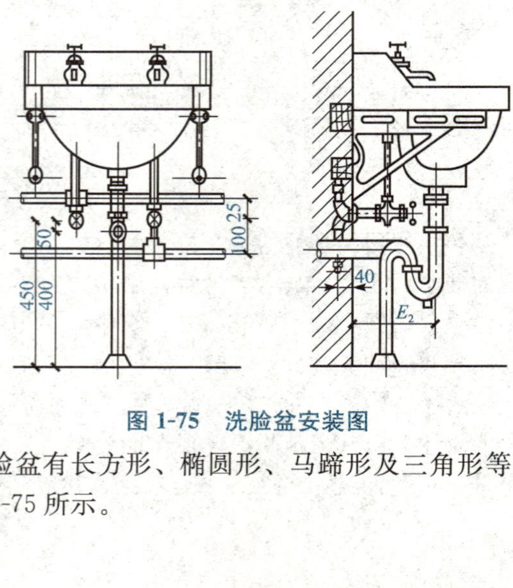


**图 1-75 洗脸盆安装图**

(2)盥洗用卫生器具。盥洗用卫生器具是供人们洗漱、化妆的洗浴用卫生器具，包括洗脸盆、盥洗槽、洗手盆等。

1)洗脸盆。洗脸盆一般用于洗脸、洗手和洗头，常设置在盥洗室、浴室、卫生间和理发店。洗脸盆有长方形、椭圆形、马蹄形及三角形等形式，安装方式有挂式、台式和立柱式三种，如图 1-75 所示。

近年来，为了有效地利用空间，住宅使用的洗脸化妆台多了起来，如台式洗脸盆和橱柜为一体的洗脸化妆台与化妆柜等的组合型；带洗脸盆的面板与化妆柜等的组合型。

2)盥洗槽。盥洗槽是设在集体宿舍、车站候车室、工厂生活间等公共卫生间内，可供多人同时洗手、洗脸的卫生器具，如图 1-76 所示。盥洗槽多为长方形布置，有单面、双面两种，一般为钢筋混凝土现场浇筑，水磨石或瓷砖贴面，也有不锈钢、搪瓷、玻璃钢等制品。

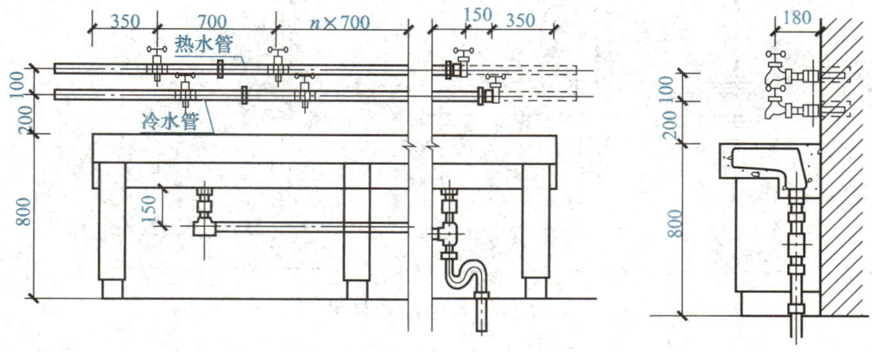


**图 1-76　盥洗槽**

盥洗槽槽宽为 500～600 mm，槽沿距地为 800 mm；水龙头距地为 1 m，间距为 700 mm；排水口 4 m 一个。

(3)沐浴用卫生器具。

1)浴盆。浴盆设置在住宅、宾馆、医院等建筑的卫生间内及公共浴室内，它常用搪瓷生铁、水磨石、玻璃钢等材料制成，外形呈长方形、方形、椭圆形。浴盆配有冷、热水龙头或混合龙头，有的还有固定的莲蓬头或软管莲蓬头，如图 1-77 所示。

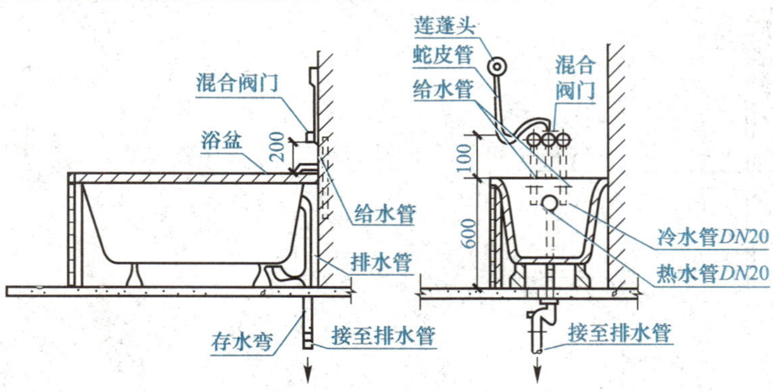


**图 1-77　浴盆安装图**

随着人们生活水平的提高，开发研制出的浴盆不仅盛放热水，而且还带有诸多的附加功能，如对浴缸水进行净化、杀菌、24 h 恒温、水在浴盆内循环喷流按摩等多种类型。

2)淋浴器。淋浴器具有占地面积小、设备费用低、耗水量小、清洁卫生和可避免疾病传染的优点，因此，多用于工厂、学校、机关、部队、集体宿舍的公共浴室，如图 1-78 所示。浴室的墙壁和地面需用易于清洗和不透水材料，如水磨石或水泥建造，高级浴室可贴瓷砖装饰。一般成组安装时，间距为 900～1 000 mm，浴室地面坡度为 0.5%～1%。

(4)洗涤用卫生器具。洗涤用卫生器具是用来洗涤食物、衣物、器皿等物品的卫生器具。常用的洗涤用卫生器具有洗涤盆、污水盆(池)等。

1)洗涤盆。洗涤盆是装设在厨房或公共食堂内，供洗涤碗碟、蔬菜、食物之用，如图 1-79

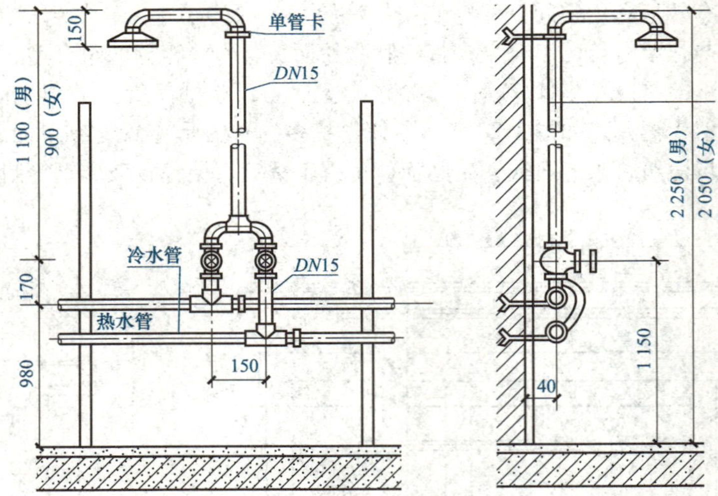


图 1-78　淋浴器安装图

所示。根据材质的不同，可分为水泥洗涤盆、水磨石洗涤盆、陶瓷洗涤盆、不锈钢洗涤盆。其中，陶瓷洗涤盆和不锈钢洗涤盆应用最为普遍。

洗涤盆有长方形、正方形和椭圆形。洗涤盆可设置冷、热水龙头或混合龙头，排水设在盆底的一侧，为在盆内存水，备有橡皮塞头。

2)污水盆(池)。污水盆(池)是设置在公共的厕所、盥洗室内，供洗涤清扫用具，倾倒污水、废水的洗涤用卫生器具。污水盆多为陶瓷、不锈钢或玻璃钢制品，污水池多以水磨石现场建造。按设置高度来分，污水盆(池)有落地式和挂墙式两类，如图 1-80 所示。

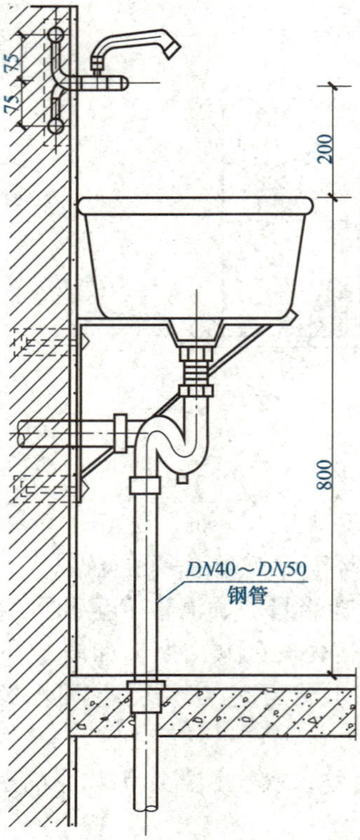


图 1-79　洗涤盆安装图

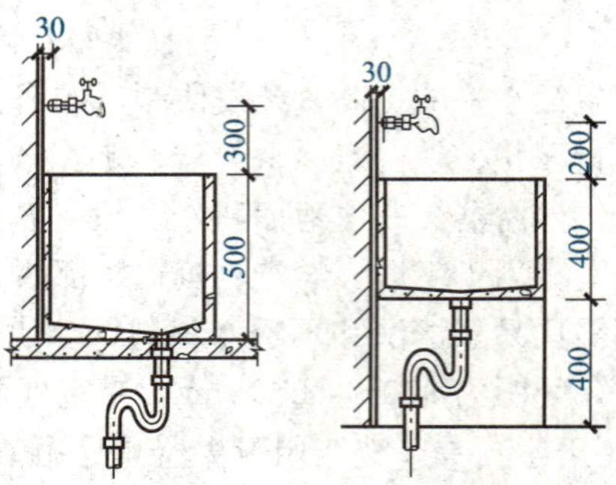


图 1-80　污水盆安装图

(a)落地式；(b)挂墙式

## 1.3.3 屋面雨水排水系统

降落在屋面的雨和雪，特别是暴雨，在短时间内会形成积水，需要设置屋面雨水排水系统，有组织、有系统地将屋面雨水及时排除，否则会造成四处溢流或屋面漏水，影响人们的生活和生产活动。建筑屋面雨水排水系统按建筑物内部是否有雨水管道可分为雨水外排水系统、雨水内排水系统和混合式排水系统。在实际设计时，应根据建筑物的类型、建筑结构形式、屋面面积大小、当地气候条件及生产生活的要求，经过技术经济比较来选择排除方式。一般情况下，应尽量采用外排水系统或将两种排水系统综合考虑。

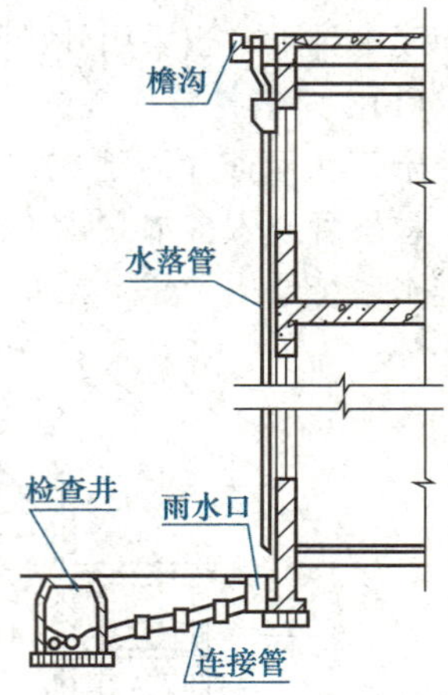

图 1-81 檐沟外排水系统

### 1. 雨水外排水系统

**外排水是指屋面不设置雨水斗，建筑物内部没有雨水管道的雨水排放形式。**按屋面有无天沟，又可分为檐沟外排水系统和天沟外排水系统。

(1)檐沟外排水系统。檐沟外排水系统适用于普通住宅、一般公共建筑、小型单跨厂房。檐沟外排水系统由檐沟和雨落管组成，如图 1-81 所示。降落到屋面的雨水沿屋面集流到檐沟，然后流入到沿外墙设置的雨落管，排至地面或雨水口。根据经验，雨落管管径可分为 75 mm、100 mm 两种规格。民用建筑雨落管间距为 12～16 m，工业建筑为 18～24 m。

(2)天沟外排水系统。天沟外排水系统是指降落到屋面的雨水沿坡向天沟的屋面汇集到天沟，从天沟流至建筑物两端(山墙、女儿墙)入雨水斗，经立管排至地面或雨水井。天沟外排水系统主要由天沟、雨水斗和排水立管组成，如图 1-82 所示。天沟的排水断面形式根据屋面情况而定，多为矩形和梯形。天沟应与建筑物的伸缩缝或沉降缝为屋面的分水线，分别在两侧进行设置。天沟的长度应根据暴雨强度、建筑物跨度、天沟断面形式等进行确定，一般不超过 50 m，天沟的坡度不得小于 0.3%，并伸出山墙 0.4 m，为防止天沟末端积水太深，在天沟的顶端应设置溢流口，溢流口比天沟上檐低 50～100 mm，这样即使出现超过设计暴雨强度的雨量，也可以安全排水。天沟布置如图 1-83 所示。天沟外排水一般适用于长度不超过 100 m 的多跨工业厂房。

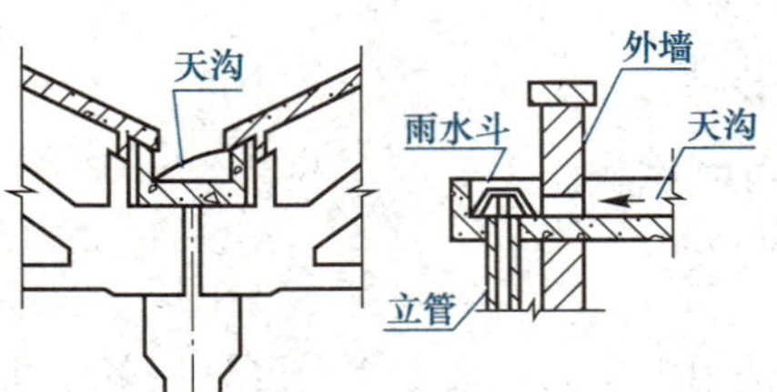

图 1-82 天沟外排水系统图

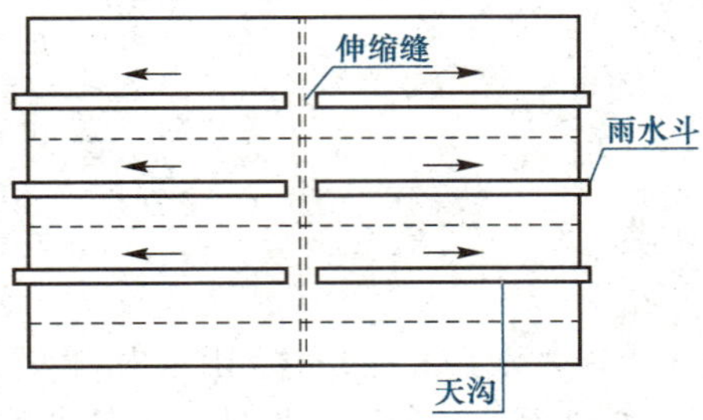

图 1-83 天沟布置示意图

天沟外排水系统的优点：雨水系统各部分均设置于室外，不会因施工不善造成屋面漏水或检查井冒水，且节省管材，施工简单，有利于厂房内空间利用。但也有其缺点：一是天沟必须有一定的坡度，才可以达到天沟排水要求，一般坡度为 0.3%～0.6%，这需增大垫层厚度，从而增大屋面负荷；二是屋面晴天容易积灰，造成雨天天沟排水不畅；三是，寒冷地区排水管容易冻裂。

**天沟外排水系统构造简单，雨水管不占用室内空间，在南方应优先采用。**但有些情况下采用外排水并不恰当，如在高层建筑中，维修室外雨水管既不方便，更不安全。在严寒地区，因室外的雨水管有可能使雨水结冻，也不宜使用，可采用雨水内排水系统。

**2. 雨水内排水系统**

在建筑物屋面设置雨水斗，雨水管道设置在建筑物内部的排水系统称为内排水系统。对于屋面雨水排水，当采用外排水系统有困难时，可采用内排水系统。

(1)**雨水内排水系统的组成**。雨水内排水系统由雨水斗、连接管、悬吊管、立管、排出管、埋地干管和检查井等组成，如图 1-84 所示。降落到屋面上的雨水沿屋面流入雨水斗，经连接管、悬吊管进入排水立管，再经排出管流入雨水检查井或经埋地干管排至室外雨水管道。雨水内排水系统适用于建筑立面要求高，大屋面面积，屋面上有天窗，多跨、锯齿形建筑屋面。

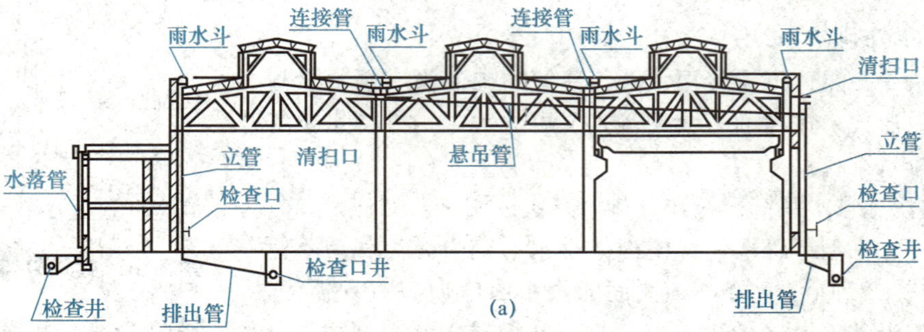

(a)

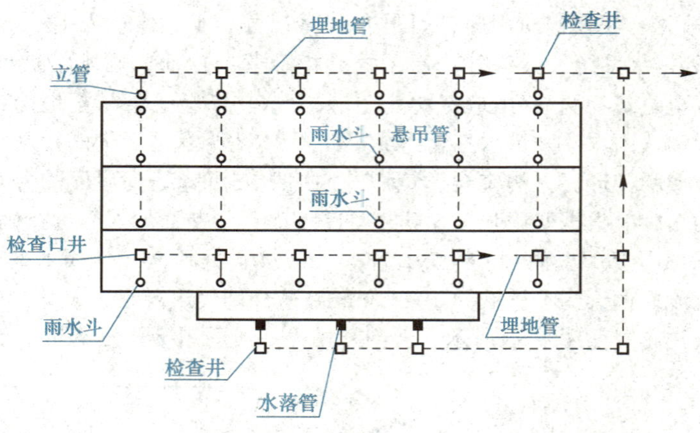

(b)

**图 1-84 雨水内排水系统**

(a)剖面图；(b)平面图

(2)**雨水内排水系统的分类**。雨水内排水系统按雨水斗的连接方式，可分为单斗和多斗雨水排水系统。单斗系统一般不设悬吊管；多斗系统中悬吊管将雨水斗和排水立管连接起来。多斗系统的排水量大约为单斗的 80%，在条件允许的情况下，应尽量采用单斗排水。

按排除雨水的安全程度，内排水系统可分为敞开式和密闭式两种排水系统。敞开式系统为重力排水，检查井设在室内，可与生产废水合用埋地管道或地沟，但在暴雨时可能出现检查井冒水现象；密闭式系统为压力排水，雨水由雨水斗收集，或通过悬吊管直接排入室外的系统，室内不设检查井或密闭检查口。

(3)**雨水内排水系统的布置**。

1)**雨水斗**。雨水斗是一种雨水由此进入排水管道的专用装置，设在天沟或屋面的最低处。

雨水斗有整流格栅装置，具有整流作用，避免形成过大的漩涡，稳定斗前水位并拦截树叶等杂物。雨水斗有65型、79型和87型，有75 mm、100 mm、150 mm和200 mm四种规格。内排水系统布置雨水斗时应以伸缩缝、沉降缝和防火墙为天沟分水线，各自成排水系统。

2)连接管。连接管是连接雨水斗和悬吊管的一段竖向短管。连接管一般与雨水斗同径，但不宜小于100 mm，连接管应牢固固定在建筑物的承重结构上，下端用斜三通与悬吊管连接。

3)悬吊管。悬吊管是悬吊在屋架、楼板和梁下或架空在柱上的雨水横管。悬吊管连接雨水斗和排水立管。其管径不小于连接管管径，也不应大于300 mm，塑料管的坡度不小于0.5%；铸铁管的坡度不小于1%。在悬吊管的端头和长度大于15 m的悬吊管上设检查口或带法兰盘的三通，位置宜靠近墙柱，以利检修。连接管与悬吊管、悬吊管与立管间宜采用45°三通或90°斜三通连接。悬吊管一般采用塑料管或铸铁管，固定在建筑物的桁架或梁上，在管道可能受振动或生产工艺有特殊要求时，可采用钢管焊接连接。

4)立管。雨水立管承接悬吊管或雨水斗流出的雨水，一根立管连接的悬吊管根数不多于两根，立管管径不得小于悬吊管管径。立管宜沿墙、柱安装，并在距地面1 m处设检查口。

5)排出管。排出管是立管和检查井之间的一段有较大坡度的横向管道，其管径不得小于立管管径。在检查井中与下游埋地管管顶平接，水流转角不得小于135°。

6)埋地管。埋地管敷设于室内地下，承接立管的雨水并将其排至室外雨水管道。埋地管最小管径为200 mm，最大不超过600 mm。埋地管一般采用混凝土管、钢筋混凝土管或陶土管。

7)附属构筑物。常见的附属构筑物有检查井、检查口井和排气井，用于雨水管道的清扫、检修、排气。检查井适用于敞开式内排水系统，设置在排出管与埋地管连接处，埋地管转弯、变径及超过30 m的直线管路上。

### 1.3.4 高层建筑排水系统

高层建筑具有层数多、高度大、排水设备使用人数多、排水量大、管道长、管道中压力波动大和排水管道一旦发生堵塞事故影响范围大等特点。因此，为了提高排水系统的排水能力，稳定管道的压力，保护水封不被破坏，对建筑排水系统提出了新的技术要求。高层建筑的排水系统应设置通气管系统或采用新型单立管系统。另外，高层建筑的排水管道应采用机械强度较高的管道材料，并采用柔性接口。高层排水管道必须考虑设备和管道的防振动和噪声的技术措施。只有采取新的技术措施，才能确保高层建筑排水系统的良好工况，满足各项功能要求。

#### 1. 通气管系统

通气管系统是与排水管相连通的一个系统，其内部无流水，具有加强排水管内部气流循环流动，控制压力变化的作用。绝大多数排水管的水流属重力流，即管内的污水、废水依靠重力的作用排出室外，因此，排水管必须与大气相通，以保证管内气压恒定，维持重力流状态。

高层建筑通气管系统(图1-85)可分为专用通气系统和辅助通气系统。常见的通气管有以下几种类型：

(1)专用通气系统。专用通气系统主要是由专用通气管组成。专用通气管是指仅与排水立管相连，为确保污水立管内空气流通而设置的垂直通气管道。当立管总负荷超过允许排水负荷时，起平衡立管内的正负压作用。实践证明，这种做法对于高层民用建筑的排水支管承接少量卫生器具时，能起到保护水封的作用。采用专用通气管后，污水立管排水能力可增加一倍。

专用通气立管设置条件与要求：

1)当生活污水立管所承担的卫生器具排水设计流量，超过无专用通气立管时的最大排水能力时，应设置专用通气立管。

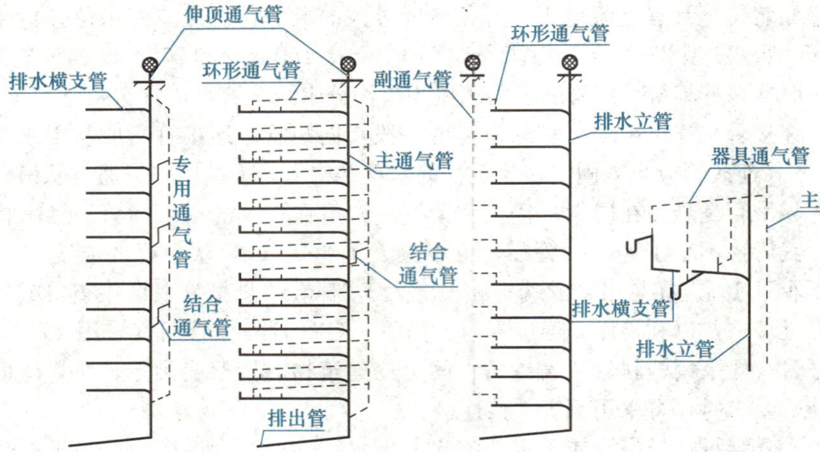


**图 1-85 通气管系统**

2)建筑标准要求较高的多层住宅和公共建筑、10 层及 10 层以上高层建筑的生活污水立管，宜设置专用通气立管。

3)专用通气立管宜每层或隔层用结合通气管与排水立管连接，其上端可在最高层卫生器具上边缘或检查口以上与污水立管的通气部分以斜三通连接，下端应在最低污水横支管以下与污水立管以斜三通相连接。

(2)辅助通气系统。

1)主通气立管。主通气立管是指连接环形通气管和排水立管，并为排水支管和排水立管内空气流通而设置的垂直管道。当主通气立管通过环形通气管每层都和污水横管相连时，不宜多于 8 层设结合通气管与排水立管相连。

2)副通气立管。副通气立管是指仅与环形通气管连接，为使排水横支管内空气流通而设置的通气管道。其作用同专用通气立管，设在污水立管对侧。

3)环形通气管。环形通气管是指从最始端卫生器具的下游端接至通气立管的一段通气管段。其适用于排水横支管较长、连接的卫生器具较多时，即污水支管上连接 4 个或 4 个以上卫生器具，且污水管长度大于 12 m，或同一污水支管所连接的大便器在 6 个或 6 个以上。

4)器具通气管。器具通气管是指设在卫生器具存水弯出口端，在高于卫生器具一定高度处与主通气立管连接的通气管段。其可以防止卫生器具产生自虹吸现象和噪声，适用于对卫生、安静要求较高的建筑物。

5)结合通气管。结合通气管是指排水立管与通气立管的连接管段。其作用是，当上部横支管排水水流沿立管向下流动，水流前方空气被压缩，通过它释放被压缩的空气至通气立管。当结合通气管布置有困难时，可用 H 形管件替代。

当污水立管与废水立管合用一根通气立管(连成三管系统，构成互补通气方式)时，H 形管配件可隔层分别与污水立管和生活废水立管连接。但最低横支管连接点以下必须装设结合通气管。

双立管排水系统性能好、运行可靠，是一种行之有效的系统形式，但系统复杂、投资大、占地大、施工难度大，许多国家在 20 世纪 60 年代后成功提出了高层建筑的单立管排水系统，这是排水系统通气技术的重大进展。该系统通过采用特殊配件以减少立管内的压力变化，保持管内的气流畅通，提高了管道系统的排水能力；同时，也降低了工程费用，方便了施工。

**2. 苏维托单立管排水系统**

苏维托单立管排水系统(图 1-86)采用一种汽水混合或分离的配件来代替一般零件的单立管排水系统，它包括汽水混合器和汽水分离器两个基本配件。

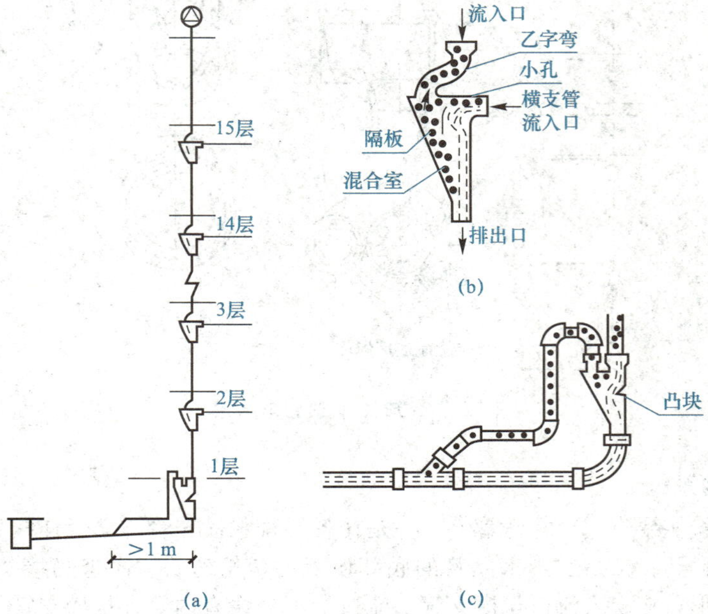


**图 1-86　苏维托单立管排水系统及其配件**

(a)苏维托单立管排水系统；(b)汽水混合器；(c)汽水分离器

(1)汽水混合器。汽水混合器是由长约 800 mm 的连接配件装设在立管与每层横支管的连接处。横支管接入口有三个方向；混合器内部有三个特殊构造——乙字弯、隔板和隔板上部约 10 mm 高的孔隙。

自立管下降的污水经乙字弯管时，水流撞击分散并与周围空气混合成水沫状汽水混合物，相对密度变小，下降速度减缓，减小抽吸力。横支管排出的水受隔板阻挡，不能形成水舌，能保持立管中气流通畅，气压稳定。

(2)汽水分离器。汽水分离器(又称跑气器)通常装设在立管底部，它是由具有凸块的扩大箱体及跑气管组成的一种配件。汽水分离器的作用是：沿立管留下的汽水混合物遇到内部的凸块溅散，从而把气体(70%)从污水中分离出来，由此减少了污水的体积，降低了流速，并使立管和横干管的泄流能力平衡，气流不致在转弯处被堵塞；另外，将释放出的气体用一根跑气管引到干管的下游(或返向上接至立管中去)，这就达到了防止立管底部产生过大反(正)压力的目的。

**3. 旋流单立管排水系统**

旋流单位管排水系统(图 1-87)主要有两种特殊管件：一是安装于横支管与立管相接处的旋流器；二是立管底部与排出管相接处的大曲率导向弯头。旋流器由主室和侧室组成，主侧室之间有一侧壁，用以消除立管流水下落时对横支管的负压吸引。立管下端装有满流叶片，能将水流整理成沿立管纵轴旋流状态向下流动，这有利于保持立管内的空气芯，维持立管中的气压稳定，能有效地控制排水噪声。大曲率导向弯头是在弯头凸岸设有一导向叶片，叶片迫使水流贴向凹岸一边流动，减缓了水流对弯头的撞击，消除部分水流能量，避免了立管底部气压的太大变化，理顺了水流。

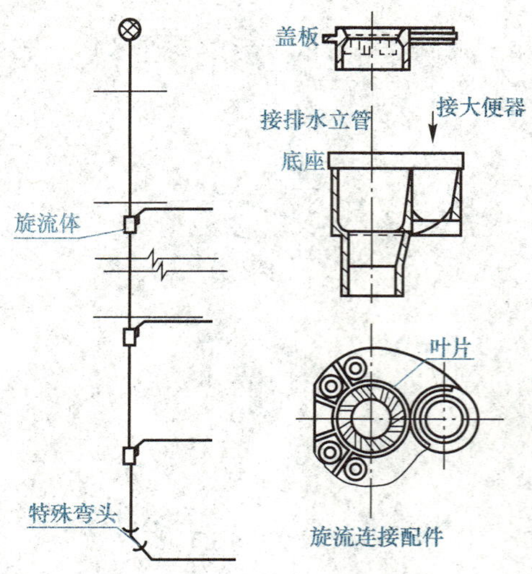


图 1-87　旋流单立管排水系统

**4. 芯型排水系统**

芯型排水系统主要有两个特殊管件：一是在各层排水横支管与立管连接处设置的高奇马接头配件(又称环流器)；二是在排水立管的底部设置的角笛弯头。高奇马接头配件如图 1-88 所示，外观呈倒锥形，在上入流口与横支管入流口交汇处设有内管，从横支管排入的污水沿内管外侧向下流入立管，避免因横支管排水产生的水舌阻塞立管。从立管流下的污水经过内管后发生扩散下落，形成汽水混合流，减缓下落流速，保证立管内空气畅通。高奇马接头配件的横支管接入形式有两种：一种是正对横支管垂直接入；另一种是沿切线方向接入。

角笛弯头(图 1-89)装在立管的底部，上入流口端断面较大，从排水立管流下的水流，因过水断面突然增大，流速变缓，下泄的水流所夹带的气体被释放。一方面水流沿弯头的缓弯滑道面导入排出管，消除了水跃和水塞现象；另一方面，由于角笛弯头内部有较大的空间，可使立管内的空气与横管上部的空间充分连通，保证气流畅通，减少压力波动。

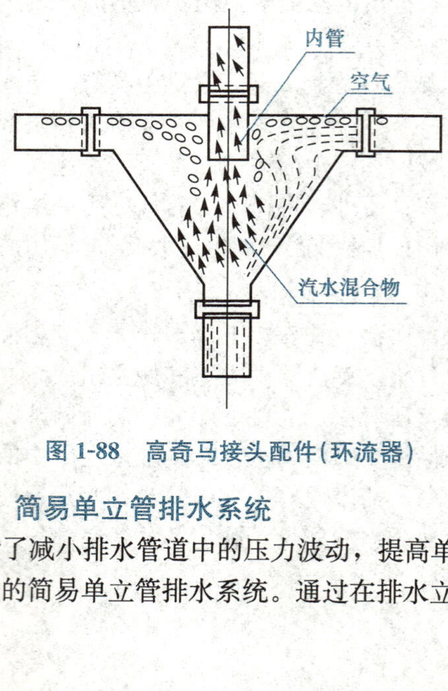


图 1-88　高奇马接头配件(环流器)

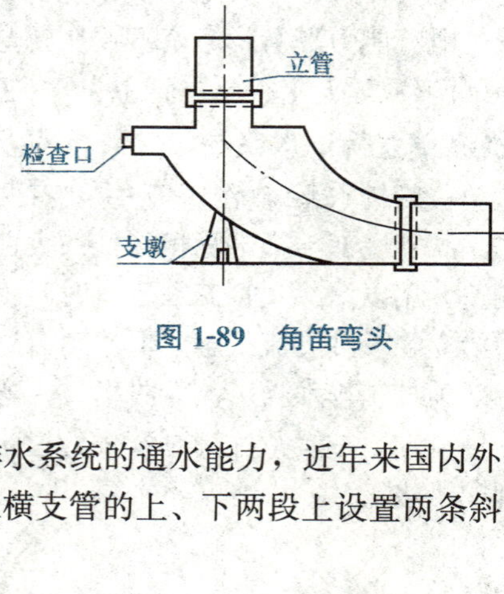


图 1-89　角笛弯头

**5. 简易单立管排水系统**

为了减小排水管道中的压力波动，提高单立管排水系统的通水能力，近年来国内外开发了多种形式的简易单立管排水系统。通过在排水立管接入横支管的上、下两段上设置两条斜向的凸起导流片，使下落的排水产生旋转，在离心力的作用下使水流沿排水立管的内壁回旋流动。在立管内形成空气芯，保证气流畅通，减少立管内的压力波动，无须设置专用通气立管。试验证明，这种单立管排水系统，在 *DN*100 时可允许做到 15 层(共 14 户，按每户 3 大件计)，要求最底层卫生间单独排放，立管根部和总排出横管加大一号，并要求采用两个 45°弯头的弯曲半径的排出管。

韩国开发的有螺旋导流线的 UPVC 单立管排水系统在硬聚氯乙烯管内有 6 条间距50 mm 的螺旋线导流凸起片，如图 1-90 所示，排水在管内旋转下落，管中形成一个畅通的空气芯，提高了排水能力，降低了管道中的压力波动。另外，设计有专用的 DRF/x 型三通，如图 1-91 所示，立管的相接不对中，*DN*100 的管子错位 54 mm，从横支管流出的污水从圆周的切线方向进入立管，可以起到削弱支管进水水舌的作用并避免形成水塞；同时，由于减少了水流的碰撞，UPVC 管减少噪声的效果良好。

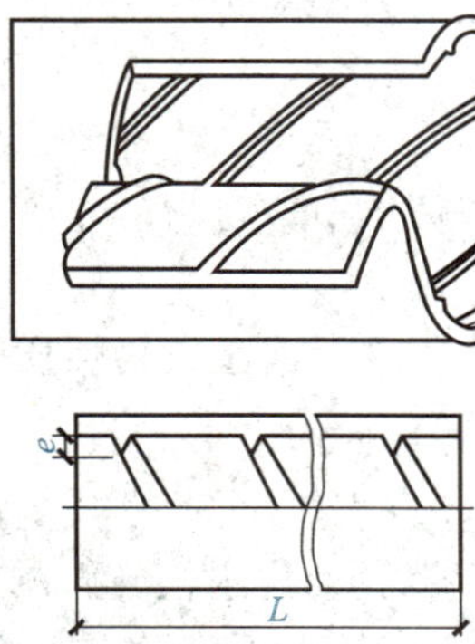


图 1-90　有凸起螺旋线的 UPVC 管

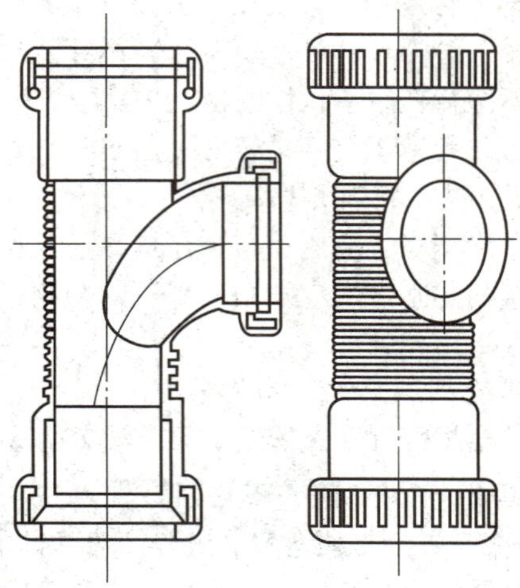

图 1-91　DRF/x 型三通

### 6. 高层建筑排水系统常见问题、预防及解决措施

(1)高层建筑卫生间的异味。高层建筑排水管道都设有通气管道与之相连，一般情况下，排水管道内的异味是可以通过通气管道排走的。但如果卫生间排水管道设置不当，极易造成臭气遗漏。解决措施：凡与卫生器具连接的排水管道，若卫生器具本身不带存水弯，排水管道在设计和施工时一定要设存水弯，且存水弯水封高度应大于 50 mm。

(2)高层建筑重力流雨水排水管材选用不当。普通 UPVC 管承压较小，承受不了满管时的水压，不适合高层建筑排水系统。因此，高层建筑雨水排水管应采用承压塑料管、金属管及钢塑复合管等。

(3)屋顶雨水、阳台雨水、家用空调凝结水的排放。常见的问题是屋顶雨水与阳台雨水共用一根管排放，或阳台雨水、家用空调凝结水共用一根管排放时，立管底部没能做到间接排水，阳台雨水、凝结水管直接接入雨水井。这样会出现两种情况：情况一是当合用管道排水不畅或排出雨水井管道堵塞时，雨水从阳台溢出或从凝结水管倒灌进入户内；情况二是阳台地漏水封易干涸，室外窨井中的有害气体会通过地漏或空调冷凝水管上的排水三通进入室内。另外，雨天排水声会通过凝结水管传至卧室，产生噪声。所以，阳台排水系统应单独设置，立管底部应间接排水，一律排入明沟、水封窨井等。这样，能杜绝屋面雨水从阳台地漏溢出，也能防止异味从阳台地漏溢出。

### 1.3.5 建筑排水管道的布置与敷设

**1. 建筑排水管道的特点和布置原则**

(1)**建筑排水管道的特点**。排水管道所排泄的水，一般是使用后受污染的水，含有大量悬浮物，尤其是生活污水中常含有纤维类和其他大块的杂物，容易引起管道堵塞。

排水管道内的流水是不均匀的，在仅设伸顶通气管的建筑内，变化的水流引起管道内气压急剧变化，会产生较大的噪声，影响房间的使用效果；在管道内温度比管外温度低较多时，管壁外侧会出现冷凝水，这些在管道布置时应加以注意。

(2)**建筑排水管道的布置原则**。排水管道布置应力求简短，少拐弯或不拐弯，避免堵塞。室内排水管道的布置一般要满足以下要求：

1)排水管道不得布置在遇水会引起爆炸、燃烧或损坏的原料、产品和设备的地方。

2)排水管不穿越卧室、客厅，不穿行在食品或贵重物品储藏室、变电室、配电室，不穿越烟道，不穿行在生活饮用水池、炉灶上方。

3)排水管道不宜穿越容易引起自身损坏的地方，如建筑沉降缝、伸缩缝、重载地段和重型设备基础下方、冰冻地段。

4)排水塑料管应避免布置在热源附近。

5)塑料排水管道应根据其管道的伸缩量设置伸缩节，伸缩节宜设置在汇合配件处。排水横管应设置专用伸缩节。

6)建筑塑料排水管穿越楼层、防火墙、管道井井壁时，应根据建筑物性质、管径和设置条件，以及穿越部件防火等级等要求设置阻火装置。

**2. 建筑排水管道的布置与敷设**

(1)**器具排水管的布置与敷设**。器具排水管是连接卫生器具和排水横支管的管段。在器具排水管上应设水封装置——存水弯，有的卫生器具本身有水封装置可不另设，如坐式大便器。

(2)**排水横支管的布置与敷设**。排水横支管是连接器具排水管和排水立管的管段，不宜太长，尽量少转弯，连接的卫生器具不宜太多。排水横支管一般沿墙布设，排水横支管与墙壁之间应保持 35～50 mm 的施工间距。明装时，可以吊装于楼板下方，也可以在楼板上方沿地敷设；暗装时，可将横管安装在楼板下的吊顶内。在建筑无吊顶的情况下，可采用局部包装的办法，将管道包起来，但在包装时要留有检修的活门。排水横支管不得穿越建筑大梁，也不得挡窗户。横支管是重力流，要求管道有一定坡度坡向立管。

最低排水横支管应与立管管底有一定的高差，以免立管中的水流形成的正压破坏该横支管上所有连接的水封。最低排水横支管与立管连接处至立管管底的垂直距离见表 1-16。排水支管直接连接在排出管或横干管上时，其连接点与立管底部的水平距离不宜小于 3.0 m。若不能满足上述要求时，排水支管应单独排至室外检查井或采取有效的防反压措施。

**表 1-16 最低排水横支管与立管连接处至立管管底的垂直距离**

| 立管连接卫生器具的层数 | 垂直距离/m | 立管连接卫生器具的层数 | 垂直距离/m |
|---|---|---|---|
| ≤4 | 0.45 | 13～19 | 3.0 |
| 5～6 | 0.75 | ≥20 | 3.0 |
| 7～12 | 1.2 | | |

注：当与排出管连接的立管底部放大一号管径或横干管比与之连接的立管大一号管径时，可将表中垂直距离缩小一档。

(3)**排水立管的布置与敷设**。排水立管明装时一般设在墙角处或沿墙、沿柱垂直布置，与墙、柱的净距离为15～35 mm。暗装时，排水立管常布置在管井中，管井上应有检修门或检修窗。排水立管宜靠近排水量最大、含杂质最多的排水设备，如住宅中的立管应设在大便器附近。立管不得穿越卧室、病房等对安静要求较高的房间，也不宜靠近与卧室相邻的内墙。为清通方便，排水立管上每隔一层应设检查口，但底层和最高层必须设检查口，检查口距地面1.0 m。

排水立管穿越楼板时，预留孔洞的尺寸一般较通过的立管管径大50～100 mm，可参照表1-17确定，并且应在通过的立管外加设一段套管，现浇楼板可以预先镶入套管。

**表1-17　立管穿越楼板时预留孔洞尺寸**　mm

| 管径 | 50 | 75～100 | 125～150 | 200～300 |
|---|---|---|---|---|
| 空洞尺寸 | 150×150 | 200×200 | 300×300 | 400×400 |

(4)**排水横干管和排出管的布置与敷设**。排水横干管汇集了多条立管的污水，应力求管线简短、不拐弯尽快排出室外。横干管穿越承重墙或基础时应预留洞口，预留洞口要保证管顶上部净空间不得小于建筑物的沉降量，且不得小于0.15 m。排出管穿越地下室外墙时，为防止地下水渗入，应做穿墙套管。另外，排出管一般采用铸铁管柔性接头，以防建筑物下沉时压坏管道。

排出管与室外排水管连接处应设检查井，检查井中心到建筑物外墙的距离不宜小于3 m。为使水流顺畅，排水立管底部或排出管上的清扫口到室外检查井中心的最大长度见表1-18，否则应在其间设置清扫口或检查口。排出管也可是排水横干管的延伸部分。

**表1-18　排水立管底部或排出管上的清扫口到室外检查井中心的最大长度**

| 管径/mm | 50 | 75 | 100 | ≥100 |
|---|---|---|---|---|
| 最大长度/m | 10 | 12 | 15 | 20 |

(5)**通气管系统的布置与敷设**。对于层数不高、卫生器具不多的建筑物，通常采用伸顶通气管系统，建筑伸顶通气管的设置高度与周围环境、该地的气象条件、屋面使用情况有关，伸顶通气管高出屋面不应小于0.3 m，并应大于最大积雪厚度；对常有人停留的屋顶，高度应大于2.0 m；若在通气管口周围4 m以内有门窗时，高出窗顶0.6 m或引向无门窗一侧；通气管口不宜设在建筑物挑出部分(如屋檐檐口、阳台和雨篷等)的下面。

建筑标准要求较高的多层住宅和公共建筑、10层及10层以上高层建筑的生活污水立管宜设置专门的通气管道系统。通气管道系统包括通气支管、通气立管、结合通气管和汇合通气管。

通气支管有环形通气管和器具通气管两类。环形通气管在横支管起端的两个卫生器具之间接出，连接点在横支管中心线以上，在卫生器具上边缘以上不小于0.15 m处，按不小于1%的上升坡度与主通气立管相连，与横支管呈垂直或45°连接。对卫生和安静要求较高的建筑物宜设置器具通气管。器具通气管在卫生器具存水弯的出口端接出，按不小于1%的坡度向上与通气立管相连，器具通气管应在卫生器具上边缘以上不少于0.15 m处和主通气立管连接。

通气立管有专用通气立管、主通气立管和副通气立管三类。为使排水系统形成空气流通环路，通气立管与排水立管间需设结合通气管(或称H管件)，专用通气立管每层或隔层设一个结合通气管，主通气立管不宜多于8层设一个结合通气管。结合通气管的上端在卫生器具上边缘以上不小于0.15 m处与通气立管以斜三通连接，且坡度为不小于1%的上升坡度，下端在排水横支管以下与排水立管以斜三通连接。

若建筑物不允许或不可能每根通气管单独伸出屋面时，可设置汇合通气管。也就是将若干根通气立管在室内汇合，设一根伸顶通气管。

通气立管不得接纳污水、废水和雨水，不得与风道和烟道连接。

### 3. 建筑排水管道的连接

为保证水流顺畅，室内管道的连接应符合下列规定：

(1)器具排水管与排水横管垂直连接，应采用90°斜三通。

(2)排水横管与立管连接，宜采用45°斜三通或顺水三通和45°斜四通或顺水四通。

(3)排水立管与排出管的连接，宜采用两个45°弯头或弯曲半径不小于4倍管径的90°弯头。

(4)排水管应避免轴线偏置，当受条件限制时，宜采用乙字管或两个45°弯头连接。

(5)支管、立管接入横干管时，宜在横干管管顶或其两侧45°范围内接入。

### 4. 建筑排水管道的安装

建筑排水管道系统安装的施工顺序一般是先做地下管线，即先安装排出管，然后安装干管、立管横支管或悬吊管，最后安装卫生器具或雨水斗。

建筑排水管道主要有铸铁管和塑料管两种材料。下面以铸铁管为主介绍排水管道的安装。

(1)**排出管的安装**。排出管室外一般做至建筑物外墙1.0 m，室内一般做至一层立管检查口，排出管的安装要满足以下要求：

1)排出管与室外排水管道一般采用管顶平接，其水流转角不小于90°，若采用排出管跌水连接且跌落差大于0.3 m，其水流转角不受限制。

2)排出管穿越承重墙或基础时，应预留洞口，其洞口尺寸为：管径为50～75 mm时，留洞尺寸为300 mm×300 mm；管径大于等于100 mm时，留洞尺寸为$(d+300)$mm×$(d+200)$mm，且管顶上部净空不得小于建筑物的沉降量，且不小于0.15 m。

3)排出管安装并经位置校正和固定后，应妥善封填预留孔洞，其做法是用不透水材料(如沥青油麻或沥青玛瑞脂)封填严实，并在内外两侧用1∶2水泥砂浆封口。

4)排出管要保证有足够的覆土厚度以满足防冻、防压要求。对湿陷性黄土地区，排出管应做检漏沟。

(2)**排水干管的安装**。排水干管应在地沟盖板或吊顶未封闭前进行，其型钢支架均应安装完毕并符合要求。

排水干管的安装要满足设计坡度的要求，而且保证坡度均匀，承口朝来水方向。排水干管的管长应以已安装好的排出管斜三通及45°弯头承口内侧为量尺基准，确定各组成管段的管段长度，经比量法下料、打口预制。

(3)**排水立管的安装**。立管安装应在主体结构安装完成后，作业不相互交叉影响时进行。安装竖井中排水立管时，应先把竖井内的模板及杂物清理干净，并有防坠措施。

排水立管(包括通气管)的安装是从一层立管检查口承口内侧，直到通气管伸出屋面的设计高度。排水立管的安装要满足以下要求：

1)立管穿越楼板的孔洞、器具支管穿越楼板的孔洞均应参照设计的尺寸预留。现场打洞时，不得随意切断楼板配筋。必须切断时，管道安装后应补焊。

2)排水立管应用卡箍固定，卡箍间距不得大于3 m，层高小于或等于4 m时，可安装一个卡箍，卡箍宜设在立管接头处。

3)确定排水立管安装位置时，与后墙及侧墙的距离应考虑到饰面层厚度(一般为20～25 mm)、楼层墙体是否在同一立面上、立管上是否应用乙字弯管、与辅助通气管之间应留够安装间距等因素。

4)通气立管伸出屋面时，应采用不带承口排水立管，管口应加钢丝球或通气伞罩，并根据防雷要求设防雷装置。

(4)**排水横支管的安装**。排水横支管安装应在墙体砌筑完毕，并已弹出标高线，墙面抹灰工程已完成后进行。施工场地及施工用水、电等临时设施能满足施工要求，管材、管件及配套设备等核对无误，并经验收合格。

排水横支管安装时，对于铸铁管支架间距不得大于 2 m 且不大于每根管长，支架宜设在承口之后；对塑料排水横管支架间距不得大于表 1-19 的规定。塑料排水横管须设置伸缩节，具体位置应符合设计要求。横支管上合流配件至立管的直线管段超过 2 m 时，应设伸缩节，且伸缩节之间的最大间距不得超过 4 m。伸缩节应设于水流汇合配件的上游端部。

**表 1-19　塑料排水横管支架间距**

| 管径/mm | 50 | 75 | 100 |
|---|---|---|---|
| 间距/m | 1.0 | 1.0 | 1.1 |

铸铁管道施工完毕需进行闭水试验，做闭水试验时，应按立管系统逐根、逐层进行，闭水时，管材、管口应无渗漏，并且与土建施工的防水地面做闭水试验分开进行。闭水高度应符合相关规范要求，合格后需对卫生洁具的甩口管道封堵严密，等待洁具的安装。

### 5. 建筑内排水工程试压与验收

建筑内排水工程验收主要包括建筑内排水管道系统的灌水试验和通水试验。室内排水管道为无压流动型管道，试验时不进行压力试验，只做灌水试验(又称闭水试验)。室内排水管道系统灌水试验，是检验管道材质、管件、配件及接口的结构强度和水密性。通水试验是验证排水管道排水功能，以及排水的畅通性，是验证排水管道使用功能的必要手段。

(1)**建筑内部排水管道灌水试验的要求**。

1)接短管、封闭排出管口。对标高低于各层地面的所有管口，接临时短管直至最接近的上层楼板层地面上。接管时，对承插接口的管道用水泥捻口，对于横管上地下(或楼板下)管道的清扫口应加垫、加盖正式封闭。通向室外的排出管管口，用大于管径的橡胶堵管管胆放进管口充气堵严。灌一层立管和棚上管道时，用堵管管胆从一层立管检查口处将上部管道堵严。灌上层立管时，依次类推，按上述方法进行。

2)向管道内灌水。用胶管从便于检查的管口(最好选择离出户排水管口近的地面管口)向管道内灌水。从灌水开始，便应设专人检查监视出户排水管口、地下清扫口等易跑水的部位。发现堵盖不严或管道出现漏水时均应停止向管内灌水，立即进行整修，待管口堵塞、封闭严密或管道修复，堵塞的管道接口达到强度后，再重新开始灌水。管内灌水水面高出地面以后，停止灌水，记下管内水面位置和停止灌水时间，并对管道、接口逐一进行观察。室内雨水管道同样应做灌水试验，满水高度须到每根立管最上部雨水漏斗。

3)检查、做灌水试验记录。停止灌水，15 min 后在未发现管道及接口渗漏的情况下再次向管道内灌水，使管内水面恢复到停止灌水时的水面位置后第二次记下时间。施工人员、施工技术质量管理人员、建设单位有关人员在第二次灌满水 5 min 后，对管内水面进行共同检查，水面位置没有下降，则为管道灌水试验合格，应立即填写好排水管道灌水试验记录，有关检查人员签字盖章；检查中若发现水面下降，即为灌水试验不合格，应对管道及各接口、堵口进行全面、细致地检查、修复，排除渗漏因素后重新按上述方法进行灌水试验，直至合格。

4)灌水试验后的工作。灌水试验合格后，应从室外排水口，放净管内存水。把为灌水试验临时接出的短管全部拆除，各管口恢复原标高，拆管时严防污物落入管内。用木塞、草绳等进行临时堵塞封闭时，要确保堵塞物不能落入管内，并应堵塞牢固严密，便于起封时方便简单，不宜损坏管口。

(2)**建筑内排水系统通水试验的要求**。建筑内排水系统通水试验应符合以下要求：

1)通水试验作业条件，应达到通水试验的要求。

2)检查给水系统全部阀门，将配水阀件全部关闭，控制阀门全部开启。

3)向给水系统供水，使其压力、水质符合设计要求，热水给水系统可供与热水使用压力相同的冷水。

4)检查各排水系统，均应与室外排水系统接通，并可以向室外排水。

5)检查排水系统各排水点及卫生器具，清除污物。

6)将排水立管编号，开启1号排水立管顶层各配水阀件至最大水量，使其处于向对应的排水点排水状态。

7)检查排水立管从顶层到第一座排水检查井间各管段及排水点，对渗漏和排水不畅处，进行及时处理后，再次通水检查。

8)检查室内给水系统，设计要求同时开放的最大数量的配水点是否达到额定流量，消火栓能否满足组数的最大消防能力。

9)将室内排水系统，按给水系统的1/3配水点同时开放，检查各排水点是否畅通，接口处有无渗漏。

10)高层建筑，可根据管道布置状态采取分层或两层(按系统配水点折算1/3量)分区段做通水试验，多层建筑可从最顶层做起。

11)按上述方法顺次对各排水立管系统进行通水试验，直到排水系统通水试验全部完毕。

12)经有关人员检查后将排水通水试验记录填写完整。

13)停止向给水系统供水，并将给水系统及卫生器具内的积水排放，处理干净。

(3)**灌水试验与通水试验质量标准**。灌水试验与通水试验质量标准，应符合以下要求：

1)灌水试验必须及时，严禁在管道全部安装完成的情况下进行。

2)要严格控制灌水高度和灌水时间，以高度不低于本层地面，时间为满水15 min后，再次补灌满水，且延续5 min液面不下降为合格。

3)灌水试验按单元组合系统进行操作，灌水试验检查认证合格后，应做好灌水试验记录。

4)通水试验后应确保排水系统的各管段、接口、卫生器具在正常给水水压冲击无渗漏，达到排水管道系统结构程度和排水功能的要求。

5)通水试验后，应保证在给水系统同时开放配水点且给水量最大时(为设计要求允许范围内)，各排水点及排水管段排水通畅无阻、排水及时，满足使用功能的需要。

#### 6. 建筑室外排水工程验收

(1)试验前的准备工作。将被试验管段的上、下游检查井内管端以钢制堵板封堵。在上游检查井旁设一试验用的水箱，水箱内试验水位的高度：对于敷设在干燥土层内的管道应高出上游井管顶4 m，试验水箱底与上游井内管端堵板以管子连接；下游井内管端堵板下侧接泄水管，并挖好排水沟。

(2)试验过程。先由水箱向被试验管段内充水至满，浸泡1～2个昼夜再进行试验。

试验开始时，先量好水位；然后观察各接口是否渗漏，观察时间不少于30 min；渗出水量不应大于规定。试验完毕应将水及时排出。

在湿土壤内敷设的管道，检查地下水渗入管道内的水量。当地下水位超过管顶2～4 m时，渗入管内的水量不应大于有关规定；当地下水位超过管顶4 m以上时，每增加1 m水头，允许增加渗入水量的10%；当地下水位高出管顶2 m以内时，可按干燥土层做渗出水量试验。

雨水管道以及与雨水性质近似的管道，除大孔性土壤和水源地区外，可不做闭水试验。

### 1.3.6 居住小区排水工程

居住小区排水系统的任务是排除居住小区范围内的地面雨、雪水及接纳建筑物排出的污、废水和屋面雨雪水，并输送至市政排水系统或附近水体或小区污水处理厂(站)。其由小区排水管道、排水泵站和检查井、跌水井、溢流井、雨水口、化粪池等局部处理构筑物组成。小区排水系统将市政排水管网或污水排放口与室内排水管道连接起来。

### 1. 居住小区排水体制

居住小区有生活污水、雨水，对于工厂区还有工业废水。这些污、废水和雨水是采用一个管渠系统来排除，或是采用两个或两个以上各自独立的管渠系统来排除的排水体制。排水体制一般可分为合流制和分流制。合流制排水系统是将污、废水和雨水混合在同一个管渠内排除的系统；分流制排水系统是将生活污水、工业废水和雨水分别在两个或两个以上各自独立的管渠中排除的系统。排除污、废水的系统称为污水排水系统；排除雨水的系统称为雨水排水系统。

### 2. 居住小区排水系统常用的管材及连接方式

居住小区排水系统常用的管材有混凝土管、钢筋混凝土管、陶土管、石棉水泥管、排水铸铁管、钢管等。

(1)居住小区排水常用管材。

1)混凝土管和钢筋混凝土管。混凝土管管径一般不超过 600 mm，长度为 1 000 mm 或 2 000 mm，一般用于管径小、外部荷载小的场合；钢筋混凝土管管径直径可达 2 000 mm，管长可达 5 m，其抗压能力比混凝土管高，一般用在大管径、大荷载的场合。

2)金属管。一般常用的金属管有铸铁管和钢管，用于排水泵的进出水管和河道的倒虹吸管等处。

(2)连接方式。

1)柔性接口。常见的有沥青麻布、沥青砂带、石棉沥青等接口方式。

2)刚性接口。常用的有水泥砂浆抹带接口、钢丝网水泥砂浆抹带接口等方式。

(3)管道基础。常见的管道基础有素土基础、混凝土基础和枕基础三种形式。

1)素土基础。在土质良好、无地下水的土壤中，将管槽底挖成90°或120°的弧形沟，管道直接敷设在沟内。

2)混凝土基础。沿管道方向浇制成带状混凝土基础，基础中心角的大小有 90°、135°、180°三种。混凝土强度等级常用 C10，有地下水时，应先铺一层砾石垫层，再浇制混凝土。

3)枕基础。枕基础常用于土质较好又干燥、管径在 900 mm 以下的雨水管道中。其特点是施工简便、造价低。

### 3. 居住小区排水系统构筑物

(1)居住小区排水系统构筑物的设置原则。居住小区内是否设置污水处理设施，应根据城市总体规划，按照小区污水排放的走向，由城市排水总体规划管理部门统筹决定。设置的原则如下：

1)城市内的居住小区污水，尽量纳入城市污水集中处理厂范围之内，城市污水的收集系统应及时敷设到居住小区。

2)城市已建成或已确定近期要建污水处理厂，小区污水能排入污水处理厂服务范围的城市污水管道，小区内就不应再建污水处理设施。

3)若城市未建污水处理厂，小区污水在城镇规划的污水处理厂的服务范围之内，并已排入城市管道收集系统，小区内也不需建集中的污水处理设施。

4)如果小区污水因各种原因无法排入城市污水厂服务范围的污水管道，应坚持排放标准，按污水排放去向，设置污水处理设施，处理达标后方能排放。

5)如果居住小区内某些公共建筑污水中含有毒、有害物质或某些指标达不到排放标准，应设污水局部处理设施自行处理，达标后方能排放。

(2)居住小区排水系统常用附属构筑物。

1)检查井。检查井便于清通管道，同时，又起连接沟管的作用。其设置在管线改变方向、坡度、高程及管沟交汇处。

2)雨水口。雨水口间距一般为25～60 m。进水篦子有铸钢和混凝土两种。雨水口里面有连接管，管径宜大于200 mm，坡度宜为0.01，管长宜控制在25 m以内。

3)隔油井。处理含有油脂的专用性构筑物，根据水和油脂密度不同，利用重力进行分离的构筑物。

4)水封井。水封井是安全液封的一种，是一种设置在石油、化工企业有可燃气体、易燃液体蒸汽或油污的污水管网上，防止燃烧、爆炸沿污水管网蔓延扩展的安全液封装置。

5)化粪池。化粪池(图1-92)是将生活污水分格沉淀，以及对污泥进行厌氧消化的小型处理构筑物。污物在池底分解，上层的污水进入管道流走，沉淀下来的污泥定期清掏外运，填埋或用作肥料。

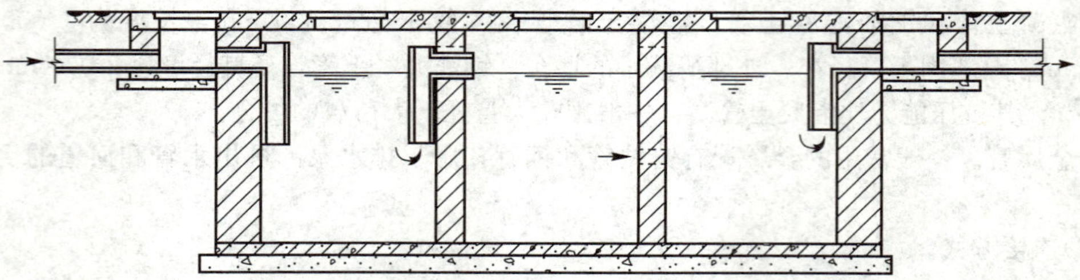

图1-92 化粪池示意图

①功能：去除污水中可沉淀和悬浮污物，储存并厌氧消化池底的污泥。

②效果：沉淀去除率为50%～60%；机物去除率为20%～30%。

③构造：圆、矩形，砖砌、混凝土。

④设置：背街面、庭院内。距建筑物>5 m；距水源地>30 m。

#### 4. 居住小区排水管道的布置和敷设

(1)排水管道布置应按管线短、埋深小、自流排出的原则确定。

(2)排水管道宜沿道路和建筑物的周边呈平行布置，路线最短，减少转弯，并尽量减少相互间及与其他管线、河流的交叉。干管应靠近主要排水建筑物，并布置在连接支管较多的一侧。与其他管道和建筑物、构筑物的净距离应符合规定。

(3)排水管道在车行道下最小覆土深度不宜小于0.7 m。生活排水管道管底可埋设在土壤冰冻线以上0.15 m处。

(4)在排水管道转弯处、连接支管处、管径或坡度的改变处、跌水处、直线管道上每隔一定距离处，设置排水检查井。

#### 5. 居住小区雨水排水系统

(1)雨水管道的布置与敷设。

1)管道在车行道下时，管顶覆土厚度不得小于0.7 m。当管道不受冰冻或外部荷载的影响时，管顶覆土厚度不宜小于0.6 m。当冬季地下水不会进入管道，且管道内冬季不会储留水时，雨水管道可以埋设在冰冻层内。

2)当雨水管采用明沟时，明沟底宽一般不小于0.3 m，超高不得小于0.2 m。

3)当雨水管的跌水水头大于1.0 m时，应设跌水井。

(2)雨水口的设置。

1)道路上的汇水点和低洼处。

2)广场、停车场适当位置及低洼处，地下车道的入口处。

3)建筑物单元出入口附近，建筑物雨水落管地面排水点附近以及建筑前后空地和绿地的低洼点等处。

4)沿道路布置的雨水口间距宜为25～50 m。连接管串联雨水口个数不宜超过3个。雨水口连接管长度不宜超过25 m。

(3)雨水检查井的设置。井内同高度接入的管道数量不宜多于3条。检查井在车行道上时应采用重型铸铁井盖。

# 项目1.4　建筑热水供应系统

**项目引领**

随着住宅、公共建筑的热水供应越来越完善，供给人们盥洗和淋浴的热水是从哪里来的，我们对热水的水温和水量有哪些要求？热水供应系统有哪些类型，热水供应系统有哪些组成？输送热水的管材应达到哪些要求，热水在供应的过程中都有哪些设备？

热水供应也属于给水，与冷水供应的最大区别是水温，因此，热水系统除水的供应方式不同之外，还有热源的供应及热水的制备(水加热器)，热水供应系统的排气问题，且考虑到排气的合理坡向及坡度，热水管道由于温度变化引起的热胀冷缩，管道的防腐与保温措施等。

## 1.4.1　热水供应系统

热水供应是对水的加热、储存和输配的总称。建筑热水供应系统主要供给生产、生活用户洗涤及盥洗用热水，并应能保证用户随时可以得到符合设计要求的水量、水温和水质。

### 1. 热水供应系统的分类

建筑热水供应系统按其供应范围的大小可分为局部热水供应系统、集中热水供应系统和区域热水供应系统。

(1)局部热水供应系统。局部热水供应系统是指采用各种小型加热器在用水场所就地加热，供局部范围内的一个或几个用水点使用的热水系统。例如，采用小型电热水器、燃气热水器给水加热，供给单个浴室、厨房等用水。在大型建筑内，也可采用多个局部热水供应系统分别对各个用水场所供应热水。

局部热水供应系统简单，不需要建造锅炉房，初期投资小，维护管理容易，各用户可按需加热水。但是该系统采用的都是小型加热器，热效率低，热水成本较高，系统投资较大。其一般适用于热水用水量小且用水分散的建筑，如家庭、小型理发店等。

(2)集中热水供应系统。集中热水供应系统是指在锅炉房、热交换站或加热间把水集中加热，然后通过热水管网输送给整幢或几幢建筑的热水供应系统。

集中热水供应系统设备集中，便于管理和维修，大型加热设备的热效率较高，热水成本低。但是系统比较复杂，初期投资比较大，需配备专门的管理人员，且系统热损失大。该系统适用于热水用水量较大、用水点多且比较集中的建筑，如宾馆、医院等公共建筑。

(3)区域热水供应系统。区域热水供应系统是指把水在热电厂、热交换站或区域性锅炉房集中加热，通过市政热水管网送至整个建筑群、居住区或整个工矿企业的热水供应系统。

区域热水供应系统采用大型锅炉房，热效率比较高，操作管理的自动化程度高，同时减少了环境污染。但设备、系统复杂，需敷设室外供水、回水管网，初期投资比较大，且需要专门的技术管理人员。该系统适用于建筑布置比较集中，热水用水量大的城市和大型工业企业。

### 2. 热水供应系统的组成

目前，我国采用比较多的是集中热水供应系统，因此，本书主要介绍集中热水供应系统的组成，如图 1-93 所示。

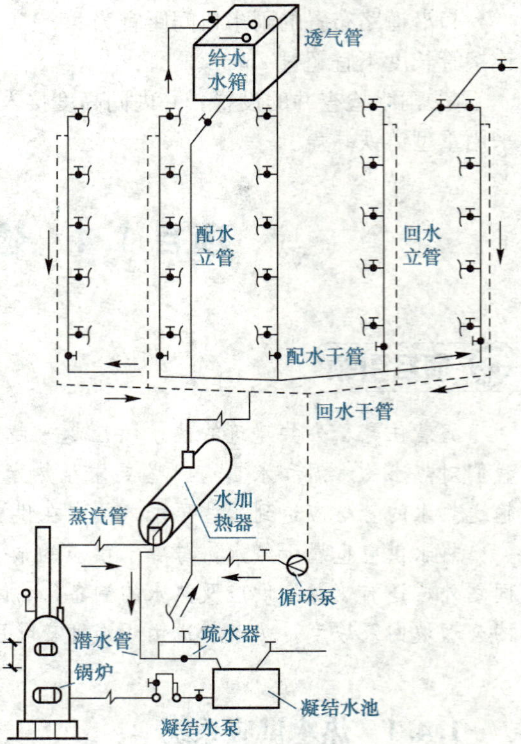


图 1-93　热媒为蒸汽的集中热水供应系统

集中热水供应系统的工作原理是：锅炉生产的蒸汽经热媒管道送入水加热器加热冷水，蒸汽遇冷变成凝结水由凝结水管排至凝结水池，锅炉用水由凝结水池旁的凝结水泵压入。水加热器中所需要的冷水由给水箱供给，加热器产生的热水由配水管送至各个用水点。对于带有循环管路的管网，不配水时，配水管和回水管中仍循环流动一定量的循环热水，用以补偿配水管路在此期间的热损失。

基于以上工作原理，集中热水供应系统的组成如下：

(1)第一循环系统(热媒循环系统)。第一循环系统是连接锅炉(发热设备)和水加热器之间的管道系统。如果热媒为蒸汽，就不存在循环管道，而是蒸汽管和凝结水管及其他设备，但习惯上也称为热媒循环管道。

(2)第二循环系统(配水循环系统)。第二循环系统是连接水加热器和配水龙头之间的管道，由热水配水管网和回水管网组成。根据使用要求，系统可设计成不循环系统、半循环系统和全循环系统。

(3)附件。由于热煤系统和热水系统中控制、连接的需要，以及由于温度的变化而引起水的体积膨胀、超压、气体的分离和排除，常用的附件有温度自动控制装置、疏水器、减压阀、安全阀、膨胀水箱、管道补偿器、自动排气阀等。

**知识链接**

**热水的水温与水质要求**

(1)热水水温要求。生活用热水的水温一般为 25 ℃～60 ℃，综合考虑水加热器到配水点系统管路不可避免的热损失，水加热器的出水温度一般不应超过 75 ℃，水温过低可能导致某些用水点不能得到温度适宜的热水；水温过高，管道易结垢，易发生人体烫伤事故。

(2)热水水质要求。热水供应系统中管道和设备的腐蚀与结垢是两个较普遍的问题，它直接影响管道的使用寿命与投资维修费用。水中溶解氧的含量是腐蚀的主要因素，水垢的形成主要与水的硬度有关，因此，必须对水质指标有一定要求。对于水质要求，可以归纳为以下几点：

1)为了保证使锅炉、热交换器等设备和管道内壁不致结垢，影响安全和运行，必须基本上除去水中的硬度。对于不同类型的锅炉，可以有不同的允许残余硬度。

2)热水系统中设备和部件的制作材料绝大部分是钢、不锈钢和铁，但也有少数设备，例如，空气加热器、热水加热器等热交换器，部分部件采用黄铜或青铜之类的非铁金属。对于钢、不锈钢和铁来说，高 pH 值能防止腐蚀。但是，黄铜和青铜等非铁金属在高 pH 值的水中，则会因产生所谓除锌作用而引起一种特殊形式的腐蚀。

3)必须从水中除去所有气体，特别是氧气以及二氧化碳。这些气体在冷水进行化学处理过程的前后，往往都或多或少地存在于水中。水中溶有的氧和二氧化碳会对锅炉的受热面产生化学腐蚀。腐蚀到一定阶段，常形成穿孔，造成事故。

### 3. 热水供应系统的管网形式

热水供应系统的管网形式，按管网压力工况特点可分为开式系统和闭式系统。按设置循环管网的情况可分为全循环系统、半循环系统和不循环系统。按循环动力的不同可分为自然循环方式和机械循环方式。按配水干管的布置位置可分为上行下给式系统和下行上给式系统。

(1)**开式和闭式热水供应方式。**

1)开式热水供应方式。开式热水供应方式设有高位热水箱或开式膨胀水箱或膨胀管，在所有配水点关闭后，系统内的水仍与大气相连通。开式热水供应系统的优点是热水供应系统的水压稳定，与给水水压基本相当，如图 1-94 所示。

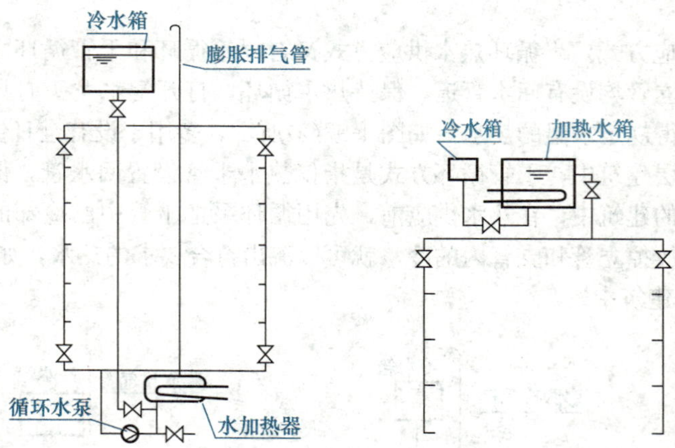


图 1-94 开式热水供应方式

2)闭式热水供应方式。闭式热水供应方式的热水管网不与大气相通，在所有配水点关闭后，整个系统与大气隔绝，形成密闭系统。闭式热水供应方式的优点是水质不易受外界污染，但为避免水加热膨胀而引起水压超高，需设置隔膜式压力膨胀罐或安全阀，如图 1-95 所示。

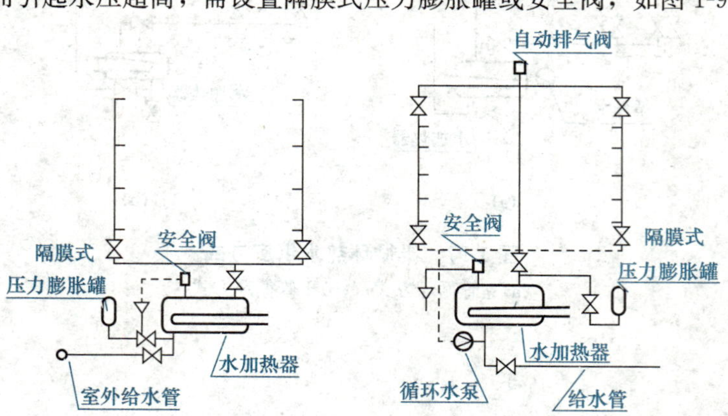


图 1-95 闭式热水供应方式

(2)全循环、半循环、无循环热水供应方式。

1)全循环热水供应方式。如图 1-96 所示，指对热水干管、立管和热水支管均设相应的回水管，能保证用水点随时获得设计温度的热水管网，适用于建筑标准较高的宾馆、医院、疗养院等建筑。

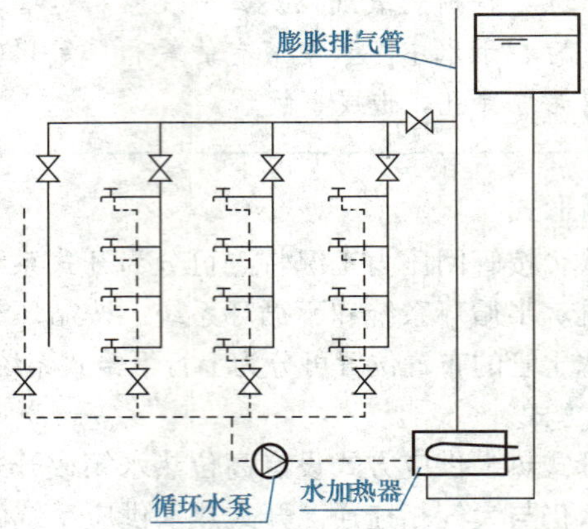


图 1-96 全循环热水供应方式(上行下给式)

2)半循环热水供应方式。半循环热水供应方式又有立管循环和干管循环之分。立管循环方式是指热水干管和热水立管均设有回水管道，保持热水循环，打开配水龙头时只需放掉热水支管中少量的存水，就能获得规定水温的热水，如图 1-97(a)所示，多用于设有全日供应热水的建筑和设有定时供应热水的高层建筑中；干管循环方式是指仅热水干管设置回水管，保持热水循环，多用于采用定时供应热水的建筑中，在热水供应前，先用循环泵把干管中已冷却的存水循环加热，当打开配水龙头时只需放掉立管和支管内的冷水就可以流出符合要求的热水，如图 1-97(b)所示，多用于定时供应热水的建筑中。

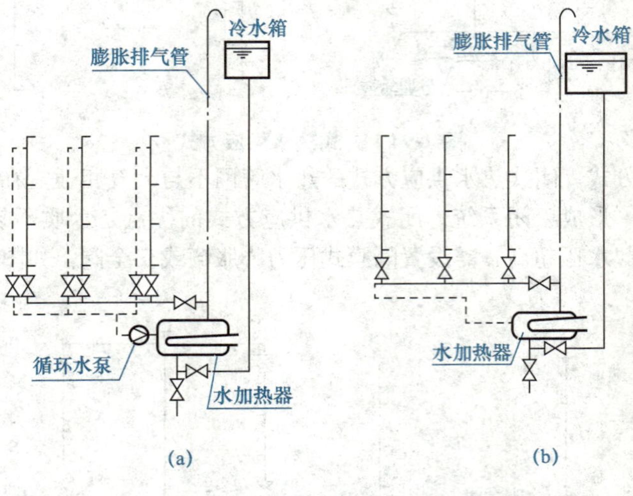


图 1-97 半循环热水供应方式

(a)立管循环方式；(b)干管循环方式

3)无循环热水供应方式。如图 1-98 所示，指不设回水管的热水管网，适用于连续用水的建筑，如公共浴室、某些工业企业的生产和生活用热水等。

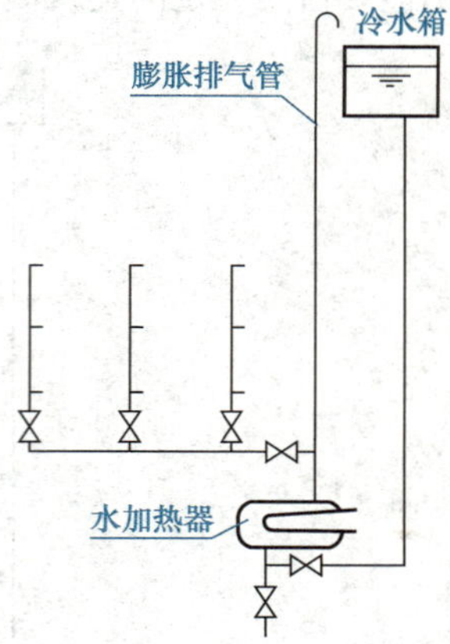


图 1-98　无循环热水供应方式（下行上给式）

(3)自然循环和机械循环热水供应方式。

1)自然循环热水供应方式。利用配水管和回水管中的水温差所形成的压力差，使管网维持一定的循环流量，以补偿配水管道热损失，保证用户对热水温度的要求，如图 1-99 所示。因为一般配水管与回水管内的温度差仅为 10 ℃～15 ℃，自然循环作用水头值很小，所以，对于中、大型建筑采用自然循环有一定的困难。

2)机械循环热水供应方式。利用水泵强制水在热水管网内循环，造成一定的循环流量，以补偿管网热损失，维持一定水温，如图 1-100 所示。目前，实际运行的热水供应系统，多数采用这种循环方式。

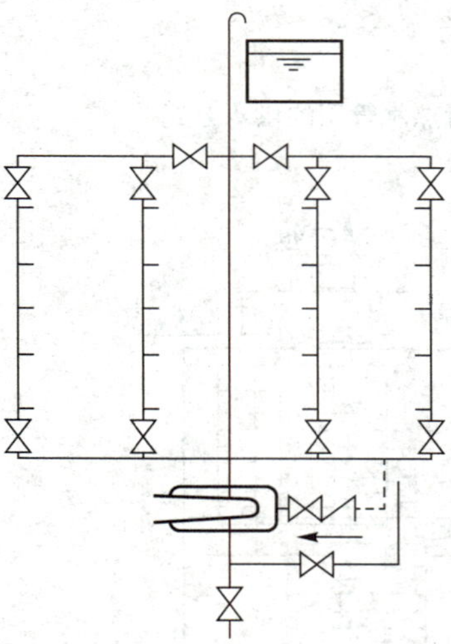

图 1-99　自然循环热水供应方式

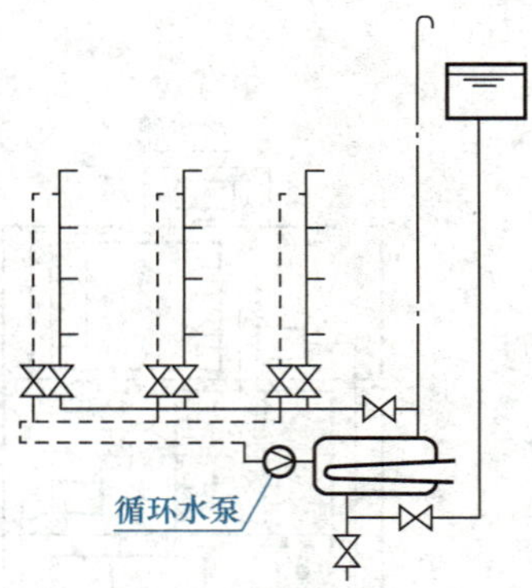


图 1-100　机械循环热水供应方式

(4)上行下给式、下行上给式、分区式热水供应方式。按热水干管布置位置，可将热水供应方式分为上行下给式(图 1-96)、下行上给式(图 1-98)和分区供应方式(图 1-101 和图 1-102)。

### 4. 高层建筑热水供应系统的供应方式

高层建筑热水供应系统的分区供水方式主要有集中式和分散式两种。

(1)集中式。各区热水配水循环管网自成系统，加热设备、循环水泵集中设在底层或地下设备层，各区加热设备的冷水分别来自各区冷水水源，如冷水箱等，如图 1-101 所示。其优点是：各区供水自成系统，互不影响，供水安全、可靠；设备集中设置，便于维修、管理。其缺点是：高区水加热器和配水、回水主立管需承受高压，设备和管材费用较高。所以，该分区方式不宜用于多于 3 个分区的高层建筑。

(2)分散式。各区热水配水循环管网也自成系统，但各区的加热设备和循环水泵分散设置在各区的设备层中，如图 1-102 所示。图 1-102(a)所示为各区均为上行下给热水供应方式，图 1-102(b)所示为各区采用上行下给与下行上给混合设置的热水供应方式。该方式的优点是：供水安全、可靠，水加热器按各区水压选用，承压均衡，且回水立管短。其缺点是：设备分散设置不但要占用一定的建筑面积，维修管理也不方便，且热媒管线较长。

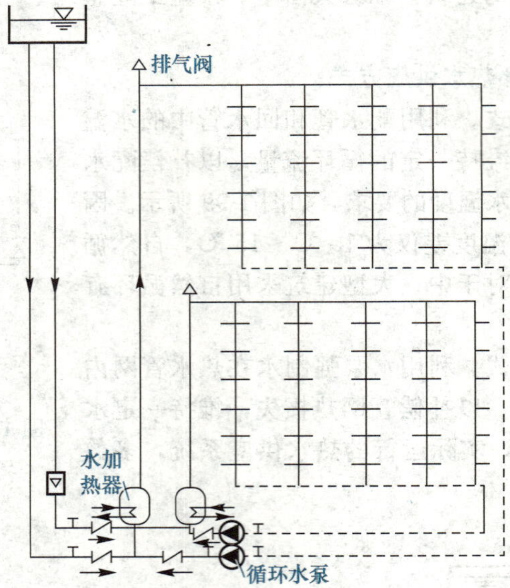

图 1-101　集中设置水加热器、分区设置热水管网的供水方式

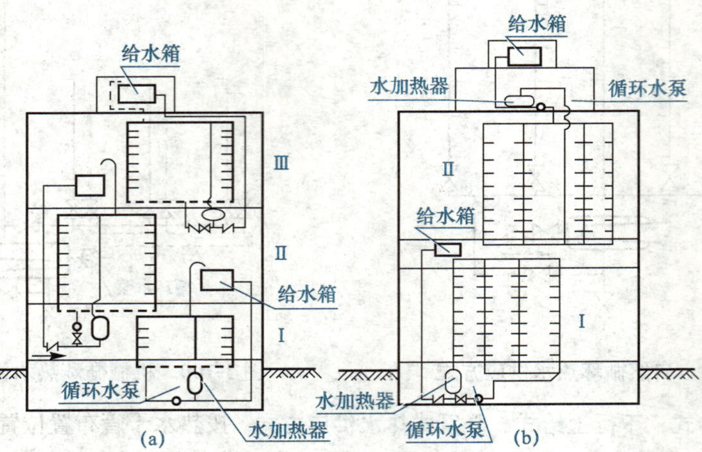

图 1-102　分散设置水加热器、分区设置热水管网的供水方式

(a)各区系统均为上行下给方式；(b)各区系统混合设置

一般高层建筑热水供应的范围大，热水供应系统的规模也较大，为确保系统运行时的良好工况，进行管网布置与敷设时，应注意以下几点：

1)当分区范围超过 5 层时，为使各配水点随时得到设计要求的水温，应采用全循环立管循环方式；当分区范围小，但立管数多于 5 根时，应采用干管循环方式。

2)为防止循环流量在系统中流动时出现短流，影响部分配水点的出水速度，可在循环管上设置阀门，通过调节阀门的开启度，平衡各循环管路的水头损失和循环流量。若循环管系统大，循环管路长，用阀门调节效果不明显时，可采用同程式管网布置形式，如图 1-103 和图 1-104 所示，使循环流量通过各循环管路的流程相当，可避免短流现象，有利于保证配水点所需的水温。

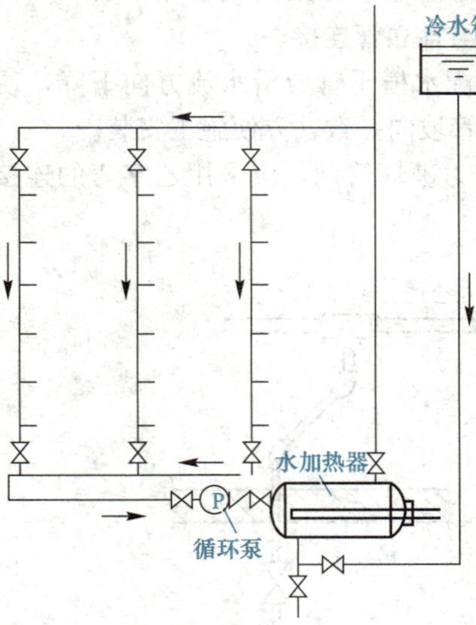


图 1-103　上行式同程系统

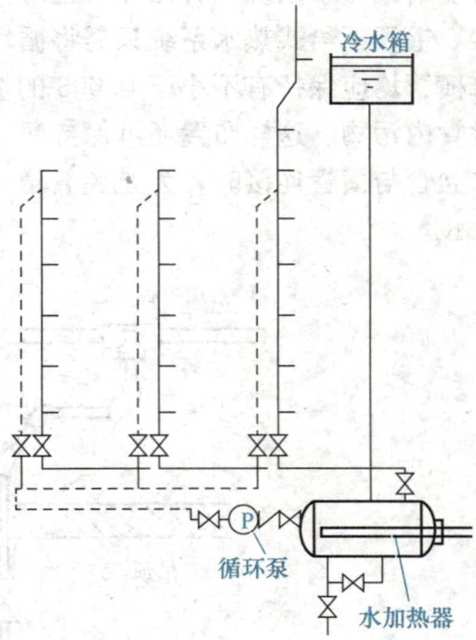


图 1-104　下行式同程系统

### 5. 热水管网的布置与敷设

热水管网的布置与敷设除满足给(冷)水管网的要求外，还应注意由于水温高带来的体积膨胀、管道伸缩补偿、保温和排气等问题。

(1)热水供应系统的管材和管件。热水供应系统管材和管件的选用应符合以下要求：

1)热水供应系统采用的管材和管件，应符合现行产品标准的要求。

2)热水管道的工作压力和工作温度不得大于产品标准标定的允许工作压力和工作温度。

3)热水管道应选用耐腐蚀、安装连接方便可靠、符合饮用水卫生要求的管材及相应的配件。一般可采用薄壁铜管、薄壁不锈钢钢管、铝塑复合管、交联聚乙烯(PE)管、三型无规共聚聚丙烯(PP－R)管等。

4)设备机房内的管道不应采用塑料热水管，定时供应热水的系统因其水温周期性变化大，不宜采用对温度变化较敏感的塑料热水管。

(2)热水管道的布置与敷设。

1)热水管网同给(冷)水管网，有明设和暗设两种。铜管、薄壁不锈钢钢管、衬塑钢管等可根据建筑、工艺要求暗设或明设。塑料热水管宜暗设，明设时立管宜布置在不受撞击处，不可避免时应在管外加防紫外线照射、防撞击的保护措施。

2)热水管道暗设时，其横干管可敷设于地下室、技术设备层、管廊、吊顶或管沟内，其立管可敷设在管道竖井或墙壁竖向管槽内，支管可埋设在地面、楼板面的垫层内，但铜管和聚丁烯(PB)管埋于垫层内宜设保护套。暗设管道在便于检修的地方装设法兰，装设阀门处应留检修门，以利于管道更换和维修。管沟内敷设的热水管道应置于冷水管之上，并且进行保温。

3)热水管道穿过建筑物的楼板、墙壁和基础处应加套管，穿越屋面及地下室外墙时，应加防水套管，以免管道膨胀时损坏建筑结构和管道设备。当穿过有可能发生积水的房间地面或楼板面时，套管应高出地面 5～10 cm。热水管道在吊顶内穿墙时，可预留孔洞。

4)上行下给式配水干管的最高点应设排气装置(自动排气阀、带手动放气阀的集气罐和膨胀水箱)，下行上给配水系统可利用最高配水点放气。

5)下行上给式热水供应系统的最低点应设泄水装置(泄水阀或丝堵等)，有可能时也可利用最低配水点泄水。

6)下行上给式热水系统设有循环管道时，其回水立管应在最高配水点以下约 0.5 m 处与配水立管连接。上行下给式热水系统只需将循环管道与各立管连接。

7)热水横管均应保持有不小于 0.003 的坡度，配水横干管应沿水流方向下降，便于检修时泄水和排除管内污物。这样布置还可保持配、回水管坡向一致，方便施工安装。

8)热水立管与横管连接时，为避免管道伸缩应力破坏管网，应采用乙字弯的连接方式，如图 1-105 所示。

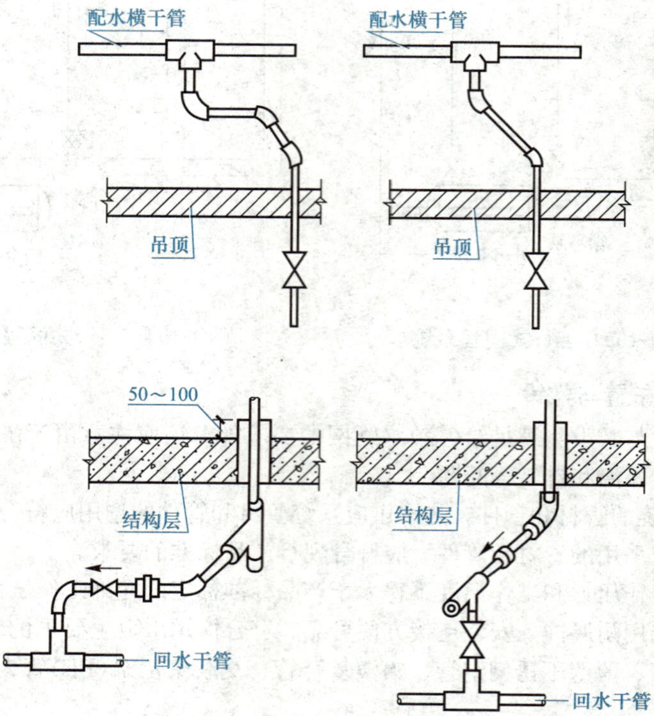


图 1-105　热水立管与水平干管的连接方式

9)室外热水管道一般为管沟敷设，当不可能时，也可直埋敷设，其保温材料为聚氨酯硬质泡沫塑料，外做玻璃钢管壳，并做伸缩补偿处理。直埋管道的安装与敷设还应符合有关直埋供热管道工程技术规程的规定。

10)热水管道应设固定支架，一般设于补偿器或自然补偿管道的两侧，其间距长度应满足管段的热伸长量不大于补偿器所允许的补偿量。固定支架之间宜设导向支架。

11)为调节平衡热水管网的循环流量和检修时缩小停水范围，在配水、回水管连接的分干管上，配水立管和回水立管的端点，以及居住建筑和公共建筑中每一用户或单元的热水支管上，均应装设阀门。

## 1.4.2　热水的加热方式及加热设备

### 1. 热水的加热方式

**根据热水加热方式的不同，可分为直接加热方式和间接加热方式。**

(1)直接加热方式。直接加热也称一次换热，是利用以燃气、燃油、燃煤为燃料的热水锅炉，把冷水直接加热到所需热水温度，或是将蒸汽或高温水通过穿孔管或喷射器直接与冷水混合制备热水。热水锅炉直接加热具有热效率高、节能的特点。蒸汽直接加热方式具有设备简单、热效率高、无须冷凝水管的优点；但噪声大，对蒸汽质量要求高，而且由于冷凝水不能回收使锅炉的补充水量增大，导致水质处理费用大大提高。蒸汽直接加热方式仅适用于具有合格的蒸汽热媒且对噪声无严格要求的公共浴室、洗衣房、工矿企业等用户。

(2)间接加热方式。间接加热也称二次换热，热媒与被加热水不直接接触，而是通过水加热器把热量传递给冷水并加热到所需的温度。这种加热方式噪声小，被加热水不会造成污染，运行安全、稳定。其适用于要求供水稳定、安全、噪声低的宾馆、住宅、医院、写字楼等建筑。

**2. 加热设备**

(1)**燃气、燃油热水锅炉**。燃油锅炉通过燃烧器向正在燃烧的炉膛内喷射成雾状的油，燃烧迅速，燃烧比较安全。该锅炉具有构造简单、体积小、热效率高、排污总量少的优点。该锅炉还可改用煤气作为燃料，成为燃气热水锅炉。目前，城市对环境的要求在提高，燃气、燃油热水锅炉的应用已较广。

(2)**容积式水加热器**。容积式水加热器是一种间接式水加热器设备，内部设有换热管束，并具有一定储热容积，既可加热冷水又可储备热水，其热媒为蒸汽或高温水，有立式和卧式之分。图 1-106 所示为卧式容积式水加热器构造示意图。

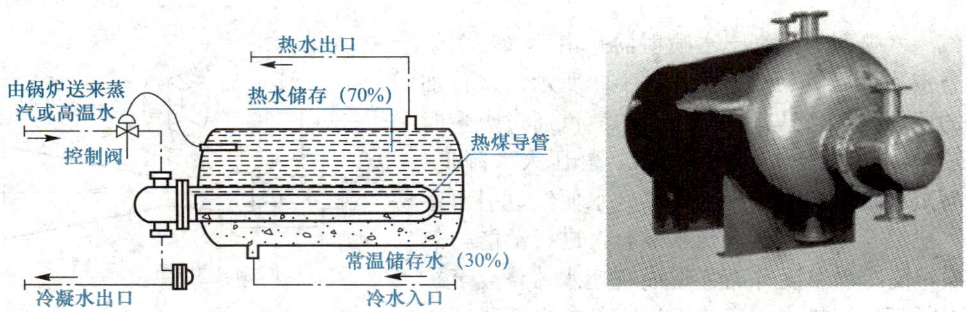


图 1-106　卧式容积式水加热器构造示意图

容积式水加热器适用于供水温度要求均匀、无噪声的医院、饭店、旅馆、住宅等建筑。其优点是具有较大的储存和调节能力，被加热水通过时压力损失较小，出水水温较为稳定；但该加热器传热系数小，热交换效率低，且体积庞大占用过多的建筑空间，尤其是卧式容积式水加热器占用过大的建筑面积。

(3)**快速式水加热器**。快速式水加热器是通过提高热媒与被加热水的流动速度进行快速换热的一种间接式加热器。新型快速式水加热器通过增加热媒与被加热水流动中的湍流脉动运动，减薄了传热边界层，传热系数得以提高，强化了传热的效果。

根据热媒的不同，快速式加热器有汽一水(热媒为蒸汽)和水一水(热媒为高温水)两种类型。快速式水加热器已有传统的管式水加热器改型出螺旋管式水加热器、波节管式水加热器、板式水加热器等新型快速水加热器。

(4)**加热水箱**。加热水箱多为开式，设在建筑物的上部，是一种简单的热水加热器。水箱顶部应加盖，并设有溢流管、泄水管和通气管，同时，还设冷水补给水箱。

在水箱中安装蒸汽多孔管或蒸汽喷射器，可构成直接加热水箱。在水箱内安装排管或盘管即构成间接加热水箱，加热水箱适用于公共浴室等用水量大而均匀的定时热水供应系统。

1)盘管加热。在水箱底部装有钢盘管，热媒流经盘管将水加热，加热器盘管面积根据实际需要确定，如图 1-107 所示。这种加热方式一般用于小型浴室、食堂、洗衣房等用水量较小的热水供应系统。

2)多孔管加热。多孔管加热如图 1-108 所示，蒸汽直接通入设在水箱中的多孔管，将水箱中的冷水加热，蒸汽也随着凝结成水。多孔管是在钢管壁面上钻上若干个直径为 2～3 mm 的小孔，小孔的总面积为多孔管断面的 2～3 倍，其末端封死。为防止停止送汽时水箱中的水倒流入蒸汽管内，蒸汽管应从被加热水水位 0.5 m 以上处引入为宜。其用于小型热水箱或浴池水的加热。

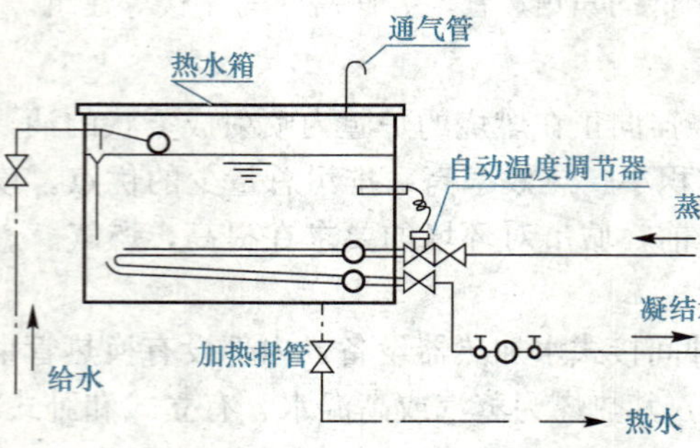


图 1-107　盘管加热

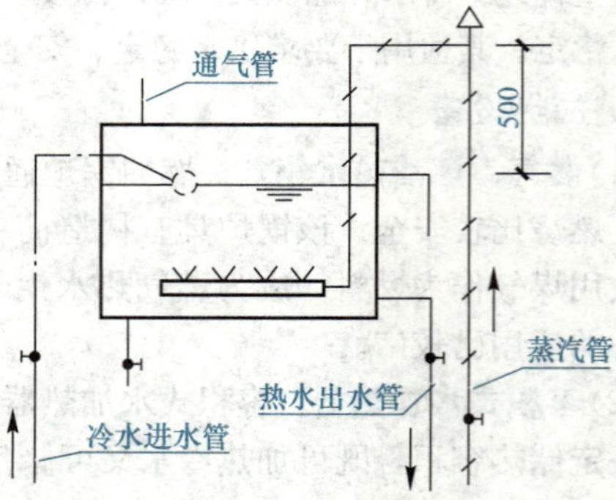


图 1-108　多孔管加热

3)汽一水喷射器。汽一水喷射器是由喷嘴、引入室、混合室和扩压管组成，如图 1-109 所示。这种加热方法的原理是：当具有一定压力的蒸汽通过喷嘴时形成高速喷射，由于动压急剧增大，静压大大降低，致使喷嘴出口附近产生负压，这样冷水便经过引水室被吸入。至混合室时，蒸汽与水混合，进行动能与热能的交换，使冷水温度升高并形成高速水流，直至扩压管过水断面逐渐扩大，流速逐渐降低，也就是动压降低、静压升高，从而将经过加热的水以一定的压力送入系统中。鉴于喷射器的结构简单、噪声较小，因此，常用作较大的水箱或浴室大池水的加热。

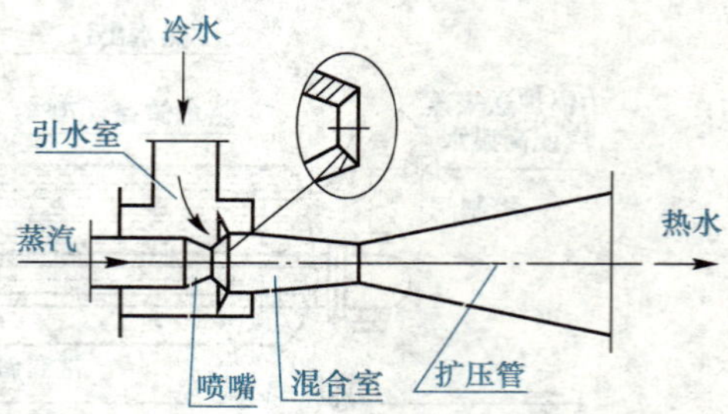


图 1-109　汽一水喷射器

汽一水喷射器可以安装在水箱内[图 1-110(a)]，也可以安装在水箱外[图 1-110(b)]，蒸汽通过喷射器将水加热。

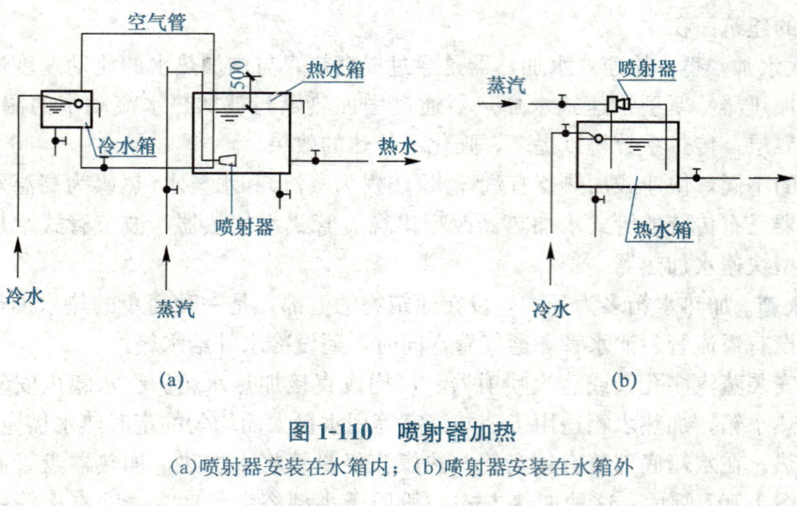


(a)　(b)

图 1-110　喷射器加热

(a)喷射器安装在水箱内；(b)喷射器安装在水箱外

(5) **电热水器**。电热水器是把电能通过电阻丝变为热能加热冷水的设备，一般以成品在市场上销售。电热水器产品可分为快速式和容积式两种。快速式电热水器无储水容积或储水容积很小，无须在使用前预先加热，在接通水路和电源后即可得到被加热的热水。该类热水器具有体积小、质量轻、热损失少、效率高、容易调节水量和水温、使用安装简便等优点；但电耗大，尤其在一些缺电地区，使用受到限制。目前，市场上该种热水器种类较多，适合家庭和工业、公共建筑单个热水供应点使用。

容积式电热水器具有一定的储水容积。该种热水器在使用前需预先加热，可同时供应几个热水用水点在一段时间内使用，具有耗电量较小、管理集中的优点。但其配水管段比快速式电热水器长，热损失也较大。一般适用于局部供水和管网供水系统。

### 1.4.3 太阳能热水供应系统

太阳能热水供应系统是以太阳辐射能为热源，通过太阳能集热装置(以下简称“太阳能热水器”)将冷水加热，然后通过管道将热水输送给用户。太阳能热水器利用技术已日趋成熟。我国近20年来，在太阳能热水供应方面发展十分迅速，特别是我国执行“节约常规能源”和“建筑节能”政策后，开发利用可再生能源更引起人们的关注。

#### 1. 太阳能热水供应系统的特点

太阳能热水器是将太阳能转换成热能并将水加热的装置，可提供30 ℃～60 ℃的热水。其优点是：结构简单、维护方便、节省燃料、运行费用低、不存在环境污染问题。其缺点是：受天气、季节、地理位置等影响不能连续稳定运行，为满足用户要求需配置储热和辅助加热设施；占地面积较大，布置受到一定限制。

**太阳能热水器按热水循环方式可分为自然循环和机械循环两种**。自然循环太阳能热水器是靠水温差产生的热虹吸作用进行水的循环加热，该种热水器运行安全、可靠，不需要用电和专人管理，但储热水箱必须装在集热器上面，同时，使用的热水会受到时间和天气的影响；机械循环太阳能热水器是利用水泵强制水进行循环的系统。该种热水器储热水箱和水泵可放置在任何部位，系统制备热水效率高，产水量大。为克服天气对热水加热的影响，可增加辅助加热设备，如煤气加热、电加热和蒸汽加热等措施，适用于大面积和集中供应热水场所。

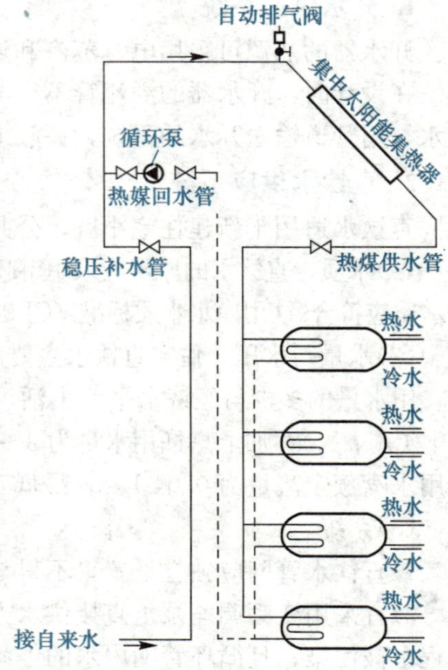

图 1-111　集中-分散太阳能供热水系统

#### 2. 太阳能热水供应系统的应用

按供热水的范围不同，太阳能热水系统可分为集中供热水系统、集中—分散供热水系统、分散供热水系统，目前，后两种较为常用。

(1)**集中供热水系统**。集中供热水系统是采用集中的太阳能集热器和集中的储水箱供给一幢或几幢建筑物所需热水的系统。

(2)**集中—分散供热水系统**。集中—分散供热水系统是采用集中的太阳能集热器和分散的储水箱供给一幢建筑物所需热水的系统，如图1-111所示。

(3)**分散供热水系统**。分散供热水系统按运行方式主要包括自然循环直接系统、自然循环间接系统、强制循环间接系统。图1-112所示为太阳能自然循环直接系统原理图。

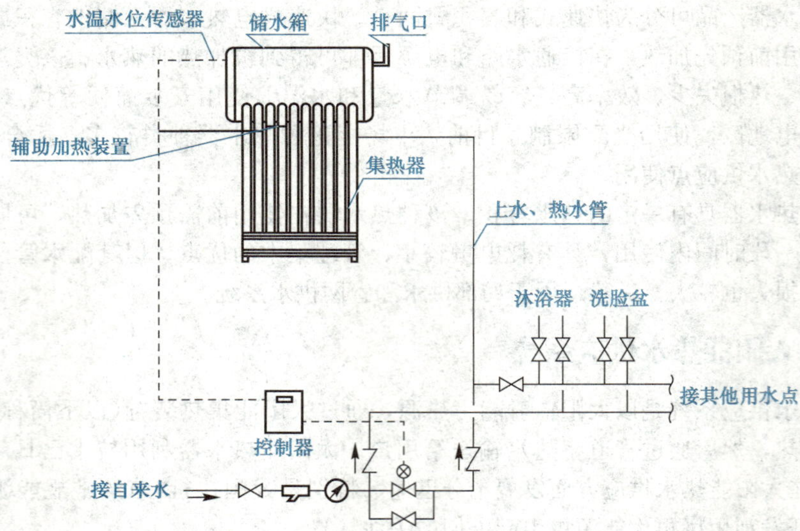


图 1-112　太阳能自然循环直接系统原理图

### 1.4.4　饮用水供应系统

饮用水供应系统可分为开水供应系统和直饮水供应系统。

#### 1. 开水供应系统

开水器的热源可采用电、蒸汽和煤，按目前国内情况，一般优先采用电开水器，以方便使用。在设计时，开水器的溢流管不得与泄水管直接连接。在民用建筑中，几乎不采用集中制备开水、用管道输送开水的系统，一般采用饮用净水(直饮水)系统。

#### 2. 直饮水供应系统

直饮水适用于新建住宅小区、公共建筑等。

(1)水质。直饮水的原水应采用市政给水水源，经过深度处理后送到各饮用水点，用户水龙头出水水质应符合《饮用净水水质标准》(CJ 94—2005)和《生活饮用水卫生标准》(GB 5749—2006)的要求。

(2)水量与水压。住宅直饮水主要用于人员饮用，也有的用于煮饭、淘米、洗涤瓜果和餐具等，用水量的多少与经济水平、生活习惯和当地气候条件等因素有关，用于饮用的水量为 2～3 升/(人·天)，加上烹饪用水量为 3～6 升/(人·天)，住宅等建筑为 4～7 升/(人·天)，饮用水专用水嘴额定流量为 0.04 L/s，最低工作压力为 0.03 MPa。

(3)系统。

1)直饮水管网应独立设置，不得与非饮用水管网相连。

2)宜采用变频调速泵组直接供水方式，避免高位水箱储水不利于保证循环效果和水质输送过程中被污染；且循环管网内水的停留时间不宜超过 6 h，管内回水应经再消毒处理后重新进入供水管。

3)高层建筑饮用水系统应竖向分区，各分区最低配水点静水压力不宜大于 0.35 MPa，且不得大于 0.45 MPa，有条件时可增加分区，减少各分区的压力，以利于节约用水。

(4)管材与附件。

1)直饮水系统管材应选用耐腐蚀、内表面光滑和符合食品级卫生要求的薄壁不锈钢钢管、薄壁铜管、优质塑料管。开水管应选用许用温度大于 100 ℃的金属管材。

2)所有阀门、水表、管道连接件、密封材料、配水水嘴等选用材质均应符合食品级卫生要求，并与管材相匹配。分户水表采用容积式水表(或带远传信号装置)，水表应具有启动流量小、计量精度高的要求。

3)饮水点不得设置在易污染的地点，位置应便于取用、检修和清扫，并应有良好的通风和照明设施。

# 项目 1.5　建筑给水排水施工图

## 项目引领

某综合楼地下 1 层，地上 5 层，楼高为 20.50 m，框架结构，屋面为平屋顶，属多层建筑，建筑面积为 7 331.10 $m^2$。每层有男女两个卫生间，女卫生间有大便器、洗手盆和污水池等卫生器具，男卫生间有大便器、小便器、洗手盆、污水池和地漏等卫生器具。卫生间水质按《生活饮用水卫生标准》(GB 5749—2006)设置生活给水系统；有集中热水供应系统；根据建筑物高度、建筑面积、《建筑设计防火规范》(GB 50016—2014)，本综合楼设置消火栓给水系统和自动喷水灭火给水系统；排水系统采用分流制，卫生间污水直接排入城市排水管网，卫生间废水作为中水处理的水源。

建筑给水排水施工图包括设计说明、平面图、系统图、详图、材料明细表，正确识读施工图，并将其应用到土建施工、设备安装、工程预算、建筑装饰、工程监理和工程验收等相关工程中。

### 1.5.1　建筑给水排水施工图的组成与内容

建筑给水排水施工图主要通过线型、符号，并配合必要的文字来描绘工程的具体内容。线型应根据图样的比例和类别，按《建筑给水排水制图标准》(GB/T 50106—2010)的规定选用。

建筑给水排水施工图是建筑给水排水工程施工的依据。施工图可使施工人员明白设计人员的设计意图，进而贯彻到工程施工的过程当中，施工图必须由正式设计单位绘制并签发。施工时，未经设计单位同意，不得随意对施工图中的规定内容进行修改。

**建筑给水排水施工图包括文字部分和图示部分。**文字部分包括图纸目录、设计施工说明、设备材料表和图例等；图示部分包括平面图、系统图和详图。

**1. 文字部分**

(1)**图纸目录**。图纸目录包括设计人员绘制的图部分和选用的标准图部分。图纸目录显示设计人员绘制图纸的顺序，便于查阅图纸。

(2)**设计施工说明**。设计图纸上用图或符号表达不清楚的问题，或有些内容用文字能够简单明了说清楚的问题，可用文字加以说明。

设计说明的主要内容包括：工程概况、设计依据、设计范围及技术指标，如给水方式、排水体制的选择等；施工说明，如图中尺寸采用的单位，采用的管材及连接方式，管道防腐、防结露的做法，保温材料的选用、保温层的厚度及做法等，卫生器具的类型及安装方式，施工注意事项，系统的水压试验要求，施工验收应达到的质量标准等。如有水泵、水箱等设备，还必须写明型号、规格及运行要点等。

(3)**设备材料明细表**。设备材料明细表中列出图纸中用到的主要设备的型号、规格、数量及性能要求等，用于在施工备料时控制主要设备的性能。对于重要工程，为了使施工准备的材料和设备符合图纸的要求，并且便于备料，设计人员应编制一个主要设备材料明细表，包括主要设备材料的序号、名称、型号规格、单位、数量和备注等项目。另外，施工图中涉及的其他设备、管材、阀门和仪表等也应列入表中。对于一些不影响工程进度和质量的零星材料可不列入表中。

一般中小型工程的文字部分直接写在图纸上，工程较大、内容较多时另附专页编写，并放在一套图纸的首页。

(4)**图例**。施工图中的管道及附件、管道连接、卫生器具和设备仪表等，一般采用统一的图例表示。《建筑给水排水制图标准》(GB/T 50106—2010)中规定了工程中常用的图例，凡在该标准中未列入的可自设。一般情况下，图纸应专门画出图例，并加以说明。建筑给水排水施工图中常用的图例见表 1-20～表 1-30。

**表 1-20　管道图例**

| 序号 | 名　称 | 图　例 | 备　注 |
|---|---|---|---|
| 1 | 生活给水管 | ——J—— | — |
| 2 | 热水给水管 | ——RJ—— | — |
| 3 | 热水回水管 | ——RH—— | — |
| 4 | 中水给水管 | ——ZJ—— | — |
| 5 | 循环冷却给水管 | ——XJ—— | — |
| 6 | 循环冷却回水管 | ——XH—— | — |
| 7 | 热媒给水管 | ——RM—— | — |
| 8 | 热媒回水管 | ——RMH—— | — |
| 9 | 蒸汽管 | ——Z—— | — |
| 10 | 凝结水管 | ——N—— | — |
| 11 | 废水管 | ——F—— | 可与中水原水管合用 |
| 12 | 压力废水管 | ——YF—— | — |
| 13 | 通气管 | ——T—— | — |
| 14 | 污水管 | ——W—— | — |
| 15 | 压力污水管 | ——YW—— | — |
| 16 | 雨水管 | ——Y—— | — |
| 17 | 压力雨水管 | ——YY—— | — |
| 18 | 虹吸雨水管 | ——HY—— | — |
| 19 | 膨胀管 | ——PZ—— | — |
| 20 | 保温管 |  | 也可用文字说明保温范围 |
| 21 | 伴热管 |  | 也可用文字说明保温范围 |

续表

| 序号 | 名　称 | 图　例 | 备　注 |
|---|---|---|---|
| 22 | 多孔管 |  | — |
| 23 | 地沟管 |  | — |
| 24 | 防护套管 |  | — |
| 25 | 管道立管 | 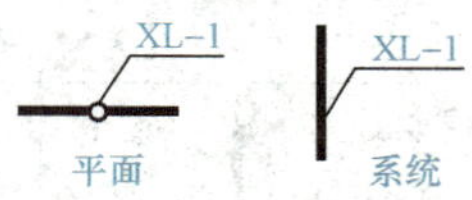 | X 为管道类别<br>L 为立管<br>1 为编号 |
| 26 | 空调凝结水管 |  | — |
| 27 | 排水明沟 | 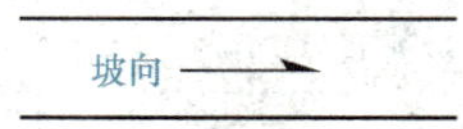 | — |
| 28 | 排水暗沟 |  | — |
| 注：1. 分区管道用加注角标方式表示；<br>2. 原有管线可用比同类型的新设管线细一级的线型表示，并加斜线，拆除管线则加叉线。 | | | |

**表 1-21　管道附件图例**

| 序号 | 名　称 | 图　例 | 备　注 |
|---|---|---|---|
| 1 | 管道伸缩器 |  | — |
| 2 | 方形伸缩器 |  | — |
| 3 | 刚性防水套管 | 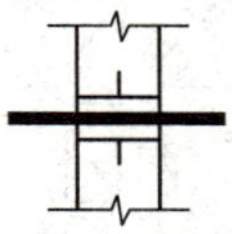 | — |
| 4 | 柔性防水套管 | 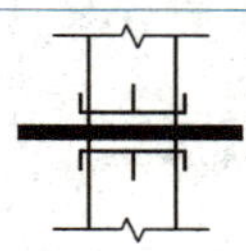 | — |
| 5 | 波纹管 |  | — |
| 6 | 可曲挠橡胶接头 | 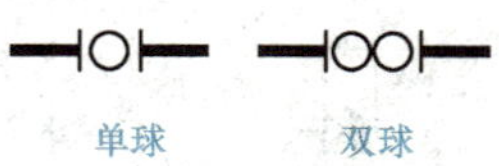 | — |
| 7 | 管道固定支架 |  | — |
| 8 | 立管检查口 |  | — |
| 9 | 清扫口 |  | — |

| 序号 | 名　　称 | 图　　例 | 备　　注 |
|---|---|---|---|
| 10 | 通气帽 |  成品　蘑菇形 | — |
| 11 | 雨水斗 | 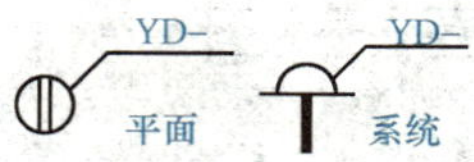 YD- 平面　YD- 系统 | — |
| 12 | 排水漏斗 |  平面　系统 | — |
| 13 | 圆形地漏 |  平面　系统 | 通用。如无水封，地漏应加存水弯 |
| 14 | 方形地漏 |  平面　系统 | — |
| 15 | 自动冲洗水箱 | 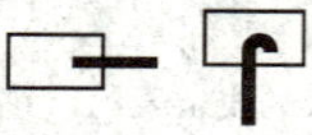 | — |
| 16 | 挡墩 |  | — |
| 17 | 减压孔板 |  | — |
| 18 | Y形除污器 |  | — |
| 19 | 毛发聚集器 |  平面　系统 | — |
| 20 | 倒流防止器 |  | — |
| 21 | 吸气阀 |  | — |
| 22 | 真空破坏器 |  | — |
| 23 | 防虫网罩 |  | — |
| 24 | 金属软管 |  | — |

**表 1-22　管道连接图例**

| 序号 | 名　称 | 图　例 | 备　注 |
|---|---|---|---|
| 1 | 法兰连接 |  | — |
| 2 | 承插连接 |  | — |
| 3 | 活接头 | 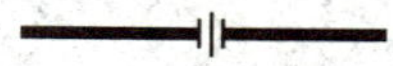 | — |
| 4 | 管堵 |  | — |
| 5 | 法兰堵盖 |  | — |
| 6 | 盲板 |  | — |
| 7 | 弯折管 |  | — |
| 8 | 管道丁字上接 |  | — |
| 9 | 管道丁字下接 |  | — |
| 10 | 管道交叉 |  | 在下面和后面的管道应断开 |

**表 1-23　管件图例**

| 序号 | 名　称 | 图　例 |
|---|---|---|
| 1 | 偏心异径管 | 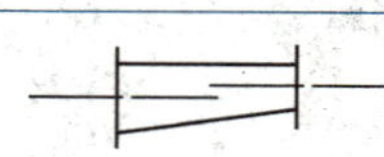 |
| 2 | 同心异径管 | 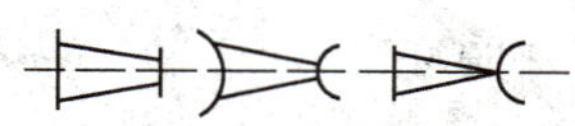 |
| 3 | 乙字管 |  |
| 4 | 喇叭口 | 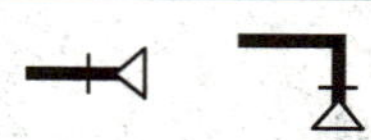 |
| 5 | 转动接头 |  |
| 6 | S形存水弯 |  |
| 7 | P形存水弯 |  |

续表

| 序号 | 名　称 | 图　　例 |
| --- | --- | --- |
| 8 | 90°弯头 |  |
| 9 | 正三通 |  |
| 10 | TY 三通 |  |
| 11 | 斜三通 |  |
| 12 | 正四通 |  |
| 13 | 斜四通 |  |
| 14 | 浴盆排水管 |  |

**表 1-24　阀门图例**

| 序号 | 名　　称 | 图　　例 | 备　　注 |
| --- | --- | --- | --- |
| 1 | 闸阀 |  | — |
| 2 | 角阀 |  | — |
| 3 | 三通阀 |  | — |
| 4 | 四通阀 | 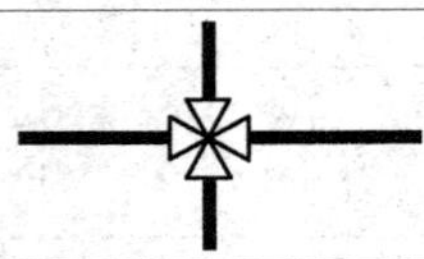 | — |
| 5 | 截止阀 |  | — |
| 6 | 蝶阀 | 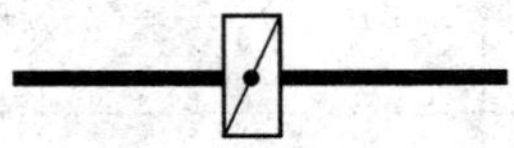 | — |
| 7 | 电动闸阀 | 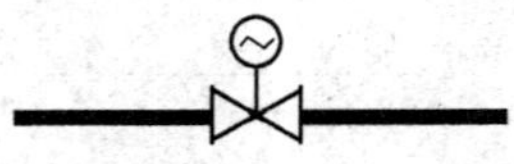 | — |
| 8 | 液动闸阀 | 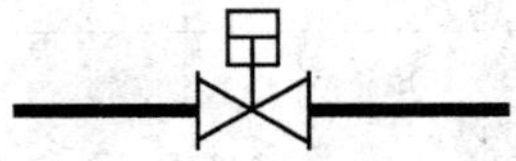 | — |

续表

| 序号 | 名　称 | 图　例 | 备　注 |
|---|---|---|---|
| 9 | 气动闸阀 |  | — |
| 10 | 电动蝶阀 | 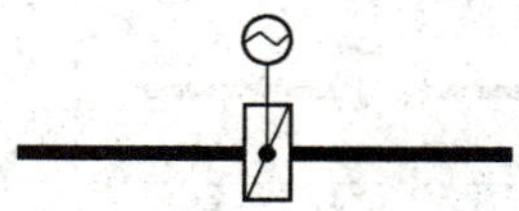 | — |
| 11 | 液动蝶阀 | 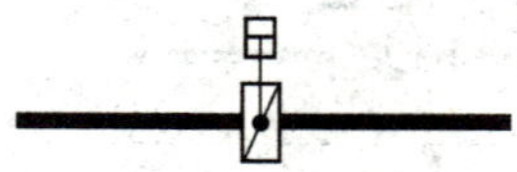 | — |
| 12 | 气动蝶阀 |  | — |
| 13 | 减压阀 | 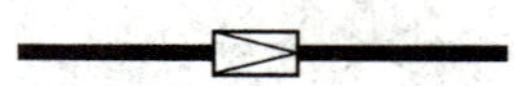 | 左侧为高压端 |
| 14 | 旋塞阀 |  平面　系统 | — |
| 15 | 底阀 |  平面　系统 | — |
| 16 | 球阀 |  | — |
| 17 | 隔膜阀 |  | — |
| 18 | 气开隔膜阀 |  | — |
| 19 | 气闭隔膜阀 |  | — |
| 20 | 电动隔膜阀 |  | — |
| 21 | 温度调节阀 |  | — |
| 22 | 压力调节阀 | 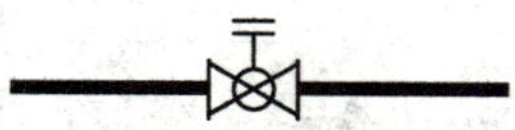 | — |

续表

| 序号 | 名　称 | 图　例 | 备　注 |
|---|---|---|---|
| 23 | 电磁阀 |  | — |
| 24 | 止回阀 |  | — |
| 25 | 消声止回阀 |  | — |
| 26 | 持压阀 | 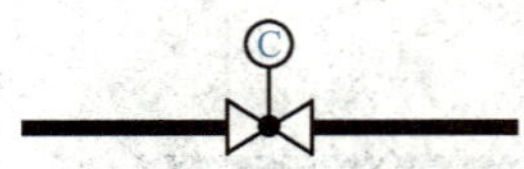 | — |
| 27 | 泄压阀 |  | — |
| 28 | 弹簧安全阀 | 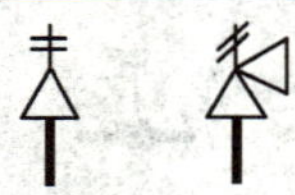 | 左侧为通用 |
| 29 | 平衡锤安全阀 |  | — |
| 30 | 自动排气阀 |  平面　系统 | — |
| 31 | 浮球阀 |  平面　系统 | — |
| 32 | 水力液位控制阀 | 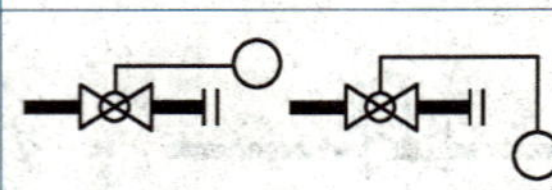 平面　系统 | — |
| 33 | 延时自闭冲洗阀 | 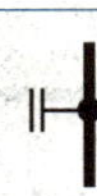 | — |
| 34 | 感应式冲洗阀 |  | — |
| 35 | 吸水喇叭口 |  平面　系统 | — |
| 36 | 疏水器 |  | — |

**表 1-25　给水配件图例**

| 序号 | 名　称 | 图　　例 |
|---|---|---|
| 1 | 水嘴 |  |
| 2 | 皮带水嘴 |  |
| 3 | 洒水(栓)水嘴 |  |
| 4 | 化验水嘴 |  |
| 5 | 肘式水嘴 |  |
| 6 | 脚踏开关水嘴 | 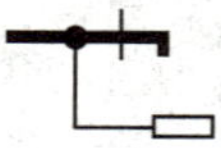 |
| 7 | 混合水嘴 |  |
| 8 | 旋转水嘴 |  |
| 9 | 浴盆带喷头<br>混合水嘴 |  |
| 10 | 蹲便器脚踏开关 |  |

**表 1-26　消防设施图例**

| 序号 | 名　　称 | 图　　例 | 备　　注 |
|---|---|---|---|
| 1 | 消火栓给水管 | —— XH —— | — |
| 2 | 自动喷水灭火给水管 | —— ZP —— | — |
| 3 | 雨淋灭火给水管 | —— YL —— | — |
| 4 | 水幕灭火给水管 | —— SM —— | — |

续表

| 序号 | 名　称 | 图　例 | 备　注 |
| --- | --- | --- | --- |
| 5 | 水炮灭火给水管 |  | — |
| 6 | 室外消火栓 |  | — |
| 7 | 室内消火栓<br>（单口） | <br>平面　系统 | 白色为开启面 |
| 8 | 室内消火栓<br>（双口） | <br>平面　系统 | — |
| 9 | 水泵接合器 |  | — |
| 10 | 自动喷洒头<br>（开式） | <br>平面　系统 | — |
| 11 | 自动喷洒头<br>（闭式） | <br>平面　系统 | 下喷 |
| 12 | 自动喷洒头<br>（闭式） | <br>平面　系统 | 上喷 |
| 13 | 自动喷洒头<br>（闭式） | 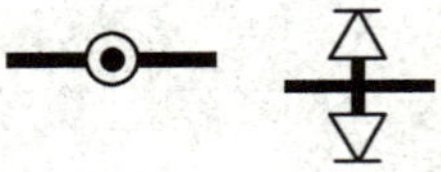<br>平面　系统 | 上、下喷 |
| 14 | 侧墙式<br>自动喷洒头 | 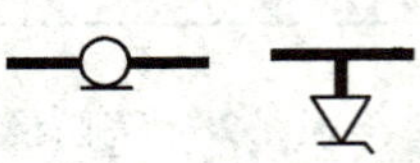<br>平面　系统 | — |
| 15 | 水喷雾喷头 | <br>平面　系统 | — |
| 16 | 直立型水幕喷头 | <br>平面　系统 | — |
| 17 | 下垂型水幕喷头 | <br>平面　系统 | — |

续表

| 序号 | 名　称 | 图　例 | 备　注 |
|---|---|---|---|
| 18 | 干式报警阀 | 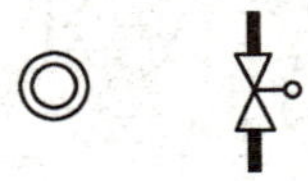 平面　系统 | — |
| 19 | 湿式报警阀 | 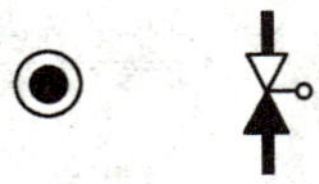 平面　系统 | — |
| 20 | 预作用报警阀 |  平面　系统 | — |
| 21 | 雨淋阀 | 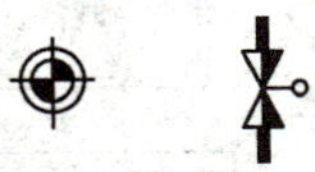 平面　系统 | — |
| 22 | 信号闸阀 |  | — |
| 23 | 信号蝶阀 | 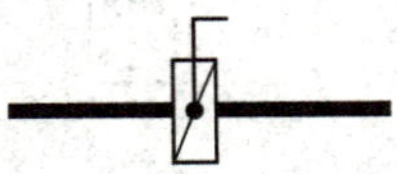 | — |
| 24 | 消防炮 | 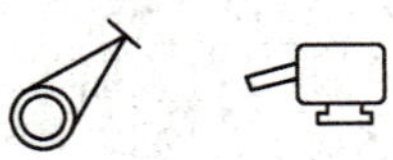 平面　系统 | — |
| 25 | 水流指示器 |  | — |
| 26 | 水力警铃 |  | — |
| 27 | 末端试水装置 | 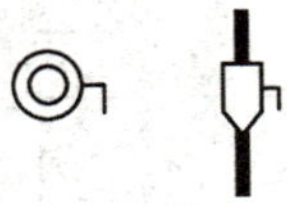 平面　系统 | — |
| 28 | 手提式灭火器 | 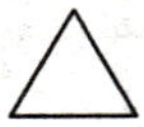 | — |
| 29 | 推车式灭火器 | 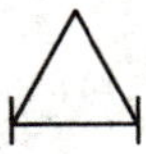 | — |

注：1. 分区管道用加注角标方式表示；

2. 建筑灭火器的设计图例可按现行国家标准《建筑灭火器配置设计规范》(GB 50140—2005)的规定确定。

表 1-27　卫生设备及水池图例

| 序号 | 名　称 | 图　例 | 备　注 |
|---|---|---|---|
| 1 | 立式洗脸盆 |  | — |
| 2 | 台式洗脸盆 | 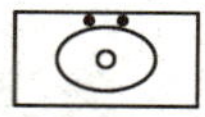 | — |
| 3 | 挂式洗脸盆 | 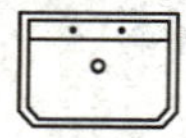 | — |
| 4 | 浴盆 | 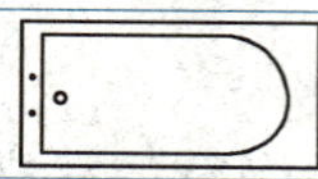 | — |
| 5 | 化验盆、洗涤盆 |  | — |
| 6 | 厨房洗涤盆 | 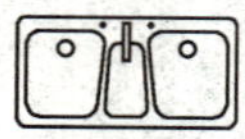 | 不锈钢制品 |
| 7 | 带沥水板洗涤盆 |  | — |
| 8 | 盥洗槽 | 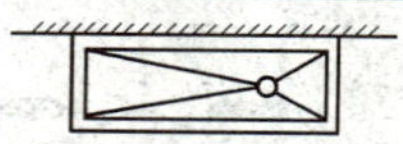 | — |
| 9 | 污水池 |  | — |
| 10 | 妇女净身盆 |  | — |
| 11 | 立式小便器 |  | — |
| 12 | 壁挂式小便器 |  | — |
| 13 | 蹲式大便器 | 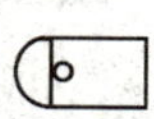 | — |
| 14 | 坐式大便器 | 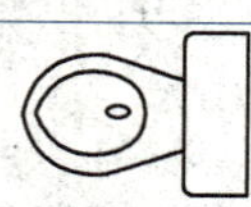 | — |
| 15 | 小便槽 | 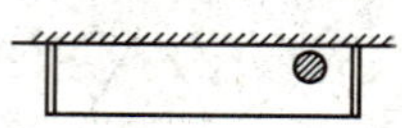 | — |
| 16 | 淋浴喷头 |  | — |
| 注：卫生设备图例也可以建筑专业资料图为准。 | | | |

**表 1-28　小型给水排水构筑物图例**

| 序号 | 名　称 | 图　例 | 备　注 |
|---|---|---|---|
| 1 | 矩形化粪池 | 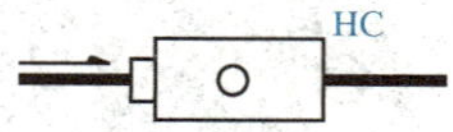 | HC 为化粪池 |
| 2 | 隔油池 | 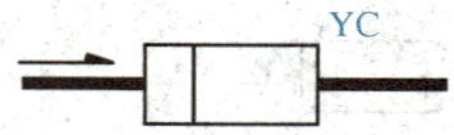 | YC 为隔油池代号 |
| 3 | 沉淀池 | 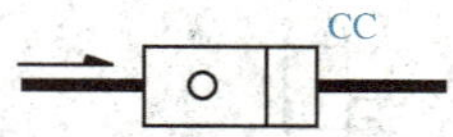 | CC 为沉淀池代号 |
| 4 | 降温池 | 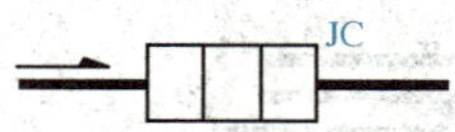 | JC 为降温池代号 |
| 5 | 中和池 |  | ZC 为中和池代号 |
| 6 | 雨水口<br>（单箅） |  | — |
| 7 | 雨水口<br>（双箅） |  | — |
| 8 | 阀门井<br>及检查井 | 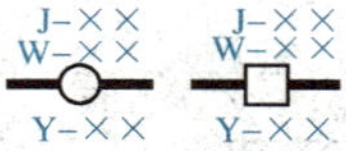 | 以代号区别管道 |
| 9 | 水封井 |  | — |
| 10 | 跌水井 |  | — |
| 11 | 水表井 |  | — |

**表 1-29　给水排水设备图例**

| 序号 | 名　称 | 图　例 | 备　注 |
|---|---|---|---|
| 1 | 卧式水泵 |  | — |
| 2 | 立式水泵 | 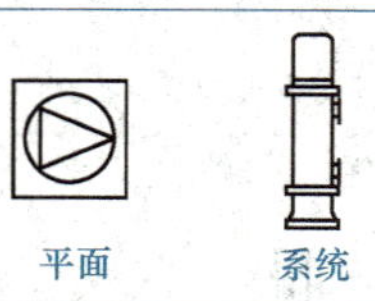 | — |
| 3 | 潜水泵 |  | — |
| 4 | 定量泵 |  | — |

续表

| 序号 | 名　　称 | 图　　例 | 备　　注 |
|---|---|---|---|
| 5 | 管道泵 |  | — |
| 6 | 卧式容积<br>热交换器 | 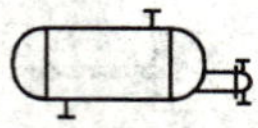 | — |
| 7 | 立式容积<br>热交换器 |  | — |
| 8 | 快速管式<br>热交换器 |  | — |
| 9 | 板式热交换器 |  | — |
| 10 | 开水器 | 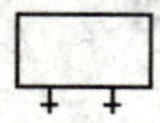 | — |
| 11 | 喷射器 | 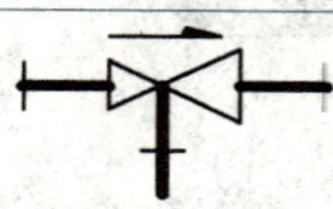 | 小三角为进水端 |
| 12 | 除垢器 |  | — |
| 13 | 水锤消除器 | 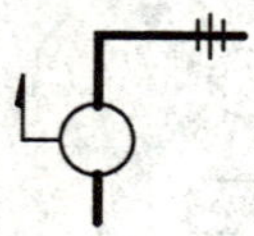 | — |
| 14 | 搅拌器 | 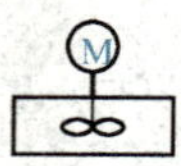 | — |
| 15 | 紫外线消毒器 |  | — |

**表 1-30　仪表图例**

| 序号 | 名　　称 | 图　　例 | 备　　注 |
|---|---|---|---|
| 1 | 温度计 |  | — |
| 2 | 压力表 |  | — |

续表

| 序号 | 名　称 | 图　例 | 备　注 |
|---|---|---|---|
| 3 | 自动记录<br>压力表 |  | — |
| 4 | 压力控制器 |  | — |
| 5 | 水表 |  | — |
| 6 | 自动记录流量表 | 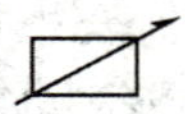 | — |
| 7 | 转子流量计 | 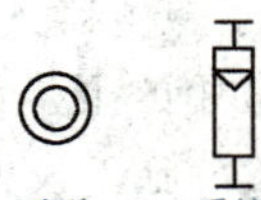<br>平面　系统 | — |
| 8 | 真空表 |  | — |
| 9 | 温度传感器 | 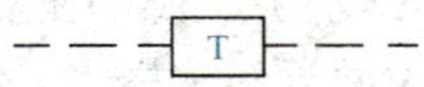 | — |
| 10 | 压力传感器 | 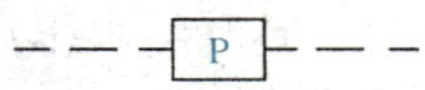 | — |
| 11 | pH 传感器 | 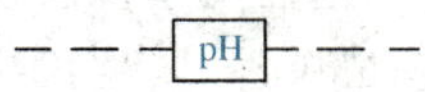 | — |
| 12 | 酸传感器 | 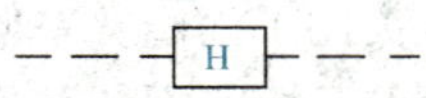 | — |
| 13 | 碱传感器 | 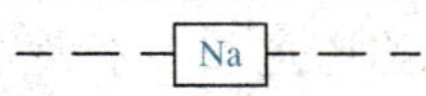 | — |
| 14 | 余氯传感器 | 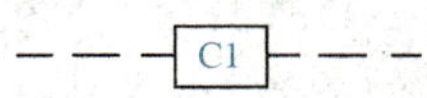 | — |

### 2. 图示部分

(1)平面图。平面图是给水排水施工图的基本图示部分。它反映卫生器具、给水排水管道和附件等在建筑物内的平面布置情况。在通常情况下，建筑的给水系统、排水系统不是很复杂，将给水管道、排水管道绘制在一张图上，称为给水排水平面图。

平面图所表达的主要内容如下：

1)表明建筑的平面轮廓、房间布置等情况，标注轴线及房间的主要尺寸。为了节省图纸幅面，常常只画出与给水排水管道相关部分的建筑局部平面。

2)用水设备、卫生器具的平面布置、类型和安装方式。

3)建筑物各层给水排水干管、立管、支管的位置。首层平面图需绘制出给水引入管、污水排出管的位置。标注主要管道的定位尺寸及管径等，按规定对引入管、排出管和立管编号。对于安装于下层空间而为本层使用的管道，应绘制在本层平面上。

4)水表、阀门、水龙头、清扫口、地漏等管道附件的类型和位置。

(2)系统图。系统图也称轴测图，一般按 45°正面斜轴测图绘制。系统图表示给水排水系统空间位置及各层间、前后左右间的关系。给水系统图、排水系统图应分别绘制。

系统图所表达的主要内容如下：

1)自引入管，经室内给水管道系统至用水设备的空间走向和布置情况。

2)自卫生器具，经室内排水管道系统至排出管的空间走向和布置情况。

3)管道的管径、标高、坡度、坡向及系统编号和立管编号。

4)各种设备(包括水泵、水箱等)的接管情况、设置位置和标高、连接方式及规格。

5)管道附件的种类、位置、标高。

6)排水系统通气管设置方式、与排水立管之间的连接方式、伸顶通气管上通气帽的设置及标高等。

有些施工图纸，由于设计者习惯，对于多层或高层建筑存在标准层等情况，有若干层或若干根横支管(也可用于立管)的管路、设备布置完全相同时，系统图中只画出相同类型中的一根支管(或立管)，其余省略，并应用文字、字母或符号将其一一对应表示。

(3)**详图**。给水排水平面图、系统图表示了卫生器具及管道的布置情况，而卫生器具的安装和管道的连接，需要有施工详图作为依据。常用的卫生设备安装详图通常套用《卫生设备安装》(09S304)中的图纸，不必另行绘制，只要在设计施工说明或图纸目录中写明所套用的图集名称及其中的详图号即可。当没有标准图时，设计人员需自行绘制。

### 3. 图示部分的表示方法

(1)平面图的表示方法。

1)平面图的比例。平面图是室内给水排水施工图的主要部分，一般采用与建筑平面图相同的比例，常用1∶50、1∶100、1∶200，大型车间常用1∶200。

2)平面图的数量。平面图的数量视卫生器具和给水排水管道布置的复杂程度而定。对于多层房屋，底层由于设有引入管和排出管且管道需与室外管道相连，宜单独画出一个完整的平面图(如能表达清楚与室外管道的连接情况，也可只画出与卫生设备和管道有关的平面图)；楼层平面图只需抄绘与卫生设备和管道布置有关的平面图，一般应分层抄绘，如楼层的卫生设备和管道布置完全相同时，只需画出相同楼层的一个平面图，称为标准层平面图；设有屋顶水箱的楼层可单独画出屋顶给水排水平面图，但当管道布置不太复杂时，也可在最高楼层给水排水平面图中用中虚线画出水箱的位置。如果管道布置复杂，同一平面(或同一标高处)上的管道画在一张平面图上表达不清楚，也可用多个平面图表示，如底层给水平面图、底层排水平面图和底层自动喷淋平面图等。

3)建筑平面图的画法。在给水排水平面图中所抄绘的建筑平面图，墙、柱和门窗等都用细实线表示。由于给水排水平面图主要反映管道系统各组成部分在建筑平面上的位置，因此，房屋的轮廓线应与建筑施工图一致，一般只需抄绘房屋的墙、柱、门窗等主要部分，至于房屋的细部尺寸、门窗代号等均可省去。为使土建施工与管道设备的安装一致，在各层给水排水平面图上均需标明定位轴线，并在平面图的定位轴线间标注尺寸；同时，还应标注出各层平面图上的相应标高。

4)平面图的剖切位置。房屋的建筑平面图是从门窗部位水平剖切的，而管道平面图的剖切位置则不限于此高度，凡是为本层设施配用的管道均应画在该层平面图中，底层还应包括埋地或地沟内的管道；如有地下层，引入管、排出管及汇集横干管可绘制在地下层内。

5)管道画法。室内给水排水各种管道，无论直径大小，一律用粗单线表示，可用汉语拼音字头为代号表示管道类别，也可用不同线型表示不同类别的管道，如给水管用粗实线，排水管用粗虚线。在平面图中，不论管道在楼面或地面的上、下，均不考虑其可见性。给水排水立管是指穿过一层及多层的竖向供水管道和排水管道。平面图上有各种立管的编号，底层给水排水平面图中还有各种管道按系统的编号，一般给水以每个引入管为一个系统；排水以每个排出管为一个系统。立管在平面图中以空心小圆圈表示，并用指引线注明管道类别代号，其标注方法是用分数的形式，分子为管道类别代号，分母为同类管道编号。当一种系统的立管数量多于一根时，还宜采用阿拉伯数字编号。

6)管径的表示。给水排水管的管径尺寸以毫米(mm)为单位，金属管道(如焊接钢管、铸铁管)以公称直径 *DN* 表示，如 *DN*15、*DN*50 等；塑料管一般以公称外径 *De*(或 *dn*)表示，如 *De*20(或 *dn*20)等。管径一般标注在该管段旁，如位置不够时，也可用引出线引出标注。由于管道长度是在安装时根据设备间的距离直接测量截割的，所以，在图中不必标注管长。

(2)系统图的表示方法。给水排水系统图上各立管和系统的编号应与平面图上一一对应，在给水排水系统图上还应画出各楼层地面的相对标高。绘制给水排水系统图的比例宜选用 1∶50、1∶100、1∶200 的比例。当采用与给水排水平面图相同的比例绘图时，按轴向量取长度较为方便。如果按一定比例绘制时，图线重叠，允许不按比例绘制，可适当将管线拉长或缩短。

《建筑给水排水制图标准》(GB/T 50106—2010)规定，给水排水系统图宜用 45°正面斜轴测投影法绘制，我国习惯采用 45°正面斜轴测来绘制系统图，*OZ* 与 *OX* 的轴间角为 90°，*OY* 与 *OZ*、*OX* 的轴间角为 135°。为了便于绘制和阅读，立管平行于 *OZ* 轴方向，平面图上左右方向的水平管道，沿 *OX* 轴方向绘制，平面图上前后方向的水平管道，沿 *OY* 轴方向绘制。卫生器具、阀门等设备，用图例表示。

给水排水系统图中的管道，都用粗实线表示，不必像平面图中那样，用不同线型的粗线来区分不同类型的管道，其他图例和线宽仍按原规定绘制。在系统图中，不必画出管件的接头形式，管道的连接方式可用文字写在施工说明中。

管道系统中的给水附件，如水表、截止阀、水龙头和消火栓等，可用图例画出。相同布置的各层，可只将其中的一层画完整，其他各层只需在立管分支处用折断线表示。

在排水系统图中，可用相应图例画出卫生设备上的存水弯、地漏或检查口等。排水横管虽有坡度，但由于比例较小，故可按水平管道绘制，但宜注明坡度与坡向。由于所有卫生器具和设备已在给水排水平面图中表达清楚，故在排水管道系统图中没必要画出。

为了反映管道和房屋的联系，系统图中还要画出管道穿越的墙、地面、楼层和屋面的位置，一般用细实线画出地面和墙面，用两条靠近的水平细实线画出楼面和屋面。

对于水箱等大型设备，为了便于与各种管道连接，可用细实线画出其主要外形轮廓的轴测图。

当在同一系统中的管道因互相重叠和交叉而影响该系统图的清晰性时，可将一部分管道平移至空白位置画出，称为移置画法或引出画法。将管道从重叠处断开，用移置画法移到图面空白处，从断开处开始画，断开处应标注相同的符号，以便对照读图。

管道的管径一般标注在该管段旁边，标注位置不够时，可用引出线引出标注。室内给水排水管道标注：公称直径用 *DN* 表示，公称外径用 *De*(或 *dn*)表示。管道各管段的管径要逐段标出，当连续几段的管径都相同时，可以仅标注它的始段和末段，中间段可省略不注。

凡有坡度的横管(主要是排水管)，宜在管道旁边或引出线上标注坡度，如 0.5%，数字下面的单边箭头表示坡向(指向下坡的方向)。当排水横管采用标准坡度(或称为通用坡度时)时，在图中可省略不注，或在施工说明中用文字说明。

管道系统图中标注的标高是相对标高，即以建筑标高的±0.000 为±0.000 m。在给水系统图中，标高以管中心为准，一般标注出引入管、横管、阀门、水龙头、卫生器具的连接支管、各层楼地面及屋面等的标高。在排水系统图中，横管的标高以管内底为准，一般应标注立管上检查口、排出管的起点标高。其他排水横管的标高，一般根据卫生器具的安装高度和管件的尺寸，由施工人员决定。此外，还要标注各层楼地面及屋面等的标高。

(3)详图的表示方法。安装详图的比例较大，可按需要选用 1∶10、1∶20、1∶30，也可选用 1∶5、1∶40、1∶50 等。安装详图必须按施工安装的需要表达得详尽、具体、明确，一般都用正投影的方法绘制，设备的外形可以简化画出，管道用双线表示，安装尺寸也应注写完整、清晰，主要材料表和有关说明都要表达清楚。

## 1.5.2 建筑给水排水施工图的识读

### 1. 建筑给水排水施工图的识读内容

现以图 1-113～图 1-117 为例介绍建筑给水排水施工图的识读步骤。

(1)看文字部分。识读建筑给水排水施工图一般先看设计说明，对工程概况和施工要求有一个大致的了解。注意系统图和平面图的对应关系，两类图互相补充、共同表达建筑中各类卫生器具和管道及管道上各种附件的空间位置。管路应按给水系统和排水系统分别阅读，还应注意对照图纸目录，不应遗漏任何内容。

(2)看平面图，查明卫生器具、给水排水设备、消防设备的类型、数量、安装位置、定位尺寸等。

读平面图主要是了解给水排水出入口、干管、立管的平面位置，以及各层用水设备、卫生器具等的种类和位置，具体连接关系及标高、尺寸等，还需看系统图和详图。

图 1-113 所示为首层给水排水平面图。从图中可以看到，各户厨房内有洗菜盆设在外墙一侧窗下转角处，厕所内有浴缸和坐式大便器。所有卫生器具均有给水排水管道与之相连接。各层厨房和厕所地面的标高均比同层楼地面的标高低 0.020 m。给水管道系统有 $\frac{J}{1}$、$\frac{J}{2}$，排水管道系统有 $\frac{P}{1}$、$\frac{P}{2}$、$\frac{P}{3}$。

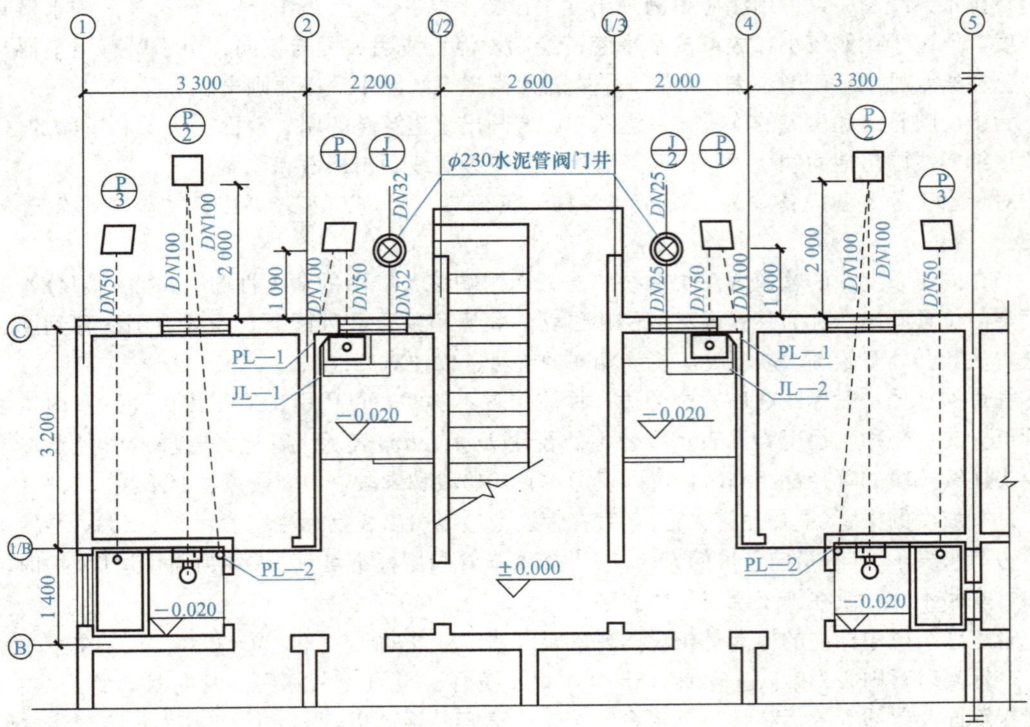


首层给水排水平面图 1∶100

图 1-113 首层给水排水平面图

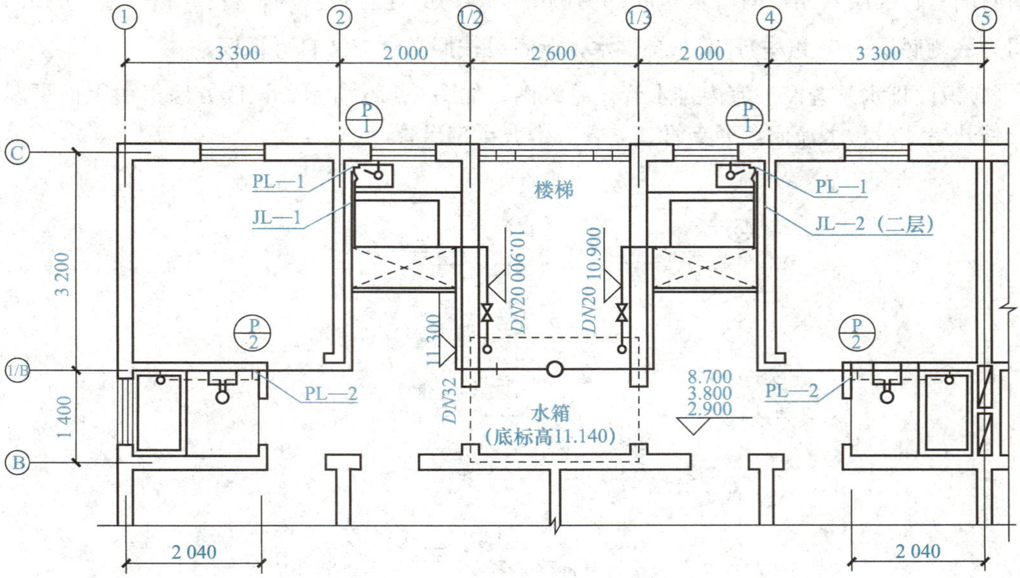


标准层给水排水平面图 1：100

**图 1-114 标准层给水排水平面图**

(3)识读室内给水系统图。识读系统图时必须将每一个系统图与各层平面图反复对照，反复识读，才能看懂图纸的内容。首先，在底层管道平面图中，按所注的索引符号找到相应的系统图。然后，对照各层平面图找到该系统的立管和与之相连接的横管和卫生器具，以及管道上的附件。最后，进一步识读各管段的公称直径和标高等。

现以图 1-115 给水系统图为例，介绍识读方法。首先，从底层平面图 1-113 中找出(J/1)，以及(J/1)管道系统图，对照两图可见给水引入管为 *DN*32，管中心的标高为−0.650，其上装有阀门，穿过Ⓒ轴线墙进入室内后，在水池前升至标高−0.300处，用 90°弯头接横管至②轴轴线墙，沿墙穿出地面向上直通屋顶水箱的立管即 JL-1，其管径 *DN*32。然后，对照图 1-115 在底层和二层厨房地面以上 900 mm 高度处先用三通接横支管 *DN*15，再接分户球阀和水表后用 *DN*15 的横支管连接厨房的水池放水龙头，以及厕所浴缸的放水龙头和坐式大便器的水箱供水。楼

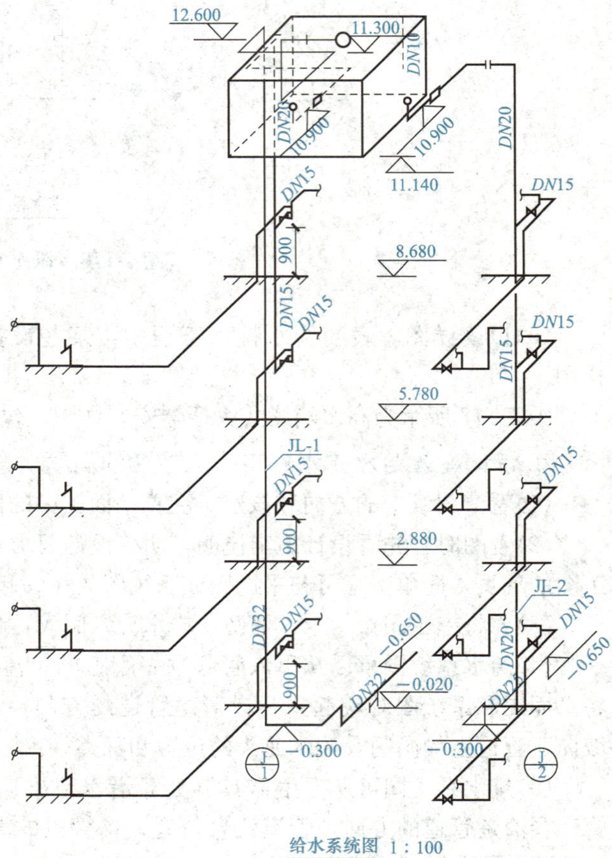


给水系统图 1：100

**图 1-115 给水系统图**

梯间两侧三、四层共四户均由水箱底部两侧 *DN*20 的倒挂立管供水，各户与一、二层相同。楼梯间另一侧底层一户由$\frac{J}{1}$管道系统供水，读者可按照以上方法自行识读。

(4)识读排水系统图。室内排水管道系统图，如图 1-116 所示。识读方法可由上而下，自排水设备开始，沿污水流向，经支管、立管、干管至排出管。

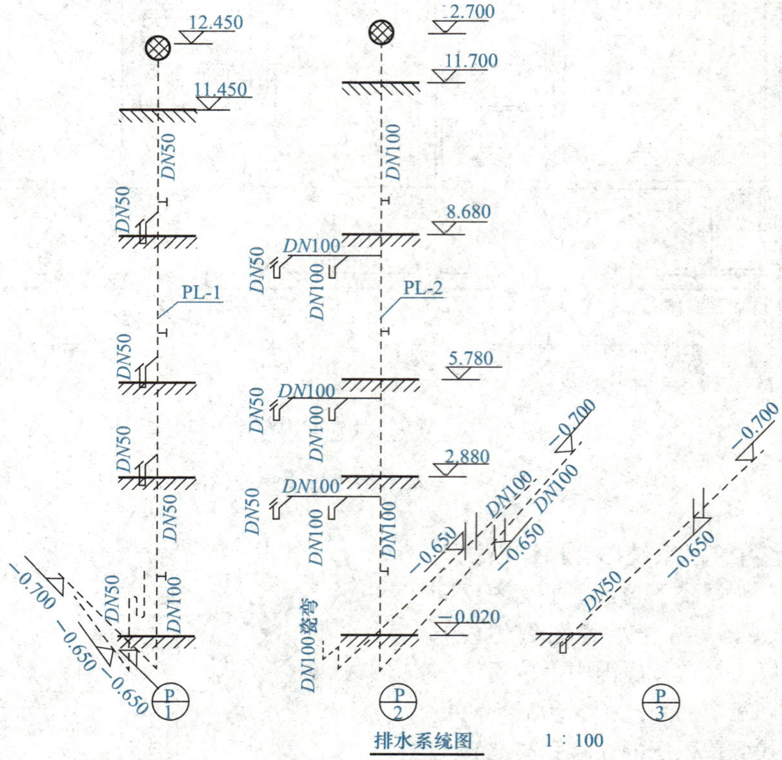


**图 1-116　排水系统图**

(5)识读详图。表明给水排水工程中，某些设备或管道节点的详细构造与安装要求的大样图。

图 1-117 所示为高水箱蹲式大便器安装详图，包括平面图、立面图和剖面图。

## 2. 识读建筑给水排水施工图应注意的问题

(1)看清图纸中的方向和该建筑在总平面图中的位置。

(2)看图时，先看设计施工说明，明确设计要求，了解工程概况。设计施工说明一般放在施工图的首页，简单工程可与平面图或系统图放在一起。

(3)要将施工图按给水、消防、排水分别阅读，将平面图和系统图对照起来看。

(4)给水系统图可以从引入管起顺着管道的水流方向，经干管、立管、横支管到用水设备，将平面图和系统图对应起来，弄清楚管道的方向，分支位置，各段管道的管径、标高、坡度、坡向、管道上的阀门及配水龙头的位置和种类等。

(5)排水系统图可从卫生器具开始，沿水流方向，经支管、横管、立管，一直查看到排出管。弄清楚管道的方向，管道汇合位置，各管段的管径、标高、坡度、坡向、检查口、清扫口和地漏的位置，风帽的形式等。

(6)最后结合平面图和系统图及设计施工说明看详图，弄清楚卫生器具的类型、安装形式，设备的型号规格和配管形式等，将整个给水排水系统的来龙去脉以及对施工安装的具体要求弄清楚。

(7)如果仍然有不明确的问题或设计不合理、无法施工等，可与建设单位、施工单位和设计单位三方协商解决。如需变更设计内容，由设计单位以变更单(用文字或补充图纸)的形式签发，图纸变更需经设计单位盖章后生效执行。

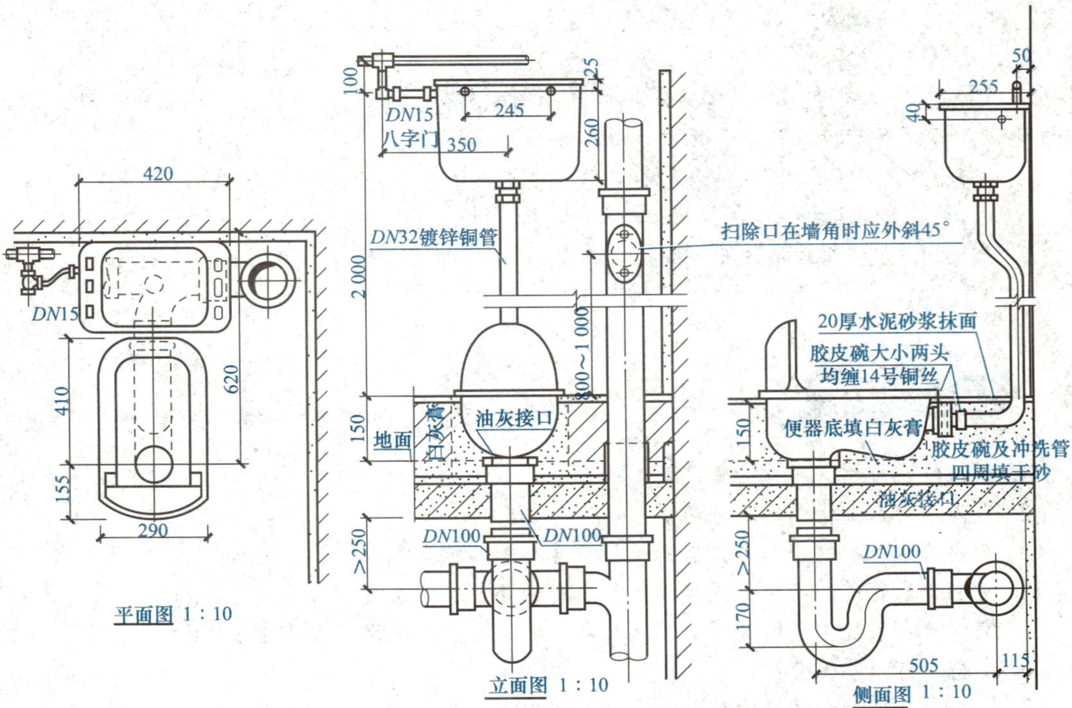


图 1-117　高水箱蹲式大便器安装详图

## 知识梳理与总结

(1)建筑给水系统是将室外给水管网或自备水源给水管网的水引入建筑内部，经配水管送至生活、生产和消防用水设备，并满足各用水点对水质、水压、水量、水温要求。建筑给水系统按用途可分为生活给水系统、生产给水系统和消防给水系统三类。

建筑给水系统由引入管、水表节点、管道系统、用水设备、给水附件、升压和储水设备、消防设备等组成。

(2)建筑消防设施是建筑物内必备的安全设施，《建筑设计防火规范》(GB 50016—2014)中对此作了严格的规定。建筑消防给水系统可分为消火栓灭火系统和自动喷水灭火系统两大类。

各种消防给水系统的组成、工作原理和布置要求。

(3)建筑排水系统主要包括建筑物内污水与废水的收集、输送、排出以及进行局部处理。建筑排水系统分为生活污(废)水系统、工业废水系统和雨(雪)水系统。

排水系统的组成、工作原理，常用管材及排水管件的选择。

卫生器具是用来满足日常生活中洗涤等卫生用水以及收集、排除生产、生活中产生污水的设备。按用途分为便溺用卫生器具，洗、沐浴用卫生器具，洗涤用卫生器具等。

各种卫生器具的用途、工作原理。

(4)热水供应是对水的加热、储存和输配的总称。建筑热水供应系统主要供给生产、生活用户洗涤及盥洗用热水，并应能保证用户随时可以得到符合设计要求的水量、水温和水质。热水供应系统，按供应范围分为局部热水供应系统、集中热水供应系统和区域热水供应系统。

热水供应系统的组成及工作原理、室内热水供应系统的供水方式、热水供应管道的布置与敷设要求。

(5)建筑给水排水施工图包括文字部分和图示部分。文字部分包括图纸目录、设计施工说明、设备材料表和图例等；图示部分包括平面图、系统图和详图。

各部分施工图的绘制内容、识读施工图的方法及通用图例的表示方法。

(6)建筑给水排水管道的布置、敷设与安装要求。

建筑给水排水工程的试压与验收。

## 复习思考题

1. 室内给水按用途可分为哪几类？
2. 室内给水系统由哪些部分组成？
3. 室内给水系统的给水方式有哪几种？各有哪些特点？
4. 室内给水管道的布置形式有哪些？各有哪些优、缺点？
5. 室内给水系统常用的管材有哪些？各有哪些特点？采用什么连接方式？
6. 水箱上有哪些配管？
7. 室内消火栓给水系统的给水方式有哪几种？
8. 室内消火栓布置有哪些要求？
9. 何谓充实水柱？充实水柱的确定需要考虑哪些因素？
10. 闭式自动喷水灭火系统有哪几种类型？各自的主要特点是什么？分别适用于什么场合？
11. 开式自动喷水灭火系统有哪几种类型？各自的主要特点是什么？分别适用于什么场合？
12. 建筑排水系统可分为哪几类？由哪些部分组成？
13. 建筑排水系统中通气管系统的作用是什么？
14. 何谓水封？水封设在哪里？有什么作用？
15. 常用的排水管材有哪几种？各有哪些特点？采取什么连接方式？
16. 屋面雨水排水系统有哪几种？
17. 高层建筑排水系统有哪几种？其主要构件是什么？
18. 建筑热水供应系统的主要组成部分有哪些？
19. 建筑热水系统的管网形式有哪几种？
20. 太阳能热水器有何优缺点？按其循环方式可以分为哪几种？
21. 建筑给水排水施工图主要由哪些组成？
22. 建筑给水排水施工图的识读应注意哪些问题？
23. 引入管的布置与敷设应注意哪些问题？
24. 室内给水管道的布置应注意哪些原则？
25. 排出管的安装要满足哪些要求？

# 模块 2

# 建筑电气

## 教学导航

<table>
<tr><td rowspan="3">项目引领</td><td colspan="2">项目 2.1　建筑电气系统</td><td rowspan="3">学时</td><td rowspan="3">理论：16 学时<br>实训：8 学时</td></tr>
<tr><td colspan="2">项目 2.2　建筑弱电系统</td></tr>
<tr><td colspan="2">项目 2.3　建筑电气施工图</td></tr>
<tr><td>教学载体</td><td colspan="4">多媒体课室、教学课件及教材相关内容</td></tr>
<tr><td rowspan="2">教学目标</td><td>知识目标</td><td colspan="3">了解建筑电气的基础知识；熟悉建筑电气施工图的识读；掌握建筑电气设备的安装</td></tr>
<tr><td>能力目标</td><td colspan="3">能够识读建筑电气施工图，能够安装建筑电气设备</td></tr>
<tr><td>过程设计</td><td colspan="4">任务布置及知识引导—学习相关新知识点—解决与实施工作任务—自我检查与评价</td></tr>
<tr><td>教学方法</td><td colspan="4">项目教学法</td></tr>
</table>

## 项目 2.1　建筑电气系统

### 项目引领

某综合楼地下 1 层，地上 5 层，楼高为 20.50 m，框架结构，屋面为平屋顶，属多层建筑，建筑面积为 7 331.10 $m^2$。主要房间为办公室、活动室、空调机房、消防控制室、配电室和车库等。该建筑内的电气系统主要包括低压配电系统、照明系统、应急照明系统、插座系统和防雷接地系统等。

人们将建筑电气线路比作人的神经系统，它在建筑内起到控制、保护等重要作用。

建筑物内的电气线路是按照建筑功能要求设置的。电气线路虽然较为复杂，但仍然是由电源、用电设备和开关、导线等组成。

### 2.1.1　建筑电气系统的基础知识

#### 1. 电路的基本知识

(1) **电路的组成**。电路无论简单和复杂，其基本组成是一样的，由电源、负载和中间环节组成。不同的电路，线路功能、设备类型、连接形式等不同。

1)电源的作用是产生电能。电气工程中的电源设备主要有发电机、蓄电池等。变配电所内的电力变压器对于由其供电的线路来说，也称为电源设备。因此，在建筑内部电气线路的电源一般指为其供电的电力变压器。

2)负载的作用是消耗电能，将电能转化为机械能、热能等。建筑电气线路中用电的设备都称为负载。蓄电池在充电状态时，是作为负载的。

3)中间环节的作用是传递、分配和控制电能。电路的中间环节主要包括导线、开关、熔断器等设备。配电箱(柜)是中间环节的重要设备，它将开关、熔断器等控制保护设备集中安装在箱体内，便于线路的控制、维护和管理。

(2)**电路的作用**。建筑电气工程线路的作用主要有以下两个：

1)电能的传输和分配。电力工程将电能从发电厂运输到用电单位，其中，包括发电、变电、输电、配电、用电等环节。建筑电气工程中的电力、照明等线路均属于电力工程的一部分线路。

2)信息的传递和处理。在建筑物中一般有电话、电视线路，这些线路主要是对某些信息的电信号进行传递和处理，还原出声音和图像，满足人们对信息的需要。除此之外，建筑物中安装的楼宇对讲系统、消防系统、广播系统、网络系统、安全防范系统等线路都具有此功能。

## 温馨提示

人们通常把建筑电气工程中的电力、照明等线路称为强电；把建筑物中安装的楼宇对讲系统、消防系统、广播系统、网络系统、安全防范系统等线路称为弱电。

(3)**电路的状态**。电路一般有三种状态，分别为通路、断路和短路状态。

1)通路状态。当电源与负载接通时，电路中有了电流及能量的输送和转换，电路的这一状态称为通路状态。通路状态时，电源向负载输出电功率，电源这时的状态称为有载或负载状态。各种电气设备在工作时，其电压、电流和功率都有一定的限额，这些限额是用来表示它们的正常工作条件和工作能力的，称为电气设备的额定值。

2)断路状态。当某一部分电路与电源断开时，该部分电路中没有电流，也无能量的输送和转换，这部分电路所处的状态称为开路状态。电源既不产生也不输出电功率，电源这时的状态称为空载状态。开路处的电流等于零，开路处的电压应视电路情况而定。

3)短路状态。当某一部分电路的两端用电阻可以忽略不计的导线或开关连接起来时，使得该部分电路中的电流全部被导线或开关所旁路，这一部分电路所处的状态称为短路或短接状态。短路状态处的电压等于零，短路状态处的电流应视电路情况而定。

(4)**交流电路**。在工业生产及日常生活中，广泛使用的是交流电路。交流电路具有容易生产、运输经济、易于变化电压等优点。三相交流电路与单相交流电路相比，有节省输电线用量、输电距离远、输电功率大等优点。目前，电力系统广泛采用三相交流电路。

1)三相交流电路的电源。三相交流发电机是三相交流电路的电源，其内部有三相绕组，工作时相当于三个单向交流电源为电路提供电能。由三相交流电源供电的电路，称为三相交流电路。对于建筑电气系统，其三相电源为三相电力变压器的三相绕组。

三相交流电源的连接方式主要有星形连接(Y)和三角形连接(Δ)。其中，星形连接形式比较常用。

三相电源的星形连接是三相发电机的电枢上有三个对称放置的独立绕组 A—X、B—Y、C—Z。这三个绕组分别称为 A 相绕组、B 相绕组和 C 相绕组。

如图 2-1 所示，将三相绕组的末端 X、Y、Z 连接在一起成为公共点(称为中性点 N)，从中性点引出一根导线称为中线(俗称零线)；由三相绕组的始端 A、B、C 分别引出三根线，称为相线(俗称火线)，这就构成了三相电源的星形连接形式。由于三相电源输出四根电源线，因此，称为三相四线制供电系统。三相电源的中性点常直接接地，因此，中性点又称为零点，中线又称为零线。为了防止设备因漏电对人造成伤害，工程中常从中性点接地处另外引出一条导线，与设备外壳连接，这条导线称为保护线(PE)。在电气工程中，为了区分各电源线，常以不同的颜色区分。中线(N)用黑色或白色导线，在建筑内配线的中线一般用蓝色导线，A 相线($L_1$)、B 相线($L_2$)、C 相线($L_3$)分别用黄、绿、红色导线，保护线(PE)用黄绿双色导线。

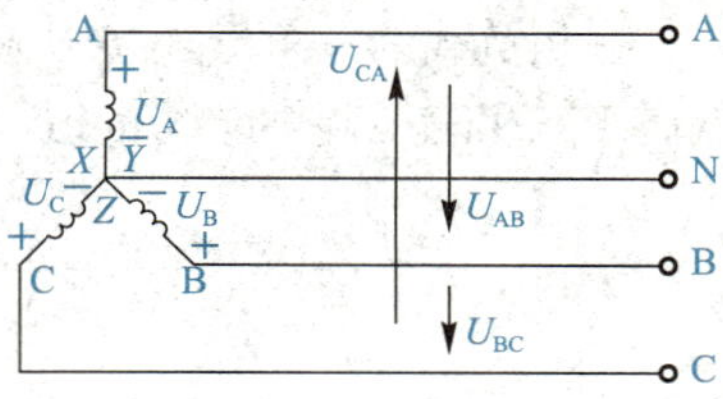


图 2-1 三相电源星形连接

星形连接的三相电源为电路提供相电压、线电压两种电源电压。

在三相四线制供电系统中，相线与中线之间的电压称为相电压，它们的有效值分别用 $U_A$、$U_B$、$U_C$ 表示。由于三相电源是对称的，所以，三个相电压有效值相等，可以用 UP 表示。

不同两个相线之间的电压称为线电压，其有效值分别用 $U_{AB}$、$U_{BC}$、$U_{CA}$ 表示。它们有效值也相等，用 $U_L$ 表示。

线电压与相电压有效值之间的关系为

$$U_L=\sqrt{3}U_P \tag{2-1}$$

## 温馨提示

常用的低压三相四线供电系统中，相电压为 220 V、线电压为 380 V，一般称为 380 V/220 V 三相四线制供电系统，是建筑电气工程中常采用的供电方式。

2)三相交流电路的负载。三相交流电路中接入的负载有两类：一类是必须接上三相电源才能正常工作的三相用电设备，如三相异步电动机等；另一类是额定电压为 220 V 或 380 V，只需接两根电源线的单相用电设备，如单相电动机、白炽灯、荧光灯、单相电焊机等。

三相异步电动机等三相用电设备，其内部三相绕组完全相同，是对称的三相负载。单相设备需要分组接到三相电路中，一般为不对称的三相负载。三相负载常见的连接方式有星形连接(Y)和三角形连接(Δ)。

三相负载的星形连接是将每相负载的一端连接到一起，另一端分别连接到三根相线上，如图 2-2 所示。单相负载通过中线将一端连在一起，而三相异步电动机等三相对称负载的中点(负载一端共同连接的点)可以不用连接到中线上。星形连接方式的条件是负载额定电压等于电源相电压。

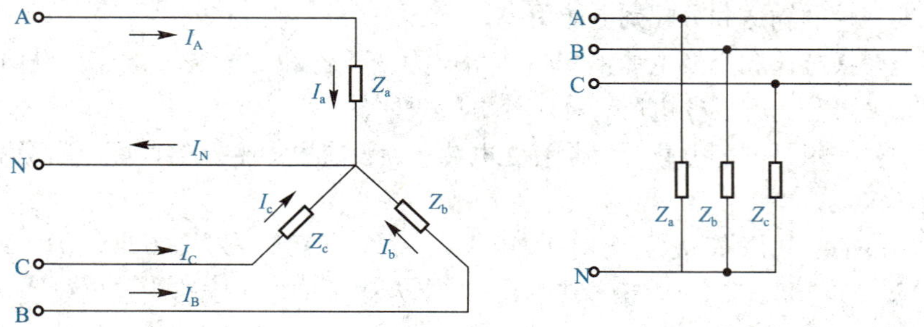


图 2-2 负载的星形连接

三相负载的三角形连接方式如图 2-3 所示。由于三相负载只需要三根电源线供电，所以，这属于三相三线制供电线路。

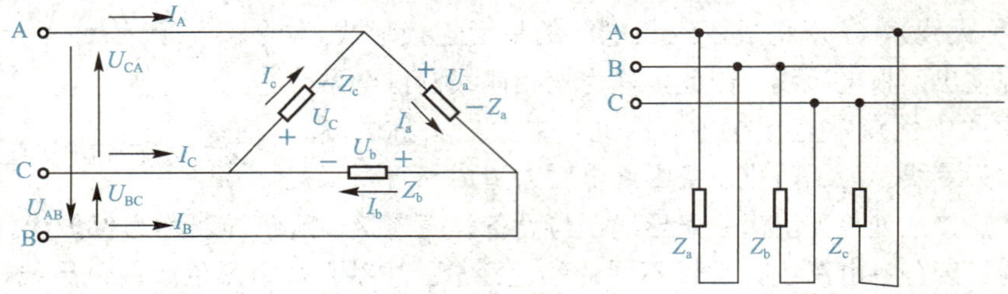

图 2-3　负载的三角形连接

电路中，每组负载连接于两根相线之间，因此，负载的电压与相应的线电压相等。

在 380 V/220 V 供电系统中，三相负载的连接方式需要根据负载的额定电压来确定。如果负载的额定电压为 380 V，则可以接成三角形连接方式；若额定电压为 220 V，则只能连接为星形连接方式。

**2. 电力系统**

在大自然中，人们通过技术将自然界中的能量转化为电能为人类使用。电能是世界上最环保的能源之一，人们生活、生产都离不开电能。电力是工农业生产、国防建设、建筑中的主要动力，在现代社会中得到了广泛的应用。

**电力系统是由发电厂、电力网和电力用户组成的统一整体**。典型的电力系统示意图如图 2-4 所示。

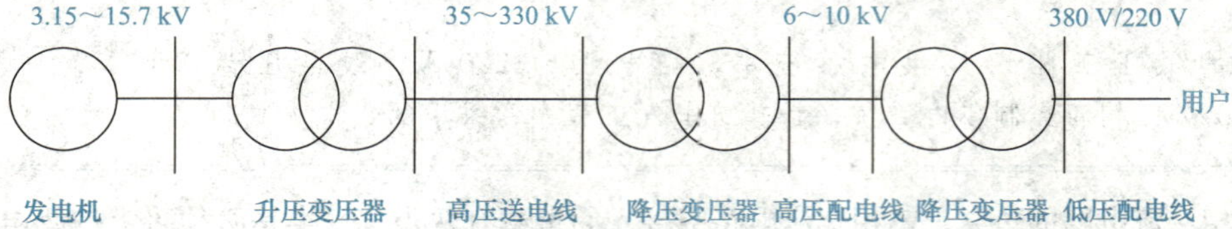


图 2-4　典型的电力系统示意图

(1)发电厂。发电厂是将一次能源(水力、火力、风力、原子能等)转换成电能的场所。发电厂的种类有很多，根据利用能源的不同，有火力发电厂、水力发电厂、核能发电厂、地热发电厂、潮汐发电厂、风力发电厂和太阳能发电厂等。在现代的电力系统中，我国主要以火力和水力发电为主。近年来，我国在核能发电能力上有很大提高，相继建成了广东大亚湾、浙江秦山等核电站。

(2)电力网。电力网是电力系统中重要的组成部分，是电力系统中输送、交换和分配电能的中间环节。电力网由变电所、配电所和各种电压等级的电力线路所组成。电力网的作用是将发电厂生产的电能变换、输送和分配到电能用户。

1)变电所是变换电压和交换电能的场所，由电力变压器和配电装置组成。按照变压器的性质和作用不同，又可分为升压变电所和降压变电所两种。

2)配电所主要作用是分配电能，仅装有配电装置而没有电力变压器。配电所分高压配电所、低压配电所等。

3)我国电力网的电压等级主要有 0.22 kV、0.38 kV、3 kV、6 kV、10 kV、35 kV、110 kV、220 kV、330 kV、550 kV 等。其中，35 kV 及以上的电力线路为输电线路，10 kV 及以下电力线路为配电线路。高压输电可以减少线路上电能损失和电压损失，减少导线的截面，从而节约有色金属。

(3)电力用户。电力用户是所有用电设备的总称，又称电力负荷。按其用途可分为动力用电设备(如电动机等)、工艺用电设备(如电解、电焊设备等)、电热用电设备(如电炉等)和照明用电设备等(如灯具等)。

### 3. 用电负荷等级划分

根据供电可靠性及中断供电在政治、经济上所造成的损失或影响的程度，用电负荷分为一级负荷、二级负荷及三级负荷。

(1)一级负荷。符合下列情况之一时，应为一级负荷：

1)中断供电将造成人身伤亡时。

2)中断供电将在政治、经济上造成重大影响或损失时。

3)中断供电将影响有重大政治、经济意义的用电单位的正常工作，或造成公共场所秩序严重混乱时。例如，重要通信枢纽、重要交通枢纽、重要的经济信息中心、特级或甲级体育建筑、国宾馆、国家级和承担重大国事活动的会堂以及经常用于重要国际活动的大量人员集中的公共场所等用电单位中的重要电力负荷。

在一级负荷中，当中断供电后将影响实时处理重要的计算机与计算机网络正常工作以及特别重要场所中不允许中断供电的负荷，为特别重要的负荷。

(2)二级负荷。符合下列情况之一时，应为二级负荷：

1)中断供电将造成较大政治影响时。

2)中断供电将造成较大经济损失时。

3)中断供电将影响重要用电单位的正常工作，或造成公共场所秩序混乱时。

(3)三级负荷。不属于一级负荷和二级负荷的用电负荷应为三级负荷。

常见民用建筑(部分)中的一、二级用电负荷见表2-1。

表2-1 常见民用建筑(部分)中的一、二级用电负荷

| 序号 | 建筑名称 | 负荷名称 | 等级 |
|---|---|---|---|
| 1 | 国家级政府办公建筑 | 主要办公室、会议室、总值班室、档案室及主要通道照明 | 一级 |
| 2 | 省部级办公建筑 | 客梯电力、主要办公室、会议室、总值班室、档案室及主要通道照明 | 二级 |
| 3 | 大型商场、超市 | 经营管理用计算机系统电源 | 一级 |
| | | 应急照明、门厅及营业厅部分照明 | 一级 |
| | | 自动扶梯、自动人行道、客梯、空调动力 | 二级 |
| 4 | 科研院所、高等院校 | 重要实验室电源(如生物制品、培养剂用电等) | 一级 |
| | | 高层教学楼的客梯电力、主要通道照明 | 二级 |
| 5 | 一类高层建筑(19层及以上普通住宅或高度超过50 m的公共建筑) | 消防控制室、消防水泵、消防电梯及其排水泵、防排烟措施、火灾自动报警及联动控制装置、自动灭火系统、火灾应急照明及疏散指示标志、电动防火卷帘、门窗及阀门等消防用电，走道照明、值班照明、警卫照明、障碍照明，主要业务和计算机系统电源，安防系统电源，电子信息设备机房电源，客梯电力，排污泵，变频调速(恒压供水)生活水泵电力 | 一级 |
| 6 | 二类高层建筑(10～18层普通住宅或高度不超过50 m的公共建筑) | 消防控制室、消防水泵、消防电梯及其排水泵、防排烟措施、火灾自动报警及联动控制装置、自动灭火系统、火灾应急照明及疏散指示标志、电动防火卷帘、门窗及阀门等消防用电，主要通道及楼梯间照明，客梯电力，排污泵，变频调速(恒压供水)生活水泵电力 | 二级 |

## 温馨提示

不同负荷等级的电气线路对电源、控制和保护等要求不同。在相同条件下，如果按更高一级的负荷进行供电，则线路就越复杂，工程造价就越高。

### 4. 常用电工材料

(1)常用导线材料。**常用导线可分为普通导线、电缆和母线。普通导线可分为裸导线和绝缘导线，建筑中配线一般用绝缘导线。**电缆是一种多芯导线，主要是用来输送和分配大功率电能。母线(又称汇流排)是用来汇集和分配高容量电流的导体，有硬母线和软母线之分，35 kV 以下的高压配电装置一般用硬母线。

1)绝缘导线。绝缘导线的种类很多，按线芯材料可分为铜芯和铝芯；按线芯股数可分为单股和多股；按线芯结构可分为单芯、双芯和多芯；按绝缘材料可分为橡皮绝缘导线和塑料绝缘导线等。常用绝缘导线的型号和主要用途见表 2-2。

**表 2-2 常用绝缘导线的型号和主要用途**

| 型号 | 名称 | 主要用途 |
|---|---|---|
| BX | 铜芯橡皮线 | 用于交流额定电压 250～500 V 的电路中，适用固定敷设 |
| BXR | 橡皮软线 | 供交流电压 500 V 以下或直流电压 1 000 V 以下电路中配电和连接仪表用，适用管内敷设 |
| BXS | 双芯橡皮线 | 用于交流额定电压 250 V 的电路中，在干燥场所宜在绝缘子上敷设 |
| BXH | 橡皮花线 | 用于交流额定电压 250 V 的电路中，在干燥场所供移动用电设备接线用 |
| BLX | 铝芯橡皮线 | 用于交流额定电压 250～500 V 的电路中，适用固定敷设 |
| BLV(BV) | 铝(铜)芯塑料线 | 用于交流电压 500 V 以下或直流电压 1 000 V 以下电路中，室内固定敷设 |
| BLVV(BVV) | 铝(铜)芯塑料护套线 | 用于交流电压 500 V 以下或直流电压 1 000 V 以下电路中，室内固定敷设 |
| BVR | 铜芯塑料软线 | 用于交流电压 500 V 以下电路中，要求电线比较柔软的场所敷设 |
| RVB | 平行塑料绝缘软线 | 用于交流电压 250 V 电路中，室内连接小型电器、移动或半移动敷设时使用 |
| RVS | 双绞塑料绝缘软线 | 用于交流电压 250 V 电路中，室内连接小型电器、移动或半移动敷设时使用 |

绝缘导线的型号表示方法如下：

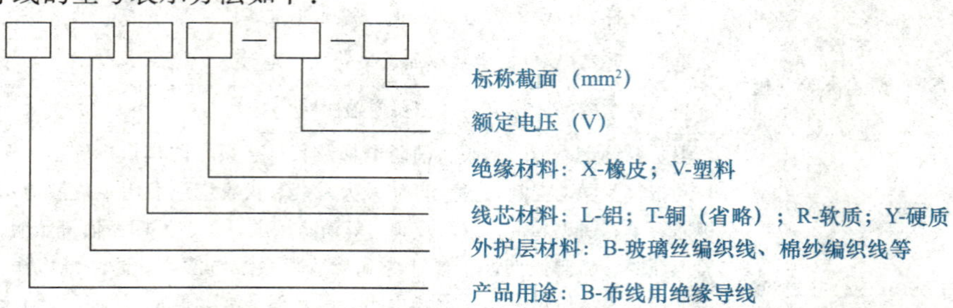


例如，BLV—500—25 表示铝芯塑料绝缘导线，额定电压为 500 V，线芯截面为 25 $mm^2$。

2)裸导线。裸导线主要有铝绞线(LJ)、钢芯铝绞线(LGJ)、铜绞线(TJ)和钢绞线(GJ)，一般用于架空线。铝绞线用在输送电压 10 kV 及以下的线路上，其档距一般为 25～50 m；钢绞线用在输送电压 35 kV 及以上的高压架空线或避雷线。

3)电缆。电缆的种类很多，有电力电缆、控制电缆、通信电缆等。

①电力电缆的组成。电力电缆由缆芯、绝缘层和保护层三个主要部分构成，其结构示意如图 2-5 所示。

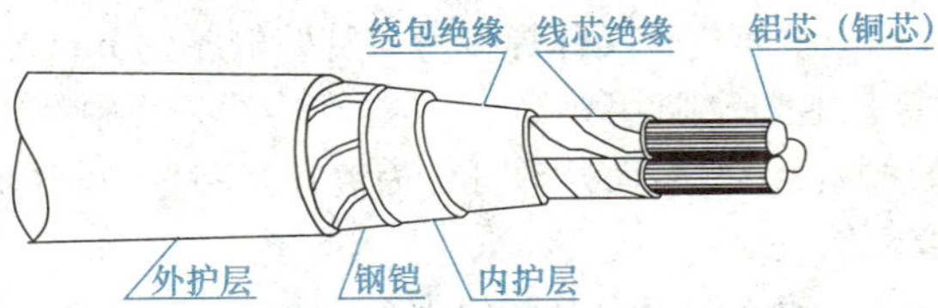


图 2-5　电力电缆结构示意图

a. 缆芯。缆芯材料通常为铜或铝。线芯的数量可分为单芯、双芯、三芯和四芯线。

b. 绝缘层。电缆绝缘层的作用是将缆芯导体之间及缆芯线与保护层之间相互绝缘，要求有良好的绝缘性能和耐热性能。绝缘层用的绝缘材料分别有油浸纸绝缘、聚氯乙烯绝缘、聚乙烯绝缘和橡胶绝缘等。

c. 保护层。保护层又分为内护层和外护层两部分。内护层保护绝缘层不受潮湿，并防止电缆浸渍剂外流，常用铝、铅、塑料、橡套等做成；外护层保护绝缘层不受机械损伤和化学腐蚀，常用的有沥青麻护层、钢带铠装等几种。

②电力电缆的型号。电力电缆的型号由字母和数字组成。字母表示电缆的用途、绝缘、缆芯材料及内护套、特征等；数字表示外护套和铠装的类型。电力电缆的型号由五个部分组成，各部分字母和数字的含义见表 2-3。

表 2-3　电力电缆的型号组成及含义

| 绝缘代号 | 导体代号 | 内护层代号 | 特征代号 | 外护层代号 | |
|---|---|---|---|---|---|
| | | | | 第 1 数字 | 第 2 数字 |
| Z—油浸纸绝缘<br>X—橡皮绝缘<br>V—聚氯乙烯<br>YJ—交联聚乙烯 | T—铜(可省略)<br>L—铝 | Q—铅包<br>L—铝包<br>H—橡套<br>V—聚氯乙烯<br>Y—聚乙烯 | D—不滴流<br>P—贫油式(干绝缘)<br>F—分相铅包 | 1—单钢带<br>2—双钢带<br>3—细圆钢丝<br>4—粗圆钢丝 | 1—纤维绕包<br>2—聚氯乙烯<br>3—聚乙烯 |
| 注：在外护层代号中，第一个数字表示铠装层，第二个数字表示外被层。 | | | | | |

## 温馨提示

钢铠电力电缆主要用于埋地敷设，钢铠可以很好地保护电缆线芯免受外界的机械损伤。

4)母线。硬母线通常用铝和铜质材料加工而成，其截面形状有矩形、管形、槽形等。由于铝质母线价格便宜，目前，母线装置多采用铝质，但其载流量与热稳定的性能远小于铜质母线。为便于识别相序，母线安装后按表 2-4 的规定做色别标记。

表 2-4　母线相序色别

| 母线类别 | A | B | C | 正极 | 负极 | 中性线 | 接地线 |
|---|---|---|---|---|---|---|---|
| 涂漆颜色 | 黄 | 绿 | 红 | 赭 | 蓝 | 紫 | 紫底黑条 |

例如，TMY—125×10 为硬铜母线，宽度为 125 mm，厚度为 10 mm。

(2)常用安装材料。**常用安装材料可分为金属材料和非金属材料两类**。金属材料中常用的有各种类型的钢材及铝材，如水煤气管(或称厚壁钢管)、薄壁钢管(或称电线管)、角钢、扁钢、钢板、铝板等；非金属材料中常用的有塑料管、瓷管等。

1)常用线管。在室内电气工程施工中，为使电线免受腐蚀和外来机械损伤，常把绝缘导线穿入电线管内敷设。常用的电线管有金属管和塑料管。

①常用的金属管有水煤气管、薄壁钢管、金属软管等。

a. 水煤气管又称焊接管，管壁较厚(3 mm左右)，一般用于输送水煤气及制作建筑构件(如扶手、栏杆、脚手架等)，适合在内线工程中有机械外力或有轻微腐蚀气体的场所作明线敷设和暗线敷设。按表面处理可分为镀锌管和普通管(不镀锌)；按管壁厚度不同可分为普通钢管和加厚钢管。

b. 薄壁钢管，壁厚约为1.5 mm，又称电线管。管子的内、外壁均涂有一层绝缘漆，适用于干燥场所的线路敷设。目前，常使用管壁厚度不大于1.6 mm的扣接式(KBG管)或紧定式(JDG管)镀锌电线管，也属于薄壁钢管。

c. 金属软管又称蛇皮管，由厚度为0.5 mm以上的双面镀锌薄钢钢带加工压边卷制而成，轧缝处有的加石棉垫，有的不加。金属软管既有相当的机械强度，又有很好的弯曲性，常用于需要弯曲部位较多的场所及设备的出线口处。

②常用的塑料管有硬塑料管、半硬型塑料管、软型塑料管等。按材质主要有聚氯乙烯管、聚乙烯管、聚丙烯管等。其特点是在常温下抗冲击性能好，耐碱、耐酸、耐油性能好，但易变形、老化，机械强度不如钢管。

a. 硬塑料管适合在腐蚀性较强的场所作明线敷设和暗线敷设。

b. 半硬型塑料管韧性大、不易破碎、耐腐蚀、质轻、刚柔结合，易于施工，适用于一般民用建筑的照明工程暗配敷设。常用的有阻燃型PVC工程塑料管。

c. 软型塑料管质量轻，刚柔适中，适用于作电气软管。

2)常用钢材料。钢材料在电气工程中一般作为安装设备用的支架和基础，也可作为导体使用(如避雷针、避雷网、接地体、接地线等)。

①作为导体使用的钢材料主要有扁钢、角钢和圆钢。

a. 扁钢常用来制作抱箍、撑铁、拉铁，配电设备的零配件等，可分为镀锌扁钢和普通扁钢。作为导体主要为接地引下线、接地母线等，一般使用镀锌扁钢。其规格以宽度($a$)×厚度($d$)表示，如“-25×4”表示宽为25 mm、厚度为4 mm的扁钢。

b. 角钢常用来制作输电塔构件、横担、撑铁、各种角钢支架、电气安装底座和滑触线。作为导体主要为接地体等。角钢按其边宽可分为等边角钢和不等边角钢。其规格以长边($a$)×短边($b$)×边厚($d$)表示。如“L63×40×5”表示该角钢长边为63 mm、短边为40 mm、边厚为5 mm。

c. 圆钢也有镀锌圆钢和普通圆钢之分，主要用来制作各种金具、螺栓、钢索等。作为导体主要为接地引下线、接地母线、避雷带等。其规格是以直径表示，如$\phi$8表示圆钢直径为8 mm。

②安装用的钢材料主要有角钢、槽钢、工字钢和钢板等。

a. 槽钢一般用来制作固定底座、支撑、导轨等。其规格的表示方法与工字钢基本相同。如“[120×53×5”表示其腹板高度($h$)为120 mm、翼宽($b$)为53 mm、腹板厚($d$)为5 mm。

b. 工字钢常用于各种电气设备的固定底座、变压器台架等。其规格是以腹板高度($h$)×腹板厚度($d$)表示。其型号是以腹高(cm)数表示。如10号工字钢，表示其腹高为10 cm(100 mm)。

c. 钢板常用于制作各种电器及设备的零部件、平台、垫板、防护壳等。钢板按厚度一般可分为薄钢板(厚度小于等于4 mm)、中厚钢板(厚度为4.5～6.0 mm)、特厚钢板(厚度大于6.0 mm)三种。

### 2.1.2 建筑供配电系统

#### 1. 建筑供配电的形式

(1)各类民用建筑的供电形式。

1)小型民用建筑的供电。小型民用建筑的供电一般只需要一个简单的6～10 kV的降压变电所，供电形式如图 2-6 所示。用电设备容量在 250 kW 及以下或需用变压器容量在160 kV·A 及以下时，不必单独设置变压器，可以用 380V/220 V 低压供电。

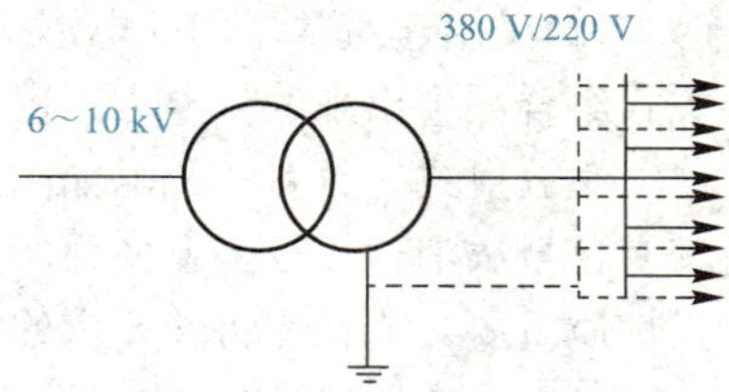


图 2-6　小型民用建筑供电系统

2)中型民用建筑的供电。中型民用建筑的供电电源进线一般为 6～10 kV，经高压配电所，将高压配线连至各建筑物变电所，降为 380 V/220 V，其供电形式如图 2-7 所示。

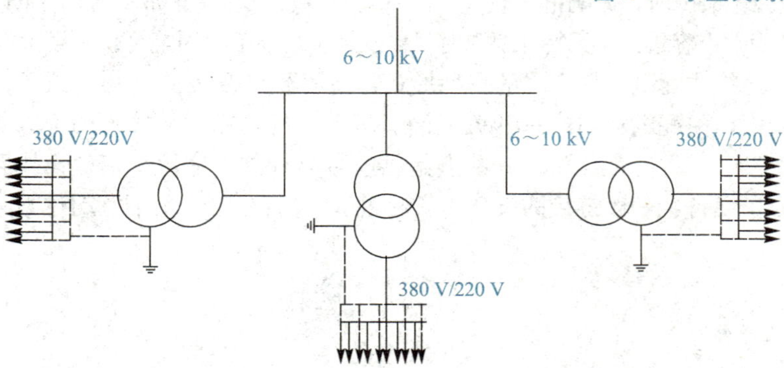


图 2-7　中型民用建筑供电系统

3)大型民用建筑的供电。大型民用建筑的供电由于用电负荷大，电源进线一般为35 kV,需经两次降压，第一次由 35 kV 降为 10 kV，再将 10 kV 高压配线连至各建筑物变电所，降为 380 V/220 V，其供电形式如图 2-8 所示。

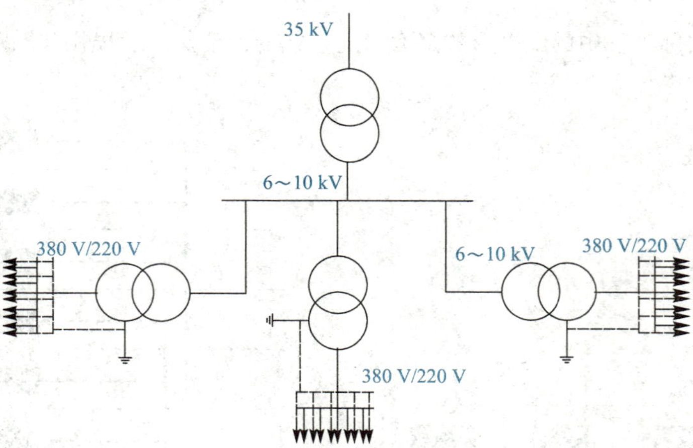


图 2-8　大型民用建筑供电系统

## 温馨提示

民用建筑的供电电压根据用电容量、用电设备特性、供电距离、供电线路的回路数、当地公共电网现状及其发展规划等因素，经技术经济比较确定。

①用电设备容量在 250 kW 或需用变压器容量在 160 kV·A 以上者宜以高压方式供电。

②用电设备容量在 250 kW 或需用变压器容量在 160 kV·A 及以下者宜以低压方式供电。

③特殊情况以高压方式供电。

(2)民用建筑常用的配电形式。**低压配电系统的配电方式主要有放射式和树干式**。由这两种方式组合派生出来的供电方式还有混合式、链接式等。

1)放射式。放射式配电如图 2-9 所示，其特点是供电可靠性高；便于计量和经济核算；但其有色金属消耗量较多，使用的开关设备也较多，投资费用高。当用电设备为大容量时，或负荷性质重要，或在有特殊要求的车间、建筑物内，宜采用放射式配电。

2)树干式。树干式配电如图 2-10 所示，其特点是配电形式灵活；有色金属消耗量也较少，总投资少；但当干线发生故障时，影响范围较大，故其可靠性较低。在正常环境的车间或建筑物内，当大部分用电设备为中小容量，且无特殊要求时，以及施工现场临时用电等宜采用树干式配电。

3)链接式。链接式配电是树干式的一种形式，如图 2-11 所示，与树干式不同的是其线路分支点设在配电箱内，由配电箱内的总开关上端引至下一配电箱。链接式的优点是线路上无分支点，适合穿管敷设，节省有色金属；其缺点是供电可靠性差。适用于暗敷设线路，供电可靠性要求不高的小容量设备，一般链接的设备不宜超过 3～4 台，总容量不宜超过 10 kW。

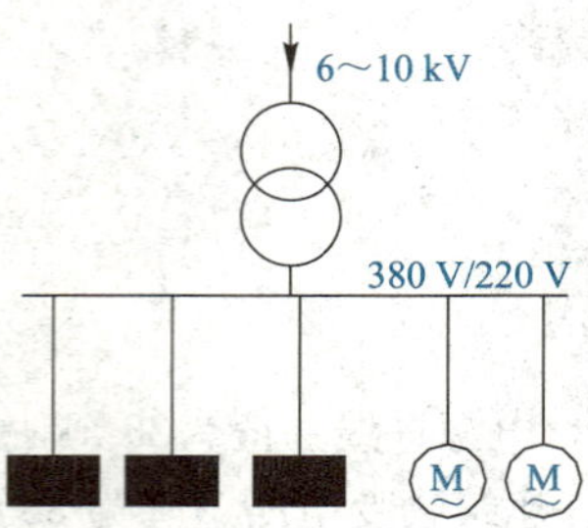


图 2-9　放射式配电

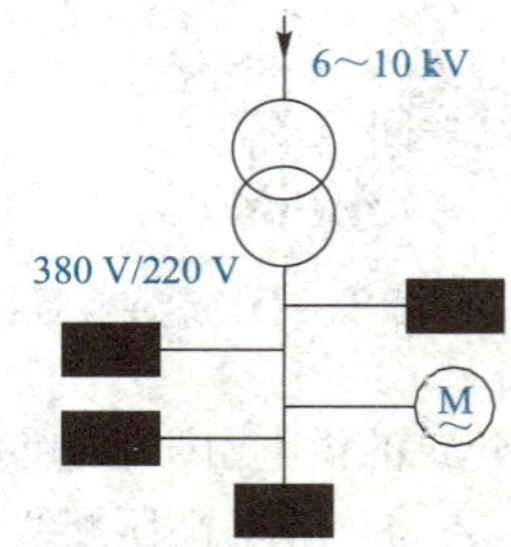


图 2-10　树干式配电

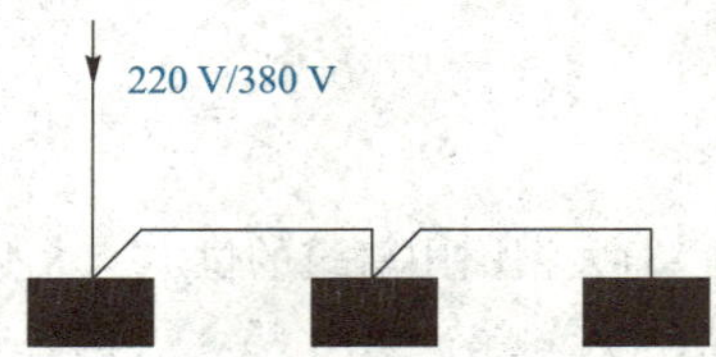


图 2-11　链接式配电

4)混合式。实际工程中的配电形式多为以上形式的混合。一般民用建筑的配电如图 2-12 所示，高层建筑的配电如图 2-13 所示。

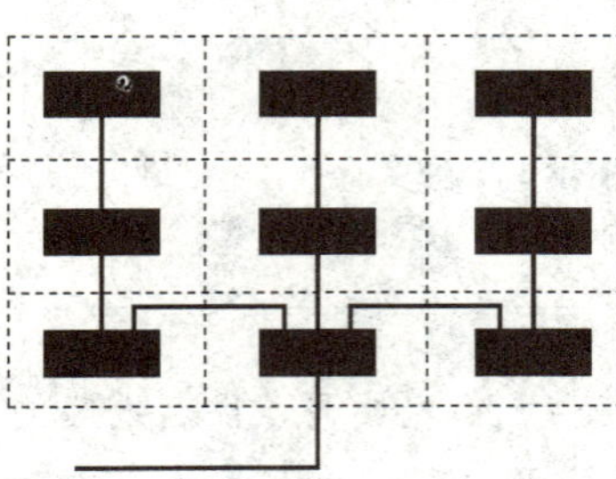

图 2-12　一般民用建筑的配电

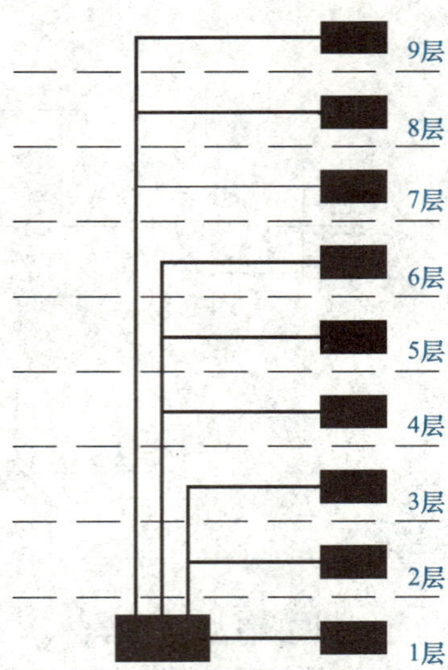


图 2-13　高层建筑的配电

## 温馨提示

民用建筑内部的配电形式与线路功能要求、敷设方式、线路距离、负荷分布等条件有关，具体使用什么配电形式，一般选择多个方案，经过安全、质量、经济等对比后，才能确定。

**2. 变(配)电所**

变(配)电所是建筑供配电系统中的重要组成部分，其主要作用是变换与分配电能。中小型民用建筑变配电所主要为10 kV级。

(1)变(配)电所位置的选择。变(配)电所的位置应尽量避开有腐蚀性污染的场所，以免设备被腐蚀损坏；接近负荷中心，可以节省有色金属；设置在进出线方便场所，有利于大型设备(变压器、配电柜等)的运输和安装；不宜设置在积水、低洼场所和厕所、浴室紧邻场所等。

(2)**变(配)电所的主要设备**。变(配)电所中常用的设备可分为高压设备和低压设备。高压一次设备有高压负荷开关、高压断路器、高压熔断器、高压隔离开关、高压开关柜和避雷器等。低压一次设备有刀开关、低压断路器、低压熔断器和低压配电柜等。这里只介绍低压设备。

1)**刀开关**。刀开关用于分断电流不大的电路，在低压配电柜内有时也起隔离电压的作用。刀开关由手柄、动触头、静触头、底座等组成，如图2-14所示。

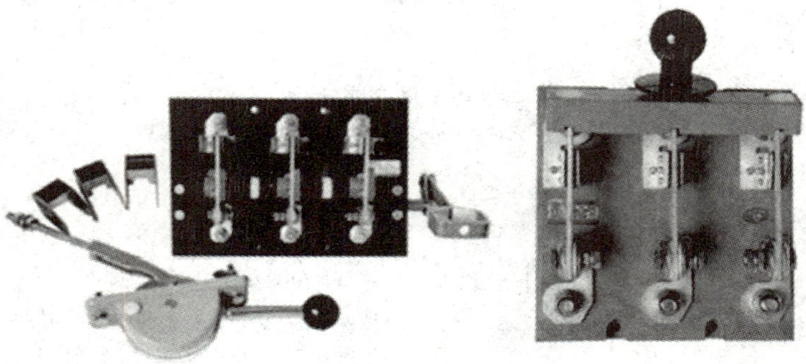

(a)　　　　(b)

**图2-14 刀开关**

(a)HD12系列；(b)HD11系列

刀开关的操作顺序是：合闸送电时应先合刀开关，再合断路器；分闸断电时应先分断断路器，再分断刀开关。

低压刀开关的型号表示方法如下：

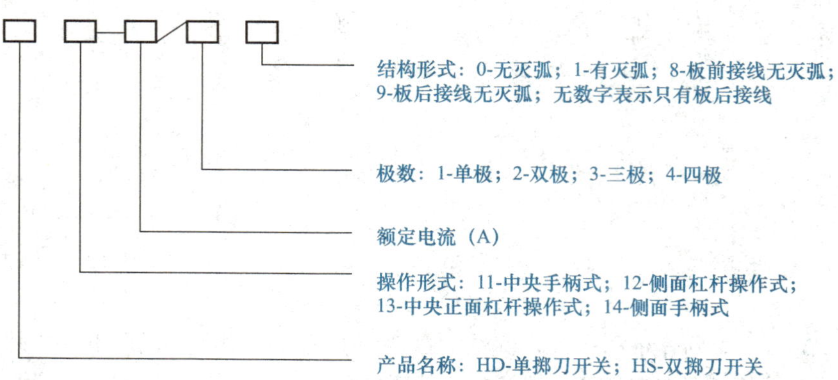


2)**低压断路器**。低压断路器是一种能通断负荷电流，并能对电气设备进行过载、短路、欠压等保护的低压开关电器。

断路器主要由主触头系统、灭弧系统、储能弹簧、脱扣系统、保护系统及辅助触头等组成。其形式主要有框架式断路器和塑壳式断路器，如图 2-15 所示。

①框架式断路器为敞开式结构，如图 2-15(a)所示。广泛应用于工业企业变电所及其他变电场所。其产品有 DW15、DW16、ME 等系列，额定电流可高达 4 000 A。

②塑壳式断路器为封闭结构，如图 2-15(b)所示，广泛用于变(配)电、建筑照明线路中。其产品有 DZ10、DZ12、DZ15、DZ20、CM1、M 等系列。

③微型塑壳式断路器，如图 2-15(c)所示，常用于建筑照明线路中。其产品系列有C65 N、DZ47、S500、NC 等。

(a) (b) (c)

**图 2-15 低压断路器**

(a)DW15 系列万能断路器；(b)DZ20 系列塑壳式断路器；(c)DZ47 系列微型塑壳式断路器

低压断路器的型号表示方法如下：

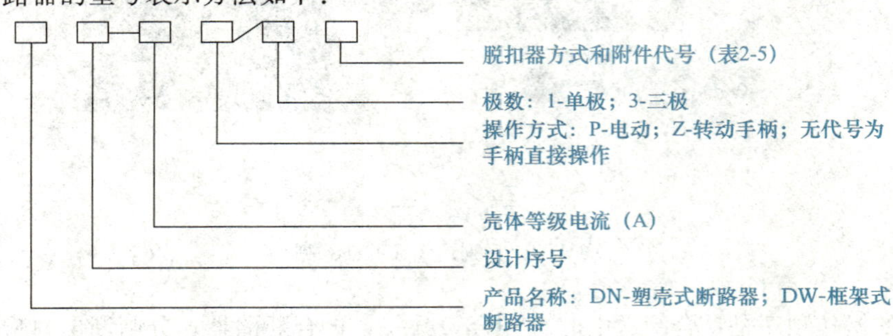


**表 2-5 脱扣器方式和附件代号**

| 附件名称及代号 | 无附件 | 报警触头 | 分励脱扣器 | 辅助触头 | 欠压脱扣器 | 分励辅助 | 分励欠压 | 双辅助触头 | 辅助欠压 | 分励报警 | 辅助报警 | 欠压报警 | 分励辅助报警 | 分励欠压报警 | 双辅助报警 | 辅助欠压报警 |
|---|---|---|---|---|---|---|---|---|---|---|---|---|---|---|---|---|
| 瞬时脱扣器 | 200 | 208 | 210 | 220 | 230 | 240 | 250 | 260 | 270 | 218 | 228 | 238 | 248 | 258 | 268 | 278 |
| 复式脱扣器 | 300 | 308 | 310 | 320 | 330 | 340 | 350 | 360 | 370 | 318 | 328 | 338 | 348 | 358 | 368 | 378 |

3)**低压熔断器**。熔断器俗称保险，其结构简单，安装方便，常在低压电路中作短路和过载保护。常用的低压熔断器有瓷插式、螺旋式、无填料管式、有填料管式、快速式熔断器等。

熔断器主要由熔体和安装熔体的底座组成，如图 2-16 所示。

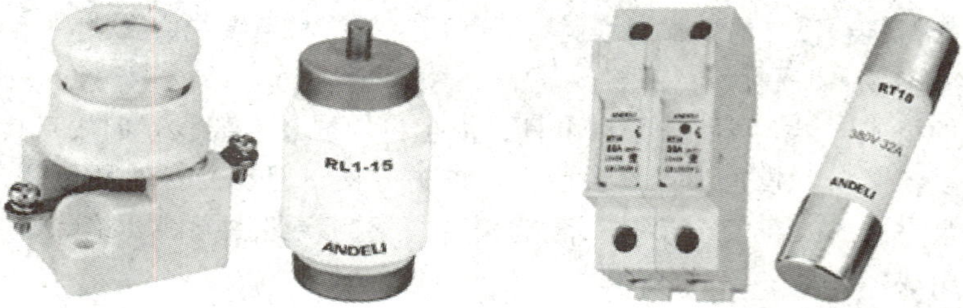


(a)　　　　(b)

**图 2-16　低压熔断器**

(a)RL1 系列螺旋式熔断器；(b)RT18 系列熔断器

低压熔断器的型号表示方法如下：

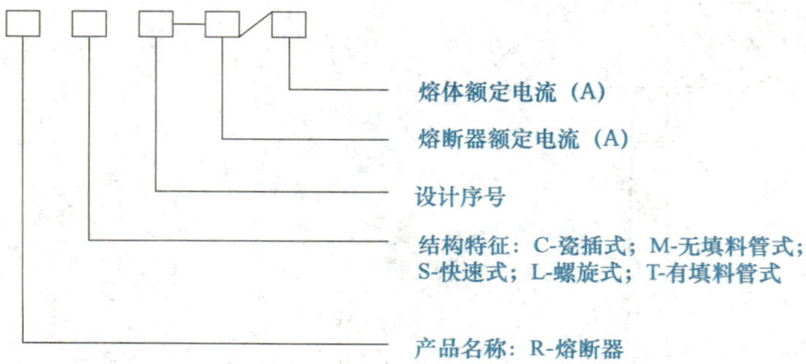


4)**低压配电柜**。低压配电柜是由低压一次设备为主，配合二次设备(如接触器、继电器、按钮开关、信号指示灯、测量仪表等)，以一定方式组合成一个或一组柜体的电气成套设备。低压配电柜适用于三相交流系统中，额定电压为 500 V 及以下，额定电流为 1 500 A 及以下电压配电室、电力及照明配电之用。低压配电柜有固定式、抽屉式两种，如图 2-17 所示。

①固定式低压配电柜结构简单，检修方便，但占地较多。常用的有 PGL、GGD 等系列，如图 2-17(a)所示。

②抽屉式低压配电柜结构紧凑，检修快，占地较少。常用的有 BFC、GCK 等系列，如图 2-17(b)所示。

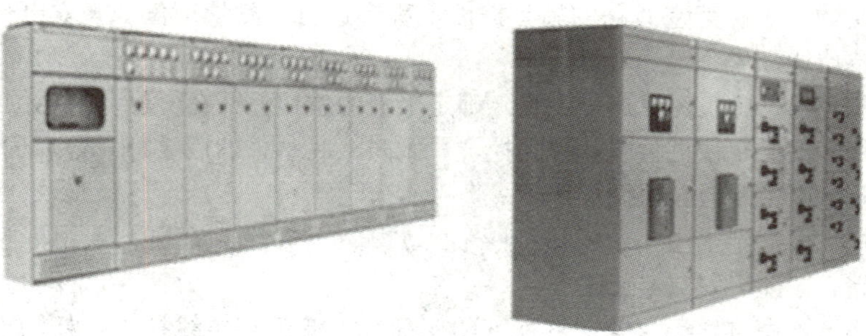

(a)　　　　(b)

**图 2-17　低压配电柜**

(a)GGD 低压固定式配电柜；(b)GCK 低压抽屉式配电柜

### 3. 室外配电线路及施工

**室外线路是指建筑物以外的供配电线路，包括架空线路和电缆线路。**

(1)架空线路。

1)架空线路的组成。架空线路是采用电杆、横担将导线悬空架设，向用户传送电能的配电线路。其特点是设备简单，投资少；设备明设，维护方便；但易受自然环境和人为因素影响，供电可靠性低，且易造成人身安全事故；影响美观。架空线路由导线、绝缘子、横担、电杆、拉线及线路金具组成，如图 2-18 所示。

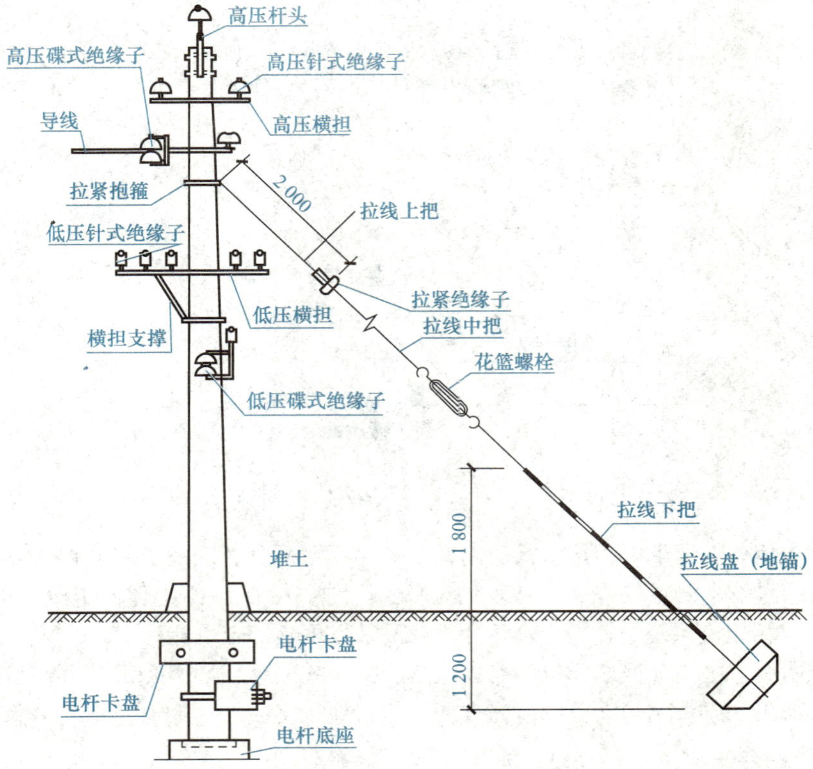


图 2-18　架空线路的组成

2)架空线路的施工。架空线路的施工按以下程序进行：测量定位→竖立电杆→安装横担→架设导线→安装拉线。

①测量定位。根据施工图，通过测量，确定电杆的位置，并在杆位上打定位桩。

②竖立电杆。按照定位桩位置，首先挖坑，做防沉底基，然后立杆，最后回填土。立杆时，通常借助起重机，电工配合，协调工作。

③安装横担。根据施工图要求的横担的形式、数量、位置，在电杆上用抱箍等金具进行安装。横担安装完后，即可安装绝缘子。

④架设导线。首先将导线放置在电杆下的地面上，然后将导线拉上电杆，用紧线器将导线在两根电杆间的弧垂度调整到规定范围后，再固定寻线于绝缘子上。

⑤安装拉线。根据图纸要求，确定拉线形式、数量、方位，在现场制作拉线，安装拉线盘、上把、下把。

(2)电缆线路。

1)电缆线路的敷设方式。电缆线路多为暗敷设。其特点是供电可靠性高，使用安全，寿命长；但投资大，敷设及维护不太方便。目前，住宅小区、公共建筑等多采用电缆线路。电缆线路的敷设方式主要有直埋式、电缆沟式、排管式和隧道式等。

①直埋敷设方式就是把电缆直接埋入地下的敷设方式。这种方式施工简单，造价低廉，散热性好，使用广泛，但容易受机械损伤和腐蚀，故适合少量电缆的敷设，同一电缆沟内电缆一般不超过 6 根，埋设深度不小于 0.7 m。

②电缆沟式敷设是将电缆在砖砌或混凝土浇筑的电缆沟内敷设的方式。这种方式施工较为复杂，造价高，使电缆免受机械损伤和腐蚀，一般敷设电缆根数不宜超过 18 根。

③排管式敷设就是将水泥管、塑料管、钢管等排成一层或几层埋于地下，再将电缆穿于管内敷设的方式。这种方式使电缆减少机械损伤和腐蚀，可以多层敷设，但电缆散热性能不好，电缆允许载流量减少，施工较为复杂，造价较高。为了便于穿线和检修，一般每隔 150～200 m 或在转弯处设置人孔。一般敷设电缆根数不宜超过 12 根。

④在电缆数目很多时(多于 18 根)，可以采取隧道方式。隧道一般高为 2 m、宽为 1.8～2 m，由砖砌或混凝土浇筑而成，工程量大，造价高，但架设和维护方便。

2)电缆线路的施工。电缆线路的施工按如下程序进行：测量定位→开挖电缆沟或敷设排管→电缆敷设→电缆连接设备。

①测量定位。根据施工图要求和实际现场环境测量确定电缆沟及排管敷设位置。

②开挖电缆沟或敷设排管。直埋式电缆沟结构较为简单，一般挖成截面为倒梯形的形状，沟底铲平，铺上 100 mm 的软土或细砂，再将电缆敷设放置在上面，具体做法如图 2-19 所示。普通电缆沟由砖砌或混凝土浇筑而成，侧壁装有电缆支架，做法如图 2-20 所示。

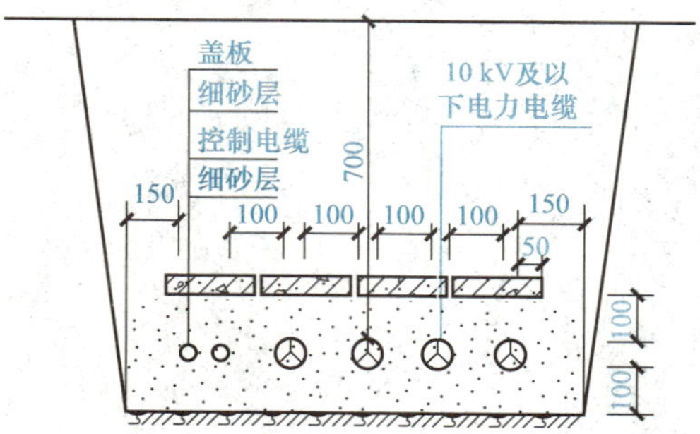


图 2-19　电缆直埋敷设

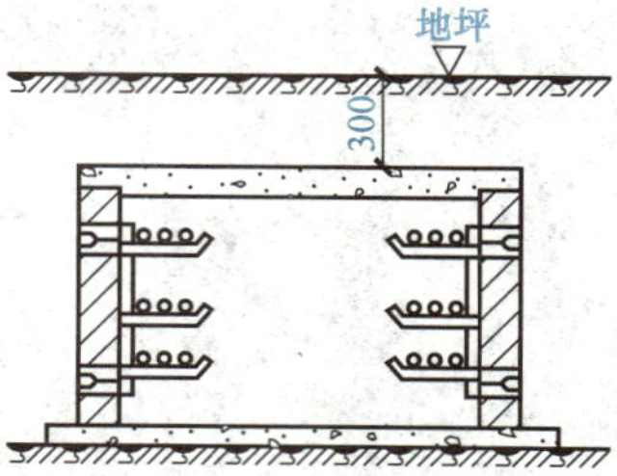


图 2-20　电缆沟敷设

③电缆敷设。电缆一般借助放线架、滚轮等敷设，在沟内不宜拉得很直，应略呈波浪形，以适应环境温度造成的热胀冷缩。多根电缆不应相互盘绕敷设，应保持至少一个电缆直径的间距，以满足散热的要求。电缆较长，中间有接头时，必须采用专用的电缆接头盒。若电缆有分支，常采用电缆分支箱分线。

④电缆连接设备。电缆与设备连接，其终端要做电缆终端头(简称电缆头)。电缆头的制作主要有热缩法、冷缩法和干包法等。

热缩式电缆头制作过程如图 2-21 所示。

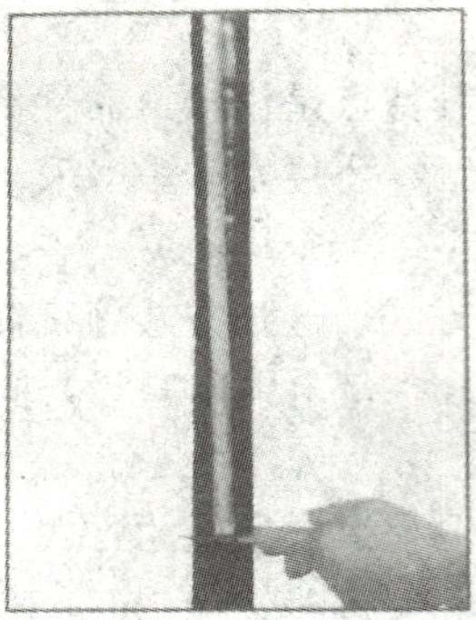

1.剥外护套：用电缆夹将电缆垂直固定，由末端量取800 mm剥去外护套，将剥切口以下100~200 mm外护套打磨粗糙。

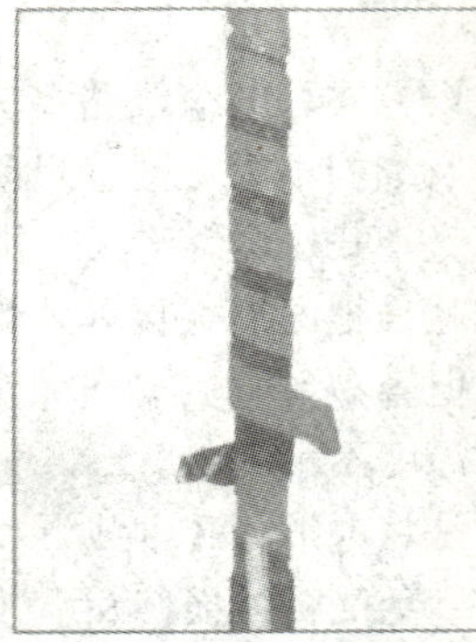

2.剥铠装：从外护套断口量取30 mm铠装，绑扎线，其余剥除，锉光表面。

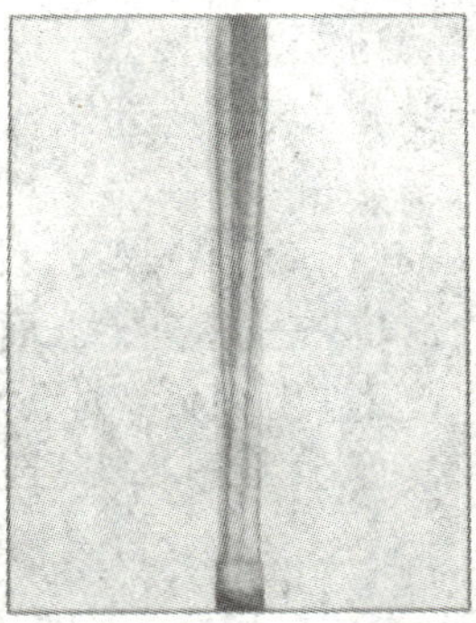

3.剥内垫层：在铠装断口处保留20 mm内垫层，其余剥除。

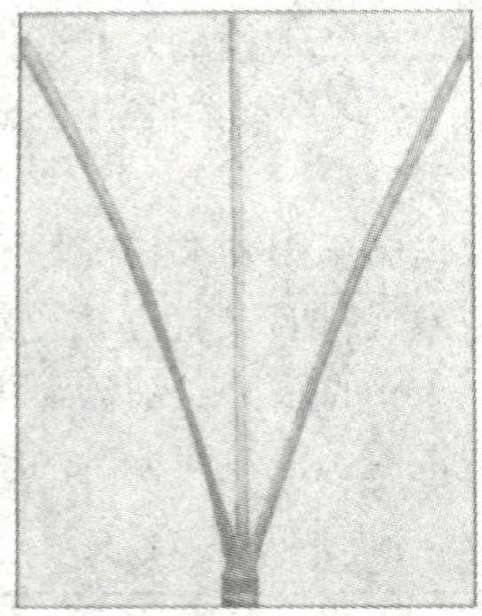

4.分芯线：摘去填充物，分开芯线。

5.焊接地线：打光铠装上接地线焊区。用地线接通每相铜屏蔽层和铠装，并焊牢。

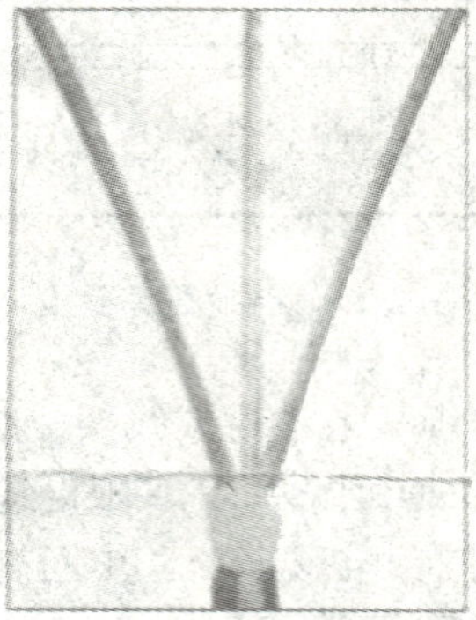

6.包绕填充胶：在三叉根部包绕填充胶，形似橄榄状，最大直径大于电缆外径约15 mm。

**图 2-21　热缩式电缆头制作过程**

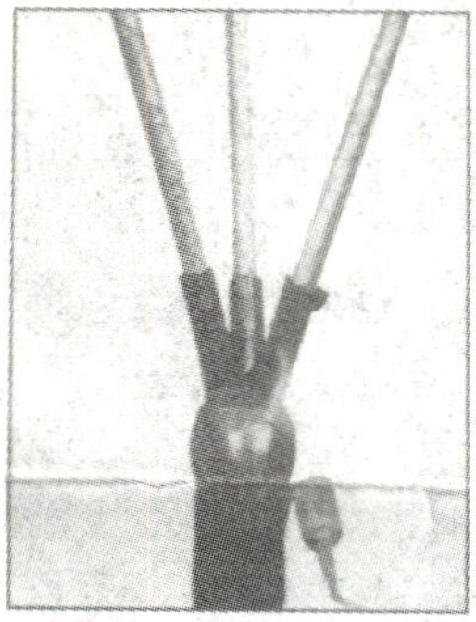

7. 固定手套：将手套套入三叉根部，由手指根部依次向两端加热固定。

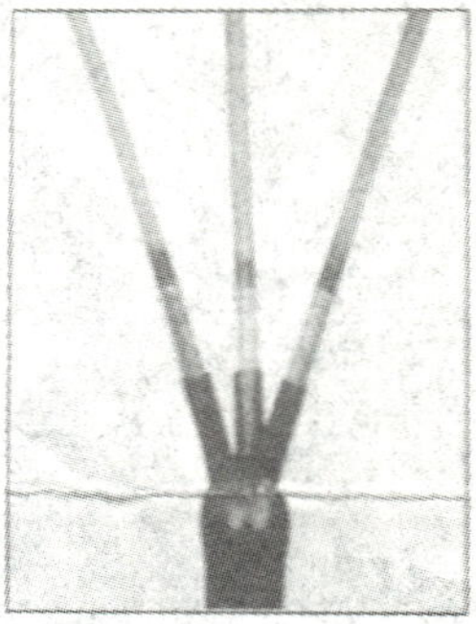

8. 剥铜套蔽层：由手套指端量取55 mm铜屏蔽层，其余剥除，保留20 mm半导电层，其余剥除，半导电层倒角，使半导电层与绝缘层平滑过渡（剥切过程中不允许划伤绝缘层），清理绝缘表面。

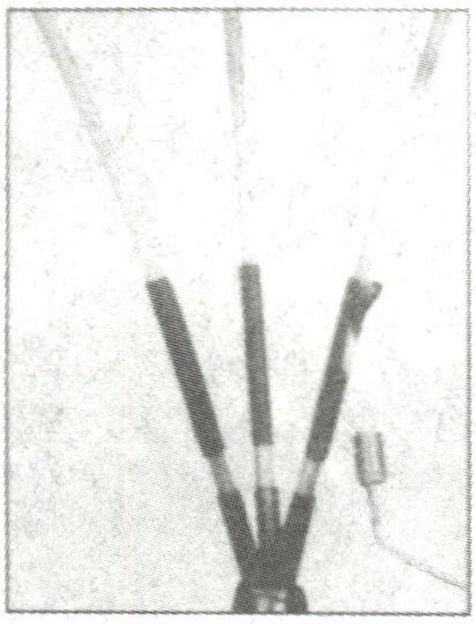

9.固定应力层：在绝缘与半导电层过渡处均匀地抹上一层硅脂，套入应力管，搭接铜屏蔽层20 mm，加热固定。

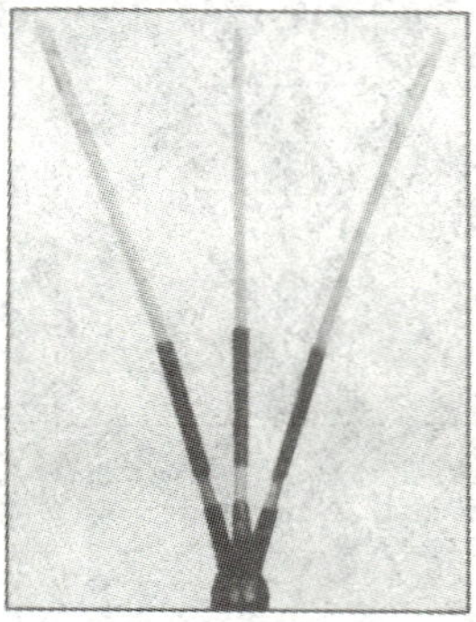

10.压接端子：按端子孔深加5 mm剥去线芯绝缘，端部削成“铜笔头”状。压接端子。在“铅笔头”处包绕填充胶，并搭接端子10 mm。

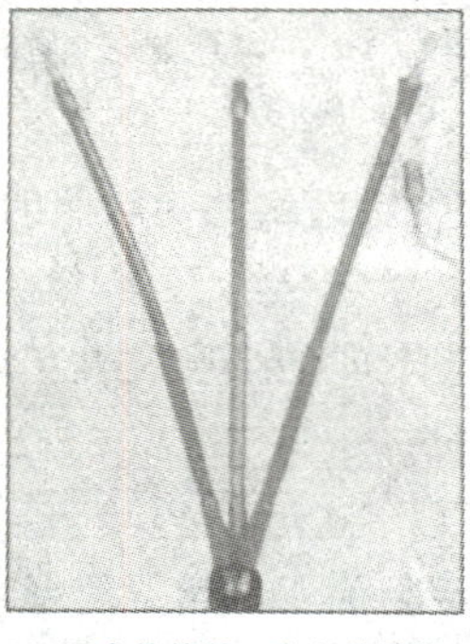

11. 固定绝缘管：套入绝缘管至三叉根部（管上端超出填充胶10 mm），由根部起加热固定。

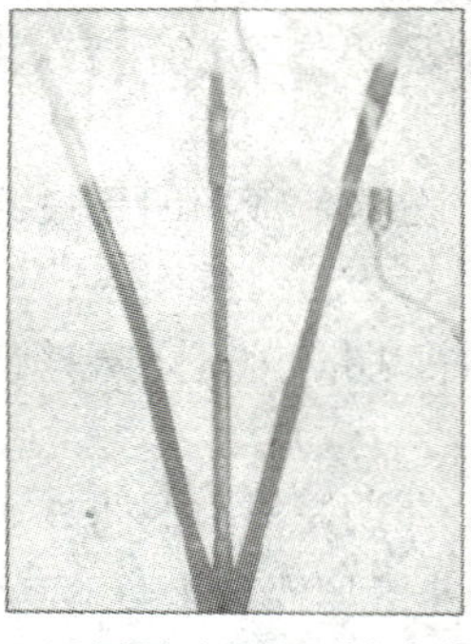

12. 固定相色密封管：将相色密封套在端子接管部位，先预热端子，由上端起加热固定。户内头安装完毕。

**图 2-21　热缩式电缆头制作过程(续)**

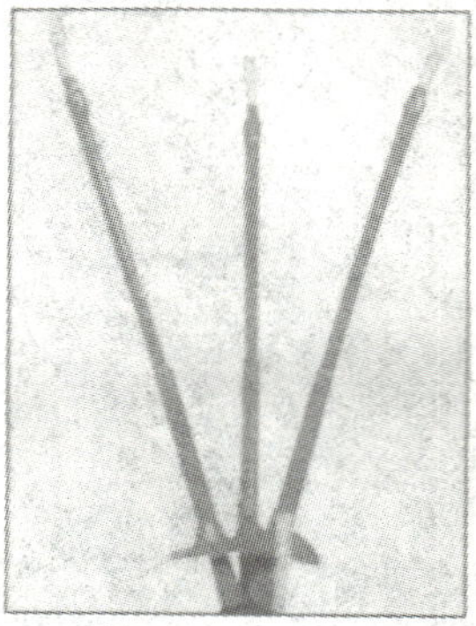

13.固定三孔防雨裙：户外头套入三孔防雨裙，加热颈部固定。

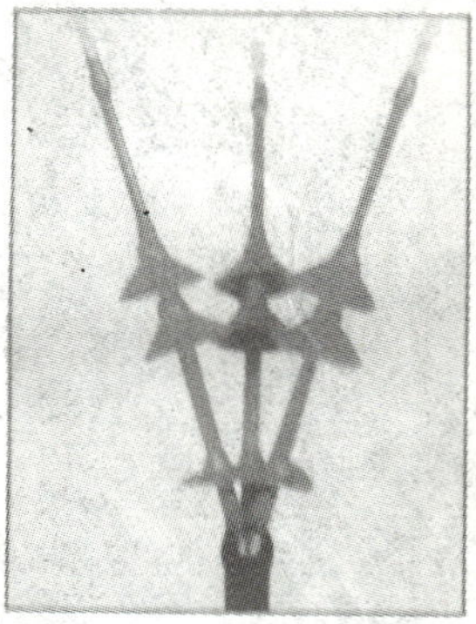

14.固定单孔防雨裙：套入单孔防雨裙，加热颈部固定。

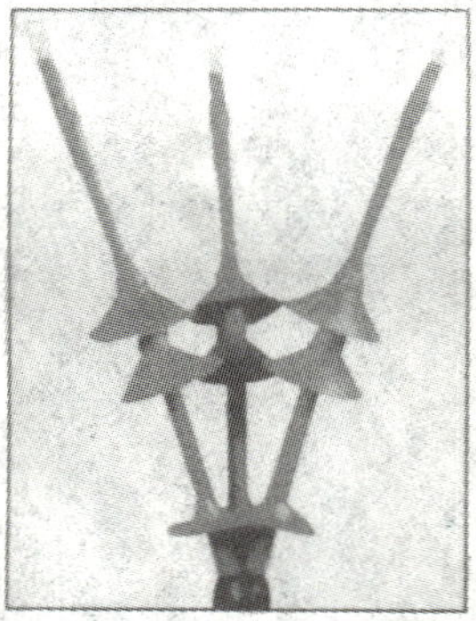

15.固定密封管：将密封管套在端子接管部位，先预热端子，由上端起加热固定。

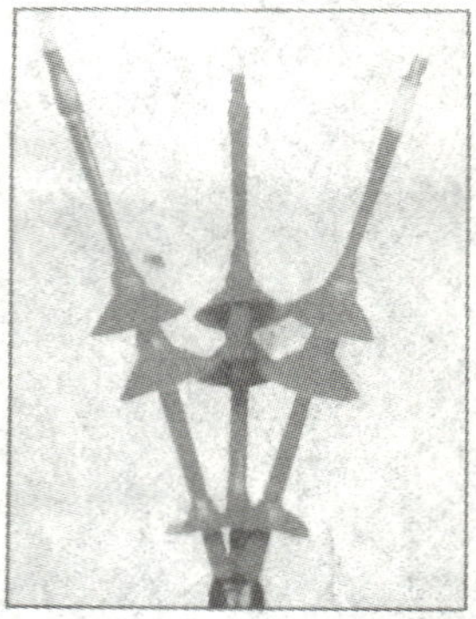

16.固定相色管：将相色管套在密封管上，加热固定，户外头安装完毕。

图 2-21 热缩式电缆头制作过程(续)

## 2.1.3 建筑电气照明系统

### 1. 照明的方式与种类

(1)照明的方式。**建筑电气照明的方式主要有一般照明、分区一般照明、局部照明和混合照明。**

1)一般照明。一般照明是不考虑特殊部位的照明，只要求照亮整个场所的照明方式，如办公室、教室、仓库等。

2)分区一般照明。分区一般照明是根据需要，加强特定区域的一般照明方式，如专用柜台、商品陈列处等。

3)局部照明。局部照明是为满足某些部位的特殊需要而设置的照明方式，如工作台、教室的黑板等。

4)混合照明。混合照明是以上照明方式的混合形式。

(2)照明的种类。**电气照明种类可分为正常照明、应急照明、警卫照明、值班照明、景观照明和障碍照明。**

1)正常照明。在正常情况下，保证能顺利地完成工作而设置的照明为正常照明。如教室、办公室、车间等。

2)应急照明。因正常照明的电源发生故障而临时应急启用的照明称为应急照明。如影剧院、高层建筑疏散楼梯、大型商场等。应急照明包括备月照明、安全照明和疏散照明。

①备用照明：当正常照明因故障熄灭后，对需要确保正常工作或活动继续进行的场所的照明。

②安全照明：对需要确保处于危险之中的人员而设置的照明。

③疏散照明：对需要确保人员安全疏散的出口和通道的照明。

3)警卫照明。用于警戒而安装的照明称为警卫照明。有警戒任务的场所，根据警戒范围的要求设置警卫照明。

4)值班照明。非工作时间，为值班所设置的照明称为值班照明。如大型商场内，宜设置值班照明。

5)景观照明。用于满足建筑规划、市容美化和建筑物装饰要求的照明称为景观照明。

6)障碍照明。在建筑物上装设的作为障碍标志的照明称为障碍照明。有危及航行安全的建筑物、构筑物上，根据航行要求设置障碍照明。

### 2. 照明光源及照明灯具

(1)电光源。

1)电光源的种类及用途。电光源可按其发光物质分为固体发光光源和气体放电发光光源两类。电光源的种类及用途见表 2-6。

表 2-6　电光源的种类及用途

<table>
<tr><td rowspan="11">电光源</td><td rowspan="4">固体发光光源</td><td rowspan="2">热辐射光源</td><td colspan="2">白炽灯</td><td>用于开关频繁场所、需要调光场所、要求防止电磁波干扰的场所，其余场所不推荐使用</td></tr>
<tr><td colspan="2">卤钨灯</td><td>适用于电视转播照明，并用于绘画、摄影和建筑物投光照明等</td></tr>
<tr><td rowspan="2">电致发光光源</td><td colspan="2">场致发光灯(EL)</td><td>大量用作 LCD 显示器的背光源</td></tr>
<tr><td colspan="2">半导体发光二极管(LED)</td><td>常作为指示灯、带色彩的装饰照明等</td></tr>
<tr><td rowspan="7">气体放电发光光源</td><td rowspan="2">辉光放电灯</td><td colspan="2">氖灯</td><td>常作为指示灯、装饰照明等</td></tr>
<tr><td colspan="2">霓虹灯</td><td>用作建筑物装饰照明</td></tr>
<tr><td rowspan="5">弧光放电灯</td><td rowspan="2">低气压灯</td><td>荧光灯</td><td>广泛应用于各类建筑的照明中</td></tr>
<tr><td>低压钠灯</td><td>适用于公路、隧道、港口、货场和矿区照明</td></tr>
<tr><td rowspan="3">高气压灯</td><td>高压钠灯</td><td>广泛应用于道路、机场、码头、车站、广场及工矿企业照明</td></tr>
<tr><td>高压汞灯</td><td>常用于空间高大的建筑物中</td></tr>
<tr><td>金属卤化物灯</td><td>用于电视、体育场、礼堂等对光色要求很高的大面积照明场所</td></tr>
</table>

2)电光源的特性参数。

①额定电压(V)。灯泡(管)的设计电压，施加在光源灯头两触点间的电压称为灯电压。

②额定功率(W)。灯泡(管)的设计功率值。

③额定电流(A)。灯泡(管)在额定电压下工作时的设计电流。

④启动电流(A)。气体放电，灯启动电流。

⑤启动时间(s 或 min)。气体放电，灯从接触电源开关至灯开始正常工作所需要的时间。

⑥额定电流量(lm)。由制造厂给定的某种灯泡在规定条件下工作的初始通量值。

⑦光通维持率。灯在给定点燃时间后的光通量与其初始光通量之比，通常用百分比表示。

⑧发光效率(lm/W)。灯的光通量与灯消耗电功率之比。

⑨电光源寿命(h)。灯泡点燃到失效，或者根据某种规定标准，点到不能再使用的状态时的累积点燃时间。

⑩电光源平均寿命(h)。在规定的条件下，同寿命实验灯所测得寿命的算术平均值。电光源的寿命随使用情况和环境条件而变化，故所指的寿命为平均寿命。

另外，与使用有关的还有色温、显色指数、光束角、点燃位置、灯头形状、外形尺寸、配件损耗等。

3)白炽灯。白炽灯是最重要的热辐射光源。目前，虽然气体放电发光光源不断出现，但白炽灯由于具有随时可用、价格便宜、启动迅速、便于调光、显色性能良好、功率可以很小等特点，所以，仍有广泛的应用和广阔的前途。

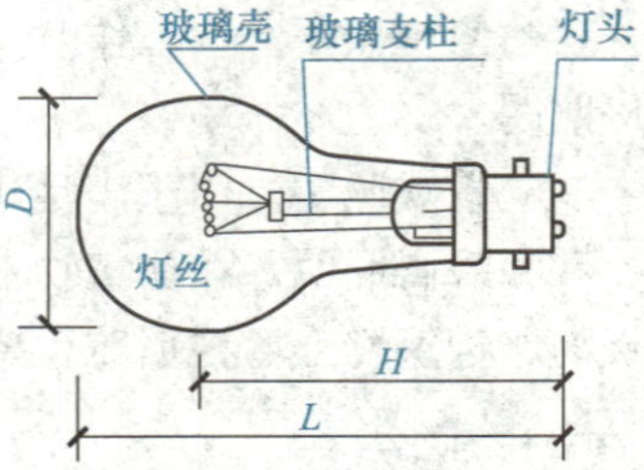

图 2-22　白炽灯的构造

①白炽灯的构造。白炽灯由灯头、灯丝和玻璃壳等部分组成，如图 2-22 所示。

a. 灯头。用于固定灯泡和引入电流，分为螺口和卡口灯头两种。螺口的接触面较大，适合大功率灯泡；卡口的与相应灯座配合使用，具有抗震性能。

b. 灯丝。用高熔点、低高温蒸发率的钨丝，做成螺旋状或双螺旋状。当由灯头经引线引入电流后，发热使灯丝温度升高到白炽程度(2 400～3 000 K)而发光。

c. 玻璃壳。用普通玻璃做成，为降低其表面亮度，可采用磨砂玻璃，或涂上白色涂料，或镀上一层反光铝膜等。

②白炽灯的分类。按是否充气可将白炽灯分为真空灯泡和充气灯泡两类。

a. 真空灯泡。玻璃壳中抽成真空，可避免钨丝高温氧化。虽没有气体对流造成的附加热损耗，但钨丝蒸发率大，目前只用于 40 W 以下。

b. 充气灯泡。其适用 60 W 以上较大功率的灯泡，所充惰性气体可抑制钨丝的蒸发，并可阻挡已蒸发的钨粒，使之折回灯丝上或灯泡的顶部。因此，可提高灯丝的工作温度，提高发光效率，保持玻璃壳的透光性。所充气体应对钨丝不起化学作用，热传导性小，具有足够的电气绝缘强度。目前，多用氩和氮混合气。氪和疝热传导性更小，可使发光效率进一步提高，但由于成本高，故只在特殊用途的灯泡中才采用，重启后因对流造成附加热损耗。

4)荧光灯。

①荧光灯的构造。荧光灯由灯管和附件两部分组成。灯管由灯头、热阴极和玻璃管组成，热阴极上涂有一层具有热电子能力的氧化物(三元碳酸盐)，灯管内壁涂有一层荧光质，管内抽成真空后充有少量汞和惰性气体；附件由镇流器和启辉器组成，镇流器是线圈绕在铁芯上构成；启辉器可看成一个自动开关，由一个 U 形双金属片动触点和金属片静触点与一个小电容器并联，装在一个充有惰性气体的小玻璃泡内。荧光灯在建筑照明中的应用最为普遍。其构造如图 2-23 所示。

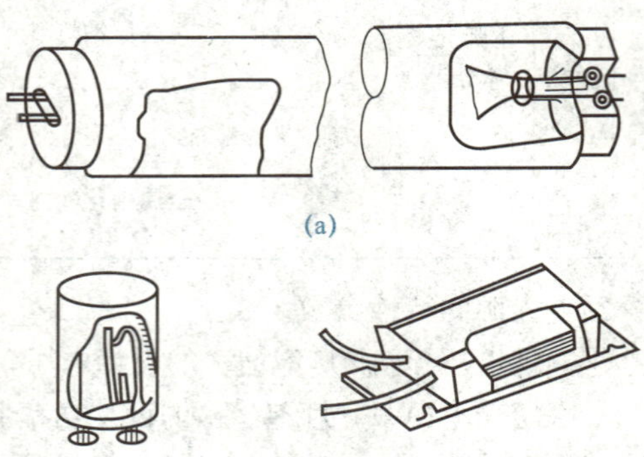
(a)

(b)　　(c)

图 2-23　荧光灯的构造

(a)灯管；(b)启辉器；(c)镇流器

②荧光灯的工作原理。合上开关，电压加到启辉器动静触点之间，由于放电间隙小，使灯泡内氖气辉光放电，U 形双金属片动触点受热弯曲，与静触点接触，使灯管灯丝通过电流而被加热，灯丝温度升高到 800 ℃～1 000 ℃，产生大量热电子。由于启辉器的动、静触片接通，辉光放电消失，U 形动触点冷却复原，突然切断电路，在镇流器中产生最大的自动电动势与电源电压叠加，形成一个高电压加在灯管的两端。因管内存在大量电子，在高电压的作用下，使气体击穿，随后

在较低电压下维持放电状态而形成电流通路。这时，镇流器由于本身的阻抗，产生较大的电压降，使灯管两端维持较低的工作电压。电源电压分别加在镇流器和灯管上，灯管工作电压较低，不足以使启辉器产生辉光放电，荧光灯进入正常工作。当灯管两极放电时，管内汞原子受到电子的碰撞，激发产生出紫外线，照射到灯管内壁的荧光粉上，发出近乎白色的可见光。

③荧光灯的特点。

a. 发光效率高。荧光灯发光效率高达 85 lm/W，这是其应用广泛的重要原因。

b. 光色好。不同的荧光粉可产生不同颜色的光。白色和日光色荧光灯发的光接近太阳光，故适用于对辨色要求高的场所。

c. 寿命长。寿命与连续点燃的时间长短成正比，与开关的次数成反比，在使用中应注意减少开关灯的次数。

使用时要注意灯管和附件应配套使用，以免损坏。因配有镇流器，固有电功率因数偏低，在采用大量荧光灯照明的场所，应考虑采用改善功率因数的措施。有频闪效应，故不宜在有旋转部件的房间内使用。

荧光灯对使用条件有较高要求：电压偏移不宜超过额定电压的±5；环境湿度应低于 75%～80%，最适宜的环境温度为 18 ℃～25 ℃。

(2)照明灯具。灯具是透光、分配和改变光源光线分布的器具，包括除光源外所有用于固定光源、保护光源所需的全部零部件及与电源连接所必需的线路附件。

1)灯具的主要作用。

①固定光源。

②对光源提供机械保护。

③控制光源发出光线的扩散程度，达到配光要求。

④防止眩光。

⑤保证特殊场所的照明安全，如防尘、防水等。

⑥装饰和美化环境。

2)灯具的分类。

①按配光分类。配光是指光源的光通量向上与向下的发射部分之间的分配，一般可分为直射灯具、半直射灯具、漫射灯具、半反射灯具、反射式灯具五类。

a. 直射灯具。这类灯具能使 90%以上的光线直接向下投射，使光线大部分集中到工作面上，称为直射配光。这类灯具的优点是光线集中，效率较高，最为经济；其缺点是视觉范围内亮度差异大，局部的物体有明显的阴影。各种金属灯具属这一类型。

b. 半直射灯具。这类灯具能使 60%～90%的光线向下投射，10%～40%的光线向上照射，称为半直射配光。各种敞口玻璃、塑料灯具属这一类型。

c. 漫射灯具。这类灯具向上或向下照射的光线分别为 40%～60%，称为漫射配光。各种封闭型玻璃、塑料灯具属漫射灯具。这类灯具照明均匀性好，没有明显的阴影，但光线被顶棚、墙壁和灯具吸收较多，不如直射式灯具经济，多用于生活空间、公共建筑等场所。

d. 半反射灯具。这类灯具使 10%～40%的光线向下照射，有 60%～90%的光线向上照射，称为半反射灯具。

e. 反射式灯具。这类灯具能使 90%以上的光线向上方投射，经顶棚、墙壁或特种反射器，反射到被照表面上，称为反射配光。使用这类灯具，房间可得到柔和的照明，没有阴影，但效率低，不经济，一般只用于建筑艺术照明，以及特殊需要的地方。

②按结构形式分类。照明灯具可分为开启式灯具、保护式灯具、防尘式灯具、密闭式灯具、防爆式灯具五类。

a. 开启式灯具。这种形式的灯具，其灯泡直接与外部环境相通。

b. 保护式灯具。这种灯具，灯泡装于灯具内部，但灯具内部与外界能自由换气。

c. 防尘式灯具。这种灯具需密闭，内部与外界也能换气，灯具外壳与玻璃罩以螺栓连接。

d. 密闭式灯具。密闭式灯具的内部与外界不能换气。

e. 防爆式灯具。这种灯具防护严密，灯具内外承受一定压力，一般不会因灯具引起爆炸。

③按灯具的安装方式分类。照明灯具可分为悬吊式、吸顶式、壁式等。

a. 悬吊式。灯具采用悬吊式安装，其悬吊方式有吊线式、吊链式和管吊式等。

b. 吸顶式。灯具采用吸顶式安装，即将灯具直接安装在顶棚的表面上。

c. 嵌入式。灯具采用嵌入式安装，即将灯具嵌入安装在顶棚的吊顶内，有时也采用半嵌入式安装。

d. 壁式。灯具采用墙壁式安装，即将灯具安装在墙壁上。

其他安装形式的灯具还有落地式、台式、庭院式、道路式和广场式等。

3)选用灯具的原则。

①功能性。在各种办公室及公共建筑中，所有的墙和顶棚均要求有一定的亮度，要求房间各面有较高的反射比，并需有一部分光直接射到顶棚和墙上，此时，可采用漫射型配光灯具，从而获得舒适的视觉条件及良好的艺术效果。灯具上半球光通辐射一般不应小于15%，并应避免采用配光很窄的直射灯具。

工业厂房应采用光效率较高的敞开式或下半球有棱镜透射罩的直接型灯具，在高大的厂房内(6 m以上)宜采用配光较窄的灯具，但对有垂直照度要求的场所，则不宜采用，而应考虑有一部分光能照射到墙面上和设备能受到来自各个方向的光线的照射；厂房不高或要求减少阴影时，可采用中等或较宽配光的灯具，使工作面能受到来自各个方向的光线的照射。

用带有格栅的嵌入式灯具所布置的发光带，一般多用于长而大的办公室或大厅，由于格栅灯具的配光通常不是很宽，因此，光带的布置不宜过稀。

为了限制眩光，应采用表面亮度符合亮度限制要求、遮光角符合规定的灯具。采用蝙蝠翼配光的灯具，使视线方向的反射光通减少到最低限度，可显著减弱光幕反射。

当要求有垂直照度时，可选用不对称配光(如仅向某一方向投射)的灯具(教室内黑板照明等)，也可采用指向型灯具(聚光灯、射灯等)。

在有爆炸危险的场所，应根据爆炸危险的介质分类等级选择相应的防爆灯具。

在特别热的房间内，应限制使用带密闭玻璃罩的灯具，如果必须使用时，应采用耐高温的气体放电灯，如用白炽灯，应降低灯的额定功率的使用；在特别潮湿的房间内，应将导线引入端密封。为提高照明技术的稳定性，采用内有反射镀层的灯泡比使用有外壳的灯具有利。

多灰尘的房间内，应根据灰尘的数量和灯具的特点选用灯具，如限制尘埃进入的防尘灯具，或不允许灰尘通过的尘密性灯具。

在有腐蚀性气体的场所，宜采用耐腐蚀材料(如塑料、玻璃等)制成的密封灯具。

在使用有压力的水冲洗灯具的场所，必须采用防溅水型灯具。

医疗机构(如手术室、绷带室等)房间应选用积灰少，易于清扫的灯具、格栅灯具、带保护玻璃的灯具等。

②经济性。在满足照明质量、环境条件和防触电保护要求的情况下，尽量选用效率高、利用系数高、寿命长、光通衰减小、安装维护方便的灯具。

### 3. 室内照明线路及施工

**照明线路主要由进户线、总配电箱、干线、分配电箱、支线和用户配电箱(或照明设备)等组成。**照明线路组成如图 2-24 所示。

(1)电源进线。

1)供电电源与形式。建筑内不同性质、功能的照明线路负荷等级不同。一类高层建筑的应急照明、楼梯间及走廊照明、值班照明、障碍照明等为一级负荷；二类高层建筑的应急照明、楼梯间及走廊照明等为二级负荷。负荷等级不同，对供电电源的要求也不同。

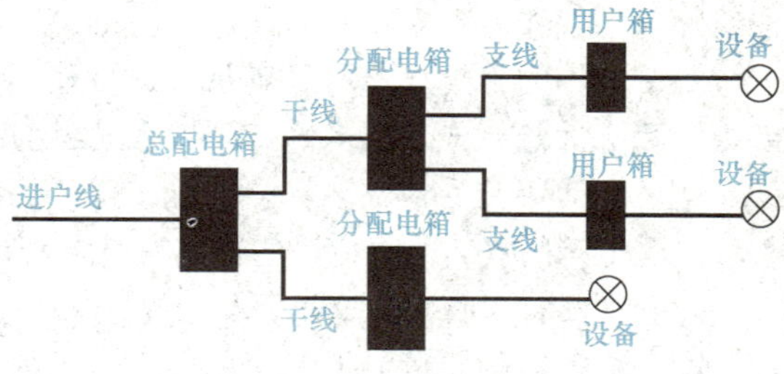

图 2-24　照明线路组成示意图

作为一级负荷的照明线路，应采用两路电源供电，电源线路取自不同的变电站，为保持供电的可靠性，常多设一路电源，作为应急，常用的应急电源有蓄电池、发电机、不间断电源 UPS 或 EPS 等；二级负荷采用两回线路供电，电源线路取自同一变电所不同的母线，也可设置蓄电池等应急电源；三级负荷对电源无特殊要求。

照明系统的供电一般应采用 380 V/220 V 三相电源，照明设备按功率均匀地分配到三相电路中。如负荷电流小于等于 60 A 时，可采用 220 V 单相二线制的交流电源供电。

在易触电、工作面较窄、特别潮湿的场所(如地下建筑)和局部移动式的照明，应采用 36 V、24 V、12 V 的安全电压供电。

2)电源进线线路敷设。电源进线的形式主要为架空进线和电缆进线。

架空进线由接户线和进户线组成。接户线是指建筑附近城市电网电杆上的导线引至建筑外墙进户横担的绝缘子上的一段线路；进户线是由进户横担绝缘子经穿墙保护管引至总配电箱或配电柜内的一段线路。接户线和进户线如图 2-25 所示。

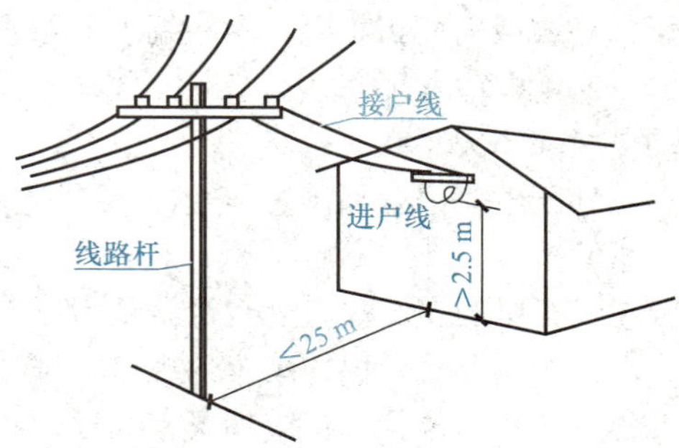

图 2-25　架空进线的组成

电缆进线是由室外埋地进入室内总配电箱或配电柜内的一段线路，导线穿过建筑物基础时要穿钢管保护，并做防水、防火处理。其具体做法如图 2-26 所示。

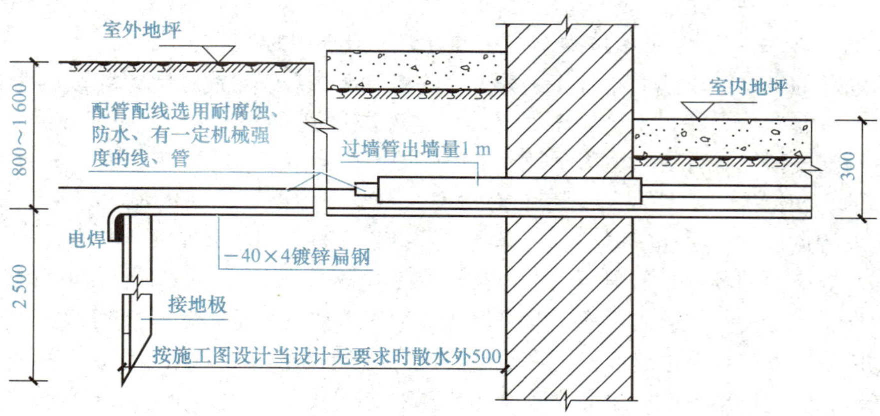

图 2-26　电缆进线的做法示意图

(2)配电箱。电气照明线路的配电级数一般不超过三级，即总配电箱、分配电箱和用户配电箱。配电级数过多，线路过于复杂，不便于维护。

1)配电箱的作用。配电箱是将断路器、刀开关、熔断器、电能表等设备、仪表集中设置在一个箱体内的成套电气设备。配电箱在电气工程中主要起电能的分配、线路的控制等作用，是建筑物内电气线路中连接电源和用电设备的重要电气装置。

2)配电箱的种类。低压配电箱根据用途不同可分为电力配电箱和照明配电箱两种；根据安装方式可分为悬挂式、嵌入式和半嵌入式三种；根据材质可分为铁制、木制和塑料制品。其中，铁制配电箱使用较为广泛。

3)配电箱的安装。配电箱的安装主要为明装和暗装两种形式。明装是指用支架、吊架和穿钉等将配电箱安装在墙和柱等表面的安装方式；暗装是指将配电箱嵌入墙体的安装方式。

配电箱安装的要求如下：

①配电箱的金属框架及基础型钢必须接地(PE)可靠；装有电器的可开启门，门和框架的接地端子间应用裸编织铜线连接，且有标识。

②低压照明配电箱应有可靠的电击保护。

③配电箱的线间和线对地间绝缘电阻值，馈电线路必须大于0.5 MΩ，二次回路必须大于1 MΩ。

④配电箱内配线整齐，无铰接现象，导线连接紧密，不伤芯线，小断股。垫圈下螺钉两侧压的导线截面面积相同，同一端子上导线连接不多于2根。防松热圈等零件齐全。

⑤配电箱内开关动作灵活、可靠，带有漏电保护的回路，漏电保护装置动作电流不大于30 mA，动作时间不大于0.1 s。

⑥配电箱内分别设置零线(N)和保护地线(PE)汇流排(接线端子板)，零线和保护地线经汇流排配出。

⑦配电箱安装垂直度允许偏差为不大于1.5‰。

⑧控制开关及保护装置的规格、型号符合设计要求；配电箱上的器件标明被控设备编号及名称，或操作位置，接线端子有编号，且清晰、工整、不易脱色。

⑨二次回路连线应成束绑扎，不同电压等级、交流、直流线路及控制线路应分别绑扎，且有标识。

⑩配电箱安装高度如无设计要求时，一般暗装配电箱底边距离地面为1.5 m，明装配电箱底边距离地面不小于1.8 m。

(3)干线与支线。照明线路的干线是指从总配电箱到各分配电箱的线路；支线是指由分配电箱到各照明电器(或用户配电箱)的线路。用户配电箱引出的线路也称为支线。

1)干线线路的敷设。干线线路常用的敷设方法有封闭式母线配线、电缆桥架配线等。

①封闭式母线配线是将封闭母线作为干线在建筑物中敷设的方式。封闭式母线可分为密集型绝缘母线和空气型绝缘母线，适用于额定工作电压660 V以下、额定工作电流250～2 500 A、频率50 Hz的三相供配电线路。其具有结构紧凑、绝缘强度高、传输电流大、易于安装维修、寿命时间长等特点，被广泛地应用在工矿企业、高层建筑和公共建筑等供配电系统。

封闭式母线应用的场所是低电压、大电流的供配电干线系统，一般安装在电气竖井内，使用其内部的母线系统向每层楼内供配电。封闭式母线的结构及布置如图2-27所示。

②电缆桥架配线是架空电缆敷设的一种支持构架，通过电缆桥架把电缆从配电室或控制室送到用电设备。电缆桥架可以用来敷设电力电缆、控制电缆等，适用于电缆数量较多或较集中的室内外及电气竖井内等场所架空敷设，也可在电缆沟和电缆隧道内敷设。

电缆桥架按材料可分为钢制电缆桥架、铝合金制电缆桥架和玻璃钢制电缆桥架。按形式可分为托盘式、梯架式等类型。电缆桥架由托盘、梯架的直线段、弯通、附件以及支(吊)架等构成。托盘式电缆桥架的结构和空间布置如图2-28所示。

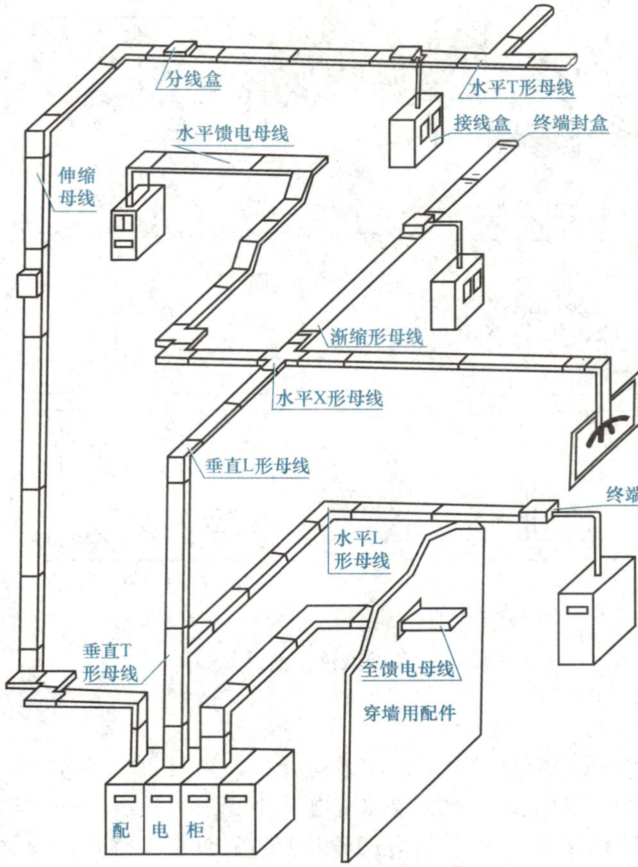


图 2-27　封闭式母线的结构及布置

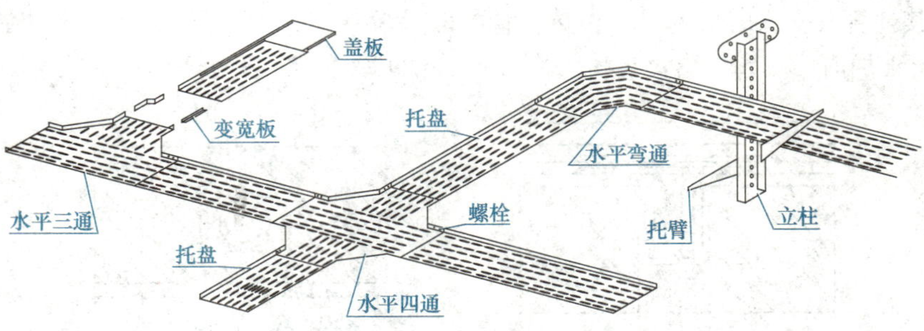


图 2-28　托盘式电缆桥架的结构和空间布置

2）支线线路的敷设。**民用建筑中照明支线线路常用的敷设方法主要有线管配线、线槽配线等**。

①线管配线是指将导线穿入线管内的敷设方式。常用的线管有金属管和塑料管。线管配线的优点是可保护导线不受机械损伤、不受潮湿尘埃等影响。线管配线有两种敷设方式，将线管直接敷设在墙上或其他明露处，称为明管配线；将线管埋设在墙、楼板或地坪内等的隐蔽配线形式，称为暗管配线。在工业厂房中，多采用明管配线；一般民用建筑中，多采用暗管配线。

a. 明配线管的敷设方式有支架敷设、吊架敷设和管卡敷设，其安装如图 2-29 所示。

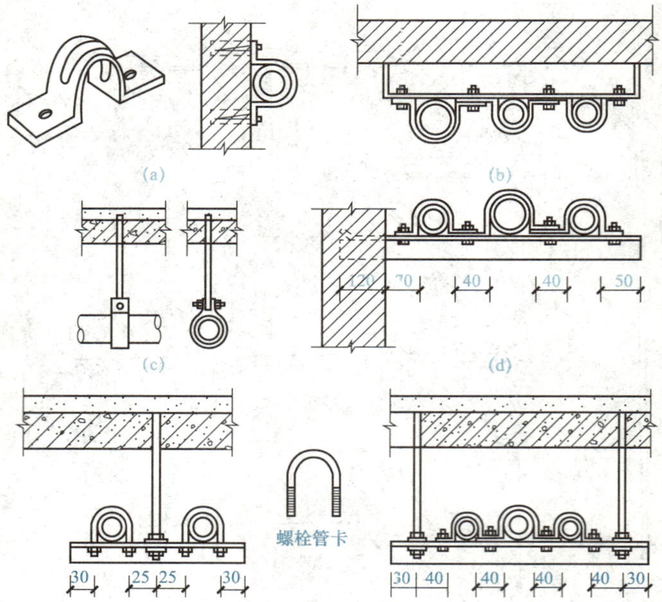


**图 2-29　明配线管的敷设方法**

(a)管卡沿墙敷设；(b)多管垂直敷设；(c)通管吊装敷设；(d)支架沿墙敷设；(e)双管吊装；(f)三管吊装

b. 暗配线管的敷设方式一般与敷设部位的结构有关，如图 2-30 所示为线管在不同结构楼板内的固定方法。导线的连接需要在接线盒和配电箱中完成，接线盒在木模板上的固定方法如图 2-31所示。一般照明线路的线管埋设深度其表面至墙体(楼板等)表面不小于15 mm。为了穿线方便，管路较长时，超过下列情况时应加接线盒：管路无弯时，30 m；管路有一个弯时，20 m；管路有两个弯时，15 m；管路有三个弯时，8 m。如无法加装接线盒时，应将管径加大一号。线管与其他管线交叉时应满足：在热水管下面时为 0.2 m，上面时为 0.3 m；在蒸汽管下面时为 0.5 m，上面时为 1 m。线管与其他管路的平行间距不应小于 0.1 m。

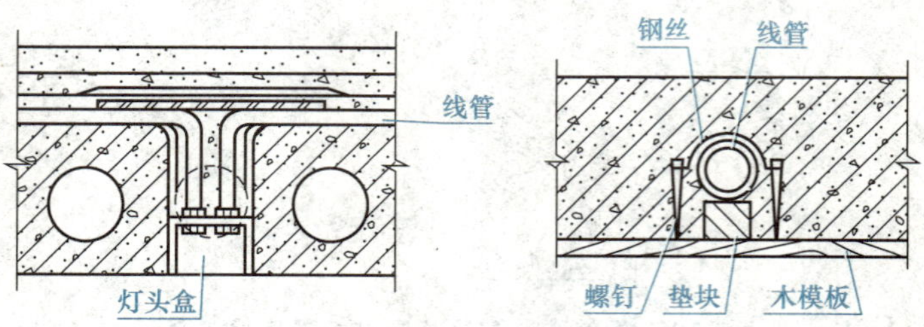


**图 2-30　线管在不同结构楼板内的固定方法**

(a)线管在空心预制楼板内敷设；(b)线管在现浇钢筋混凝土楼板内敷设

②线槽配线是指将导线在线槽内敷设的方式。配线用线槽主要有塑料线槽和金属线槽。线槽配线适用于正常环境中室内明布线，钢制线槽不宜在有腐蚀性气体或液体环境中使用。线槽由槽底、槽盖及附件组成，外形美观，可对建筑物起到一定的装饰作用。线槽一般沿着楼板底部敷设，如图 2-32 所示为线槽在室内布置示意图。塑料线槽可以用螺钉和塑料胀管直接固定在墙上。规格较小的金属线槽可以用膨胀螺栓直接固定在墙上，规格较大的金属线槽一般用支架固定在墙上，或用吊架固定在楼板底下。

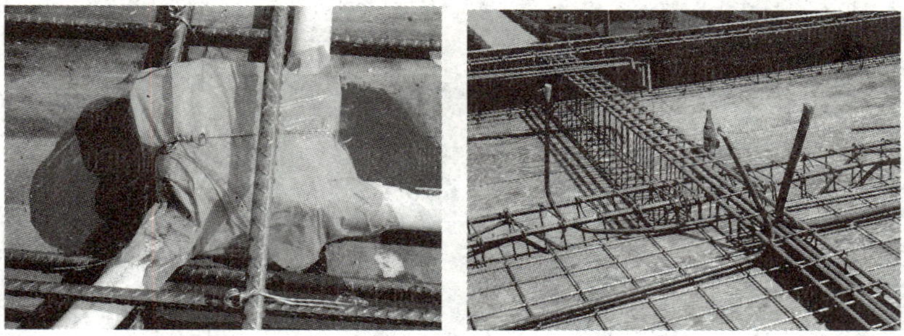

（a）　　　　（b）

**图 2-31　接线盒在木模板上的固定方法**

(a)接线盒在木模板的固定；(b)插座回路预埋管

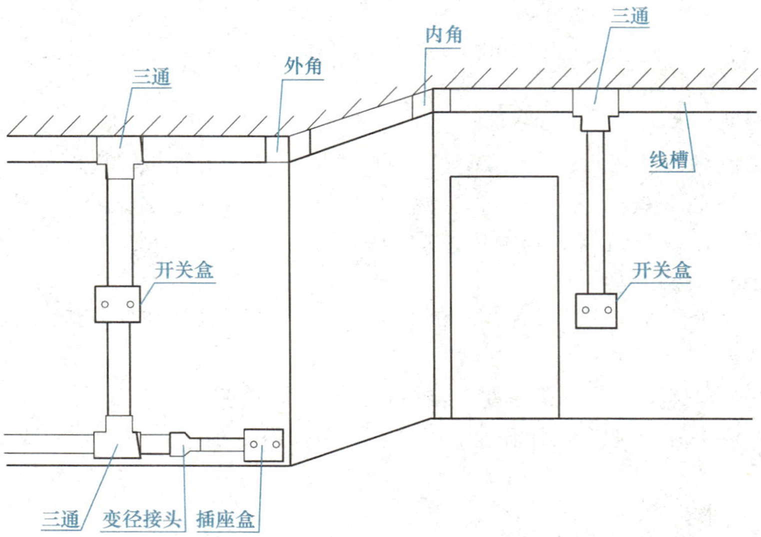


**图 2-32　室内塑料线槽的安装**

(4)**照明线路设备**。照明线路的设备主要有灯具、开关、插座、风扇等，这里只介绍开关和插座的相关知识。

1)灯开关和插座的型号。灯开关和插座的型号由面板尺寸、类型、特征、容量等参数组成，组成如下：

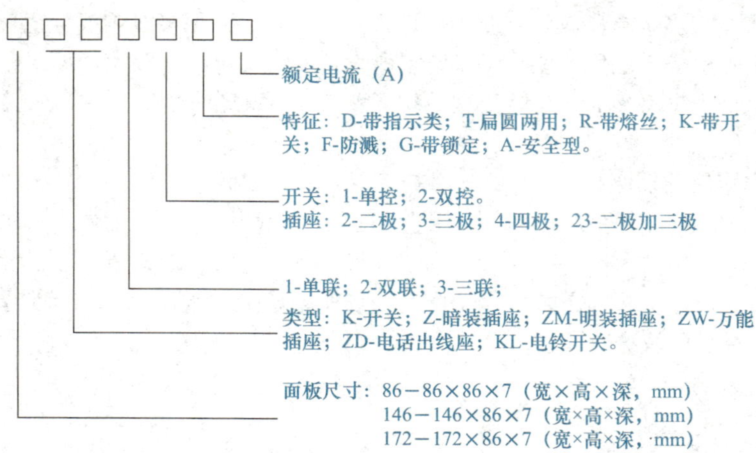

常见开关和插座的型号及外形如图 2-33 所示。

(a)　(b)　(c)　(d)　(e)

图 2-33　常见开关和插座的型号及外形

(a)86K11—10；(b)86K21—10；(c)86K31—10；(d)86Z12—10；(e)86Z13—10

2)灯开关和插座的安装。

①开关安装的要求如下：

a. 灯具电源的相线必须经开关控制。

b. 开关连接的导线宜在圆孔接线端子内折回头压接(孔径允许折回头压接时)。

c. 多联开关不允许拱头连接，应采用缠绕或 LC 型压接帽压接总头后，再进行分支连接。

d. 安装在同一建(构)筑物的开关应采用同一系列的产品，开关的通断方向一致，操作灵活，导线压接牢固，接触可靠。

e. 翘板式开关距地面高度设计无要求时，应为 1.3 m，距离门口为 150～200 mm；开关不得置于单扇门后。

f. 开关位置应与灯位相对应；并列安装的开关高度一致。

g. 在易燃、易爆和特别潮湿的场所，开关应分别采用防爆型、密闭型，或安装在其他场所进行控制。

②插座安装要求如下：

a. 单相两孔插座有横装和竖装两种。横装时，面对插座的右极接相线(L)、左极接(N)中性线；竖装时，面对插座的上极接相线(L)、下极接(N)中性线。

b. 单相三孔、三相四孔及三相五孔插座的保护线(PE)均应接在上孔，插座的接地端子不应与零线端子连接。

c. 不同电源种类或不同电压等级的插座安装在同一场所时，外观与结构应有明显区别，不能互相代用，使用的插头与插座应配套。同一场所的三相插座，接线的相序一致。

d. 插座箱内安装多个插座时，导线不允许拱头连接，宜采用接线帽或缠绕形式接线。

e. 车间及实验室等工业用插座，除特殊场所设计另有要求外，距离地面不应低于 0.3 m。

f. 在托儿所、幼儿园及小学校等儿童活动场所应采用安全插座。采用普通插座时，其安装高度不应低于 1.8 m。

g. 同一室内安装的插座高度应一致；成排安装的插座高度应一致。

h. 地面安装插座应有保护盖板；专用盒的进出导管及导线的孔洞，用防水密闭胶严密封堵。

i. 在特别潮湿和有易燃、易爆气体及粉尘的场所不应装设插座。如有特殊要求，应安装防爆型的插座，且有明显的防爆标志。

### 2.1.4 建筑防雷、接地与接零

#### 1. 建筑防雷

雷电现象是自然界大气层在特定条件下形成的一种现象。雷云对地面泄放电荷的现象，称为雷击。雷击产生的破坏力极大，其对地面上的建筑物、电气线路、电气设备和人身都可能造成直接或间接的危害。因此，必须采取适当的防范措施。

(1)雷电的破坏作用。**雷电的危害方式主要有直击雷、雷电感应和雷电波侵入等。**

1)直击雷。直击雷是雷云直接通过建筑物或地面设备对地面放电的过程。强大的雷电流通过建筑物产生大量的热，使其破坏，还能产生过电压破坏绝缘体，并产生火花，引起燃烧和爆炸等。

2)雷电感应。雷电感应是附近有雷云或落雷所引起的电磁作用的结果。其可分为静电感应和电磁感应两种。静电感应是由于雷云靠近建筑物，使建筑物顶部由于静电感应积聚起与雷云所带电荷极性相反的电荷，这些电荷来不及流散入地，因而形成很高的对地电位，这会引起室内的金属结构与接地不良的金属器件之间放电产生火花而形成爆炸，另外，静电感应引起的局部电位也会危及人身安全；电磁感应是当雷电流通过金属导体入地时，形成迅速变化的强大磁场，能在附近的金属导体内感应出电势，而在导体回路的缺口处引起火花，发生火灾。

3)雷电波侵入。架空线路在直接受到雷击或因附近落雷而感应出过电压时，如果在中途不能使大量电荷入地，就会侵入建筑物内，破坏建筑物和电气设备。

(2)防雷装置。防雷装置的作用是将雷云电荷或建筑物感应电荷迅速引导入地，以保护建筑物、电气设备及人身不受损害。**防雷装置主要由接闪器、引下线、接地装置和避雷器等组成，**如图 2-34 所示。

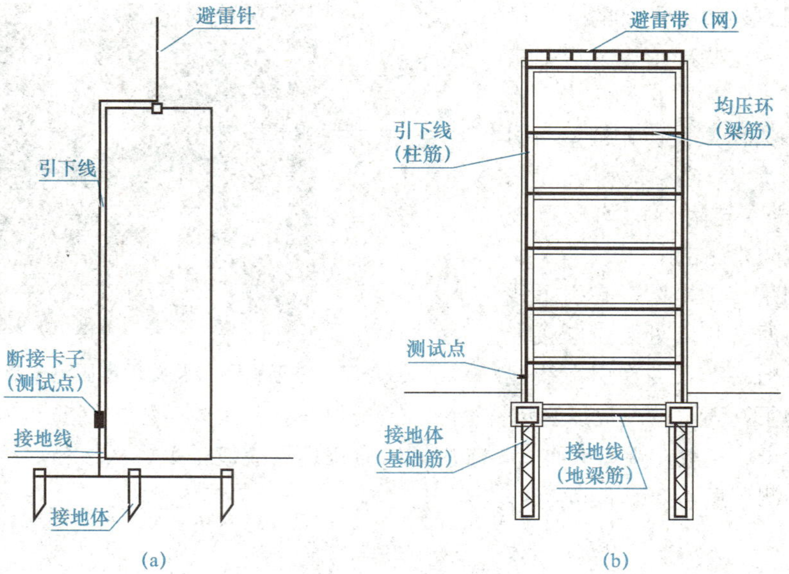


**图 2-34 建筑防雷系统的组成**

(a)人工设置防雷装置；(b)利用建筑钢筋设置的防雷装置

1)接闪器。接闪器是引导雷电流的装置。**接闪器的类型主要有避雷针、避雷线、避雷带(网)等。**

①避雷针。避雷针常用在屋面较小建筑物和构筑物上，在有些室外低矮的大型设备附近，一般在地面上设置独立的避雷针。避雷针一般用镀锌圆钢或镀锌钢管制成，其最小规格见表 2-7。

**表 2-7　防雷装置材料的最小尺寸**

| 名称 | 接闪器 | | | | | | 引下线 | | 接地体 | |
|---|---|---|---|---|---|---|---|---|---|---|
| | 避雷针 | | | 避雷线 | 避雷带(网) | 烟囱顶上避雷环 | 一般住所 | 装在烟囱上 | 水平埋地 | 垂直埋地 |
| | 针长/m | | 烟囱上 | | | | | | | |
| | 1 以下 | 1～2 | | | | | | | | |
| 圆钢直径/mm | 12 | 16 | 20 | — | 8 | 12 | 8 | 12 | 10 | 10 |
| 钢管直径/mm | 20 | 25 | — | — | — | — | — | — | — | — |
| 扁钢 截面/mm² | — | — | — | — | 48 | 100 | 48 | 100 | 100 | — |
| 扁钢 厚度/mm | — | — | — | — | 4 | 4 | 4 | 4 | 4 | — |
| 角钢厚度/mm | — | — | — | — | — | — | — | — | — | 4 |
| 钢管壁厚/mm | — | — | — | — | — | — | — | — | — | 3.5 |
| 镀锌钢绞线/mm² | — | — | — | 35 | — | — | — | 25 | — | — |

②避雷线。避雷线一般采用截面不小于 35 mm² 的镀锌钢绞线，架设在架空线路之上，以保护架空线路免受雷击。

③避雷带(网)。避雷带(网)常设置在屋面较大的建筑物上，沿建筑物易受雷击的部位(如屋脊、檐角等)装设成闭合的环形(网格形状)导体。避雷带(网)常用镀锌圆钢制作，其最小规格见表 2-7。

2)引下线。引下线是将雷电流引入大地的通道。引下线的材料多采用镀锌扁钢或圆钢，其最小规格见表 2-7。

高层建筑的外墙有大量的金属门窗等金属导体，这些部位也易遭受雷击，称为侧雷击。为防止侧雷击，将建筑物外墙圈梁内敷设镀锌圆钢与引下线连接成环形导体，称为均压环。外墙的金属导体与附近的均压环连接，可以有效防止侧雷击。

**图 2-35　柱筋引下线及接地电阻测试点示意图**

为便于测量接地电阻，在引下线(明装)距离地面 1.8 m 处装设断接卡子(接地电阻测试点)，并在引下线地上 1.7 m 至地下 0.3 m 的一段加装塑料管(或竹管)保护。利用建筑柱内钢筋作为引下线时，不能设置断接卡子，一般在距离地面 0.5 m 用短的镀锌扁钢或镀锌钢筋从柱筋焊接引出，作为测试接地电阻的测试点，如图 2-35 所示。

## 温馨提示

目前，新建建筑大多数利用柱子内的柱筋作为引下线，较节省金属导体。钢筋混凝土柱内的钢筋应每根柱至少使用两根，钢筋搭接时应焊接牢固以连接成电气通路，上部焊接在接闪器上，下部焊接在接地装置上。

3)接地装置。接地装置可迅速使雷电流在大地中流散。接地装置按安装形式不同，可分为垂直接地体和水平接地体。一般垂直接地体长度为2.5～3.0 m。常用镀锌圆钢、角钢、钢管、扁钢等材料，其最小规格见表2-7。

接地电流从接地体向大地周围流散所遇到的全部电阻称为接地电阻。接地电阻越小，越容易流散雷电流，因此，不同防雷要求的建筑，对接地电阻值的要求不同，具体可查阅相关防雷设计规范。

当有雷电流通过接地装置向大地流散时，在接地装置附近的地面上，将形成较高的跨步电压，危及行人安全，因此，接地体应埋设在行人较少的地方，要求接地装置距离建筑物或构筑物出入口及人行道不应小于3 m，并采取降低跨步电压的措施，如在接地装置上敷设50～80 mm厚的沥青层，其宽度应超过接地装置2 m。

## 温馨提示

现代的建筑防雷，常用钢筋混凝土基础内的钢筋或地下管道作为接地体，以满足接地电阻及埋设深度的要求，节省金属导体，效果较好。

4)避雷器。避雷器用来防护雷电沿线路侵入建筑物内，以免损坏电气设备。**常用避雷器的形式有阀式避雷器、管式避雷器、金属氧化物避雷器、保护间隙和击穿保险器等，**如图2-36所示。

(a)

(b)

**图2-36　避雷器**

(a)阀式避雷器；(b)金属氧化物避雷器

①对配电变压器的防雷电保护，一般采用阀式避雷器，设置在高压进线处。避雷器的接地线、变压器的外壳及低压侧的中性点接地线应连接在一起后，统一连接到接地装置上。

②高低压架空进户线路，在接户横担上或接户杆横担上设置避雷器，避雷器下端、横担连接引下线与建筑防雷接地装置相连接。

## 知识链接

### 电气线路防雷措施

电气线路防雷的基本措施主要是利用避雷装置将雷云电荷引导流入大地，以削弱其危害，确保电力系统和电气设备的安全运行。

a. 配电变压器的防雷措施。对配电变压器的防雷电保护，一般采用阀式避雷器。避雷器的接地线、变压器的外壳及低压侧的中性点接地线应连接在一起后，统一连接到接地装置上。如果变压器低压侧中性点不接地，应在中性点装设击穿保险器。

b. 架空线路的防雷措施。3～10 V 及以下架空线路的防雷保护一般采用装设避雷器和避雷线的方法，架空线路杆上固定的金属构件应接地。

c. 低压接户线的防雷措施。为了防止雷电波沿低压线路侵入建筑物内，应将接户线入户端绝缘子铁脚接地，其接地电阻应不大于 30 Ω。

d. 变配电所的防雷措施。变配电所的防雷措施主要是采用避雷针(防止直击雷)和装设阀式避雷装置(防止雷电波侵入)。

③在低压配电室配电柜内或总配电箱内一般设置金属氧化物避雷器，既可以起到防雷作用，又可以起到防系统过电压的作用。

**知识链接**

**高层建筑防雷**

现代的高层建筑物，一般都是用钢筋混凝土浇筑而成的，或用预制装配式壁板装配而成的，结构的梁、柱、墙及地下基础均有相当数量的钢筋。可把这些钢筋从上到下全部连接成电气通路，并把室内的上下水管道、热力管道、钢筋网等全部金属物体连接成一个整体，构成笼式暗装避雷网。这样，使整个建筑物成为一个与大地可靠连接的等电位整体，能有效地防止雷电击。

### 2. 接地与接零

(1)接地。为了满足电气装置和系统的工作特性以及安全防护的需要，而将电气装置和电力系统的某一部位通过接地装置与大地土壤作良好的连接，即为接地。

1)工作接地。工作接地是为了保证电气设备的可靠运行并提供部分电气设备和装置所需要的相电压，将电力系统中的变压器低压侧中性点通过接地装置与大地直接连接的接地方式。工作接地如图 2-37 所示。

2)保护接地。保护接地是为了防止电气设备由于绝缘损坏而造成触电事故，将电气设备的金属外壳通过接地线与接地装置连接起来的接地方式。其连接线称为保护线(PE)或保护地线和接地线。保护接地如图 2-37 所示。

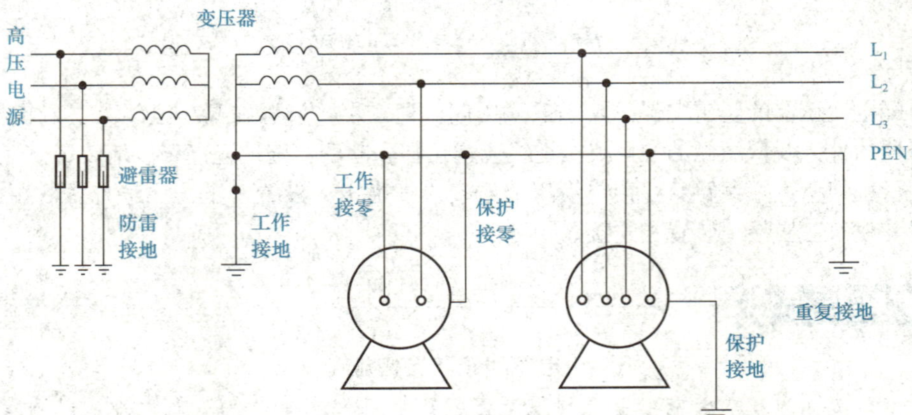


图 2-37　接地与接零示意图

3)重复接地。当线路较长或接地电阻要求较高时，为尽可能降低零线的电阻，除变压器低压侧中性点直接接地外，将零线上一处或多处再进行接地(图 2-37)，这种接地方式称为重复接地。

4)防雷接地。为泄掉雷电流而设置的防雷接地装置(图 2-37)，称为防雷接地。

(2)**接零**。

1)工作接零。单相用电设备为取得单相电压而接的零线(图 2-37)，称为工作接零。其连接线称为中性线(N)或零线，与保护线(PE)共享的中性线或零线称为 PEN 线。

2)保护接零。为了防止电气设备因绝缘损坏而使人身遭受触电危险，将电气设备的金属外壳与电源的中性线(零线)用导线连接起来(图 2-37)，称为保护接零。其连接线也称为保护线(PE)或保护零线。

(3)**低压配电系统接地**。在低压配电系统中，三相电源与三相负载的连接形式有 TN 系统、TT 系统和 IT 系统。

1)**TN 系统**。在此系统中，电源有一点与地直接连接，负荷侧电气装置的外露可导部分侧通过 PE 线与该点连接。TN 系统可分为 TN—S 系统[图 2-38(a)]、TN—C 系统[图 2-38(b)]和 TN—C—S 系统[图 2-38(c)]。

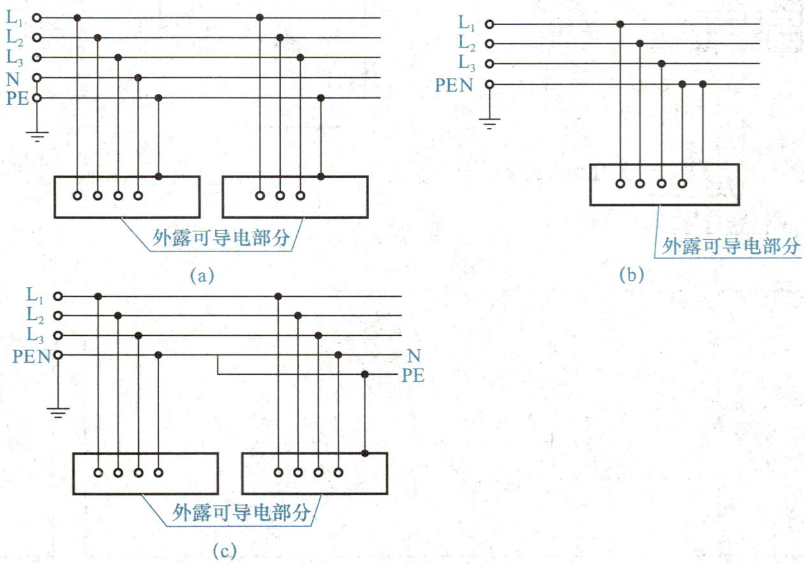


**图 2-38　TN 系统**

(a)TN—S 系统；(b)TN—C 系统；(c)TN—C—S 系统

2)**TT 系统**。在此系统中，电源有一点与地直接连接，负荷侧电气装置外露可导电部分连接的接地极和电源的接地地级无电气联系，如图 2-39 所示。

3)**IT 系统**。在此系统中，电源与地绝缘或经阻抗接地，电气装置外露可导电部分侧接地，如图 2-40 所示。

### 3. 等电位联结

(1)等电位联结的概念。等电位联结是电气装置的各外露导电部分和装置外导电部分的电位实质上相等的联结。从而消除或减少各部分间的电位差，减少保护电器动作不可靠的危险性，消除或降低从建筑物外窜入电气装置外露导电部分上的危险电压。

(2)等电位联结的种类。等电位联结主要包括总等电位联结(MEB)、局部等电位联结(LEB)和辅助等电位联结(SEB)。

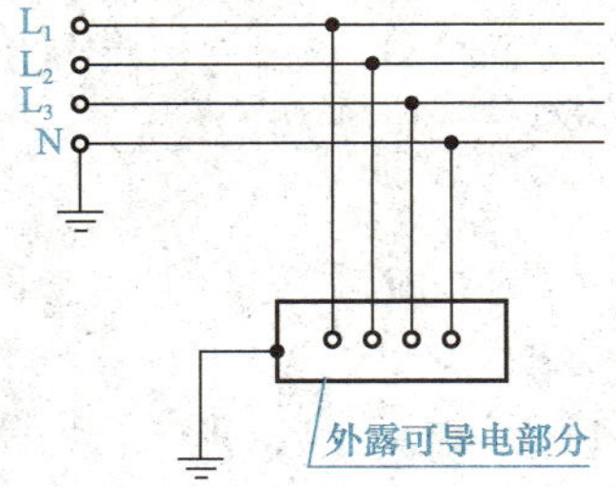


图 2-39　TT 系统

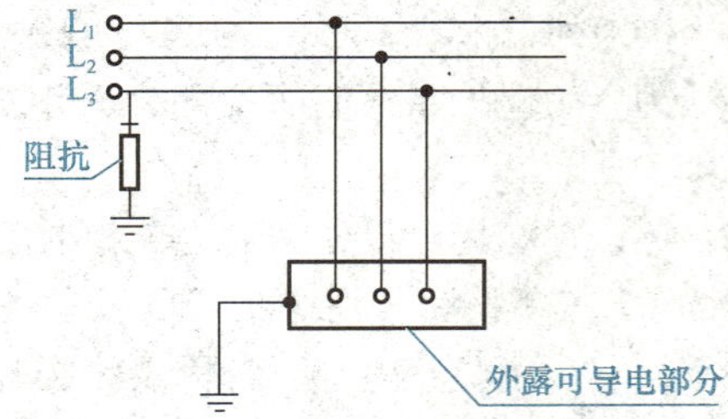


图 2-40　IT 系统

1）**总等电位联结（MEB）**。总等电位联结是指同一建筑物内电气装置、各种金属管道、建筑物金属支架、电气系统的保护接地线、接地导体通过总等电位联结端子板互相连接，以消除建筑物内各导体之间的电位差。总等电位联结导体一般设置在配电室或电缆竖井等位置。建筑物内总等电位联结方式如图 2-41 所示。

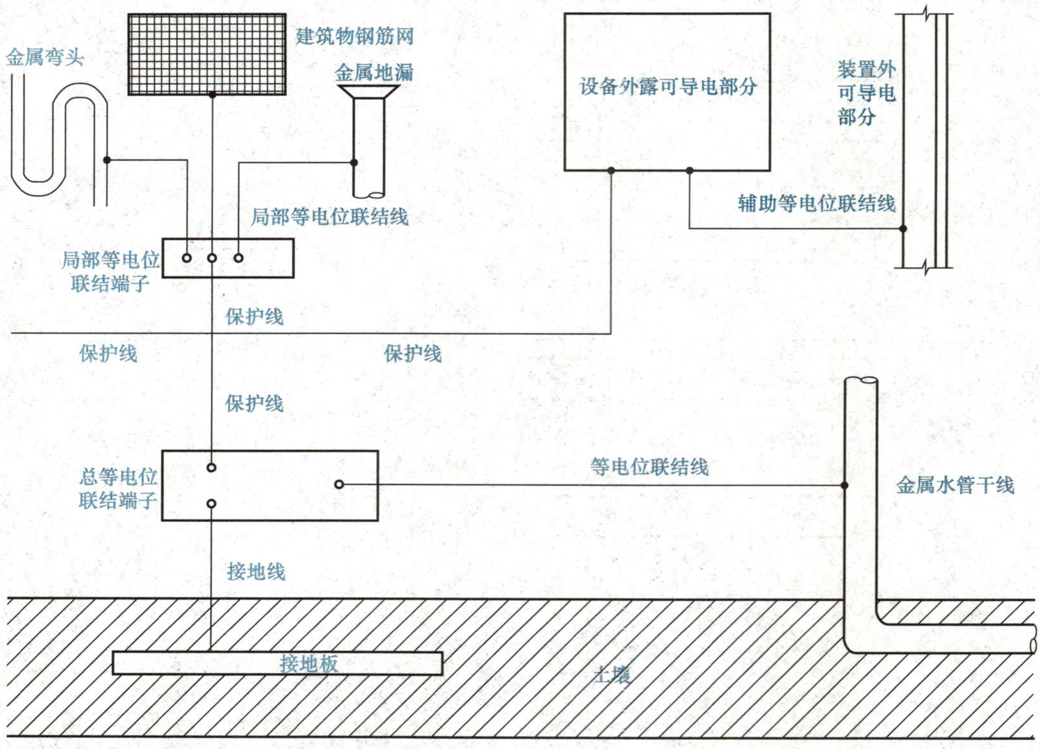


图 2-41　建筑物内总等电位联结

2）**局部等电位联结（LEB）**。局部等电位联结是当电气装置或电气装置一部分的接地故障保护的条件不能满足时，在局部范围内将各可导电部分连接。局部等电位联结导体一般设置在卫生间、游泳馆更衣室及盥洗室等位置。卫生间局部等电位联结方式如图 2-42 所示。

3）**辅助等电位联结（SEB）**。辅助等电位联结是将两个及两个以上可导电部分进行电气连接，使其故障接触电压，降至安全限值电压以下。

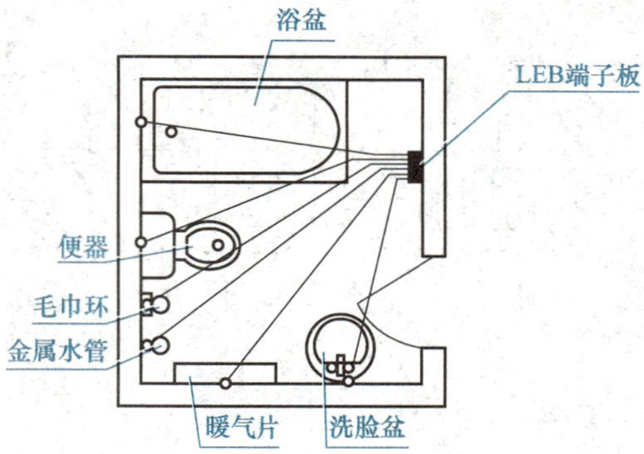


图 2-42　卫生间局部等电位联结

# 项目 2.2　建筑弱电系统

## 项目引领

某综合楼地下 1 层，地上 5 层，楼高为 20.50 m，框架结构，屋面为平屋顶，属多层建筑，建筑面积为 7 331.10 $m^2$。主要房间为办公室、活动室、空调机房、消防控制室、配电室和车库等。在建筑电气系统中，通常可将系统分为强电系统和弱电系统两类。该建筑内的强电系统主要包括低压配电系统、照明系统、应急照明系统、插座系统和防雷接地系统；弱电系统主要包括通信系统、有线电视系统、广播系统、火灾自动报警系统、安防系统等。

弱电系统对建筑物的信息、安全等方面起到尤为重要的作用。

### 2.2.1　有线电视与电话通信系统

#### 1. 有线电视系统的组成及设备

有线电视系统是对电视广播信号进行接收、放大、处理、传输和分配的系统，英文缩写为 CATV 系统。CATV 系统在早期的共享天线电视系统基础上发展为多功能、多媒体、多频道、高清晰和双向传输等技术先进的有线数字电视网，在信息传递、丰富人们文化生活方面起到重要的作用。CATV 系统广泛应用在住宅、宾馆、教学办公、体育场等建筑中。

**温馨提示**

CATV 系统：共用天线电视系统(Community Antenna Television)或电缆电视系统(Cable Television)。

(1)CATV 系统的基本组成。**CATV 系统由信号源、前端设备和传输分配网络三部分组成。**其组成原理图如图 2-43 所示。

1)信号源。信号源部分包括广播电视接收天线(如单频道天线、分频段天线及全频道天线)、FM 天线、卫星直播地面接收站、视频设备(录像机、摄像机)和音频设备等。其功能是接收并输出图像和伴音信号。

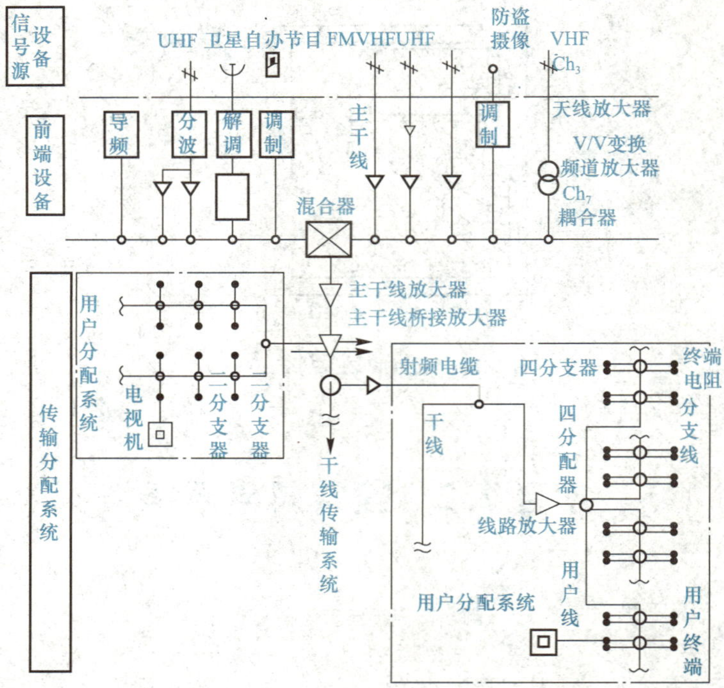


图 2-43　CATV 系统组成原理图

2)前端设备。前端设备是指信号源与传输分配网络之间的所有设备，用于处理要传输分配的信号。前端设备是系统的心脏，对于 CATV 系统图像质量的好坏，前端设备的质量起着关键的作用。前端设备一般包括 UHF/VHF 转换器、VHF 和 UHF 频段宽带放大器、天线放大器、频道放大器、混合器、调制器、衰减器、分波器和导频信号发生器等器件。但是，并不是任何 CATV 系统的前端部分都必须具备以上所有器件，根据系统的规模及要求的不同，其具体组成也不同。

3)传输分配网络。传输分配网络主要由干线传输系统和用户分配系统组成，其作用是将信号均匀地分配给各用户接收机，并使各用户之间相互隔离，互不影响。

①干线传输系统主要由干线放大器、干线桥接放大器、分配器和主干射频电缆构成。

②用户分配系统一般包括分配器、分支器、线路延长放大器、用户接线盒及射频电缆等器件。

(2)CATV 系统的主要设备。**CATV 系统的主要设备包括接收天线、放大器、频道变换器、调制器、解调器、混合器、分配器、分支器、传输线缆和用户接线盒。**

1)接收天线(图 2-44)。接收天线的主要作用是接收电磁信号、选择放大信号和抑制干扰等。

2)放大器(图 2-45)。放大器的主要作用是放大信号，主要有天线放大器和线路放大器。

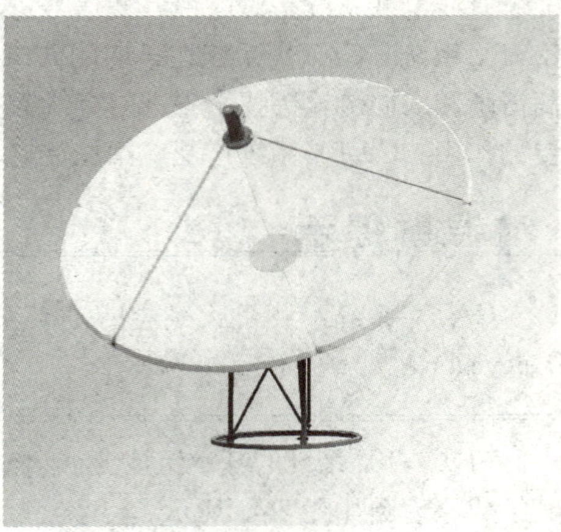

图 2-44　接收天线

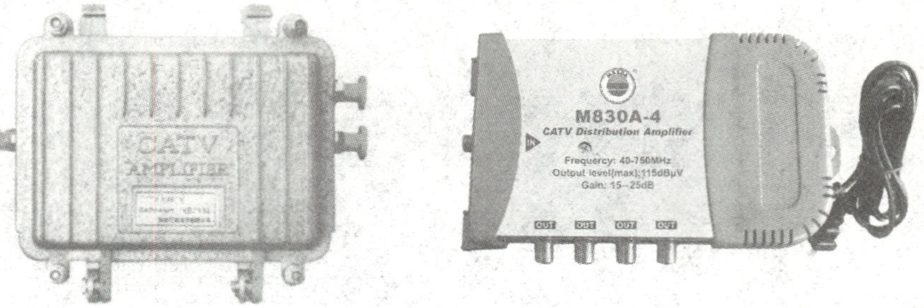


(a)　　　　　　　　　　(b)

图 2-45　放大器

(a)天线放大器；(b)线路放大器

3)频道变换器(图 2-46)。频道变换器的主要作用是将高频道变成低频道进行传输。

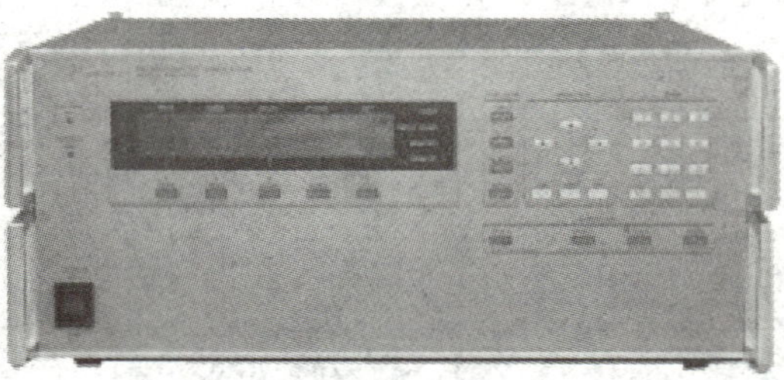

图 2-46　频道变换器

4)调制器(图 2-47)。调制器的主要作用是将视频信号和音频信号加载到高频载波上，以便传输。

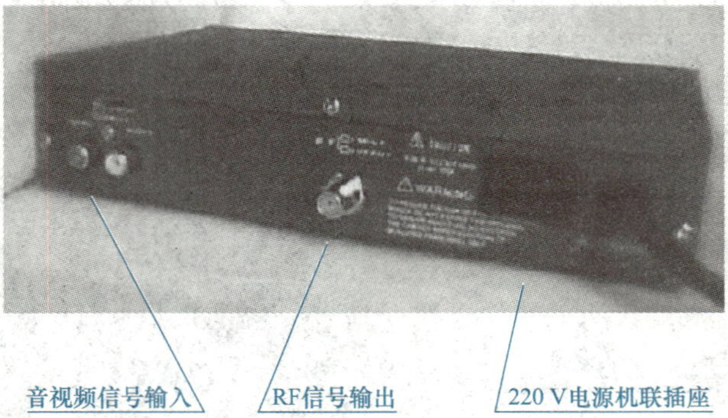


图 2-47　调制器

5)解调器(图 2-48)。解调器从射频信号中取出图像信号和伴音信号，并分别处理。

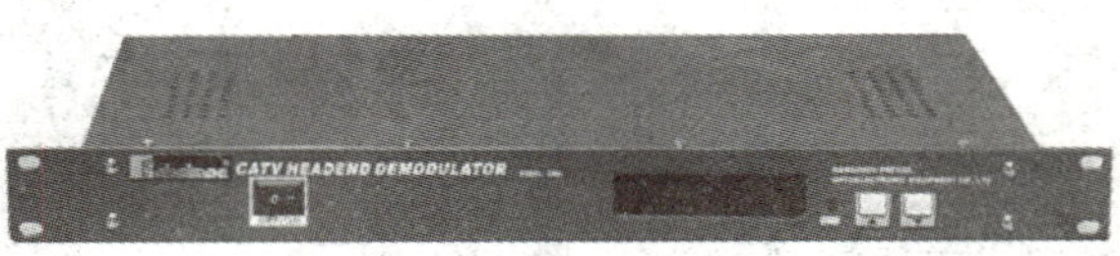


图 2-48　解调器

6)混合器(图 2-49)。混合器的主要作用是将多路射频信号混成一路(称为射频信号)，用一根电视电缆传输。

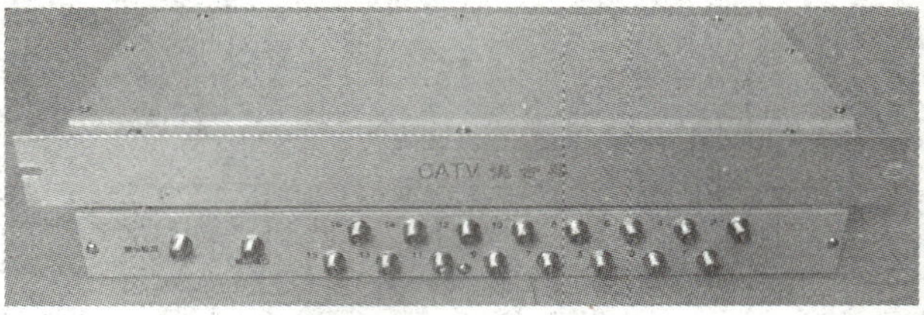

图 2-49　混合器

7)分配器(图 2-50)。分配器将射频信号分配成多路信号输出，主要用于前端系统末端对总信号进行分配或干线分支和用户分配等。

图 2-50　分配器

8)分支器(图 2-51)。分支器从干线或支线取出一部分信号馈送给用户接收机，在用户分配系统中也可作为一路信号分成多路信号之用。

9)传输线缆。常用的传输线缆有同轴电缆(图 2-52)和光缆。

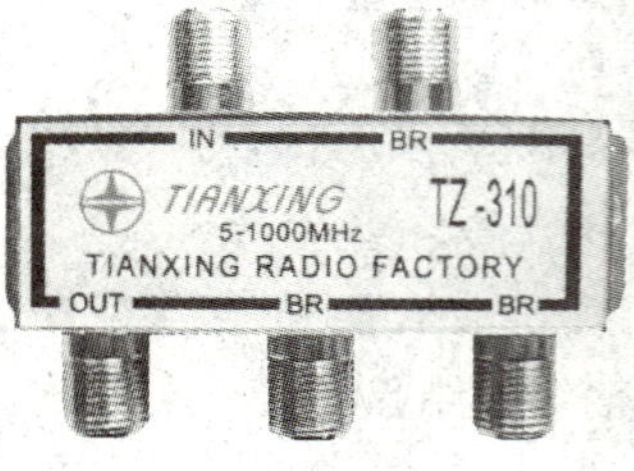


图 2-51　分支器

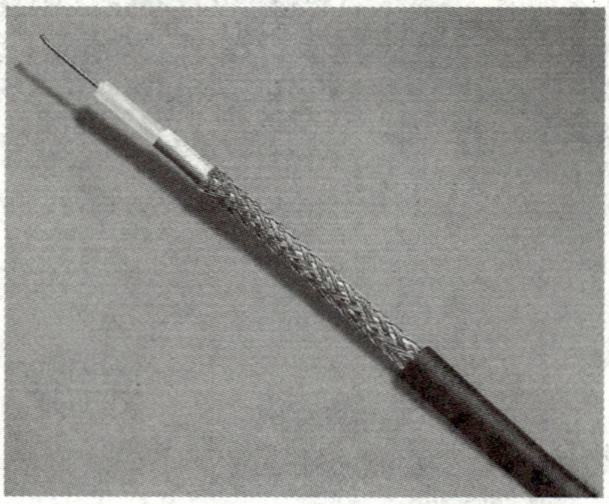

图 2-52　同轴电缆

10)用户接线盒(图 2-53)。用户接线盒为电视信号的接口设备，俗称为电视插座。

### 2. 电话通信系统的组成及设备

以前的电话通信系统主要满足语音信息传输功能，现代的电话通信系统已发展为电话、传真、移动通信和数字信息处理等电信技术和电信设备组成的综合通信系统。科学技术的发展和社会信息化高速发展，推动了现代通信技术发生着日新月异的变化，使现代通信网正朝着数字化、智能化、综合化、宽带化和个人化的方向发展。

图 2-53 用户接线盒

(1) **电话通信系统的组成。电话通信系统由用户终端设备、交换设备和传输设备按一定拓扑模式组合在一起。**端局至汇接局的传输设备一般称为中继电路；端局至终端用户的传输设备称为用户电路。用户电路的组成如图 2-54 所示。

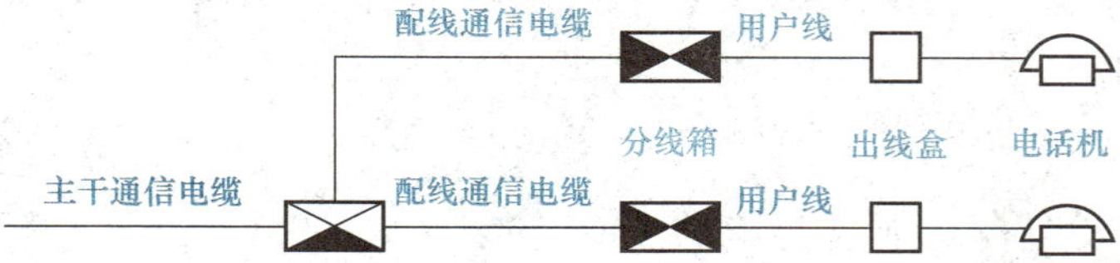

图 2-54 通信网络用户电路的组成示意图

(2) **电话通信系统的主要设备。**

1) **交接箱**。交接箱是连接主干电缆与配线电缆的接口装置。从市话局引来的主干电缆在交接箱中与用户配线电缆连接。交接箱主要由接线模块、箱架结构和机箱组成，如图 2-55 所示。

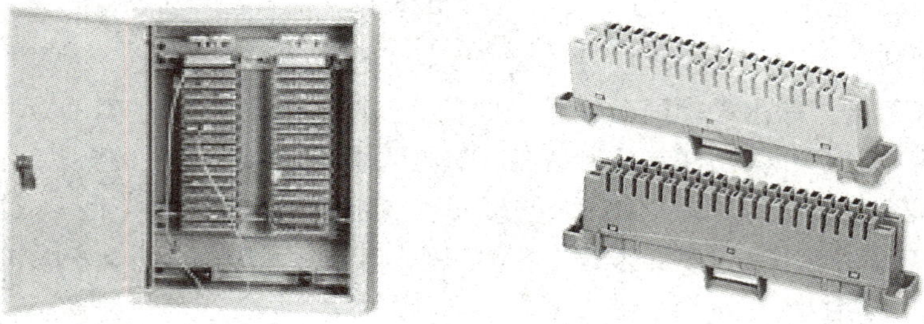
(a)　(b)

图 2-55 交接箱、接线模块

(a)交接箱；(b)接线模块

2) **分线箱与分线盒**(图 2-56)。分线箱与分线盒的作用是连接交接箱(或配线架)或上一级分线设备来的电缆，并将其分给各电话出线盒，是在配线电缆的分线点所使用的分线设备。

3) **电话出线盒**(图 2-57)。电话出线盒是连接用户线与电话机的装置。按安装方式分为墙式和地式两种。

图 2-56 分线盒

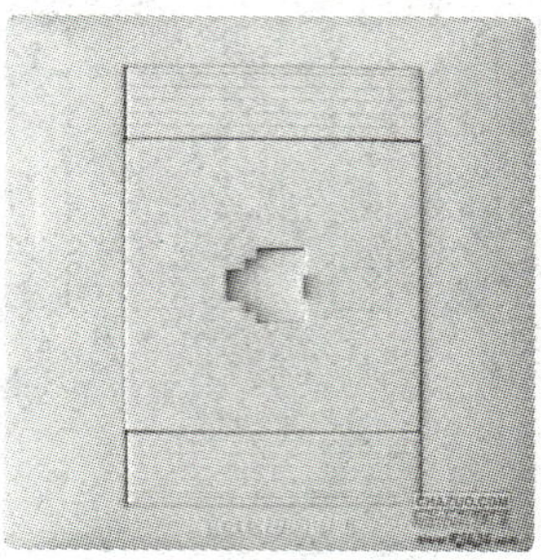
图 2-57 电话出线盒

4)**用户终端设备**(图 2-58)。用户终端设备包括电话机、电话传真机和用户保安器等。

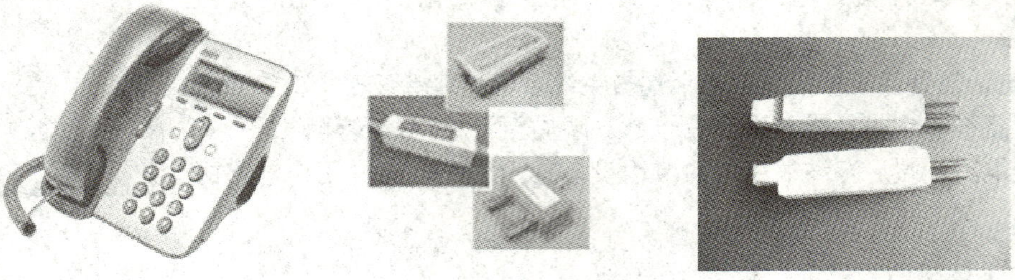

(a)　　　　(b)　　　　(c)

**图 2-58　用户终端设备**

(a)电话机；(b)通信线路防雷保安器；(c)保安器单元

## 2.2.2　火灾自动报警系统

### 1. 火灾自动报警系统的工作原理与保护对象

人类文明起源于火，火造福于人类，但火灾也给人类社会带来巨大的危害。火灾自动报警及消防联动控制系统能有效检测火灾、控制火灾、扑灭火灾，对保障人们生命和财产的安全，起着非常重要的作用。

(1)火灾自动报警系统的工作原理。火灾自动报警系统的工作原理是被保护场所的各类火灾参数由火灾探测器或经人工发送到火灾报警控制器，控制器将信号放大、分析、处理后，以声、光、文字等形式显示或打印出来，同时记录下时间，根据内部设置的逻辑命令自动或人工手动启动相关的火灾警报设备和消防联动控制设备，进行人员的疏散和火灾的扑救。

(2)火灾自动报警系统的保护对象。火灾自动报警系统的基本保护对象是工业与民用建筑及场所，根据被保护建筑使用性质、火灾危险性、疏散和扑救难度等可分为特级、一级和二级保护对象。

### 2. 火灾自动报警系统的组成及常用设备

(1)火灾自动报警系统的组成。**火灾自动报警系统由触发装置、报警装置、警报装置、控制装置和电源等组成**。其系统组成如图 2-59 所示。

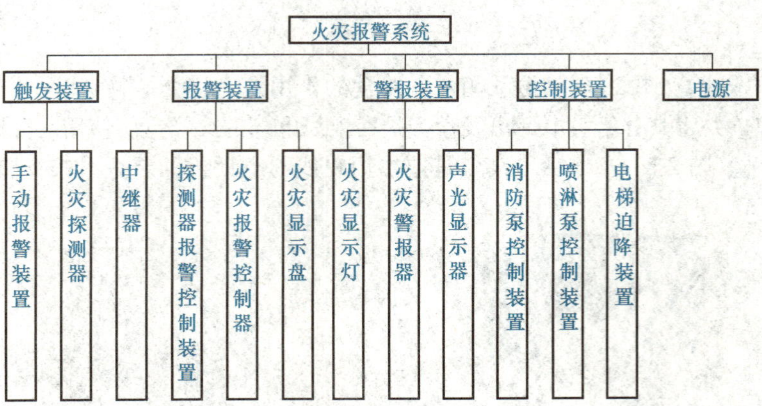


**图 2-59　火灾自动报警系统的组成**

(2)**火灾自动报警系统的常用设备**。

1)**触发装置**。火灾自动报警系统常用触发装置为火灾探测器。火灾探测器是对火灾现场的光、温、烟及焰火辐射等现象产生响应，并发出信号的现场设备。根据其感测的参数不同，可分为感烟火灾探测器、感温火灾探测器、感光火灾探测器、可燃气体探测器、复合式火灾探测器等；根据其结构造型不同可分为点型和线型两类。

①感烟火灾探测器是感测环境烟雾浓度的探测器。其主要有离子感烟探测器、光电感烟探测器(图 2-60)和光束感烟探测器等。感烟探测器能通过烟雾早期感知火灾的危险。

②感温火灾探测器(图 2-61)是对环境中的温度进行监测的探测器。根据检测温度参数的特性不同可分为定温式、差温式和差定温式探测器三类。感温火灾探测器特别适用于发生火灾时有剧烈温升的场所。

图 2-60　光电感烟探测器

图 2-61　感温火灾探测器

③感光火灾探测器(图 2-62)用来探测火焰辐射的红外光和紫外光，对感烟、感温探测器起到补充作用。感光火灾探测器特别适用于突然起火而无烟雾的易燃、易爆场所，室内外均可使用。

④可燃气体探测器(图 2-63)主要用来探测可燃气体(如天然气等)在某区域内的浓度，在气体达到爆炸危险条件之前发出信号报警。

⑤复合式火灾探测器的探测参数不只一种，扩大了探测器的应用范围，提高了火灾探测的可靠性。常见的有感烟感温探测器(图 2-64)、感光感烟探测器、感光感温探测器等。

图 2-62　感光火灾探测器

图 2-63　可燃气体探测器

图 2-64　感烟感温探测器

2) **手动报警按钮**。手动报警按钮(图 2-65)是手动方式产生火灾报警信号的器件，是火灾自动报警系统不可缺少的装置之一。

3) **报警装置**。火灾自动报警系统的核心报警装置是火灾报警控制器。按用途和设计使用要求可分为区域报警控制器、集中报警控制器和通用报警控制器。区域报警控制器与集中报警控制器在结构上没有本质区别，只是在功能上分别适应区域报警工作状态与集中报警工作状态；通用报警控制器兼有区域、集中两级火灾报警控制功能，通过设置或修改相应参数即可作为区域或集中报警控制器使用。

①区域报警控制器常用于规模小、局部保护区域的火灾自动报警系统。其系统组成如图 2-66 所示。

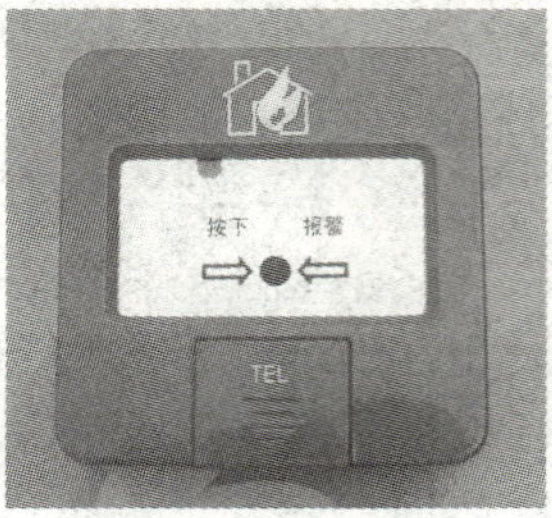


图 2-65　手动报警按钮

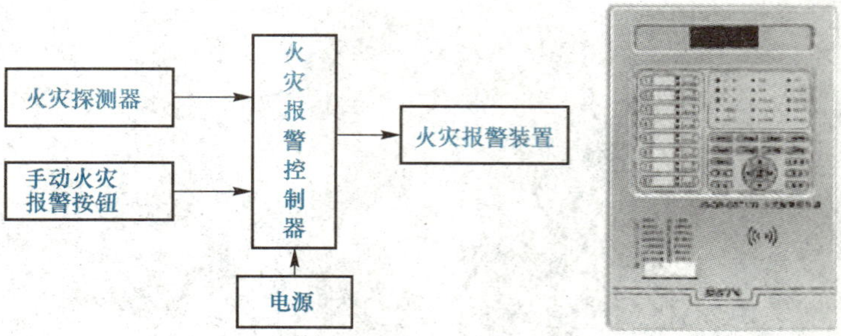


图 2-66　区域报警系统的组成

②集中报警控制器常用于规模大的建筑或建筑群的火灾自动报警系统。其系统组成如图 2-67 所示。

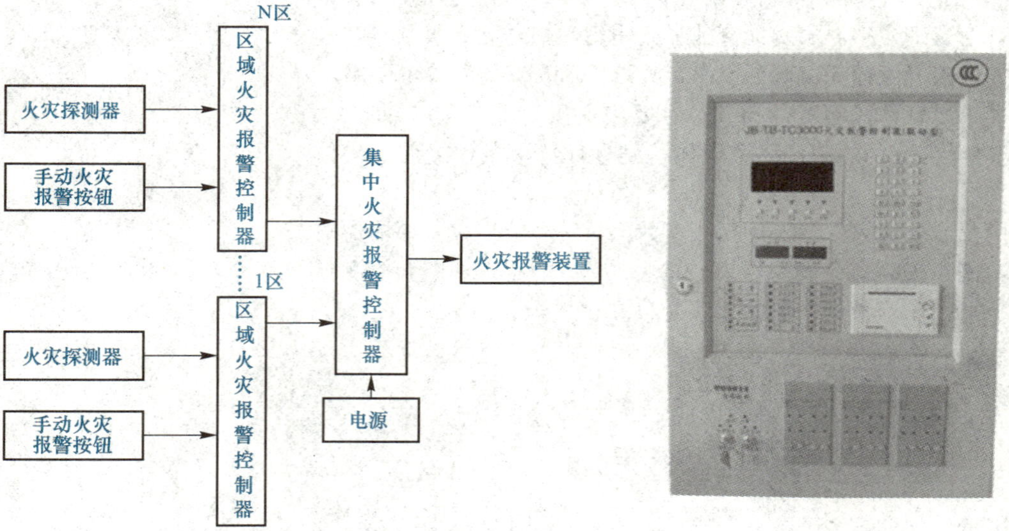


图 2-67　集中报警系统的组成

③控制中心报警系统由消防控制室的消防控制设备、集中火灾报警控制器、区域火灾报警控制器和火灾探测器等组成。其系统容量大，消防设施的控制功能较全，适用于大型建筑的保护。其系统组成如图 2-68 所示。

4)**警报装置**。警报装置(图 2-69)在发生火灾时，发出声、光信号报警，提醒人们注意。**常用的警报装置有声光报警器、警铃、声光讯响器等**。

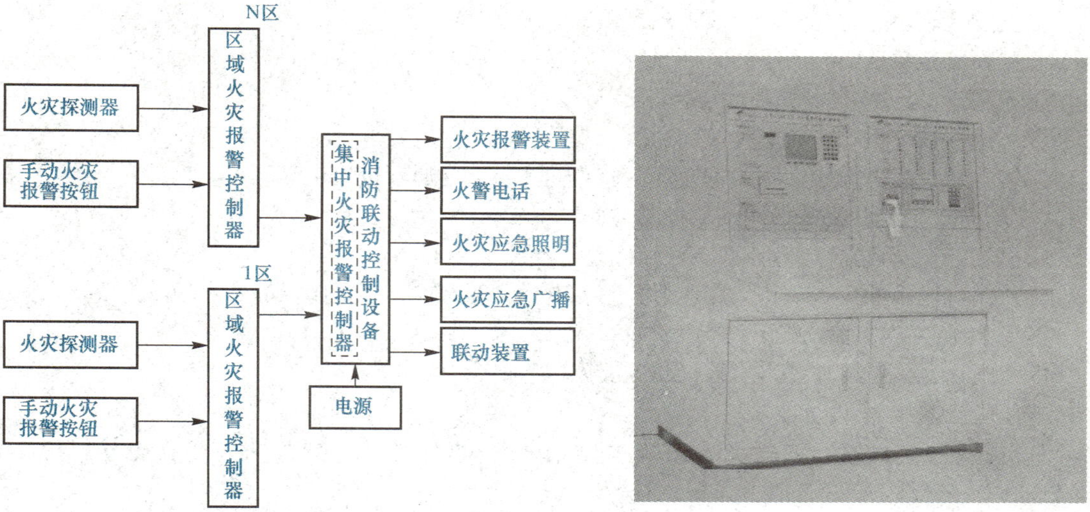


图 2-68　控制中心报警系统的组成

(a)　(b)　(c)

图 2-69　警报装置

(a)声光报警器；(b)警铃；(c)声光讯响器

5)**控制(联动)装置**。在火灾自动报警系统中，当接收到来自触发器的火灾信号后，能自动或手动启动相关消防设备并显示其工作状态的装置，称为控制装置。控制装置主要有自动灭火系统的控制装置、室内消火栓的控制装置、防烟排烟控制系统的控制装置、空调通风系统的控制装置、防火门控制装置、电梯迫降控制装置等。

## 2.2.3　安全防范系统

### 1. 视频监控系统

(1)视频监控系统的功能与应用场所。

1)视频监控系统的主要功能。视频监控系统的主要功能概括如下：

①视频监控系统能对建筑物内的主要公共活动场所、通道、电梯前室、电梯轿厢、楼梯口等重要部位进行探测，并有效记录，再现画面、图像。

②监视器画面显示有明确的摄像机编号、位置、时间等，能任意编程，手动与自动切换。

③视频监控系统可以自成网络独立运行，也可与入侵报警系统、火灾报警系统等系统联动。能对报警现场的声音和图像进行复核，并录像。

④安防控制中心对视频监控系统进行集中管理和监控。

2)视频监控系统的应用场所。视频监控系统的应用场所如下：

①大型活动场所、机要单位的安全保卫。

②自选商场、珠宝店、书店等商业经营单位。

③银行、金库等金融系统的营业厅、储藏间、办公场所、进出口等。

④博物馆、文物保护单位的展览厅、进出口等。

⑤机场、车站、港口、海关等交通要道。

⑥旅馆、宾馆的出入口、大厅、财务室、电梯轿厢及前室、走廊、内部商场等。

⑦医院的急救中心、候诊室、手术室等。

⑧建筑小区内主要道路、出入口、围墙周边等。

⑨具有流水线作业的工厂等。

(2)视频监控系统的组成及设备。**视频监控系统一般由摄像、传输、控制、图像处理和显示组成。**

1)摄像。摄像为视频监控系统的前端部分，主要是探测现场视频信息，传递给控制中心计算机。其主要设备包括摄像机、镜头、云台、防护罩等。

2)传输。传输部分为视频监控系统的缆线系统，主要传输由摄像机到控制中心的视频信号和由控制中心到现场云台等控制设备的控制信号。传输视频信号的缆线主要为视频同轴电缆、射频同轴电缆、平衡对电缆和光缆等。传输控制信号的缆线主要为双绞线和复用视频同轴电缆等。

3)控制。通过控制中心对云台、镜头、防护罩等动作控制，对视频信号的分配控制，对图像的切换、分割控制等。控制部分的主要设备有视频切换器、画面分割器、控制台(控制中心计算机)等。

4)图像处理和显示。图像处理和显示是视频监控系统的终端部分，主要作用为显示现场的视频画面、储存视频信息等。其主要设备有监视器、磁带录像机、硬盘录像机等。

### 2. 入侵报警系统

入侵报警系统是在探测到防范现场入侵者时能发出警报的系统。

(1)入侵报警系统的功能。入侵报警系统的功能主要有以下几点：

1)系统对设防区域的非法入侵，能实时、有效探测与报警。

2)可以按时间、区域、部位任意编程设防和撤防。

3)对设备工作状态能自检，及时发现故障，报告故障位置，提高系统工作可靠性。

4)系统设备具有防破坏功能，遭到破坏具有报警功能。

5)报警控制设备能记录和显示报警部位等参数。

6)系统前端通过安装的各类入侵探测设备构成点、线、面立体或综合防范体系。

7)系统可以自成网络，独立运行，也可和其他安防系统联网。

(2)入侵报警系统的组成及设备。**入侵报警系统一般由前端、传输系统、报警控制设备组成。**

1)前端。系统的前端设备为各种类型的入侵探测器。探测器主要有磁控开关、紧急报警装置、被动红外入侵探测器、双鉴器(微波与被动红外双技术探测器)、玻璃破碎入侵探测器、主动红外入侵探测器、电动式振动探测器、电动式振动电缆入侵探测器、泄露电缆传感器、平行线周边传感器等。

2)传输系统。传输系统一般敷设专用传输线或无线信号传输报警信息，配以必要的有线、无线接收装置，形成以有线传输为主、无线传输为辅的报警传输系统。

3)报警控制设备。报警控制设备是入侵报警系统的核心设备，主要设备为报警控制器。报警控制器自动接收前端设备发来的报警信息，在计算机屏幕上实时显示，同时发出声、光报警。在平时，报警控制器对前端设备进行巡检、监控，保障系统正常运行。

### 3. 出入口控制系统

出入口控制系统对建筑物内外的正常出入信号进行管理，限制无关人员进入小区和建筑物内，以保障住宅小区和建筑物内的安宁。一般出入口控制系统可与可视对讲系统、入侵防盗系统配合。

(1)出入口控制系统的主要功能。出入口控制系统的主要功能如下：

1)系统设备在建筑物出入口、通道、重要房间门等处设置，对设防区域的通过对象及时间进行实时和多级控制，具有报警功能。

2)信息自动记录、打印、储存、防篡改等功能。

3)系统控制部分设置在安防监控中心，监控中心对出入口进行多级控制和集中管理。

4)系统能独立运行，也能与火灾自动报警系统、视频监控系统、入侵报警系统联动。

(2)出入口控制系统的组成及设备。**出入口控制系统一般由识别、控制及执行和管理等组成。**

1)识别。识别系统对进入人员能够进行身份辨识。常用的识别技术主要设备有密码识别、读卡识别、人体生物识别等。识别部分主要设备为读卡机。

2)控制及执行。控制及执行部分对授权人员开启门放行通过，对非授权人员拒绝进入，甚至报警、阻拦。控制及执行部分由计算机控制的电控门锁装置构成。电控门锁主要有电控锁、电磁锁、点击锁等。

3)管理。管理部分为出入口控制系统的中心计算机配上适合的管理软件，实现对系统中所有控制器的管理，接收控制器发来的信息，发送控制命令，并记录、打印等。

### 4. 访客对讲系统

访客对讲系统将住宅入口、住户、保安人员三方面的通信联系在一个网络中，并与监控系统配合，为住户提供安全、舒适的生活。

(1)访客对讲系统的主要功能。访客对讲系统的主要功能如下：

1)访客对讲系统适用于智能化住宅小区、高层住宅、单元式公寓等。

2)访客对讲系统对主人和访客提供双向通话或可视通话，并由主人控制大门电控锁的开启或向安防监控中心报警。

3)管理主机控制门口机和各个副管理机，并具有抢线功能。

(2)访客对讲系统的组成及设备。**访客对讲系统由对讲、控制部分组成。**

1)对讲。对讲部分可分为语音对讲、可视对讲两种类型。语音对讲主要由门口机和室内对讲机组成；可视对讲由门口机和室内可视对讲机组成。具有可视对讲的门口机含有摄像头，一般具有夜视功能。

2)控制。控制部分一般以门口机或控制中心计算机为控制核心部分，对系统中信号进行接收、传递、处理和发出指令等。不联网的访客对讲系统，完全由门口机进行控制和判断，独立运行，适合于一般单元式公寓和高层住宅楼的选用。联网的访客对讲机系统，由安防控制中心的计算机监视，控制门口机、电控锁等设备，可以对现场进行判断、核对，提高系统工作的可靠性、安全性等，适合于智能住宅小区的选用。

### 5. 停车场管理系统

停车场管理系统是为提高停车场的管理质量、效益和安全性而设置的管理系统。

(1)停车场管理系统的主要功能。停车场管理系统的主要功能如下：

1)入口处显示停车场内的车位信息。

2)出入口及场内通道有行车指示。

3)车牌和车型的自动识别，防止车辆丢失。

4)系统读卡识别系统，可以辨认出入的车辆并记录。

5)出入口栅栏门能自动控制车辆进出。

6)自动计费及收费金额显示。

7)多个出入口可以联网与管理。

8)发生意外时报警。

9)可自成网络，独立运行，也可与视频监控系统、入侵报警系统联动。

(2)停车场管理系统的组成及设备。**停车场管理系统由停车场入口设备、出口设备、收费设备、图像识别设备、中央管理站等组成，**如图 2-70 所示。

1)停车场入口设备包括车位显示屏、感应线圈或光电收发装置、读卡器、出票机、栅栏门等。

2)出口设备包括感应线圈或光电收发装置、读卡器、验票机、栅栏门等。

3)收费设备包括中央收费设备或收款机。

4)中央管理站包括计算机、打印机、UPS 电源等。

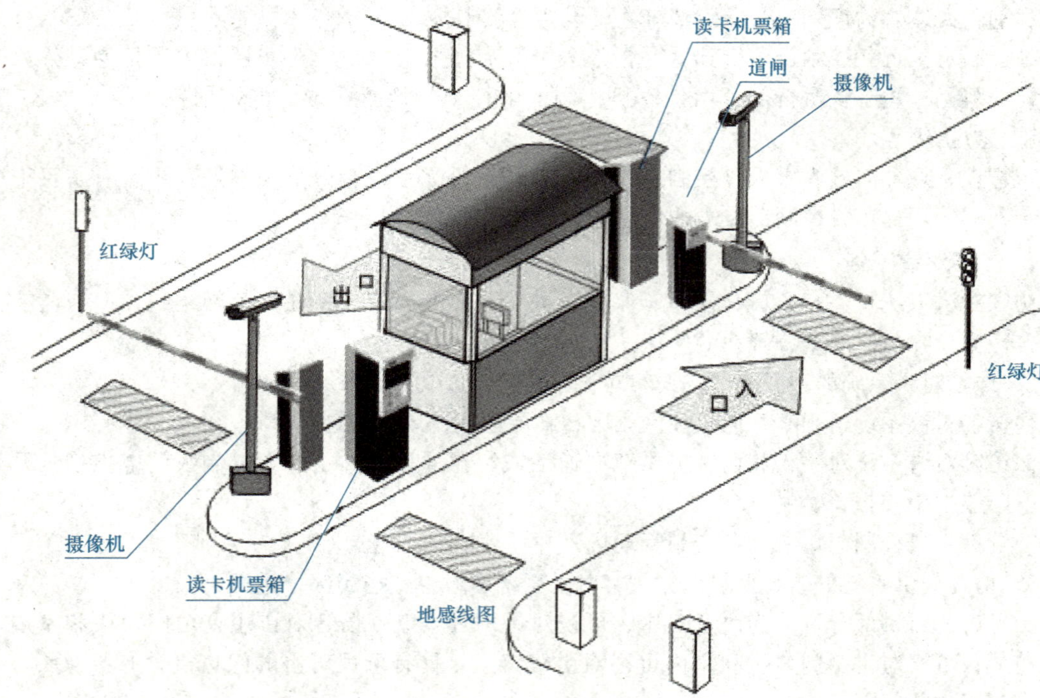


图 2-70　停车场管理系统

# 项目 2.3　建筑电气施工图

## 项目引领

某综合楼地下 1 层，地上 5 层，楼高为 20.50 m，框架结构，屋面为平屋顶，属多层建筑，建筑面积为 7 331.10 $m^2$。主要房间为办公室、活动室、空调机房、消防控制室、配电室和车库等。在建筑电气系统中，通常将系统分为强电系统和弱电系统两类。该建筑内的强电系统主要包括低压配电系统、照明系统、应急照明系统、插座系统和防雷接地系统；弱电系统主要包括通信系统、有线电视系统、广播系统、火灾自动报警系统、安防系统等。

建筑电气施工图由首页、系统图、平面图、电气原理接线图、设备布置图、安装接线图和大样图等组成。正确识读施工图，并将其应用到土建施工、设备安装、工程预算、建筑装饰、工程监理和工程验收等相关工程中。

## 2.3.1 建筑电气施工图的组成与内容

### 1. 建筑电气施工图的组成

**建筑电气施工图由首页、电气系统图、平面图、电气原理接线图、设备布置图、安装接线图和大样图等组成。**

### 2. 建筑电气施工图的内容

(1) **首页**。首页主要包括图纸目录、设计说明、图例及主要材料表等。图纸目录包括图纸的名字和编号。设计说明主要阐述该电气工程的概况、设计依据、基本指导思想、图纸中未能表明的施工方法、施工注意事项和施工工艺等。图例及主要材料表一般包括该图纸内的图例、图例名称、设备型号规格、设备数量、安装方法和生产厂家等。

(2) **电气系统图**。电气系统图是表现整个工程或工程一部分的供电方式的图纸，它集中反映电气工程的规模。如变配电工程的供配电系统图、照明工程的照明系统图、电缆电视系统图等。

(3) **平面图**。平面图是表现电气设备与线路平面布置的图纸，它是进行电气安装的重要依据。电气平面图包括电气总平面图、电力平面图、照明平面图、变电所平面图和防雷与接地平面图等。

电力及照明平面图表示建筑物内各种设备与线路之间平面布置的关系、线路敷设位置、敷设方式、线管与导线的规格、设备的数量以及设备型号等。

在电力及照明平面图上，设备并不按比例画出它们的形状，通常采用图例表示，导线与设备的垂直距离和空间位置一般也不另用立面图表示，而是标注安装标高，以及附加必要的施工说明。

(4) **电气原理接线图**。电气原理接线图是表现某设备或系统的电气工作原理的图纸，用来指导设备与系统的安装、接线、调试、使用与维护。电气原理接线图包括整体式原理接线图和展开式原理接线图两种。

(5) **设备布置图**。设备布置图是表现各种电气设备之间的位置、安装方式和相互关系的图纸。设备布置图主要由平面图、立面图、断面图、剖面图及构件详图等组成。

(6) **安装接线图**。安装接线图是表现设备或系统内部各种电气组件之间连线的图纸，用来指导接线与查线，它与原理图相对应。

(7) **大样图**。大样图是表现电气工程中某一部分或某一部件的具体安装要求与做法的图纸。其中，大部分大样图选用的是国家标准图。

## 2.3.2 建筑电气施工图的识读

建筑电气施工图由大量的图例组成，在掌握一定的建筑电气工程设备和施工知识的基础上，读懂图例是识读的要点。另外，还要注意读图的方法和步骤。

### 1. 图例

图例是工程中的材料、设备及施工方法等用一些固定的、国家统一规定的图形符号和文字符号来表示的形式。

(1)**图形符号**。图形符号具有一定的象形意义，比较容易和设备相联系进行识读。图形符号很多，一般不容易记忆，但民用建筑电气工程中常用的并不是很多，掌握一些常用的图形符号，读图的速度会明显提高。表 2-8 为部分常用的图形符号。

**表 2-8　部分常用的图形符号**

| 图形符号 | 名称 | 图形符号 | 名称 |
|---|---|---|---|
|  | 多种电源配电箱(屏) |  | 分线盒一般符号 |
|  | 动力或动力—照明配电筒 |  | 带接地插孔的三相插座(防爆) |
|  | 信号板信号箱(屏) |  | 开关一般符号 |
|  | 照明配电箱(屏) |  | 单极开关(明装) |
|  | 单相插座(明装) |  | 单极开关(暗装) |
|  | 单相插座(暗装) |  | 单极开关(密闭、防水) |
|  | 单相插座(密闭、防水) |  | 单极开关(防爆) |
|  | 单相插座(防爆) |  | 单极拉线开关 |
|  | 带接地插孔的三相插座(明装) |  | 单极双控拉线开关 |
|  | 带接地插孔的三相插座(暗装) |  | 双极开关(明装) |
|  | 带接地插孔的三相插座(密闭、防水) |  | 双极开关(暗装) |
|  | 双极开关(防爆) |  | 双极开关(密闭、防水) |
|  | 灯或信号灯一般符号 |  | 室内分线盒 |
|  | 防水防尘钉 |  | 室外分线盒 |
|  | 壁灯 | 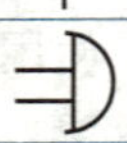 | 电铃 |
|  | 球形灯 |  | 电流表 |
|  | 花灯 |  | 电压表 |
|  | 局部照明灯 |  | 电度表 |
|  | 顶棚灯 |  | 熔断器一般符号 |
|  | 荧光灯一般符号 |  | 接地一般符号 |
| 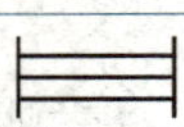 | 三管荧光灯 |  | 多极开关一般符号(单线表示) |
|  | 避雷器 |  | 多极开关(多线表示) |
|  | 避雷针 |  | 动合(常开)触点<br>注：也可用作开关一般符号 |

(2) 文字符号。文字符号在图纸中表示设备参数、线路参数与敷设方法等，掌握好用电设备、配电设备、线路和灯具等常用的文字标注形式，是读图的关键。

1)线路的文字标注表示线路的性质、规格、数量、功率、敷设方法和敷设部位等。

基本格式：a－b－c×d－e－f

式中 a——回路编号；

b——导线或电缆型号；

c——导线根数或电缆的线芯数；

d——每根导线标称截面面积($mm^2$)；

e——线路敷设方式(表 2-9)；

f——线路敷设部位(表 2-9)。

**表 2-9 电气施工图文字标注符号**

| 表达线路明敷设部位的代号 | 表达线路暗敷设部位的代号 | 表达线路敷设方式的代号 | 表达照明灯具安装方式的代号 |
|---|---|---|---|
| AB－沿或跨梁(屋架)敷设<br>AC－沿或跨柱敷设<br>WS－沿墙面敷设<br>RS－沿屋面敷设<br>CE－沿吊顶或顶板面敷设<br>SCE－吊顶内敷设 | BC－暗敷设在梁内<br>CLC－暗敷设在柱内<br>WC－暗敷设在墙内<br>CC－暗敷设在顶板内<br>FC－暗敷设在地板或地面下 | CT－电缆桥架敷设<br>CL－电缆梯架敷设<br>CE－电缆排管敷设<br>MR－金属线槽敷设<br>PR－塑料线槽敷设<br>SC－穿焊接钢管敷设<br>MT－穿普通碳素钢电线套管敷设<br>PC－穿硬塑料管敷设<br>FPC－穿阻燃半硬塑料管敷设<br>KPC－穿塑料波纹管敷设<br>CP－穿蛇皮管敷设<br>M－钢索敷设<br>DB－直埋敷设<br>TC－电缆沟敷设 | SW－线吊式<br>CS－链吊式<br>DS－管吊式<br>W－壁装式<br>C－吸顶式<br>R－嵌入式<br>CR－顶棚内安装<br>WR－墙壁内安装<br>S－支架上安装<br>CL－柱上安装<br>HM－座装 |

例如，WL1—BV(3×2.5)－SC15－WC

WL1 为照明支线第 1 回路，铜芯聚氯乙烯绝缘导线 3 根 2.5 $mm^2$，穿管径为 15 mm 的焊接钢管敷设，在墙内暗敷设。

2)用电设备的文字标注表示用电设备的编号和容量等参数。

基本格式：$\frac{a}{b}$

式中 a——设备的工艺编号；

b——设备的容量(kW)。

3)配电设备的文字标注表示配电箱等配电设备的编号、型号和容量等参数。

基本格式：a－b－c 或 a $\frac{b}{c}$

式中 a——设备编号；

b——设备型号；

c——设备容量(kW)。

4)灯具的文字标注表示灯具的类型、型号、安装高度和安装方式等。

基本格式：$a-b\frac{c\times d\times L}{e}f$

式中 a——同一房间内同型号灯具个数；

b——灯具型号或代号(表 2-10)；

c——灯具内光源的个数；

d——每个光源的额定功率(W)；

L——光源的种类(表 2-11)；

e——安装高度(m)；

f——安装方式。

**表 2-10 常用灯具的代号**

| 序号 | 灯具名称 | 代号 | 序号 | 灯具名称 | 代号 |
|---|---|---|---|---|---|
| 1 | 荧光灯 | Y | 5 | 普通吊灯 | P |
| 2 | 壁灯 | B | 6 | 吸顶灯 | D |
| 3 | 花灯 | H | 7 | 工厂灯 | G |
| 4 | 投光灯 | T | 8 | 防水防尘灯 | F |

**表 2-11 常用电光源的代号**

| 序号 | 灯具名称 | 代号 | 序号 | 灯具名称 | 代号 |
|---|---|---|---|---|---|
| 1 | 荧光灯 | FL | 5 | 钠灯 | Na |
| 2 | 白炽灯 | LN | 6 | 氙灯 | Xe |
| 3 | 碘钨灯 | I | 7 | 氖灯 | Ne |
| 4 | 汞灯 | Hg | 8 | 弧光灯 | Are |

例如，$5-\mathrm{YZ40}\frac{2\times 40}{2.5}\mathrm{CS}$表示 5 盏 YZ40 直管型荧光灯，每盏灯具中装设 2 只功率为 40 W 的灯管，灯具的安装高度为 2.5 m，灯具采用链吊式安装方式。如果灯具为吸顶安装，那么安装高度可用“—”号表示。在同一房间内的多盏相同型号、相同安装方式和相同安装高度的灯具，可以标注一处。

例如，$20-\mathrm{YU60}\frac{1\times 60}{3}\mathrm{SW}$表示 20 盏 YU60 型 U 形荧光灯，每盏灯具中装设 1 只功率为 60 W 的 U 形灯管，灯具采用线吊安装，安装高度为 3 m。

### 2. 单线图

建筑电气施工图中大部分是以单线路绘制电气线路的，也就是同一回路的导线仅用一根图线来表示。单线图是电气施工图识读的一个难点，识读时要判断导线根数、性质和接线等问题。图中导线的根数用短斜线加数字表示，一般三根及以上导线根数才标注。只有熟悉设备接线方式，才能读懂单线图。如图 2-71 所示，列举了几种照明线路的单线图及其对应的接线图。

### 3. 识图的方法及步骤

阅读建筑电气施工图，应在掌握一定的电气工程知识基础之上进行。对图中的图例，应明确它们的含义，应能与实物联系起来。读图的一般步骤如下：

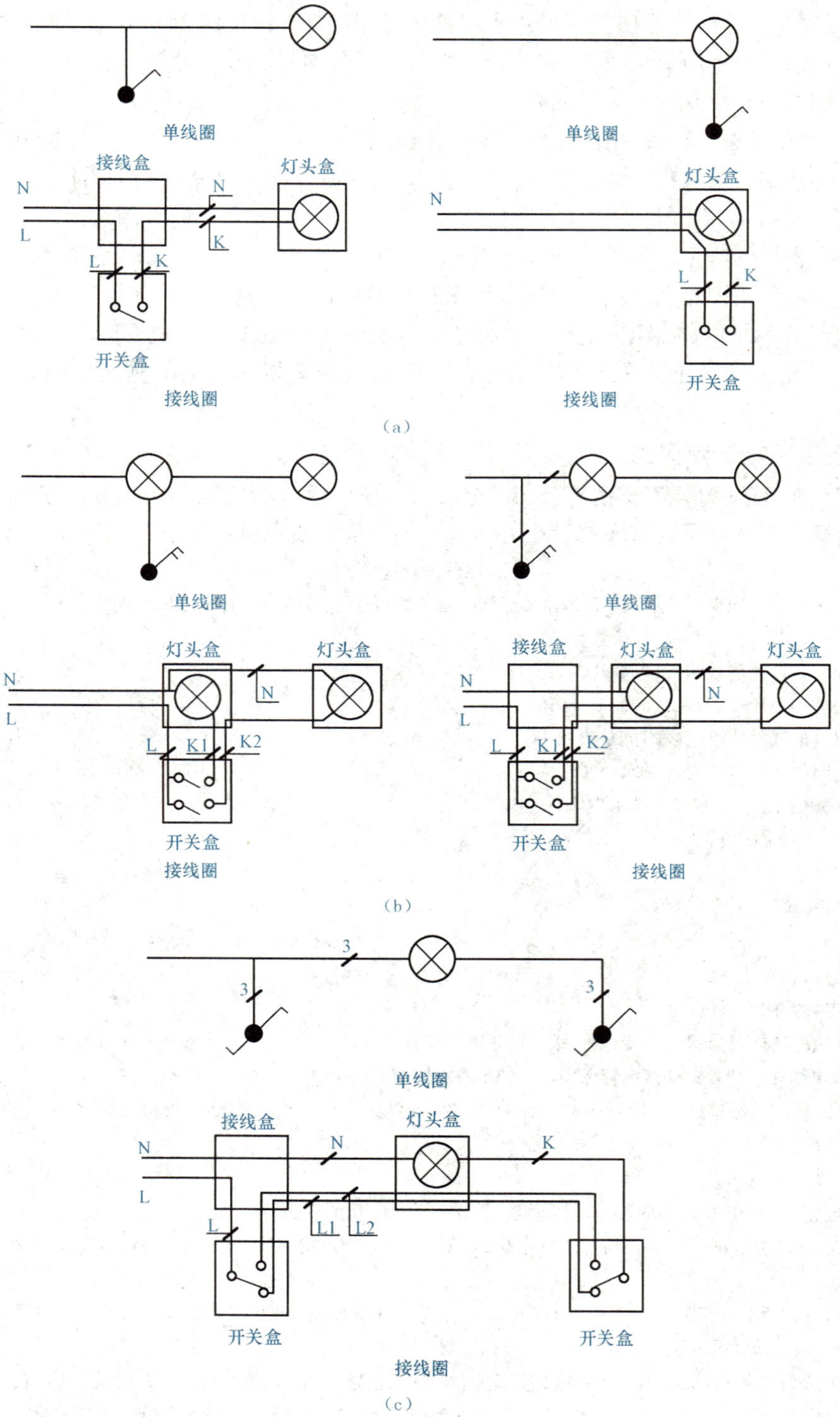


**图 2-71　单线图与相应接线图**

(a)单联单控开关控制一盏灯；(b)双联单控开关控制两盏灯；(c)单联双控开关两地控制一盏灯

L—火线；N—零线；K—控制线

(1) **查看图纸目录**。先看图纸目录，了解整个工程由哪些图纸组成，主要项目有哪些等。

(2) **阅读施工设计说明**。了解工程的设计思路、工程项目、施工方法和注意事项等。可以先粗略看，再细看，理解其中每句话的含义。

(3) **阅读图例符号**。该套图纸中的图例一般在图例及主材表中已写出，在表中对图例的名称、型号、规格和数量等都有详细的标注，所以，要注意结合图例和主材表看图。

(4) **相互对照，综合看图**。一套完整的建筑施工图，是由各专业施工图组成的，而各专业施工图之间又有密切的联系。另外，建筑电气施工图中的系统图和平面图联系紧密。因此，看图时还要将各专业施工图相互对照，电气系统图和平面图相互对照，综合看图。

(5) **结合实际看图**。看图最有效的方法是结合实际工程看图。一边看图，一边看施工现场情况。一个工程完成，既能掌握一定的电气工程知识，又能熟悉电气施工图的读图方法，见效较快。

### 2. 建筑电气施工图实例识读

图 2-72～图 2-79 为某汽车销售公司的电气工程图。该汽车销售公司为五层建筑，一层为汽车展厅及卖场，二～四层为汽车修理中心，五层为工作人员办公场所。

**电气设计说明**

(1)建筑概况。本工程为三类建筑。建筑主体五层，建筑物高度为 23.5 m，面积为4 100 $m^2$。

(2)设计依据。

1)《低压配电设计规范》(GB 50054—2011)。

2)《建筑物防雷设计规范》(GB 50057—2010)。

3)《民用建筑电气设计规范》(JGJ 16—2008)。

4)《建筑照明设计标准》(GB 50034—2013)。

5)2009 全国民用建筑工程设计技术措施——电气。

6)内部各专业互提的资料。

(3)设计内容。

1)电力配电系统。

2)照明系统。

3)建筑物防雷、接地系统。

4)电视、电话及网络系统。

(4)供电导线的选择及敷设。自变电所引入的电源线采自 YJV22—1 kV 电力电缆－0.8 m埋地引入，供电电压为 220 V/380 V，电缆在进户处穿焊接钢管保护，并伸出散水坡 100 mm。

未标注处插座分支线路均采用 BV—3×2.5 $mm^2$ PC20 导线；未标注处照明分支线路均采用 BV—2.5 $mm^2$ 导线；2 根穿 PC16，3 根穿 PC20，4～6 根穿 PC25。

(5)设备选择及安装方式。

1)各层配电箱，除一层配电间明装外，其他均为暗装；安装高度为底边距离地面 1.5 m。

2)照明开关、插座均为暗设，除注明者外，均为 250 V、10 A，插座均为底边距地 0.3 m，开关底边距离地面 1.3 m，距离门框 0.2 m。

3)出口标志灯在门上方安装时，底边距离门框 0.2 m；若门上无法安装时，在门旁墙上安装，顶距离吊顶为 50 mm。

(6)建筑物防雷、接地及安全。

1)本工程防雷等级为三类，建筑的防雷满足防直击雷、防雷电感应及雷电波的侵入，并设置总等电位联结。

2)接闪器采用在女儿墙上安装的避雷带(Φ10 圆钢)作为接闪器，并形成不大于24 m×16 m 的避雷网，并与引下线牢固相连。

避雷带支架做法：在女儿墙上预埋- 25×4 镀锌扁钢作为支架，外露长度为 0.1 m，支架间距为 1.0 m，转弯处为 0.5 m。

3)引下线利用混凝土柱内两根不小于 Φ16 以上主筋通长焊接作引下线，间距不大于 25 m。引下线位置详见防雷平面图。外墙引下线在室外地面下 1 m 处引出与室外接地线焊接。

4)接地装置利用地基梁的钢筋，要求所有地基梁的两根主筋均应与引下线焊接。

5)建筑物四角的外墙引下线在距室外地面上 0.5 m 处设测试卡子，防雷接地与其他电气接地采用统一接地装置，其总接地电阻应不大于 1 Ω。施工完成后实测接地电阻，不能满足要求时，增加人工接地极。

6)所有露出屋面的金属管道及金属构件均应与屋面避雷带可靠连接。所有防雷接地装置中的金属件均应镀锌。

7)本工程采用总等电位联结，总等电位板由紫铜板制成。

(7)弱电系统及线路敷设。

1)电视系统：电视信号线埋地引入，在一层设前端放大器，通过各层分支箱将信号输送至各电视终端。

2)电话系统：电话电缆埋地引入，在每层设电话分线箱。

3)网络系统：多模光纤从室外埋地引入，在一层设网络配线架。

(8)其他。

1)施工做法参见《建筑电气安装工程图集》及现行有关国家标准执行。

2)未尽事宜由现场配合解决，电气专业应与土建密切配合，预埋管线、预留孔洞、箱体留洞以建施为准。

3)电气装置施工、安装及验收按《建筑电气安装工程施工质量验收规范》(GB 50303—2015)执行。

(9)施工图。

1)干线系统图(图 2-72)。

2)配电系统图(图 2-73、图 2-74 和图 2-75)。

3)照明平面图(以一层为例)。一层照明平面图(图 2-76)；一层干线及插座平面图(图 2-77)。

4)防雷接地平面图。屋顶防雷平面图(图 2-78)；基础接地平面图(图 2-79)。

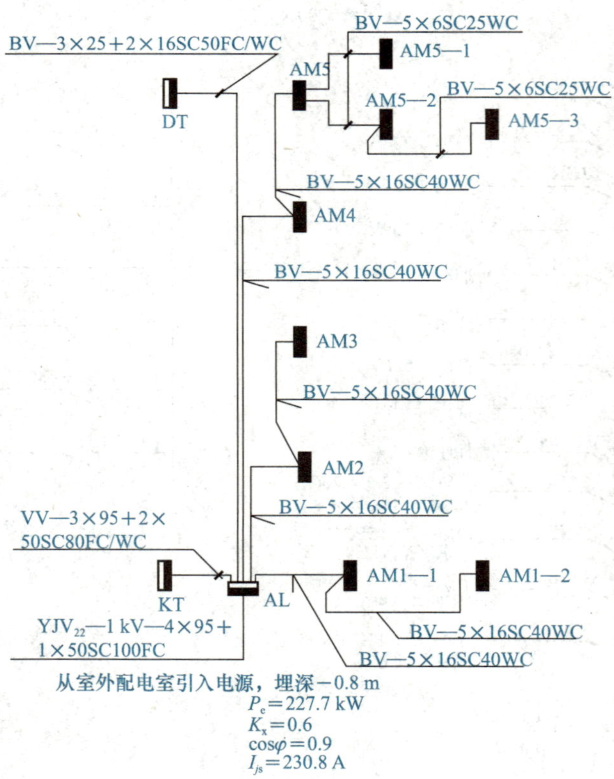


图 2-72　干线系统图

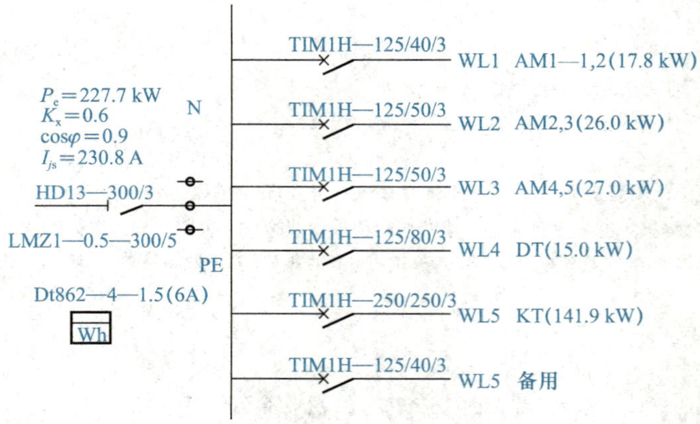


AL配电柜系统图

XL-21

600×1 700×400

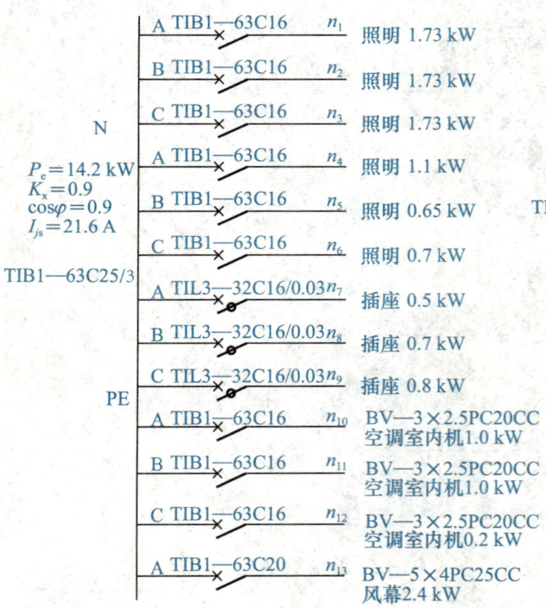


AM1—1箱系统图

600×250×160

(宽×高×深)

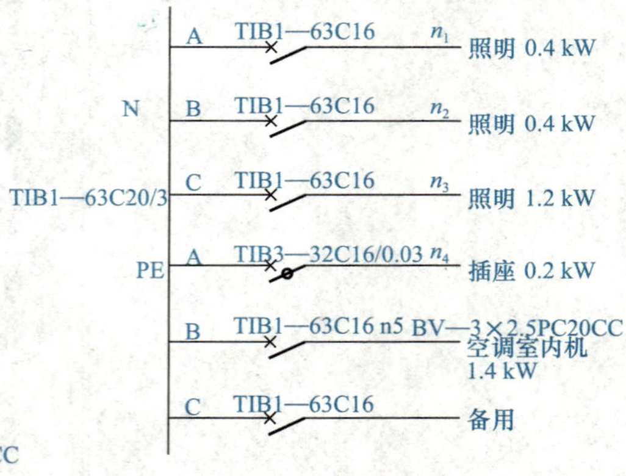


AM1—2箱系统图

400×250×160

(宽×高×深)

**图 2-73　配电系统图(一)**

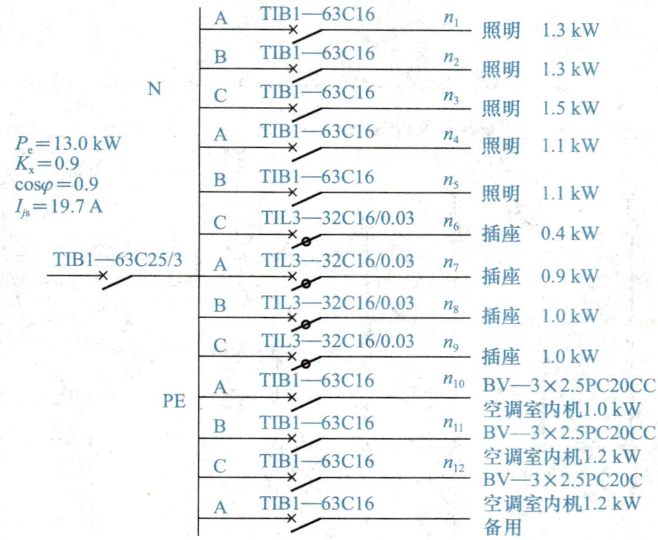


AM2（AM3，AM4）箱系统图

600×250×160

（宽×高×深）

**图 2-74　配电系统图(二)**

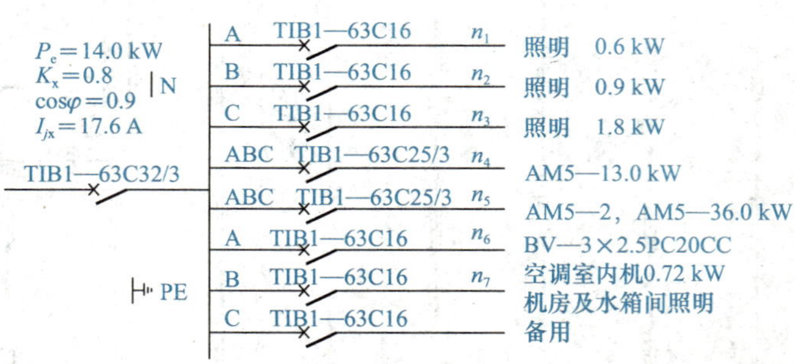


AM5箱系统图

600×250×160

（宽×高×深）

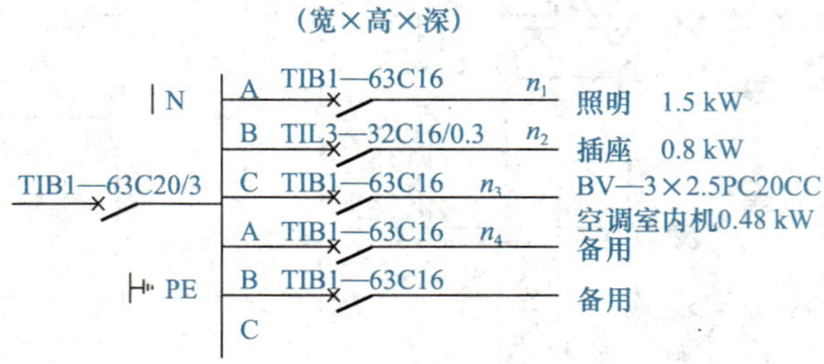


AM5—1（AM5—2，AM5—3）箱系统图

400×250×160

（宽×高×深）

**图 2-75　配电系统图(三)**

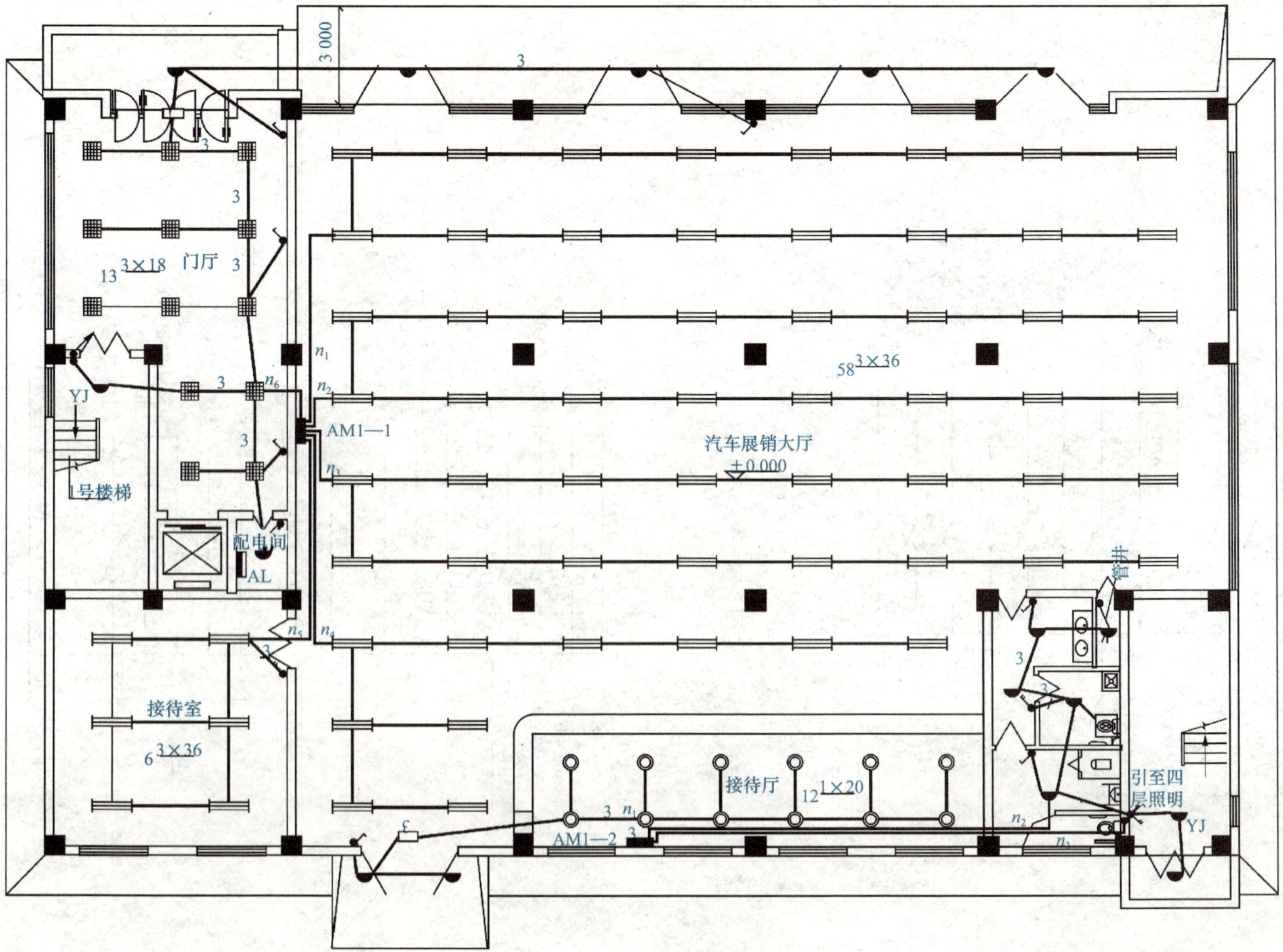


图 2-76　一层照明平面图

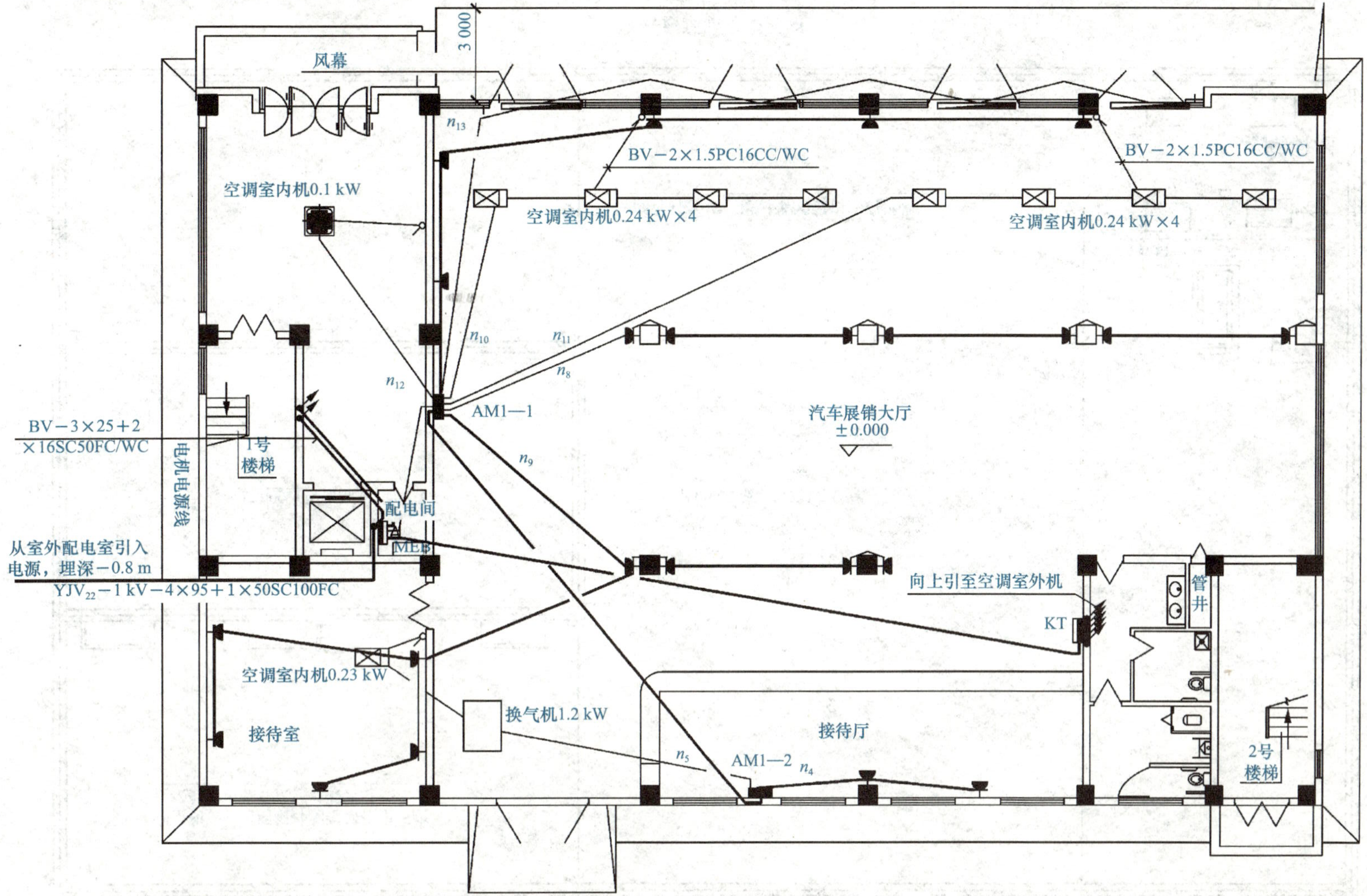


图 2-77　一层干线及插座平面图

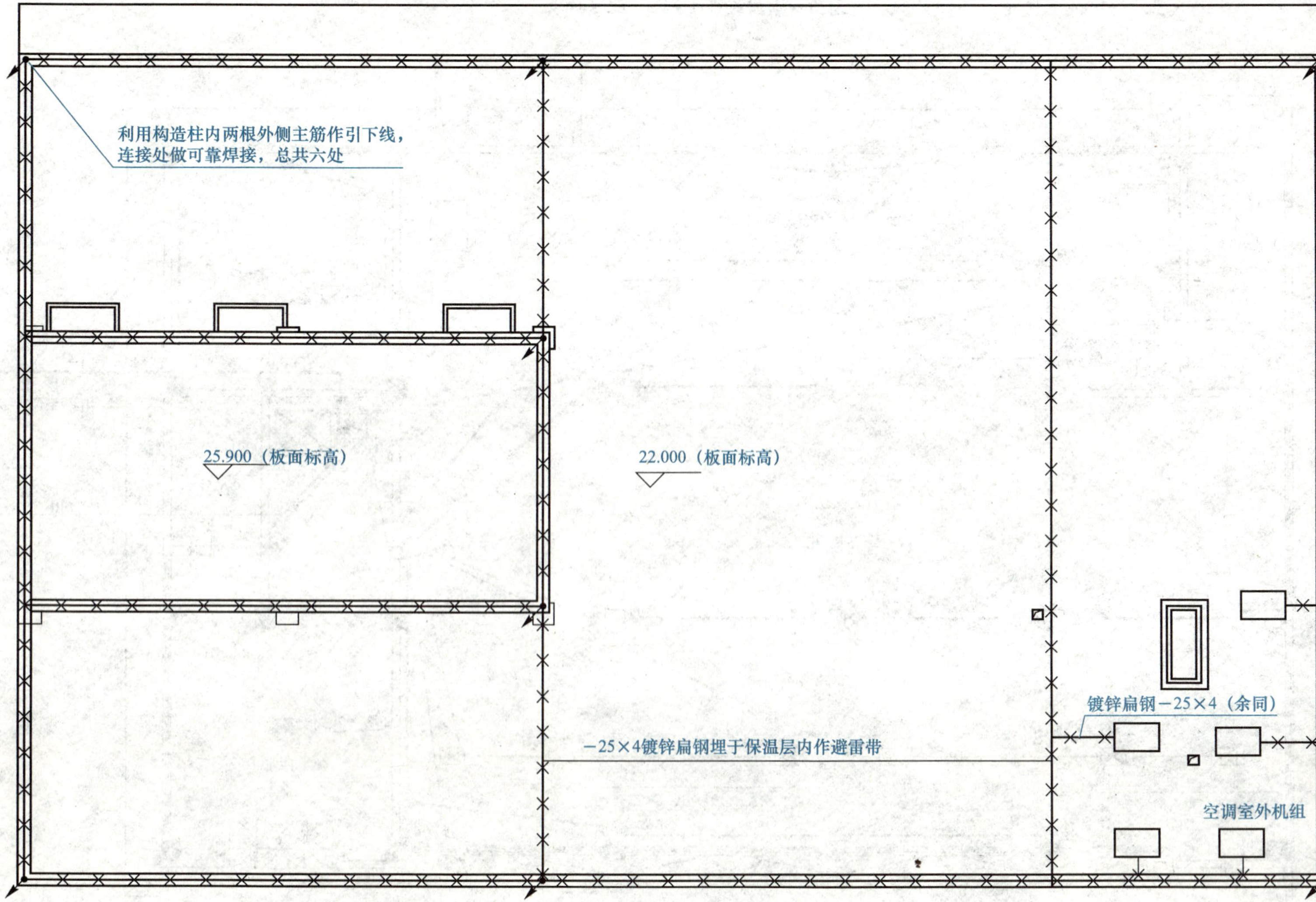


图2-78　屋顶防雷平面图

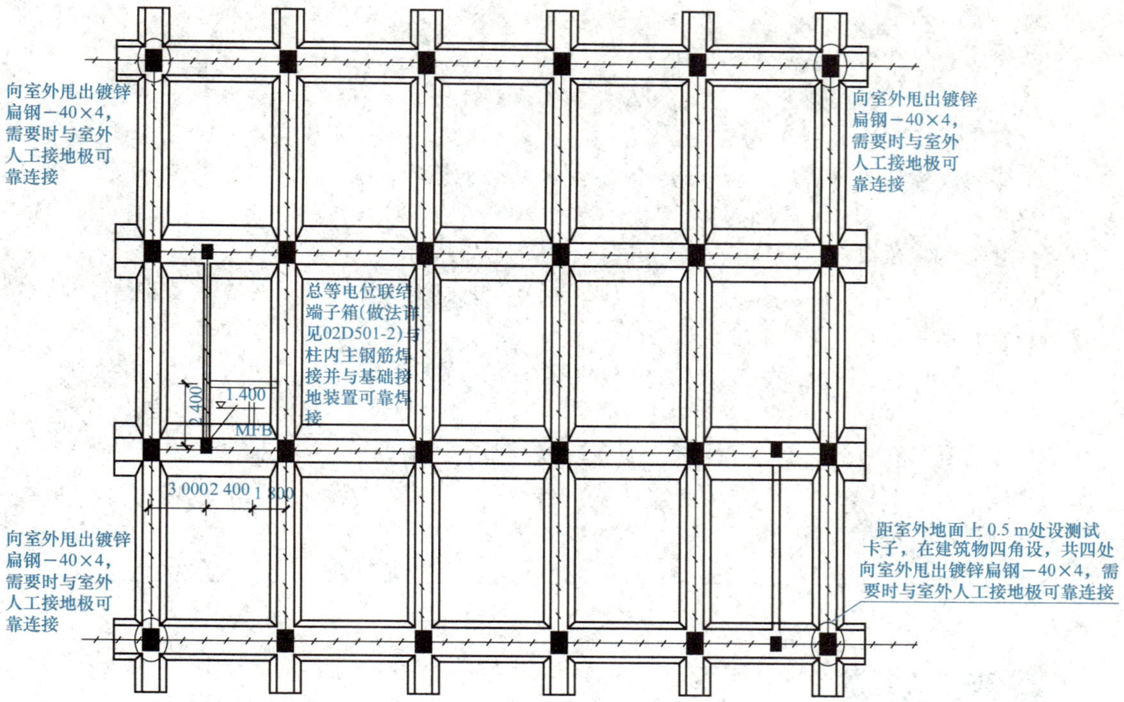


**图 2-79　基础接地平面图**

## 知识梳理与总结

(1)在工业生产及日常生活中，广泛使用的是交流电路。交流电具有容易生产、运输经济且易于变化电压等优点。三相交流电路与单相交流电路相比，有节省输电线用量、输电距离远、输电功率大等优点。目前，电力系统广泛采用三相交流电路。

电力系统是由发电厂、电力网和电力用户组成的统一整体。根据供电可靠性及中断供电在政治、经济上所造成的损失或影响的程度，用电负荷分为一级负荷、二级负荷及三级负荷。

低压配电系统的配电方式主要有放射式和树干式。由这两种方式组合派生出来的供电方式还有混合式、链接式等。

变(配)电所是建筑供配电系统中的重要组成部分，其主要作用是变换与分配电能。中小型民用建筑变配电所主要为10 kV级。

建筑电气照明的方式主要有一般照明、分区一般照明、局部照明和混合照明。电气照明种类可分为正常照明、应急照明、警卫照明、值班照明、景观照明和障碍照明。

雷电的危害方式主要有直击雷、雷电感应和雷电波侵入等。防雷装置的作用是将雷云电荷或建筑物感应电荷迅速引导入地，以保护建筑物、电气设备及人身不受损害。其主要由接闪器、引下线、接地装置和避雷器等组成，为了满足电气装置和系统的工作特性和安全防护的需要，而将电气装置和电力系统的某一部位通过接地装置与大地土壤作良好的连接，即为接地。等电位联结是电气装置的各外露导电部分和装置外导电部分的电位实质上相等的连接，从而消除或减少各部分间的电位差，减少保护电器动作不可靠的危险性，消除或降低从建筑物外窜入电气装置外露导电部分上的危险电压。

(2)有线电视系统是对电视广播信号进行接收、放大、处理、传输和分配的系统，由信号源、前端设备和传输分配网络三部分组成。

火灾自动报警系统由触发装置、报警装置、警报装置、控制装置和电源等组成，根据其感测的参数不同，分为感烟火灾探测器、感温火灾探测器、感光火灾探测器、可燃气体探测器、复合式火灾探测器等。火灾自动报警系统的核心报警装置是火灾报警控制器。

安全防范系统主要有视频监控系统、入侵报警系统、出入口控制系统、访客对讲系统、停车场管理系统等组成。

(3)建筑电气施工图由首页、系统图、平面图、电气原理接线图、设备布置图、安装接线图和大样图等组成。

(4)建筑供配电线路主要有架空线路和电缆线路。架空线路是采用电杆、横担将导线悬空架设，向用户传送电能的配电线路。其特点是：设备简单，投资少；设备明设，维护方便；但易受自然环境和人为因素影响，供电可靠性低，且易造成人身安全事故；影响美观。电缆线路多为暗敷设，其特点是：供电可靠性高，使用安全，寿命长；但投资大，敷设及维护不太方便。目前，住宅小区、公共建筑等多采用电缆线路。

## 复习思考题

1. 建筑电气工程线路的主要作用是什么？
2. 变电所的作用是什么？
3. 建筑电气照明的种类有哪些？
4. 什么是接地？
5. 什么是保护接零？
6. 等电位联结的作用是什么？
7. $n_3$—BV(3×2.5)SC15—WC 的含义是什么？
8. 86K11—10 的含义是什么？
9. $VV_{22}$的含义是什么？
10. TMY—125×10 的含义是什么？
11. $5-YZ40\dfrac{2\times 40}{2.5}CS$ 的含义是什么？
12. 分配器有什么作用？分支器有什么作用？
13. 感烟火灾探测器的作用及种类有哪些？
14. 感温火灾探测器的作用及种类有哪些？
15. 火灾自动报警系统的工作原理是怎样的？

# 模块 3

# 建筑通风、防火排烟与空气调节

## 教学导航

| 项目引领 | 项目 3.1　建筑通风、防火排烟与空气调节系统 | 学时 | 理论：8 学时<br>实训：4 学时 |
|---|---|---|---|
| | 项目 3.2　通风空调施工图 | | |
| 教学载体 | 多媒体课室、教学课件及教材相关内容 | | |
| 教学目标 | 知识目标 | 了解建筑通风、防火排烟与空气调节的基础知识；熟悉通风空调施工图的识读；掌握建筑通风、防火排烟与空气调节系统的安装 | |
| | 能力目标 | 能够识读通风空调施工图，能够安装建筑通风、防火排烟与空气调节系统 | |
| 过程设计 | 任务布置及知识引导—学习相关新知识点—解决与实施工作任务—自我检查与评价 | | |
| 教学方法 | 项目教学法 | | |

## 项目 3.1　建筑通风、防火排烟与空气调节系统

### 项目引领

建筑内由于生产过程和人们日常生活产生的有害气体、蒸汽、灰尘、余热，使室内空气变坏，建筑通风与空气调节系统是保证室内空气质量、保障人体健康的重要措施。

通风系统是把室内被污染的空气直接或经过净化后排到室外，把室外新鲜空气或经过净化的空气补充进来，单纯的通风一般只对空气进行净化和加热方面的处理。空气调节是采用人工方法，通过对空气处理(过滤、加热或冷却、加湿或除湿等)，创造和保持满足室内恒温、恒湿、高清洁度和一定的气流速度的室内生活环境。

### 3.1.1　建筑通风系统

#### 1. 建筑通风系统的任务、分类

(1)建筑通风系统的任务。建筑通风系统的任务是把室内被污染的空气直接或经过净化后排

到室外，把室外新鲜空气或经过净化的空气补充进来，以保持室内的空气环境满足卫生标准和生产工艺的要求。

(2)建筑通风系统的分类。建筑通风系统主要有以下两种分类方法：

1)**按照通风动力的不同，通风系统可分为自然通风和机械通风两类。**

①自然通风不消耗机械动力，是一种经济的通风方式，是依靠室外风力造成的风压和室内外空气温度差所造成的热压使空气流动的。

②机械通风是依靠风机造成的压力使空气流动的。

2)**按照通风作用范围的不同，通风系统可分为全面通风和局部通风。**

①全面通风又称为稀释通风，一方面用清洁空气稀释室内空气中的有害物浓度；另一方面不断把污染空气排至室外，使室内空气中有害物浓度不超过卫生标准规定的最高允许浓度。

②局部通风系统可分为局部进风和局部排风两大类。它们都是利用局部气流，使局部工作地点不受有害物的污染，造成良好的空气环境。

### 2. 自然通风

自然通风是依靠室外风力造成的风压和室内外空气温差所造成的热压使空气流动的通风方式。其特点是结构简单、不消耗机械动力，是一种经济的通风方式。下面主要阐述热压和风压作用下自然通风的基本原理。

自然通风有两种形式：一种是风压作用下的自然通风；另一种是热压作用下的自然通风。

(1)**风压作用下的自然通风**(图 3-1)。风压作用下的自然通风是利用室外空气流动(风力)产生的室内外压差来实现通风换气的。在风压的作用下，室外空气作用于建筑物迎风面上，通过迎风面上的门、窗、孔口进入室内，而室内空气则通过背风面上的门、窗、孔口排出。室内外空气得到交换，工作区空气环境得到改善。

(2)**热压作用下的自然通风**(图 3-2)。热压作用下的自然通风是利用室内外温度差而形成的密度差来实现室内外空气交换的通风方式。由于室内空气温度高，空气密度小，室外空气温度低，密度大，这样就造成上部窗排风，下部门、窗进风的气流形式。污浊的热空气从上部排出，室外新风从下部进入工作区，工作环境就得到了改善。

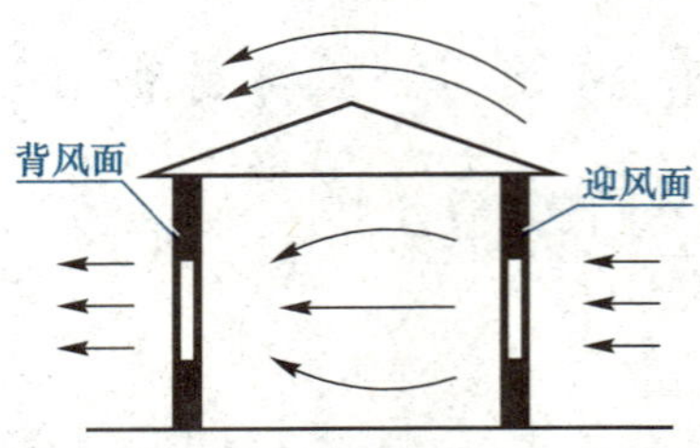


图 3-1　风压作用下的自然通风

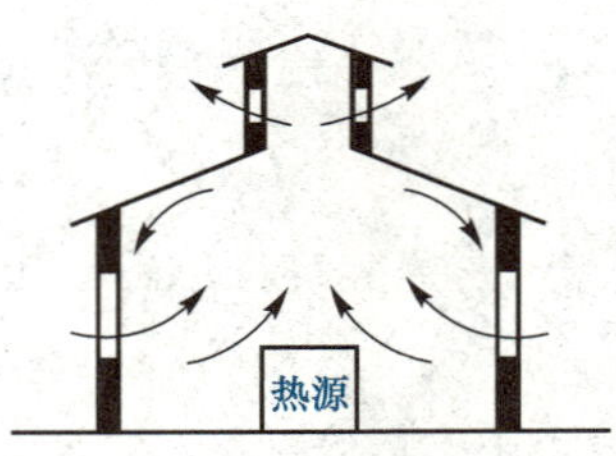


图 3-2　热压作用下的自然通风

在大多数实际工程中，建筑物往往是在风压和热压的共同作用下实现通风换气的。

自然通风因不需要消耗动力，所以是比较经济的通风方式。自然通风量的大小和很多因素有关，如室内外空气温度、室外空气的流动速度及方向、门窗的面积等。因此，通风量不是常数，而是随气象条件发生变化。同样，室内所需要的通风量也不是常数，而是随工艺设备条件而变化。要使自然通风量满足室内的要求，就要不断地进行调节。

自然通风的优点是不消耗能量、结构简单、不需要复杂装置和专人管理等，是一种条件允许时应优先采用的经济的通风方式；其缺点是由于自然通风的作用压力比较小，热压和风压受到自然条件的限制，其通风量难以控制，通风效果不稳定。因此，在一些对通风要求较高的场合，自然通风难以满足卫生要求，这时需要设置机械通风系统。

3. 机械通风

机械通风是依靠风机造成的压力使空气流动的通风方式。与自然通风相比，机械通风的优点是作用范围大，可采用风道把新鲜空气送到需要的地点或把室内指定地点被污染的空气排至室外，机械通风的通风量和通风效果可人为控制，不受自然条件的限制。但是，机械通风需要消耗能量，结构复杂，初投资和运行费用较大。**按照通风作用范围的不同，机械通风系统可分为局部通风和全面通风**。

(1)**局部通风**。局部通风是利用局部气流改善室内局部区域的空气环境，这一区域大多是污染严重或工作人员经常活动的区域。局部通风一般有局部送风系统和局部排风系统两种形式。

1)**局部送风系统**。仅向房间局部工作地点送入新鲜空气或经过处理的空气，造成局部区域良好空气环境的通风方式称为局部送风。送风的气流不得含有害物，可以进行加热和冷却处理。气流应该从人体前侧上方倾斜地吹到头、颈和胸部，必要时可从上向下送风。图 3-3 所示为局部送风系统示意图。这种通风方式适用于面积大且工作人员较少、工作地点固定、生产过程中有污染物产生的车间。

2)**局部排风系统**。局部排风是对室内有害物产生的局部区域进行排风的系统。具体地讲，就是将室内有害物在未与工作人员接触之前就捕集、排除，以防止有害物扩散到整个房间。局部排风系统是防毒、防尘、排烟的最有效措施，如图 3-4 所示。这种通风方式适用于安装局部排气设备不影响工艺操作及污染源集中且较小的场合。

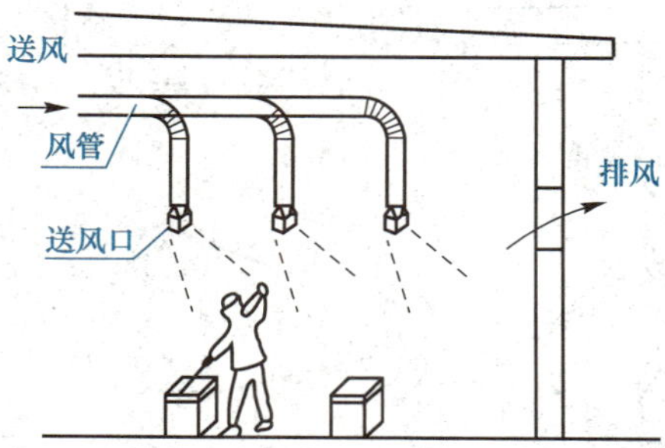


图 3-3　局部送风系统示意图

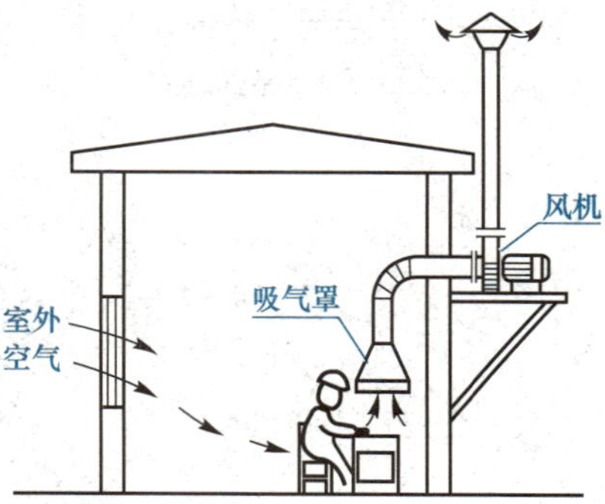


图 3-4　局部排风系统示意图

(2)**全面通风**。全面通风可分为全面送风和全面排风，可同时或单独使用。单独使用时，需要与自然进、排风方式相结合。

1)**全面机械排风、自然进风系统**，如图 3-5 所示。

2)**全面机械送风、自然排风系统**，如图 3-6 所示。

3)**全面机械送、排风系统**，如图 3-7 所示。

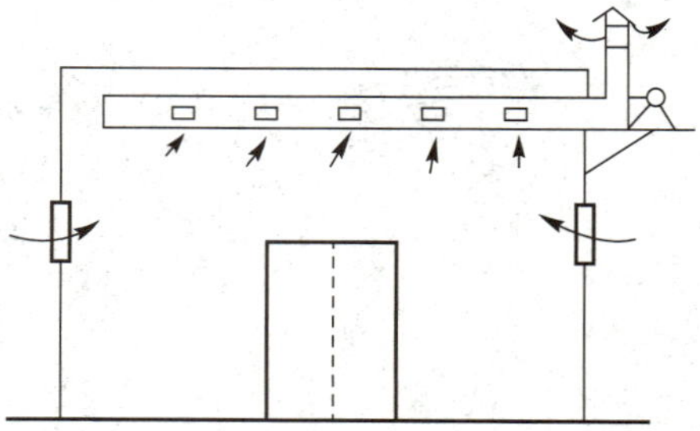

图 3-5　全面机械排风、自然进风系统示意图

4. 通风系统的主要设备和构件

对于自然通风，其设备装置比较简单，只需用进、排风窗以及附属的开关装置。而机械通风系统则由较多的部件和设备组成。**机械送风系统由室外进风装置、空气处理设备、风道、风机以及室内送风口等组成；机械排风系统由有害物收集和净化设备、排风道、风机、排风口及风帽等组成**。在机械通风系统中还应设置必要的调节通风量和启闭系统运行的各种控制部件，即各种阀门。

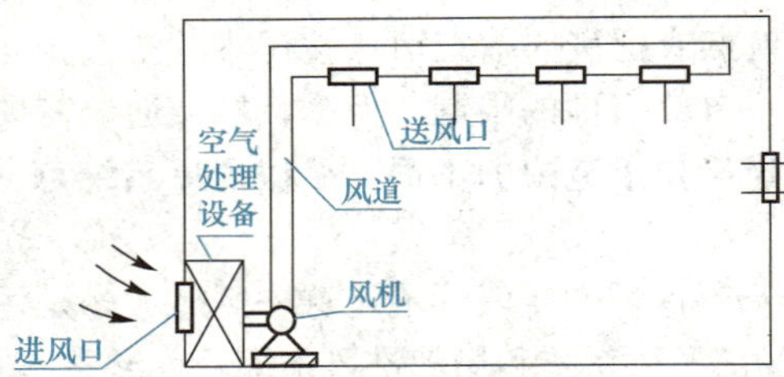


图 3-6　全面机械送风、自然排风示意图

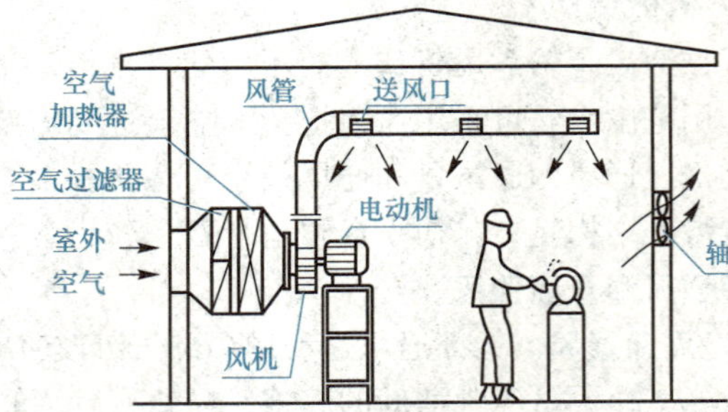


图 3-7　全面机械送、排风系统示意图

(1)**风道**。风道是通风系统中用于输送空气的管道。风道通常采用薄钢板制作，也可采用塑料、砖、混凝土等其他材料制作。

风道的断面有圆形、矩形等形状，如图 3-8 所示。圆形风道的强度大，在同样的流通断面积下，比矩形风道节省管道材料、阻力小。但是，圆形风道不易与建筑配合，一般适用于风道直径较小的场合。对于大断面的风道，通常采用矩形风道，矩形风道容易与建筑配合布置，也便于加工制作。但矩形风道流通断面的宽高比宜控制在 3∶1 以下，以便尽量减少风道的流动阻力和材料消耗。

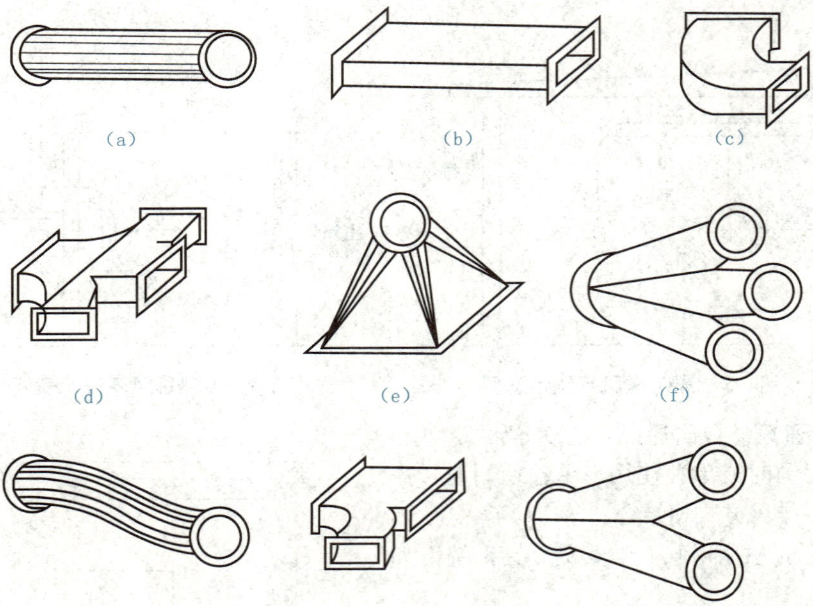


图 3-8　风道的断面形状

(a)圆形直管；(b)矩形直管；(c)矩形弯头；(d)矩形四通；(e)天圆地方；
(f)圆形四通；(g)圆形来回弯；(h)矩形三通；(i)圆形三通

1)风道的布置。风道的布置应在进风口、送风口、排风口、空气处理设备、风机的位置确定之后进行。风道布置应服从整个通风系统的总体布局，并与土建、生产工艺和给水排水等各专业互相协调、配合。

风道的布置原则如下：

①风道布置应尽量缩短管线、减少分支、避免复杂的局部管件。

②应便于安装、调节和维修。

③风道之间或风道与其他设备、管件之间应合理连接，以减少阻力和噪声。

④风道布置应尽量避免穿越沉降缝、伸缩缝和防火墙等。

⑤应使风道少占建筑空间并不得妨碍生产操作。

⑥对于埋地风道应避免与建筑物基础或生产设备底座交叉，并应与其他管线综合考虑。另外，还需设置必要的检查口。

⑦风道在穿越火灾危险性较大房间的隔墙、楼板处，以及垂直和水平风道的交接处时，均应符合《建筑防火设计规范》(GB 50016—2014)的规定。

在某些情况下，可以把风道和建筑物本身构造密切结合在一起。在居住和公用建筑中竖直的砖风道通常就砌筑在建筑物的内墙里，为了防止结露和影响自然通风的作用压力，竖直风道一般不允许设在外墙中而设在间隔墙中，否则应设空气隔离层。

2)风道的敷设。风道有圆形和矩形两种。圆形风道适用于工业通风和防排烟系统中，宜明装；矩形风道利于与建筑协调，可明装也可暗装于吊顶内，空气调节系统中多采用矩形风道。风道多采用钢板制作，其尺寸应尽量符合国家现行《通风与空调工程施工质量验收规范》(GB 50243)的规定，以利机械加工风管和法兰，也便于配置标准阀门和配件。

风道一般应设在隔墙内，如墙体较薄，可在外墙设贴附风道，如图 3-9 所示。各层楼内性质相同的一些房间的竖井风道可在顶部汇合在一起，并应符合相关规范的要求。

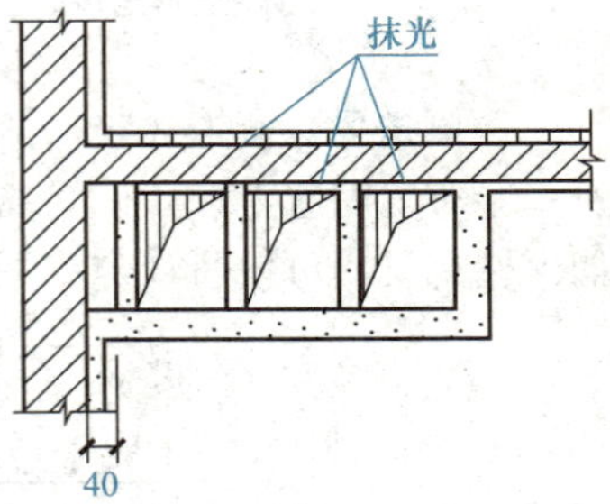

图 3-9　贴附风道

3)风道的防腐与保温。

①风道的防腐。钢板风道内表面和需要保温的风道外表面应刷防锈漆两遍，不保温风道外表面应刷一遍防锈底漆和两遍调合漆。镀锌钢板可不刷漆，但交口损害处应刷漆，施工时发现锈蚀处应刷漆。

②风道的保温。在通风空气调节系统中，为提高冷、热量的利用率，避免不必要的冷、热损失，保证通风空气调节系统运行参数，应对通风空调风道进行保温。另外，当风道送冷风时，其表面温度可能低于或等于周围空气的露点温度，使其表面结露，加速传热。同时，也对风道造成一定的腐蚀，因此，应对风道进行保温。

保温材料主要有软木、聚苯乙烯泡沫塑料、超细玻璃棉、玻璃纤维保温板、聚氨酯泡沫塑料和石板等。

通常保温结构有以下四层：

①防腐层。涂防腐漆或沥青。

②保温层。粘贴、捆扎、用保温钉固定。

③防潮层。包塑料布、油毛毡、铝箔或刷沥青，以防潮湿空气或水分进入保温层内破坏保温层或在其内部结露，降低保温效果。

④保护层。室内可用玻璃布、塑料布、木板、聚合板等作保护。

(2)室内送、排风口。室内送风口是送风系统中的风道末端装置，由送风道输送来的空气，通过送风口以适当的速度分配到各个指定的送风地点。室内排风口是排风系统中的始端吸入装置，室内被污染的空气经由排风口进入排风管道。室内送、排风口的任务是将各送风、排风口所需的空气送入室内和排出室外。

图 3-10 所示为构造最简单的两种送风口，孔口直接开在风管上，用于侧向或下向送风。其中，图 3-10(a)所示为风管侧送风口，除孔口本身外没有任何调节装置；图 3-10(b)所示为插板式风口，其中设有插板，这种风口只可以调节送风量，不能改变和控制气流方向。

图 3-10(c)、(d)所示为常用的百叶式风口，可以安装在风管上、风管末端或墙上。其中，双层百叶式风口不但可以调节出口的气流速度，还可以调节气流的方向。

室内送、排风口的位置决定了通风房间的气流组织形式。室内送、排风口的布置情况是决定通风气流方向的重要因素，而气流的方向是否合理，将直接影响通风的效果。

送、回风口布置取决于通风房间的气流组织方式，常见的气流组织方式有侧送风、孔板送风、散流器送风、条缝送风、喷口送风等。

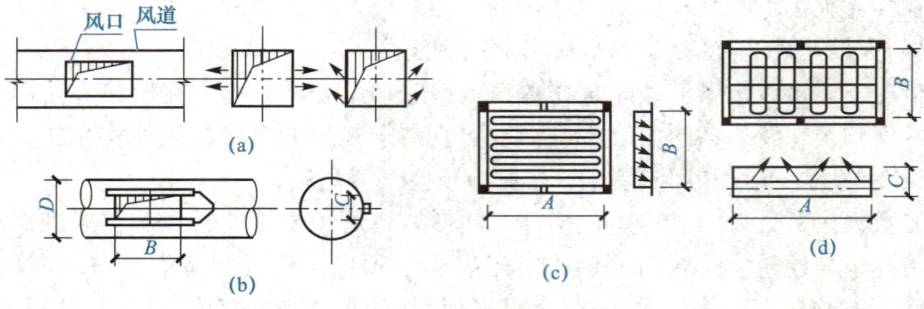


**图 3-10　室内送、回风口**

(a)风管侧送风口；(b)插板式送、回风口；(c)单层百叶式风口；(d)双层百叶式风口

1)**侧送风**。侧送风口一般布置在房间较窄的一边，若房间很长，则宜双侧布置，如图 3-11 所示。布置时应考虑工艺设备布置、局部热源和工艺要求等因素，且在送风前方应无阻碍物，如顶棚有梁，可使风口与梁平行布置。

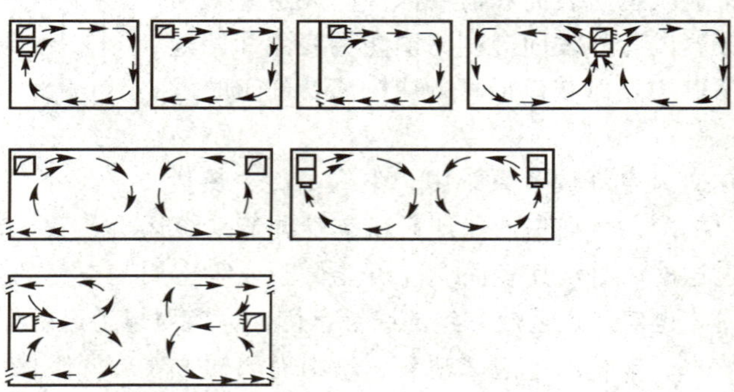

**图 3-11　侧送风的几种方式**

2)**散流器送风**。散流器是由上向下送风的送风口，一般明装在送风管道端部或暗装在顶棚上。圆形或方形散流器相应送风面积的长宽比宜小于 1∶1.5，散流器之间的距离及与墙之间的距离应保证有足够的射程和良好的射流扩散，如图 3-12 所示。

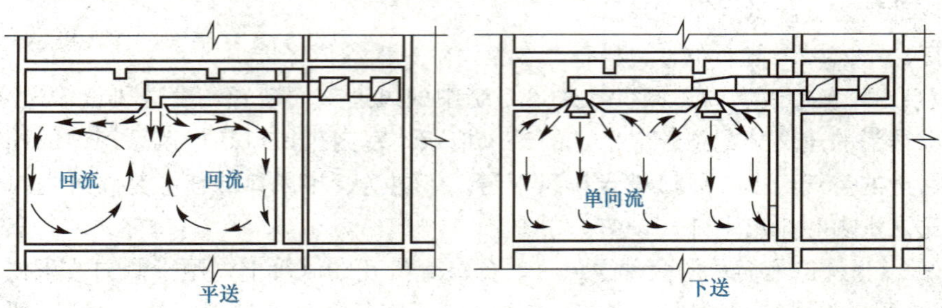


**图 3-12　散流器送风**

3)**喷口送风**。如图 3-13 所示，喷口的位置应按具体工程要求而定，在一般高大公共建筑中，宜距离地面 6～10 m，喷口直径为 200～800 mm，喷口风量、喷口角度能调节。

4)**条缝送风**。如图 3-14 所示，风口宽长比大于 1∶20，可由单条缝、双条缝和多条缝组成，且风口与采光带相互配合布置，使室内更显整洁、美观。

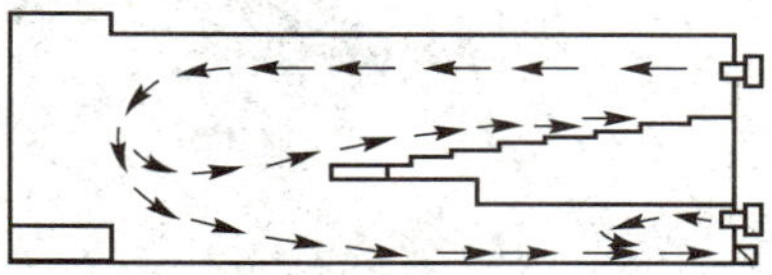

图 3-13　喷口送风

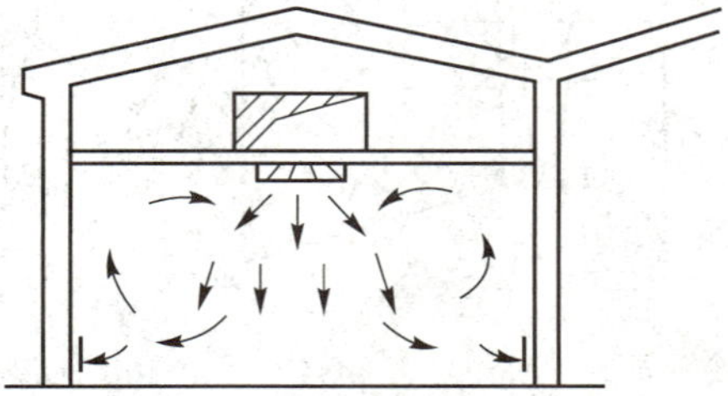

图 3-14　条缝送风

进、排风口的布置应满足以下要求：

①室外进风口应设置在空气较为洁净的地点，应远离污染源。

②室外进风口的底部距室外地坪不宜小于 2 m，进口处应设置用木板或薄钢板制作的百叶窗，防止雨、雪、树叶、纸片和砂土等杂质被吸入。

③室外进风口的标高应低于周围的排风口，且宜设在排风口的上风侧，以防止吸入排风口排出的污浊空气。

④屋顶式进风口应高出屋面 0.5～1.0 m，以免吸进屋面上的积灰和被积雪埋没。

⑤一般排气主管至少应高出屋面 0.5 m。

⑥若排气管中的有害物需要经大气扩散稀释时，排风口应位于建筑物空气动力阴影和正压区以上，且排风口上不应安装风帽，并应有防止雨水进入风机的措施。

(3)**风机**。风机是为通风系统中的空气流动提供动力的机械设备。在排风系统中，为了防止有害物质对风机的腐蚀和磨损，通常把风机布置在空气处理设备的后面。**风机可分为离心风机和轴流风机两种类型**。

1)离心风机主要由叶轮、机壳、机轴、吸气口、排气口等部件组成，如图 3-15 所示。

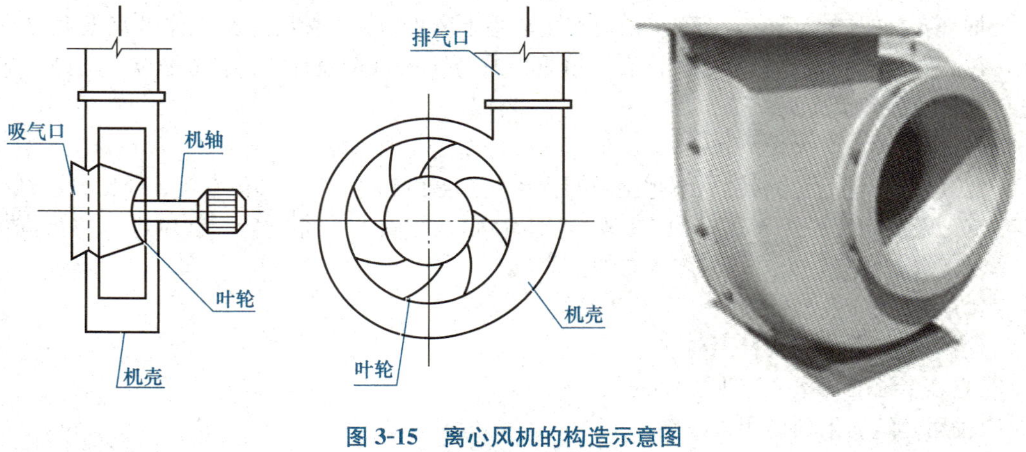


图 3-15　离心风机的构造示意图

2)轴流风机的构造如图 3-16 所示。叶轮安装在圆筒形外壳内，当叶轮在电动机的带动下作旋转运动时，空气从吸风口进入，轴向流过叶轮和扩压管，静压升高后从排气口流出。

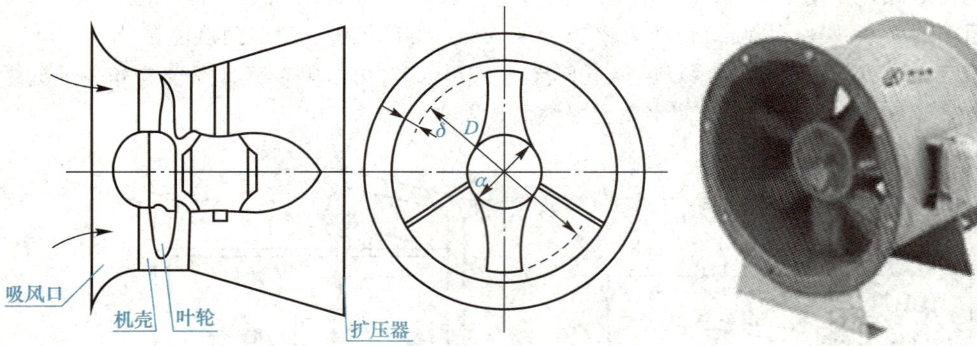


图 3-16　轴流风机的构造示意图

与离心风机相比，轴流风机产生的压头小，一般用于不需要设置管道或管路阻力较小的场合。对于管路阻力较大的通风系统，应当采用离心风机提供动力。

风机的主要参数有以下几项：

1)风量 $L$。风量是指风机在标准状态下，单位时间输送的空气量，单位为 $m^3/s$ 或 $m^3/h$。

2)全压 $P$。全压是指在标准状态下每立方米空气通过风机后所获得的动压和静压之和，单位为 Pa。

(4)**排风的净化处理设备**。为了防止大气污染，当排风中的有害物浓度超过卫生标准所允许的最高浓度时，必须用除尘器或其他有害气体净化设备对排风空气进行处理，达到相关规范允许的排放标准后才能排入大气。

## 3.1.2　高层建筑的防火排烟

### 1. 概述

众所周知，在火灾事故的死伤者中，大多数人员是由于烟气导致的窒息或中毒。在现代高层建筑中，由于各种在燃烧时产生有毒气体的装饰材料的使用，以及高层建筑中各种竖向管道产生的烟囱效应，使烟气更加容易迅速地扩散到各个楼层，不仅造成人身伤亡和财产损失，而且由于烟气遮挡视线，还使人们在疏散时产生心理上的恐慌，给消防抢救工作带来很大的困难。因此，在高层建筑的设计中，必须认真、慎重地进行防火排烟设计，以便在火灾发生时，顺利地进行人员疏散和消防灭火工作。

根据《建筑设计防火规范》(GB 50016—2014)的规定，对于建筑高度大于 27 m 的住宅建筑和建筑高度大于 24 m 的公共建筑(不包括单层主体建筑高度超过 24 m 的体育馆、会堂、影剧院等公共建筑，以及高层民用建筑中的人民防空地下室)及与其相连的裙房，都应进行防火排烟设计。其中，需要设置防火排烟设施的有如下部位。

(1)防烟楼梯间及其前室。

(2)消防电梯间前室或合用前室。

(3)避难走道的前室、避难层(间)。

(4)民用建筑的下列场所或部位：

1)建筑内长度大于 20 m 的疏散走道。

2)公共建筑内建筑面积大于 100 $m^2$ 且经常有人停留的地上房间。

3)公共建筑内建筑面积大于 300 $m^2$ 且可燃物较多的地上房间。

4)中庭。

5)设置在一、二、三层且房间建筑面积大于 100 m² 的歌舞娱乐放映游艺场所，设置在四层及以上楼层、地下或半地下的歌舞娱乐放映游艺场所。

6)地下或半地下建筑(室)、地上建筑内的无窗房间，当总建筑面积大于 200 m² 或一个房间建筑面积大于 50 m²，且经常有人停留或可燃物较多。

建筑物一旦起火，要立即使用各种消防措施，隔绝新鲜空气的供给，同时切断燃烧的部位等。因为消防灭火需要一定的时间，当采取以上措施后，仍然不能灭火时，为确保有效的疏散通路，必须具备防烟设施。这是由于火灾产生的烟气随燃烧的物质而异，有高分子化合物燃烧所产生的烟气，毒性尤为严重。这些火灾烟气直接危及人身，对疏散和扑救也造成很大的威胁。所以，防止建筑物的火灾危害，很大程度上是解决火灾发生时的防、排烟问题。

建筑物内烟气流动大体上取决于两种因素：一种是在火灾房间及其附近，烟气由于燃烧而产生热膨胀和浮力产生流动；另一种是因外部风力或在固有的热压作用下形成的比较强烈的对流气流，对火灾后产生的大量烟气产生影响，促使其扩散而形成比较强烈的气流。

**2. 安全分区、防火分区与防烟分区**

(1)安全分区。当建筑房间发生火灾时，作为室内人员的疏散通道，一般路线是经过走廊、楼梯间前室、楼梯到达安全地点。把以上各部分用防火墙或防烟墙隔开，采取防火排烟措施，就可使室内人员在疏散过程中得到安全保护。其中，室内疏散人员在从一个分区向另一个分区移动中需要花费一定的时间，因此，移动次数越多，就越要有足够的安全性。如图 3-17 所示的分区中走廊是第一安全分区，楼梯间前室是第二安全分区，楼梯是第三安全分区。安全分区之间的墙壁，应采用气密性高的防火墙或防烟墙，墙上的门应采用防火门。

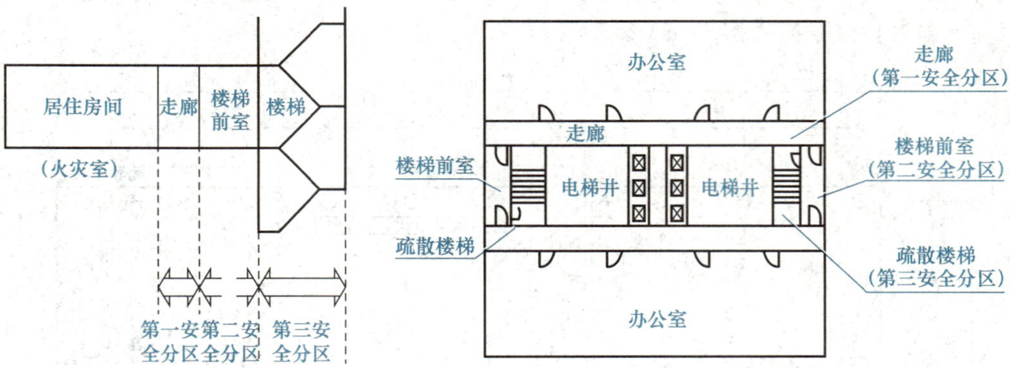


图 3-17　安全分区示意图

(2)防火分区。防火分区是指采用防火墙、楼板、防火门或防火卷帘等分隔的区域，可以将火灾限制在一定局部区域内，不使火势蔓延。它能有效地控制和防止火灾沿垂直或水平方向向同一建筑物的其他空间蔓延，减少火灾损失，并为人员安全撤离与疏散、灭火扑救等提供有利条件。通常规定，楼梯间、通风竖井、风道空间、电梯、自动扶梯等升降通路形成竖井的部分要作为防火分区。

根据有关建筑设计防火规范的规定：高层民用建筑每个防火分区最大允许面积为 1 500 m²，耐火等级一、二级单层、多层民用建筑面积为 2 500 m²，地下或半地下建筑(室)面积为 500 m²。如果防火分区内设有自动灭火设备，防火分区的面积可增加一倍。

## 温馨提示

高层建筑的竖直方向通常每层划分为一个防火分区，以楼板为分隔。对于在两层或多层之间设有各种开口，如设有开敞楼梯、自动扶梯的建筑，应把连通部分作为一个竖向防火分区的整体考虑，而且连通部分各层面积之和不应超过允许的水平防火分区的面积。

(3)防烟分区。在建筑设计中进行防烟分区的目的是对防火分区的细分化，防烟分区内不能防止火灾的扩大，它仅能有效地控制火灾产生的烟气流动。要在有发生火灾危险的房间和用作疏散通路的走廊间加设防烟隔断，在楼梯间设置前室，并设自动关闭门，作为防火防烟的分界。另外，还应注意竖井分区，如百货公司的中央自动扶梯处是一个大开口，应设置用烟感器控制的隔烟防火卷帘。

规范规定：设置排烟设施的走道和净高不超过 6 m 的房间，应采用挡烟垂壁、隔墙或从顶棚下凸出不小于 0.5 m 的梁划分防烟分区，如图 3-18 所示。每个防烟分区的面积不宜超过 500 $m^2$，且防烟分区的划分不能跨越防火分区。

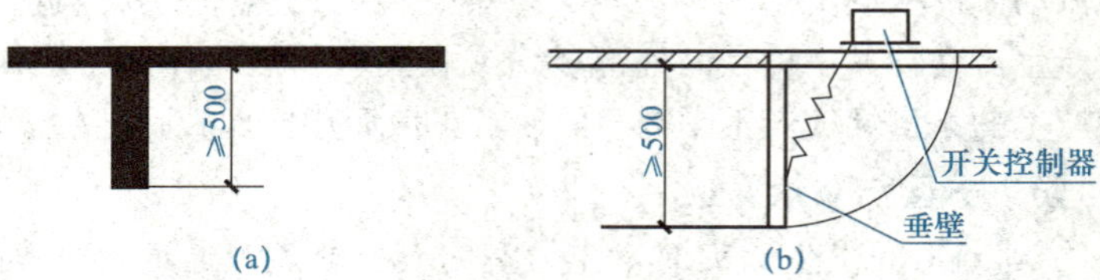


**图 3-18　挡烟垂壁示意图**

(a)从顶棚下凸出不小于 0.5 m 的梁；(b)可活动的挡烟垂壁

## 工程案例

某百货大楼在设计时的防火防烟分区如图 3-19 所示，从图中可以看出，它是将顶棚送风的空气调节系统和防烟分区结合在一起考虑的。

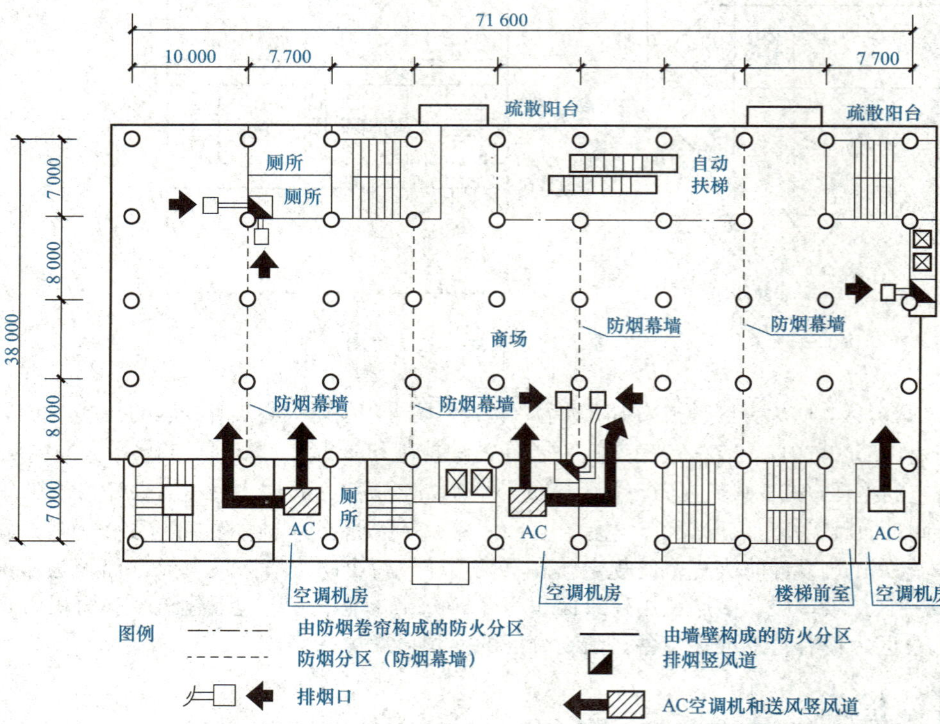


**图 3-19　防火防烟分区与空气调节系统结合布置示意图**

## 温馨提示

用途相同、楼层不同也可形成各自的防火防烟分区。实践证明，应尽可能按不同用途在竖向作楼层分区，它比单纯依靠防火、防烟阀等手段所形成的防火分区更为可靠。

### 3. 高层建筑的自然排烟

(1)高层建筑自然排烟的特点与目的。自然排烟是利用风压和热压作为动力的排烟方式。自然排烟方式的优点是结构简单，不需要电源和复杂的装置，运行可靠性高，平常可用于建筑物的通风换气等；其缺点是排烟效果受风压、热压等因素的影响，排烟效果不稳定，设计不当会适得其反。

目前，在我国，除建筑高度超过 50 m 的一类公共建筑和建筑高度超过 100 m 的居住建筑外，具有靠外墙的防烟楼梯间及其前室、消防电梯间前室和合用前室的建筑宜采用自然排烟。为了确保火灾发生时人员疏散和消防扑救工作的需要，高层建筑的防烟楼梯间和消防电梯间应设置前室或合用前室，目的有以下几点：

1)阻挡烟气直接进入防烟楼梯间或消防电梯间。

2)作为疏散人员的临时避难场所。

3)降低建筑物竖向通道产生的烟囱效应，以减少在垂直方向的蔓延速度。

4)作为消防人员到达着火层开展扑救工作的起止点和安全区。

(2)**高层建筑的自然排烟方式**。高层建筑的自然排烟方式主要有以下两种：

1)**用建筑物的阳台、凹廊或在外墙上设置便于开启的外窗或排烟窗排烟**。这种方式是利用高温烟气产生的热压和浮力，以及室外风压造成的抽力，把火灾产生的高温烟气通过阳台、凹廊或在楼梯间外墙上设置的外窗和排烟窗排至室外，如图 3-20 所示。应注意，采用自然排烟方式时，要结合相邻建筑物对风的影响，将排烟口设在建筑物常年主导风向的负压区内。

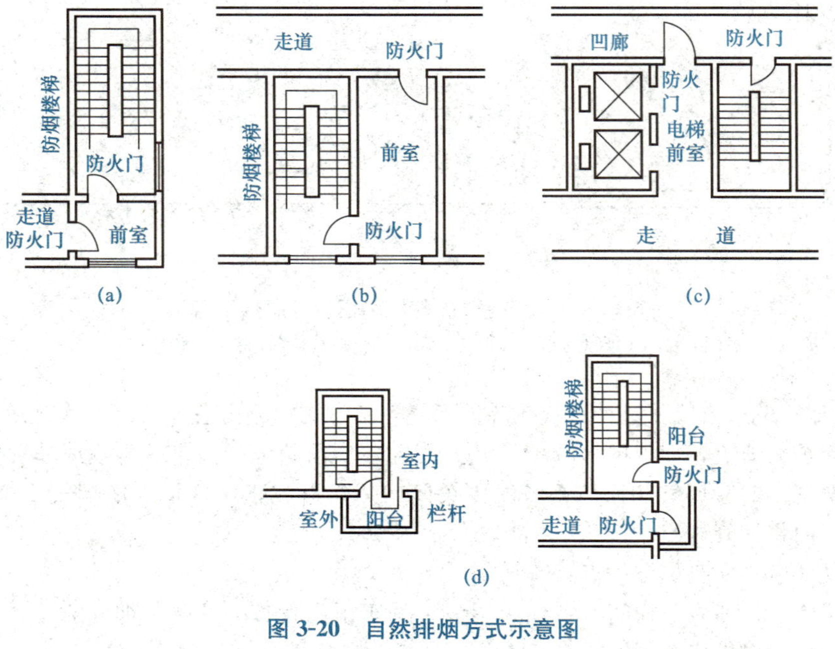


**图 3-20 自然排烟方式示意图**

(a)靠外墙的防烟楼梯间及其前室；(b)防烟楼梯间及其前室；
(c)带凹廊的防烟楼梯间；(d)带阳台的防烟楼梯间

2)竖井排烟。这种方式是在高层建筑防烟楼梯间前室、消防电梯前室或合用前室设置专用的排烟竖井和进风竖井，利用火灾时室内外温差产生的浮力(热压)和室外风力的抽力进行排烟，如图 3-21 所示。

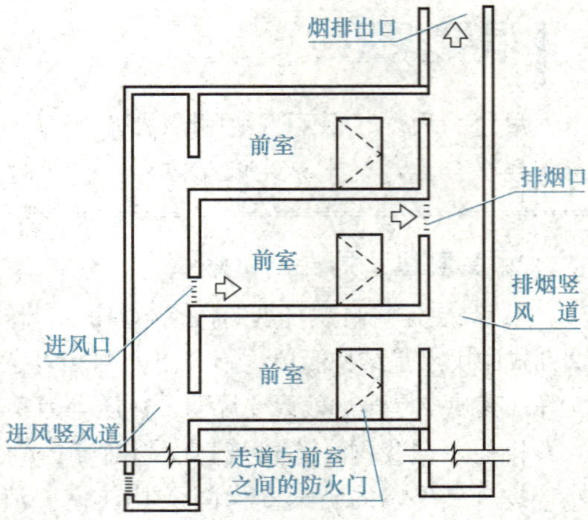


图 3-21 竖井排烟示意图

(3)通风空气调节系统的防排烟措施。采用自然排烟的高层建筑中，为了保证自然排烟的效果，除专门设计的防火排烟系统外，所有的通风空气调节系统都应有防火、防烟措施。在火灾发生时，及时停止风机运行和减小竖向风道所造成的热压对烟气的扩散作用。

### 4. 高层建筑的机械防烟

机械防烟是利用风机造成的气流和压力差来控制烟气流动方向的防烟技术。它是在火灾发生时用气流造成的压力差阻止烟气进入建筑物的安全疏散通道内，从而保证人员疏散和消防扑救的需要。

(1)烟气控制。烟气控制是利用风机造成的气流和压力差结合建筑物的墙、楼板、门等挡烟物体来控制烟气的流动方向。其原理如图 3-22 所示。图 3-22(a)中的高压侧是避难区或疏散通道，低压侧则暴露在火灾生成的烟气中，两侧的压力差可阻止烟气从门周围的缝隙渗入高压侧。当门等阻挡烟气扩散的物体开启时，气流就会通过打开的门洞流动。如果气流速度较小，烟气将克服气流的阻挡进入避难区或疏散通道，如图 3-22(b)所示；如果气流速度足够大，就可防止烟气的倒流，如图 3-22(c)所示。

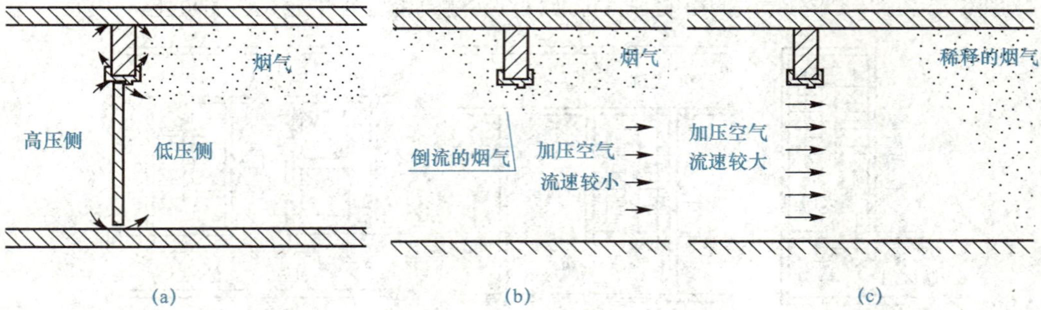


图 3-22 用风机造成的气流和压力差隔烟示意图

(a)隔烟幕墙上的门关闭；(b)隔烟幕墙上的门开启，空气流速较小；(c)隔烟幕墙上的门开启，空气流速较大

(2)机械加压送风方式。这种方式在各种烟气控制方式中应用最为广泛。其是采用机械送风系统向需要保护的地点，如疏散楼梯间及其封闭前室、消防电梯前室、走道或非火灾层等，输送大量新鲜空气，如有烟气和回风系统时则关闭，从而形成正压区域，使烟气不能侵入其间，并在非正压区内将烟气排出。

机械加压送风主要有如下优点：

1)防烟楼梯间、消防电梯间前室或合用前室处于正压状态，可避免烟气的侵入，为人员疏散和消防人员扑救提供安全区。

2)如果在走廊等处设置机械排烟口，可产生有利的气流流动形式，阻止火势和烟气向疏散通道扩散。

3)防烟方式较简单、操作方便、可靠性高。

实践证明，机械机压送风是高层建筑很有效的防烟方式之一，高层建筑中常用的一些机械加压送风方式如图 3-23 所示。

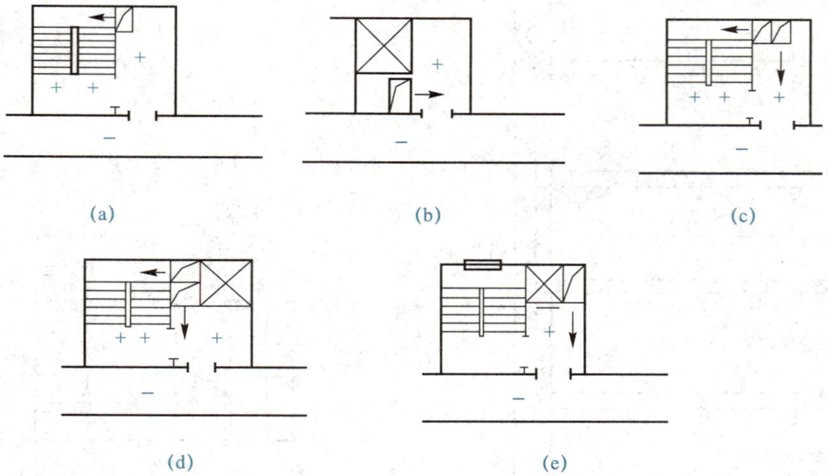


图 3-23　机械加压送风方式示意图

(a)仅对防烟楼梯间加压送风、前室不加压送风；(b)仅对消防电梯前室加压送风；(c)对防烟楼梯间及其前室分别加压送风；(d)对防烟楼梯间及有消防电梯的合用前室分别加压送风；(e)仅对前室或合用前室加压送风

**5. 高层建筑的机械排烟**

(1)机械排烟。机械排烟方式是在各排烟区段内设置机械排烟装置，起火后关闭各区相应的开口部分，将四处蔓延的烟气通过排烟系统排向建筑物外，以确保疏散时间和疏散通道安全。但是，当疏散楼梯间、前室等部位采用此方式排烟时，其墙、门等构件应有密封措施，以防止因负压而通过缝隙继续引入烟气。实践证明，当仅机械排烟而无自然进风或机械送风时，很难有效地把烟气排出室外。因此，同排烟相平衡的送风方式是非常重要的，从下部送风上部排烟，可获得良好效果。

(2)**机械排烟系统**。

1)**走廊和房间的机械排烟系统**。进行机械排烟设计时，需根据建筑面积的大小，水平或竖向分为若干个区域或系统。走廊的机械排烟系统宜竖向布置；房间的机械排烟系统宜按房间分区布置。面积较大、走廊较长的走廊排烟系统，可在每个防烟分区设置几个排烟系统，并将竖向风道布置在几处，以便缩短水平风道，提高排烟效果，如图 3-24 所示。对于房间排烟系统，当需要排烟的房间较多且竖向布置有困难时，可采用如图 3-25 所示的水平布置。

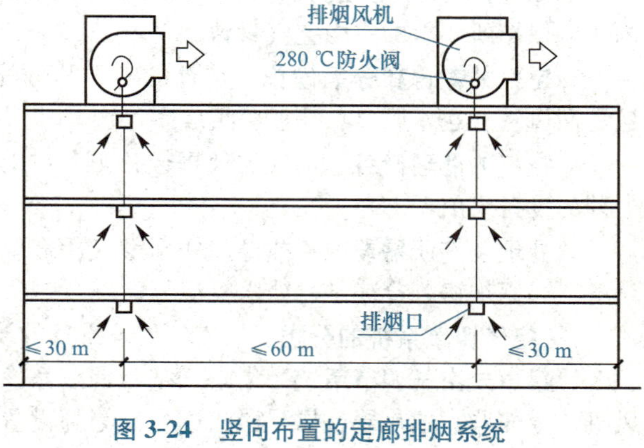


图 3-24　竖向布置的走廊排烟系统

2)**中庭的机械排烟**。中庭是指与两层或两层以上的楼层相通且顶部是封闭的简体空间。火

灾发生时，通过在中庭上部设置的排烟风机，把中庭作为失火楼层的一个大的排烟通道排烟，并使失火楼层保持负压，可以有效地控制烟气和火灾，如图 3-26 所示。

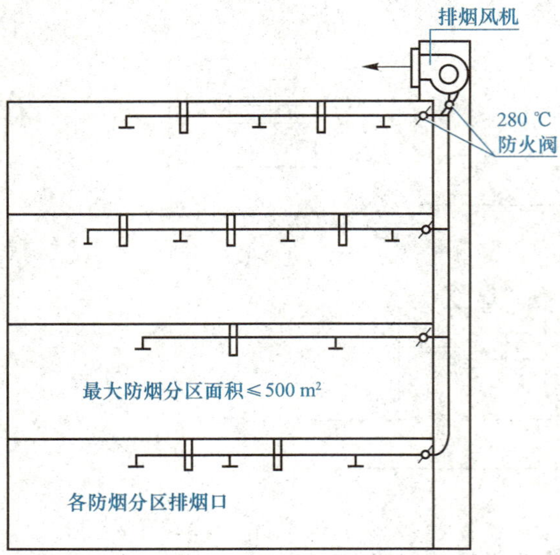


图 3-25　水平布置的房间排烟系统

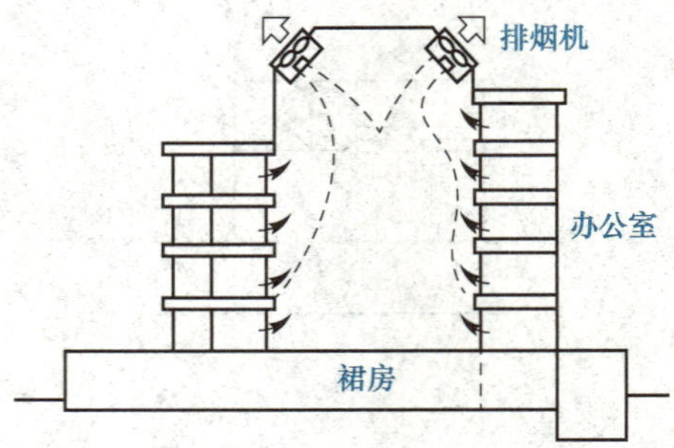


图 3-26　中庭的机械排烟示意图

中庭的机械排烟口应设在中庭的顶棚上，或靠近中庭顶棚的集烟区。排烟口的最低标高应位于中庭最高部分门洞的上边。当中庭依靠下部的自然进风进行补风有困难时，可采用机械补风，补风量按不小于排风量的 50%确定。

### 3.1.3　空气调节系统

#### 1. 空气调节系统的组成与分类

空气调节是对空气温度、湿度、空气流动速度及清洁度进行人工调节，以满足人体舒适和工艺生产要求。

(1)**空气调节系统的组成**。空气调节系统是指需要采用空调技术来实现的具有一定温度、湿度等参数要求的室内空间及所使用的各种设备的总称，通常由以下几部分组成：

1)**工作区(又称为空调区)**。工作区通常是指距离地面 2 m，距离墙 0.5 m 的空间。在此空间内，应保持所要求的室内空气参数。

2)**空气的输送和分配设施**。空气的输送和分配设施主要由输送和分配空气的送、回风机，送、回风管和送、回风口等设备组成。

3)**空气的处理设备**。空气的处理设备由各种对空气进行加热、冷却、加湿、减湿和净化等处理的设备组成。

4)**处理空气所需要的冷热源**。处理空气所需要的冷热源是指为空气处理提供冷量和热量的设备，如锅炉房、冷冻站、冷水机组等。

(2)**空气调节系统的分类**。按空气处理设备的设置情况，空气调节系统可分为以下三类：

1)**集中式空气调节系统**。集中式空气调节系统的特点是系统中的所有空气处理设备，包括风机、冷却器、加热器、加湿器和过滤器等都设置在一个集中的空调机房里，空气经过集中处理后，再送往各个空调房间。

2)**分散式空气调节系统(局部空调机组)**。分散式空气调节系统又称为局部空气调节系统。这种机组把冷、热源和空气处理、输送设备、控制设备等集中设置在一个箱体内，形成一个紧凑的空调机组。可以按照需要，灵活而分散地设置在空调房间内，因此，局部空调机组不需要集中的机房。例如，窗式和柜式空调机就属于这类系统。

3)**半集中式空气调节系统**。一种是除集中空调机房外，还设有分散在各个房间里的二次设备(又称为末端装置)，其中多半设有冷热交换装置(也称二次盘管)，它的功能主要是在空气进入被调房间之前，对来自集中处理设备的空气作进一步补充处理，进而承担一部分冷热负荷；另一种是集中设置冷源和热源，分散在各空调房间设置风机盘管。即冷热媒集中供给，新风是单独处理和供给。

### 2. 空气调节系统的冷源

(1)空气调节系统的冷源的分类。**空气调节系统的冷源可分为天然冷源和人工冷源**。天然冷源一般是指深井水、山涧水、温度较低的河水等。这些温度较低的水可直接用泵抽取，供空气调节系统使用，然后排放掉。采用深井水做冷源时，为了防止地面下沉，需要采用深井回灌技术。由于天然水源往往难以获得，在实际工程中，主要是使用人工冷源。人工冷源是指采用制冷设备制取的冷量。空气调节系统采用人工冷源制取的冷冻水或冷风来处理空气时，制冷机是空气调节系统中消耗能量最大的设备。

(2)**制冷机组的组成及原理**。按照制冷设备所使用的能源类型的不同，蒸汽压缩式制冷机组是空气调节系统中使用最多、应用最广的制冷设备，下面简要介绍其工作原理和主要设备。

1)**蒸汽压缩式制冷原理**。蒸汽压缩式制冷是利用液体气化时要吸收热量的物理特性来制取冷量的，如图 3-27 所示。

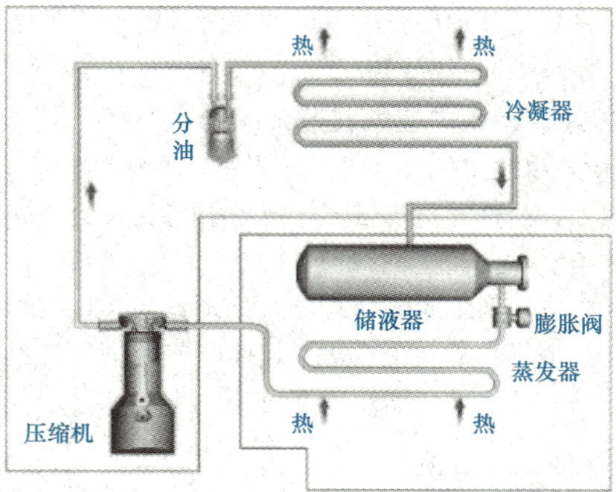

图 3-27　液体气化制冷原理示意图

图 3-27 中右下角的部分是制冷段。储液器中高温高压的液态制冷剂经膨胀阀降温降压后进入蒸发器，在蒸发器中吸收周围介质的热量，气化后回到压缩机。同时，蒸发器周围的介质因失去热量，温度降低。

图 3-27 中右上角的部分称为液化段。其作用是使在蒸发器中吸热气化的低温低压气态制冷剂重新液化去制冷。其方法是先用压缩机将其压缩为高温高压的气态制冷剂，然后在冷凝器中利用外界常温下的冷却剂(如水、空气等)将其冷却为高温高压的液态制冷剂，重新回到储液器去用于制冷。

从图 3-28 中可以看出，蒸汽压缩式制冷系统是通过制冷剂(如氨、氟利昂等)在压缩机、冷凝器、节流膨胀阀、蒸发器等热力设备中进行的压缩、放热、节流、吸热等热力过程，来实现一个完整的制冷循环。

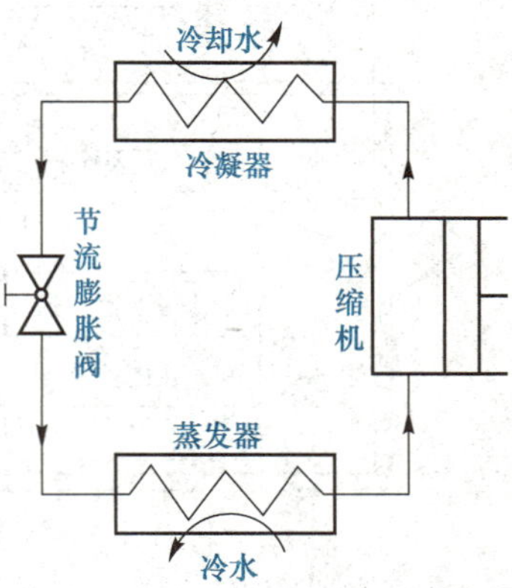

图 3-28　蒸汽压缩式制冷系统

2)**蒸汽压缩式制冷循环的主要设备**。

①**制冷压缩机**。制冷压缩机的作用是从蒸发器中抽吸气态制冷剂，以保证蒸发器中具有一定的蒸发压力和提高气态制冷剂的压力，使气态制冷剂在较高的冷凝温度下被冷却剂冷凝液化。

②**冷凝器**。冷凝器的作用是把压缩机排出的高温高压的气态制冷剂冷却，并使其液化。根据所使用冷却介质的

不同，可分为水冷冷凝器、风冷冷凝器、蒸发式和淋激式冷凝器等类型。

③**节流装置**。节流装置的作用是对高温高压液态制冷剂进行节流降温降压，保证冷凝器和蒸发器之间的压力差，以便蒸发器中的液态制冷剂在所要求的低温低压下吸热气化，制取冷量。

调整进入蒸发器的液态制冷剂的流量，以适应蒸发器热负荷的变化，使制冷装置更加有效地运行。

常用的节流装置有手动膨胀阀、浮球式膨胀阀、热力式膨胀阀和毛细管等。

④**蒸发器**。蒸发器的作用是使进入其中的低温低压液态制冷剂吸收周围介质(水、空气等)的热量气化。同时，蒸发器周围的介质因失去热量，温度降低。

3)**制冷剂、载冷剂和冷却剂**。制冷剂是在制冷装置中进行制冷循环的工作物质。目前常用的制冷剂有氨、氟利昂等。

为了把制冷系统制取的冷量远距离输送到使用冷量的地方，需要有一种中间物质在蒸发器中冷却降温，然后再将所携带的冷量输送到其他地方使用。这种中间物质称为载冷剂。常用的载冷剂有水、盐水和空气等。

为了在冷凝器中把高温高压的气态制冷剂冷凝为高温高压的液态制冷剂，需要用温度较低的物质带走制冷剂冷凝时放出的热量，这种工作物质称为冷却剂。常用的冷却剂有水(如井水、河水、循环冷却水等)和空气等。

### 3. 建筑常用的空气调节系统

(1)**集中式空气调节系统**。集中式空气调节系统属于典型的全空气系统。该系统的特点是服务面积大，处理的空气量多，技术上也比较容易实现，现在的应用也很广泛，尤其是在恒温恒湿、洁净室等工艺性空调场合。

1)组成。系统中的所有空气处理设备，包括风机、冷却器、加热器、加湿器、过滤器等都设置在一个集中的空调机房里，而空气处理所需的冷、热源由集中设置的冷冻站、锅炉或热交换站供给。其组成如图 3-29 所示。

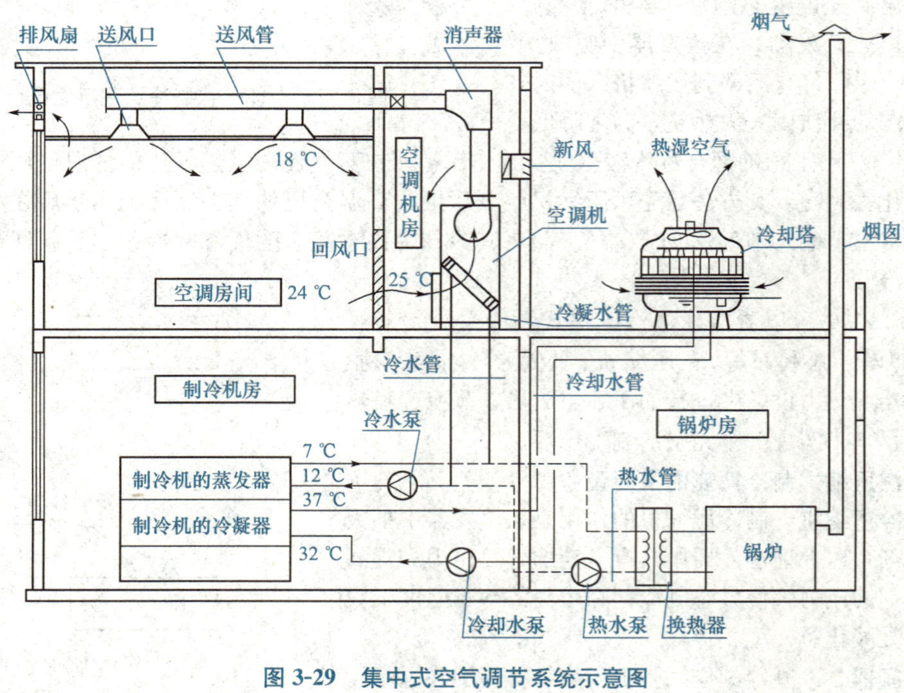


图 3-29 集中式空气调节系统示意图

2)分类。集中式空气调节系统按所处理的空气来源分为封闭式、直流式和混合式三类，如图 3-30 所示。

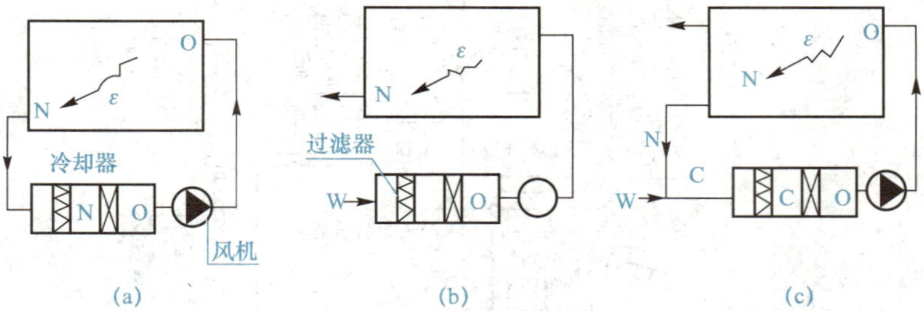


图 3-30　集中式空气调节系统的三种形式

(a)封闭式系统；(b)直流式系统；(c)混合式系统

N—室内空气；W—室外空气；C—混合空气；O—冷却器后的空气状态

①封闭式空气调节系统。其所处理的空气全部来自空调房间本身，没有室外新鲜空气补充，全部为再循环空气。这种系统冷、热耗量最少，但卫生条件很差。

②直流式空气调节系统。与封闭式空气调节系统比较，直流式空气调节系统所处理的空气全部来自室外的新鲜空气，新鲜空气经过处理后送入室内，吸收了室内的余热、余湿后全部排出室外。这种系统适用于不允许采用回风的场合，冷、热耗量最大，但卫生条件好。

③混合式空气调节系统。从上述两种系统可见，封闭式系统不能满足卫生需求，直流式系统经济上不合理，所以，两者都只是在特定情况下使用，对于绝大多数场合，为了减少空调耗能和满足室内卫生条件要求，采用混合一部分回风的空气调节系统，即混合式空气调节系统。其既能满足卫生要求又经济合理，故现在广泛应用。

(2)**分散式空气调节系统(局部空调机组)**。局部空调机组实际上是一个小型空气调节系统，它结构紧凑，占用机房面积少，安装方便，使用灵活，在许多需要空调的场所，特别是舒适性空调工程中是广泛应用的设备。其类型与构造如下。

1)按容量大小分类。

①窗式空调器。容量小，冷量小于 7 kW，风量在 1 200 $m^3/h$ 以下。

②立柜式空调器。容量大，冷量一般在 7 kW，风量在 20 000 $m^3/h$ 以上。

2)按冷凝器的冷却方式分类。

①水冷式空调器。容量较大的机组，其冷凝器一般都用水冷却。用户要具备冷却水源。

②风冷式空调器。容量较小的机组，如窗式，其冷凝器部分设置在室外，借助风机用室外空气冷却冷凝器。容量较大的可将风冷冷凝器独立设置在室外。

3)按供热方式分类。

①普通式空调器。这种空调器冬季用电加热空气采暖。

②热泵式空调器。在冬季仍然由制冷机工作，只是通过一个四通换向阀使制冷剂作供热循环。这时，原来的蒸发器变为冷凝器，空气通过冷凝器时被加热送入房间，如图 3-31 所示。

(3)**半集中式空气调节系统(风机盘管空气调节系统)**。集中式空气调节系统由于具有系统大、风道粗、占用建筑面积和空间较多、系统的灵活性差等缺点，在许多民用建筑，特别是高层民用建筑的应用中受到限制。半集中式空气调节系统是为了克服集中式空气调节系统这些不足而发展起来的一种半集中式空气调节系统。它的冷、热媒集中供给，新风可单独处理和供给，采用水作为输送冷热量的介质，具有占用建筑空间少、运行调节方便等优点，得到广泛应用。风机盘管构造如图 3-32 所示。

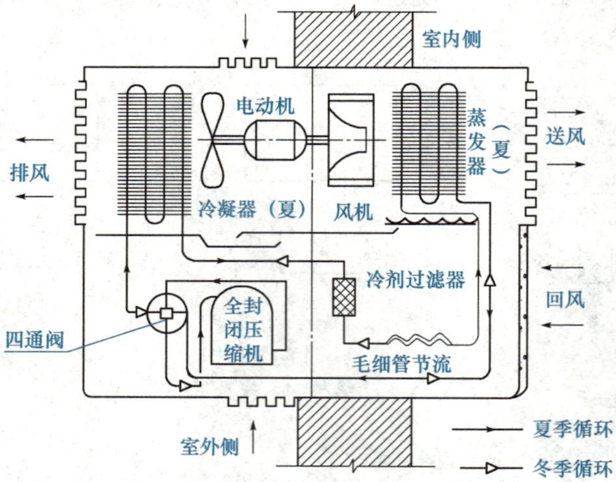


**图 3-31　风冷式空调机组(窗式、热泵式)**

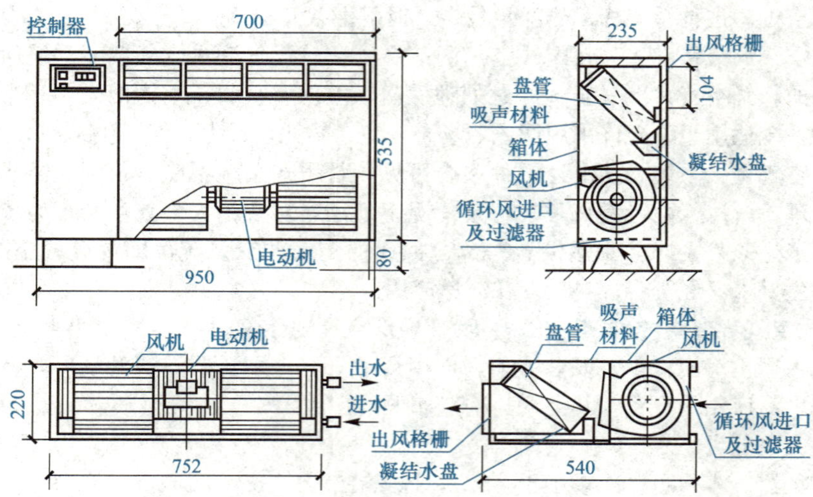


**图 3-32　风机盘管构造示意图**

从风机盘管的结构特点来看，它的主要优点是布置灵活，各房间可独立地通过风量、水量(或水温)的调节，改变室内的温湿度，房间不住人时可方便关闭风机盘管机组而不影响其他房间，从而比较节省运转费用。另外，房间之间空气互不串通，又因风机多挡变速，在冷量上能由使用者直接进行一定的调节。

风机盘管空调机组的新风供给方式主要有三种，如图 3-33 所示。

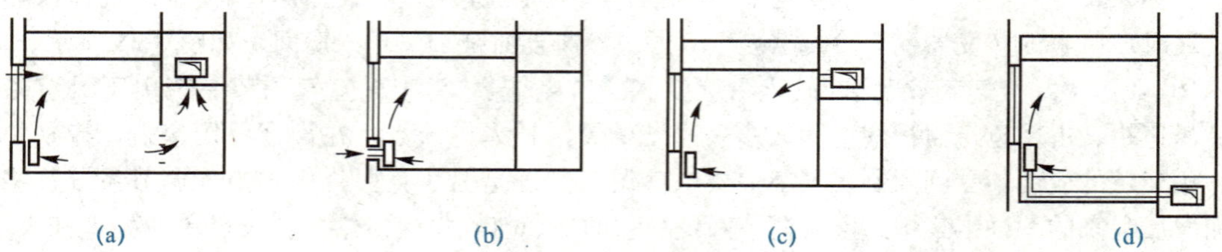


**图 3-33　风机盘管系统的新风供给方式**

(a)室外渗入新风；(b)外墙洞口引入新风；(c)独立新风系统(上部送入)；(d)独立新风系统(送入风机盘管系统)

#### 4. 房间气流的分布形式

房间气流的分布是指通过空调房间送、回风口的选择和布置，使送入房间的空气合理地流动和分布，从而使房间的温度、湿度、清洁度和风速等参数满足生产工艺和人体热舒适的要求。

影响空调房间气流分布的因素很多，主要有送风口的位置和形式、回风口位置、房间的几何形状和送风射流参数等。常见的气流分布形式有以下几种。

（1）**上送下回**。由空间上部送入空气由下部排出的“上送下回”送风形式是传统的基本方式，适用于民用建筑、专用机房和大型娱乐场所等场合。如图 3-34 所示为三种不同的上送下回方式。其中，图 3-34(a)、(c)可根据空间的大小扩大为双侧；图 3-34(b)可加多散流器的数目。上送下回的气流分布形式送风气流不直接进入工作区，有较长的与室内空气混掺的距离，能够形成比较均匀的温度场和速度场。图 3-34(c)尤其适用于温湿度和洁净度要求高的对象。

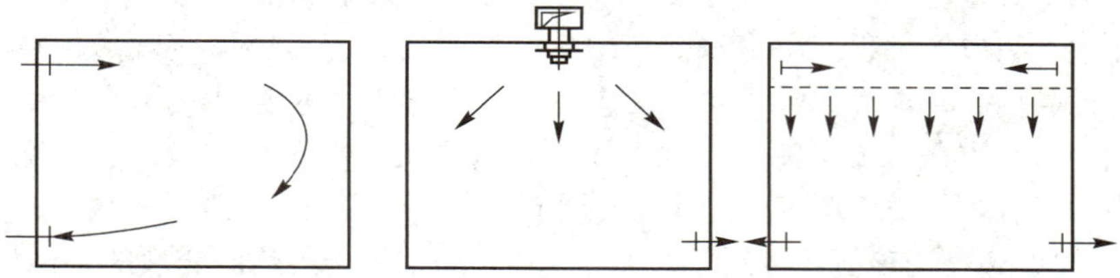

(a)　　(b)　　(c)

**图 3-34　上送下回气流分布**

(a)侧送侧回；(b)散流器送风；(c)孔板送风

（2）**上送上回**。如图 3-35 所示为三种上送上回的气流分布形式。其中，图 3-35(a)所示为单侧；图 3-35(b)所示为异侧；图 3-35(c)所示为贴附型散流器。上送上回形式的特点是将送排(回)风管道集中于空间上部。

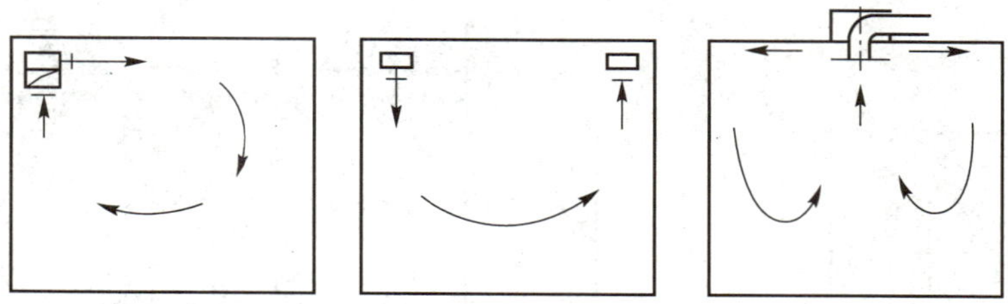

(a)　　(b)　　(c)

**图 3-35　上送上回气流分布**

(a)单侧上送上回；(b)异侧上送上回；(c)散流器上送上回

（3）**下送上回**。如图 3-36 所示为三种下送上回气流分布形式，其中，图 3-36(a)为地板送风；图 3-36(b)为末端装置(风机盘管或诱导器)送风；图 3-36(c)为下侧送风。除图 3-36(b)外，要求降低送风温差，控制工作区内的风速，但其排风温度高于工作区温度，故具有一定的节能效果，同时有利于改善工作区的空气质量。

（4）**中送风**。对于厂房、车间等高大空间的场合，若实际工作区在下部，则不需将整个空间都作为控制调节的对象，因此，从节省能量考虑，可采用“中送风”形式，如图 3-37 所示。图中设在上部的排风是用于排走非空调区内的余热，防止其在送风射流的卷吸下向工作区扩散。但这种气流分布会造成空间竖向分布温度不均，存在着温度“分层”现象。

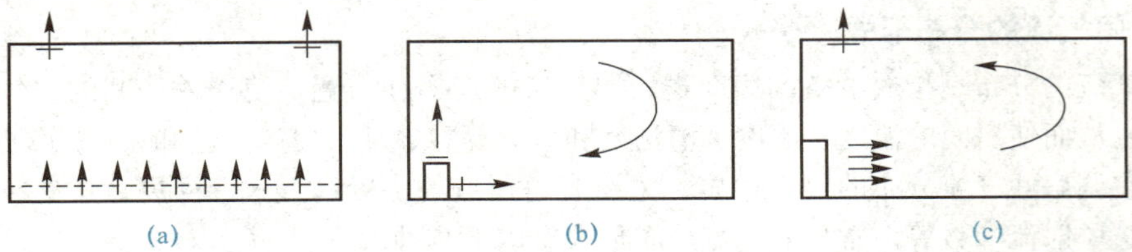

图 3-36　下送上回气流分布

(a)地板送风；(b)末端装置(风机盘管或诱导器)送风；(c)下侧送风

### 5. 空气处理及处理设备

(1)**喷水室**。喷水室是空气调节系统中夏季对空气冷却除湿、冬季加湿的设备。它是通过水直接与被处理的空气接触来进行热湿交换，在喷水室中喷入不同温度的水，可以实现空气的加热、冷却、加湿和减湿等过程。用喷水室处理空气的主要优点是能够实现多种空气处理过程，冬夏季工况可以共用一套空气处理设备，具有一定的净化空气的能力，金属耗量小，容易加工制作；其缺点是对水质条件要求高，占地面积大，水系统复杂和耗电较多。在空调房间的温、湿度要求较高的场合，如纺织厂等工艺性空气调节系统中，得到了广泛的应用。

(2)**表面式换热器**。用表面式换热器处理空气时，对空气进行热湿交换的工作介质不直接接触，而是通过换热器的金属表面与空气进行热湿交换。在表面式加热器中通入热水或蒸汽，可以实现空气的等湿加热过程；通入冷水或制冷剂，可以实现空气的等湿和减湿冷却过程。

(3)**电加热器**。电加热器是让电流通过电阻丝发热来加热空气的设备。具有结构紧凑、加热均匀、热量稳定、控制方便等优点。但由于电费较贵，通常只在加热量较小的空调机组等场合采用。在恒温精度较高的空气调节系统里，常安装在空调房间的送风支管上，作为控制房间温度的调节加热器。裸线式电加热器如图 3-38 所示。

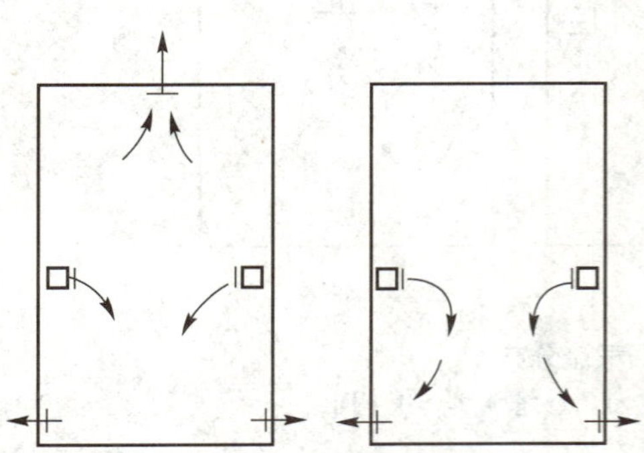

图 3-37　中送风

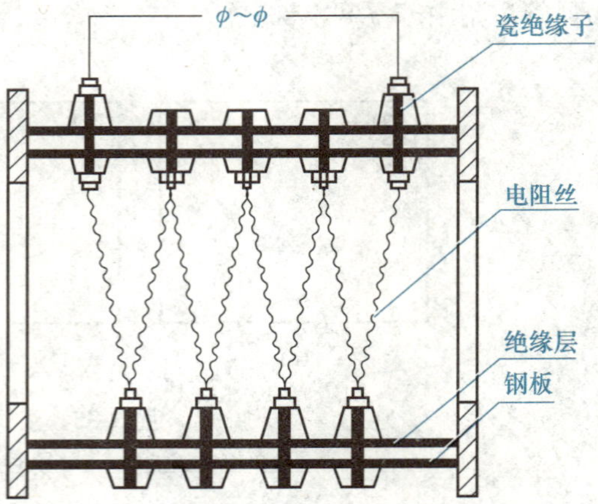


图 3-38　裸线式电加热器

(4)**加湿器**。加湿器是用于对空气进行加湿处理的设备，常用的有干蒸汽加湿器和电加湿器两种类型。

1)**干蒸汽加湿器**。干蒸汽加湿器的构造如图 3-39 所示，它是使用锅炉等加热设备生产的蒸汽对空气进行加湿处理。

2)**电加湿器**。电加湿器是使用电能生产蒸汽来加湿空气。根据工作原理不同，可分为电热式和电极式两种。电加湿器的构造如图 3-40 所示。

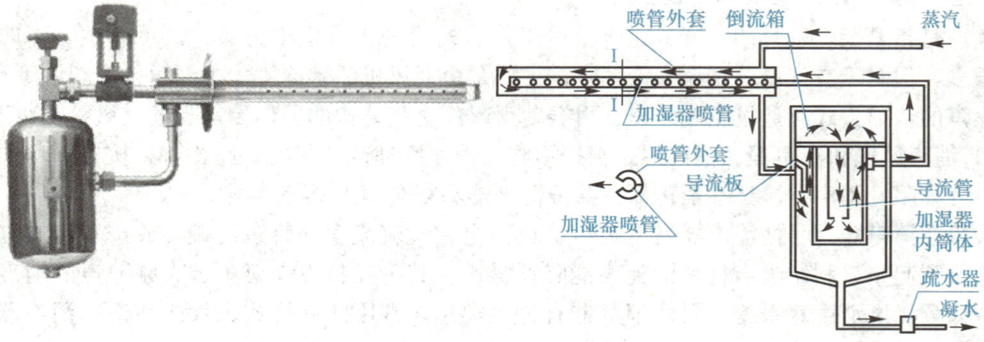


图 3-39　干蒸汽加湿器

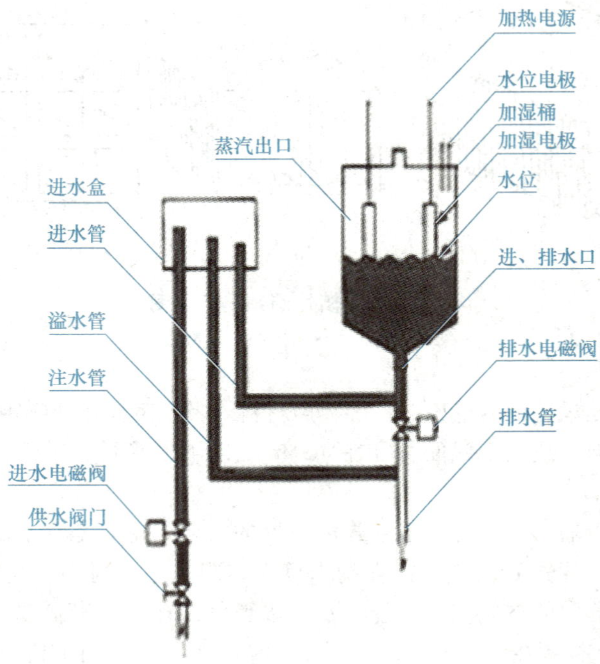


图 3-40 电加湿器

(5)**空气过滤器**。空气过滤器是用来对空气进行净化处理的设备，通常分为初效、中效和高效过滤器三种类型，如图 3-41 所示。

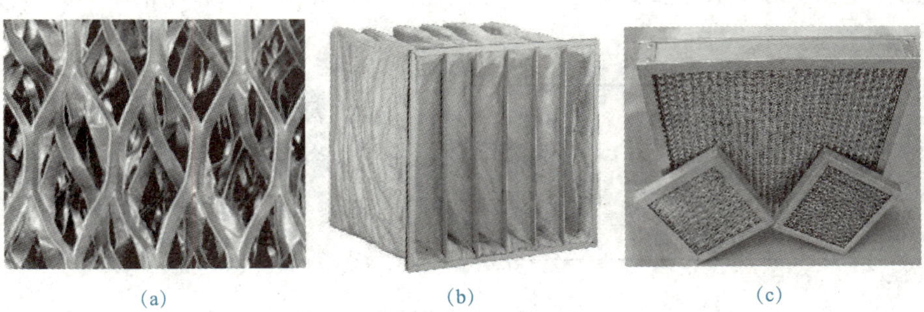

图 3-41　空气过滤器

(a)玻璃纤维板初效；(b)袋式中效；(c)超细纤维高效

### 6. 空气调节系统的消声、防振

噪声是指嘈杂、刺耳的声音，对于某些工作有妨碍的声音也称为噪声。可产生噪声的噪声源有很多，但对于空气调节系统来说，噪声主要是由通风机、制冷机、机械通风冷却塔等产生。

**噪声的传播方式有通过空气传声、由振动引起的建筑结构的固体传声和通过风管传声三种。**

(1)**消声原理和消声器**。消声器是根据不同的消声原理设计成的管路构件，按所采用的消声原理可分为阻性消声器、抗性消声器、共振消声器和复合消声器等类型。

1)**阻性消声器**。阻性消声器是将吸声材料固定在气流流动的管道内壁，或按一定的方式在管道内排列起来，利用吸声材料消耗声能降低噪声。其主要特点是对中、高频噪声的消声效果好，对低频噪声消声效果差。阻性消声器有许多类型，常用的有管式、片式和格式消声器。其构造如图 3-42 所示。

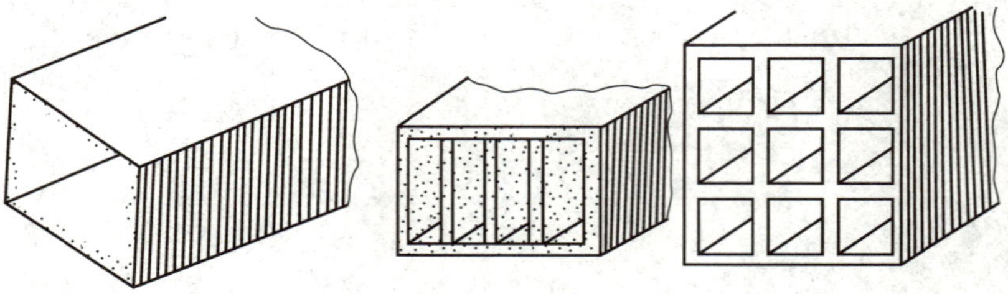

(a)　　(b)　　(c)

**图 3-42　阻性消声器示意图**

(a)管式；(b)片式；(c)格式

①管式消声器是在风管的内壁面贴一层吸声材料，吸收声能降低噪声。其特点是结构简单、制作方便、阻力小。但只适用于截面直径在 400 mm 以下的管道。风管截面增大时，消声效果下降。

②片式和格式消声器实际上是一组管式消声器的组合，主要是为了解决管式消声器不能用于大断面风道的问题。片式和格式消声器构造简单，阻力小，对中、高频噪声的吸声效果好，但是应注意这类消声器中的空气流速不能太高，以免气流产生的紊流噪声使消声器失效。格式消声器中每格的尺寸宜控制在 200 mm×200 mm 左右。片式消声器的片间距一般在 100～200 mm 的范围内，片间距增大时，消声量会相应下降。

2)**抗性消声器**。抗性消声器又称为膨胀式消声器，它是由一些小室和风管组成，如图 3-43 所示，其消声原理是利用管道内截面的突然变化，使沿风管传播的声波向声源方向反射，起到消声作用。这种消声方法对于中、低频噪声有较好的消声效果，但消声频率的范围较窄，要求风道截面的变化在 4 倍以上才较为有效。因此，在机房等建筑空间较小的场合，应用会受到限制。

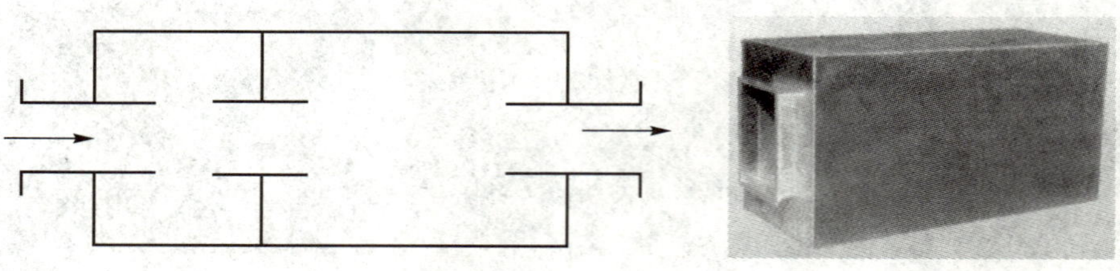

**图 3-43　抗性消声器构造示意图**

3)共振消声器。低频噪声的吸声，常用共振消声器。共振消声器的构造如图 3-44 所示。图中的金属板上开有一些小孔，金属板后是共振腔。当声波传到共振结构时，小孔孔径中的气体在声波压力作用下，像活塞一样往复运动，通过孔径壁面的摩擦和阻尼作用，使一部分声能转化为热能消耗掉。

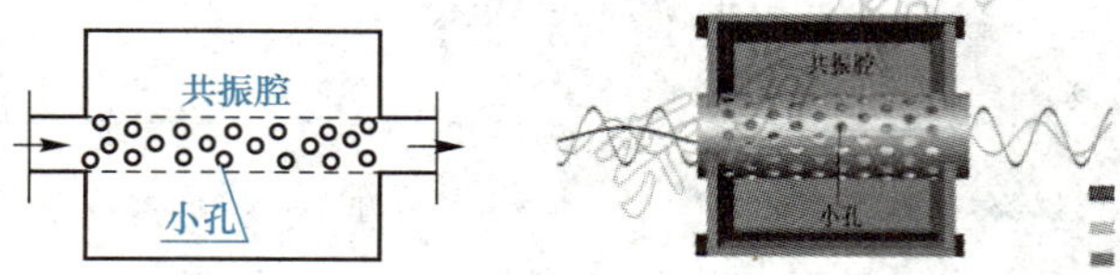


图 3-44　共振消声器构造示意图

4)复合消声器。复合消声器又称为宽频带消声器，是利用阻性消声器对中、高噪声的消声效果好，抗性消声器和共振消声器对低频噪声消声效果好的特点，综合设计成从低频到高频噪声范围内，都具有较好的消声效果的消声器。常用的有阻抗复合式消声器、阻抗共振复合式消声器和微穿孔板式消声器等类型。

(2)空气调节系统的减振。在空气调节系统中，除对风机、水泵等产生振动的设备设置弹性减振支座外，为了防止与这些运转设备连接的管路的传声，应在风机、水泵、压缩机等运转设备的进出口管路上设置隔振软管，在管道的支吊架、穿墙处作隔振处理。

# 项目 3.2　通风空调施工图

## 项目引领

通风空调施工图由文字与图纸两部分组成。文字部分包括图纸目录、设计施工说明、设备材料明细表。图纸部分包括基本图和详图。基本图包括通风空气调节系统的平面图、剖面图、系统图(轴测图)、原理图等。详图包括设备、管道的安装详图，设备、管道的加工详图，设备、部件的结构详图等。正确识读施工图，并将其应用到土建施工、设备安装、工程预算、建筑装饰、工程监理和工程验收等相关工程中。

## 3.2.1　通风空调施工图的组成与内容

### 1. 通风空气调节系统施工图的一般规定

通风空气调节系统施工图的一般规定应符合《建筑给水排水制图标准》(GB/T 50106—2010)、《暖通空调制图标准》(GB/T 50114—2010)、《供热工程制图标准》(CJJ/T 78—2010)的规定。

(1)比例。通风空调工程施工图的比例，宜选用表 3-1 中所列比例。

(2)风道规格标注。风道规格对圆形风管用管径“ϕ”表示(如 ϕ100，表示管径为 100 mm)；对矩形风管用断面尺寸“宽×高”表示(如 400×120，表示宽为 400，高为 120)，单位均为 mm。

(3)风道标高标注。标高对矩形风管为风管底标高，对圆形风管为风管中心标高。

表 3-1　通风空调工程施工图常用比例

| 名称 | 比例 |
|---|---|
| 总平面图 | 1∶500、1∶1 000、1∶2 000 |
| 平面图、剖面图等基本图 | 1∶50、1∶100、1∶150、1∶200 |
| 大样图、详图 | 1∶1、1∶2、1∶10、1∶20、1∶50 |
| 工艺流程图、系统图 | 无比例 |

## 2. 通风空气调节系统施工图常用图例

通风空气调节系统施工图常用图例见表 3-2。

表 3-2　通风空气调节系统施工图常用图例

| 序号 | 名称 | 图例 | 附注 |
|---|---|---|---|
| | 系统编号 | | |
| 1 | 送风系统 | ——S—— | 两个系统以上时，应进行系统编号 |
| 2 | 排风系统 | ——P—— | |
| 3 | 空气调节系统 | ——K—— | |
| 4 | 新风系统 | ——X—— | |
| 5 | 回风系统 | ——H—— | |
| 6 | 排烟系统 | ——PY—— | |
| 7 | 制冷系统 | ——L—— | |
| 8 | 除尘系统 | ——C—— | |
| 9 | 采暖系统 | ——N—— | |
| 10 | 洁净系统 | ——J—— | |
| 11 | 正压送风系统 | ——ZS—— | |
| 12 | 人防送风系统 | ——RS—— | |
| 13 | 人防排风系统 | ——RP—— | |
| | 各类水、汽管 | | |
| 1 | 蒸汽管 | ——Z—— | |
| 2 | 凝结水管 | ——N—— | |
| 3 | 膨胀水管 | ——P—— | |
| 4 | 补给水管 | ——G—— | |
| 5 | 信号管 | ——X—— | |
| 6 | 溢排管 | ——Y—— | |
| 7 | 空调供水管 | ——$L_1$—— | |
| 8 | 空调回水管 | ——$L_2$—— | |
| 9 | 冷凝水管 | ——n—— | |
| 10 | 冷却供水管 | ——$LG_1$—— | |
| 11 | 冷却回水管 | ——$LG_2$—— | |
| 12 | 软化水管 | ——RH—— | |
| 13 | 盐水管 | ——YS—— | |

续表

| 序号 | 名称 | 图例 | 附注 |
| --- | --- | --- | --- |
| | 冷剂管道 | | |
| 1 | 氟气管 | ——FQ—— | |
| 2 | 氟液管 | ——FY—— | |
| 3 | 氨气管 | ——AQ—— | |
| 4 | 氨液管 | ——AY—— | |
| 5 | 平衡管 | ——P—— | |
| 6 | 放油管 | ——Y—— | |
| 7 | 放空管 | ——k—— | |
| 8 | 不凝性气体管 | ——b—— | |
| 9 | 紧急泄氨管 | ——j—— | |
| 10 | 热氨冲霜管 | ——as—— | |
| | 风管 | | |
| 1 | 送风管、新(进)风管 | 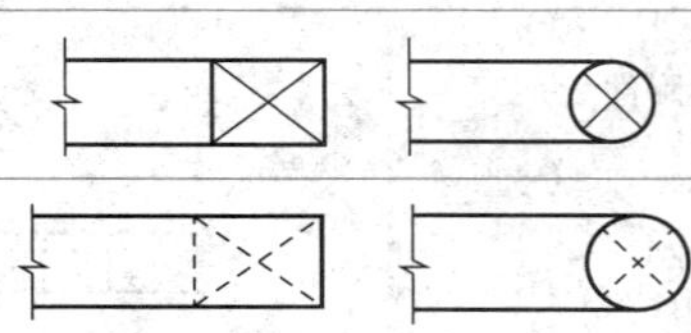 | |
| 2 | 回风管、排风管 | 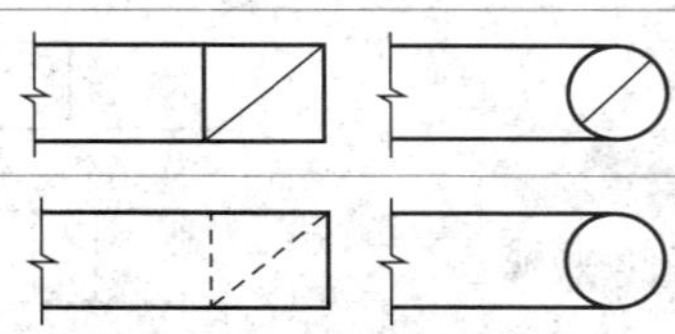 | |
| 3 | 混凝土或砖砌风管 | 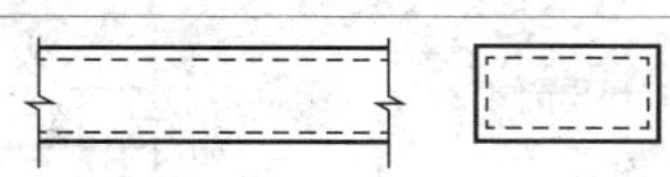 | |
| 4 | 异径风管 | 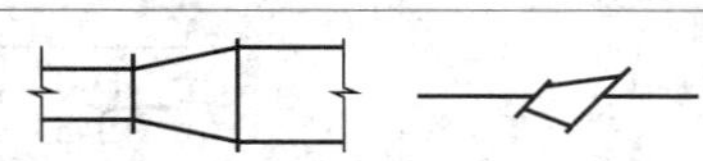 | |
| 5 | 天圆地方 | 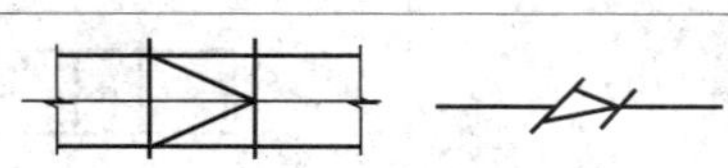 | |
| 6 | 柔性风管 | 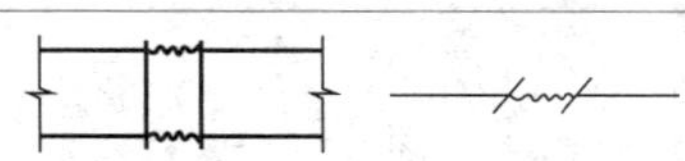 | |
| 7 | 风管检查孔 | 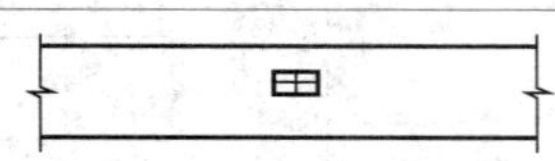 | |
| 8 | 风管测定孔 | 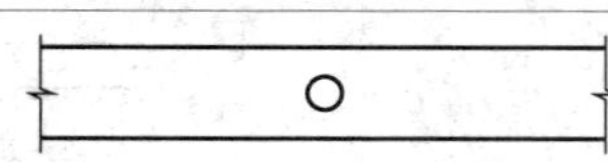 | |
| 9 | 矩形三通 | 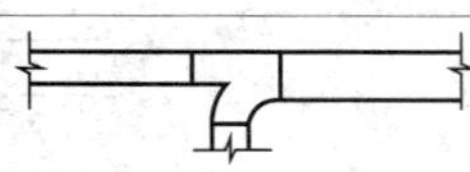 | |
| 10 | 圆形三通 | 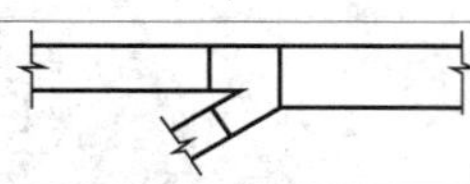 | |

续表

| 序号 | 名称 | 图例 | 附注 |
|---|---|---|---|
| 11 | 弯头 | 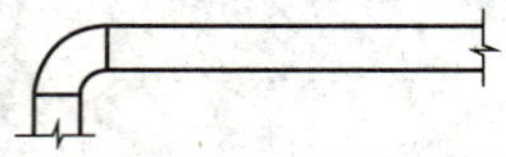 | |
| 12 | 带导流片弯头 | 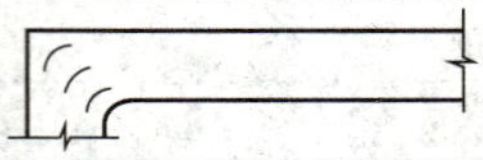 | |
| | 各种阀门及附件 | | |
| 1 | 安全阀 |  | |
| 2 | 蝶阀 |  | |
| 3 | 手动排气阀 | 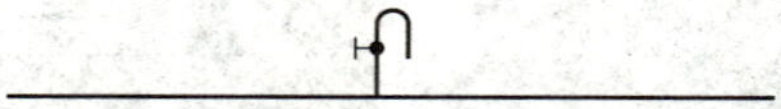 | |
| | 风阀及附件 | | |
| 1 | 插板阀 | 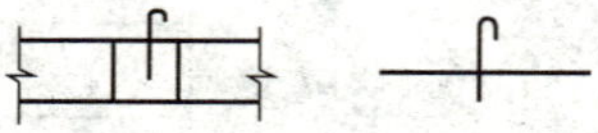 | |
| 2 | 蝶阀 | 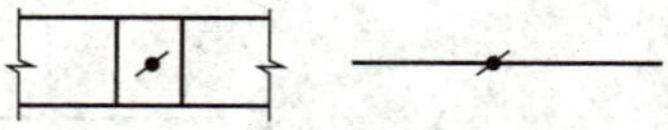 | |
| 3 | 手动对开式多叶调节阀 | 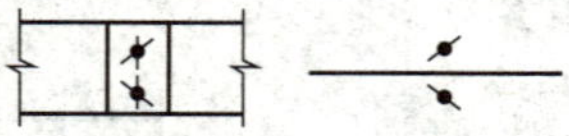 | |
| 4 | 电动对开式多叶调节阀 | 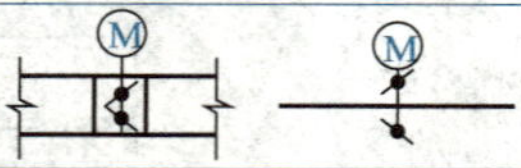 | |
| 5 | 三通调节阀 | 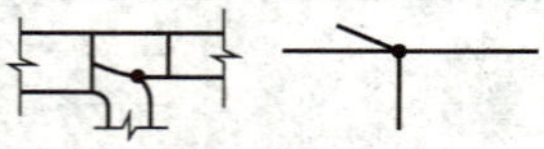 | |
| 6 | 防火(调节阀) | 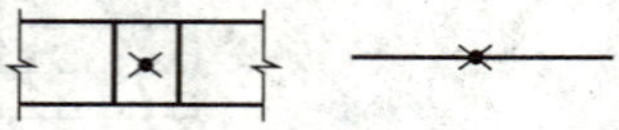 | |
| 7 | 余压阀 |  | |
| 8 | 止回阀 | 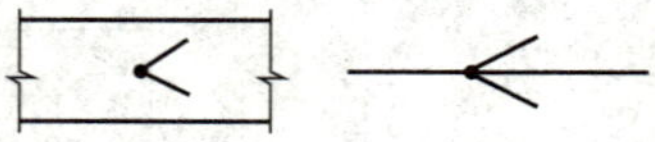 | |
| 9 | 送风口 | 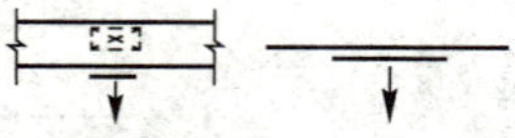 | |
| 10 | 回风口 | 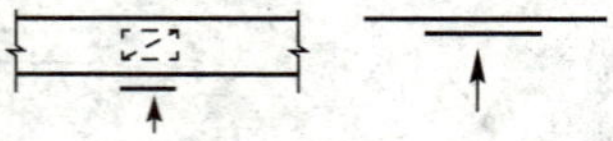 | |
| 11 | 方形散流器 | 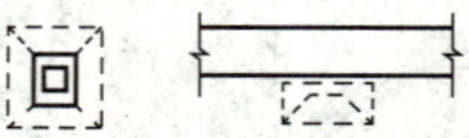 | |

续表

| 序号 | 名称 | 图例 | 附注 |
|---|---|---|---|
| 12 | 圆形散流器 | 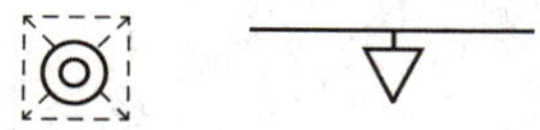 | |
| 13 | 伞形风帽 |  | |
| 14 | 锥形风帽 | 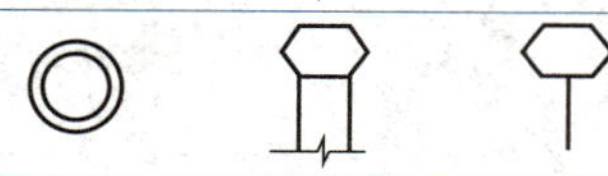 | |
| 15 | 筒形风帽 | 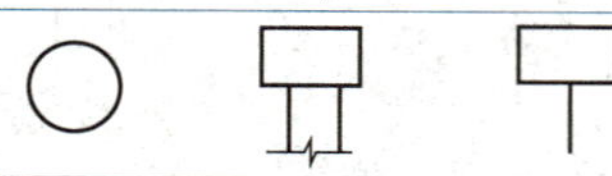 | |
| | 通风、空调、制冷设备 | | |
| 1 | 离心式通风机 | 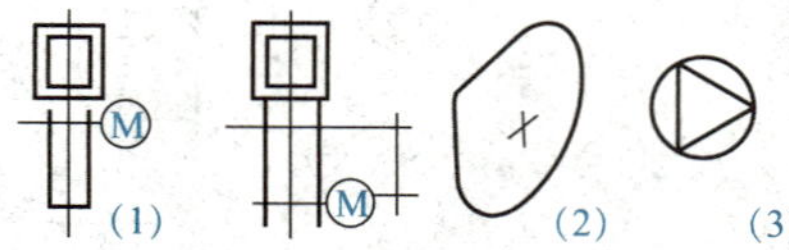 | |
| 2 | 轴流式通风机 | 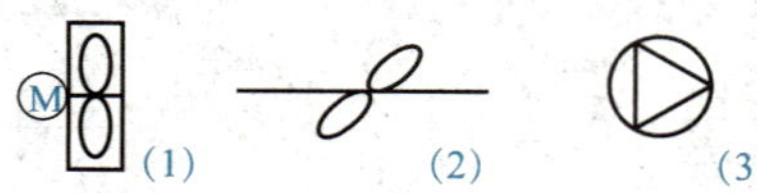 | |
| 3 | 离心式水泵 | 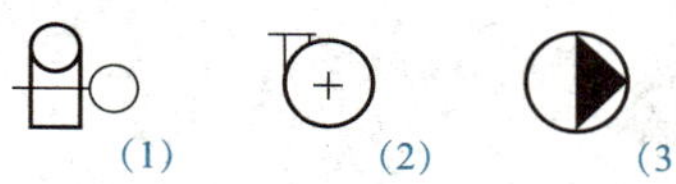 | |
| 4 | 制冷压缩机 |  | |
| 5 | 水冷机组 | 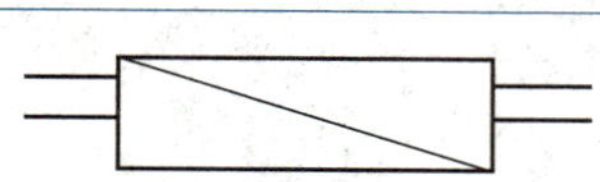 | |
| 6 | 空气过滤器 | 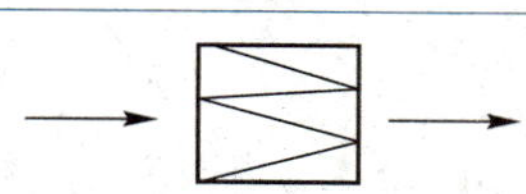 | |
| 7 | 空气加热器 |  | |
| 8 | 空气冷却器 |  | |
| 9 | 空气加湿器 | 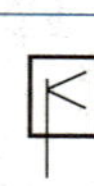 | |

续表

| 序号 | 名称 | 图例 | 附注 |
| --- | --- | --- | --- |
| 10 | 窗式空调器 | 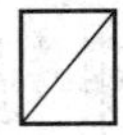 | |
| 11 | 风机盘管 | 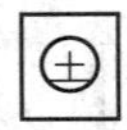 | |
| 12 | 消声器 | 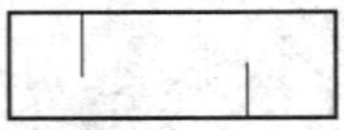 | |
| 13 | 减振器 |  | |
| 14 | 消声弯头 | 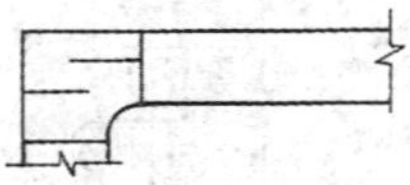 | |
| 15 | 喷雾排管 | 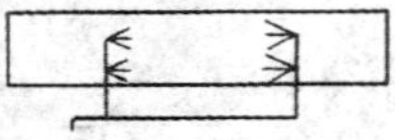 | |
| 16 | 挡水板 | 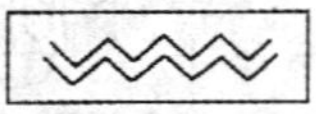 | |
| 17 | 水过滤器 | 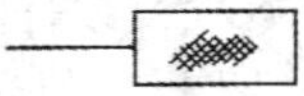 | |
| 18 | 通风空调设备 |  | |
| | 控制和调节执行机构 | | |
| 1 | 手动元件 |  | |
| 2 | 自动元件 |  | |
| 3 | 弹簧执行机构 |  | |
| 4 | 重力执行机构 | 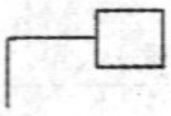 | |
| 5 | 浮动执行机构 |  | |
| 6 | 活塞执行机构 | 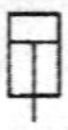 | |
| 7 | 膜片执行机构 |  | |

续表

| 序号 | 名称 | 图例 | 附注 |
|---|---|---|---|
| 8 | 电动执行机构 | 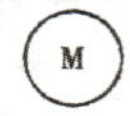 | |
| 9 | 电磁执行机构 | 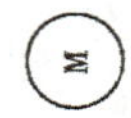 | |
| 10 | 遥控 |   | |
| | 传感元件 | | |
| 1 | 温度传感元件 |  | |

### 3. 通风空调施工图的组成内容

**通风空调施工图由文字与图纸两部分组成**。文字部分包括图纸目录、设计施工说明、设备材料明细表；图纸部分包括基本图和详图。基本图包括通风空气调节系统的平面图、剖面图、系统图(轴测图)、原理图等；详图包括设备、管道的安装详图，设备、管道的加工详图，设备、部件的结构详图等。

(1)**文字部分**。

1)**图纸目录**。图纸目录包括在工程中使用的标准图纸或其他工程图纸目录和该工程的设计图纸目录。在图纸目录中必须完整地列出该工程设计图纸名称、图号、工程号、图幅大小、备注等，见表 3-3。

**表 3-3　图纸目录范例**

<table>
<tr><td colspan="2" rowspan="2">××××设计院</td><td>工程名称</td><td colspan="2"></td><td colspan="2">设计号</td></tr>
<tr><td>项目</td><td colspan="2"></td><td colspan="2">共　页 第　页</td></tr>
<tr><td rowspan="2">序号</td><td rowspan="2">图别图号</td><td rowspan="2">图纸名称</td><td colspan="2">采用标准图或重复使用图</td><td rowspan="2">图纸<br>尺寸</td><td rowspan="2">备注</td></tr>
<tr><td>图集编号<br>或工程编号</td><td>图别图号</td></tr>
<tr><td></td><td></td><td></td><td></td><td></td><td></td><td></td></tr>
<tr><td></td><td></td><td></td><td></td><td></td><td></td><td></td></tr>
<tr><td></td><td></td><td></td><td></td><td></td><td></td><td></td></tr>
<tr><td></td><td></td><td></td><td></td><td></td><td></td><td></td></tr>
<tr><td></td><td></td><td></td><td></td><td></td><td></td><td></td></tr>
</table>

2)**设计施工说明**。设计施工说明主要包括通风空调的建筑概况；系统采用的设计气象参数；空调房间的设计条件(冬季、夏季空调房间的空气温度、相对湿度、平均风速、新风量、噪声等级、含尘量等)；空气调节系统的划分与组成(系统编号、系统所服务的区域、送风量、设计负荷、空调方式、气流组织等)；空气调节系统的设计运行工况；风管系统和水管系统的一般规定、风管材料及加工方法、管材、支吊架及阀门安装要求、保温、减振做法、水管系统的试压和清洗等；设备的安装要求；防腐要求；系统调试和试运行的方法和步骤；应遵守的施工规范、规定等。

3)**设备材料明细表**。设备与主要材料的型号、数量一般在《设备材料明细表》中给出，其格式一般采用表 3-4 的形式。

表 3-4　设备材料明细表

<table>
<tr><td colspan="2" rowspan="5">××××设计研究院</td><td colspan="5">设备材料表</td><td>设计号</td><td></td></tr>
<tr><td rowspan="2">工程名称</td><td colspan="4" rowspan="2"></td><td>图别</td><td></td></tr>
<tr><td>图号</td><td></td></tr>
<tr><td rowspan="2">项目</td><td colspan="4" rowspan="2"></td><td>总序号</td><td></td></tr>
<tr><td colspan="2">总　页　　第　页</td></tr>
<tr><td>序号</td><td>名称</td><td>型号及规格</td><td>单位</td><td>数量</td><td colspan="2">质量/t</td><td>来源或<br>设备图号</td><td>备注</td></tr>
<tr><td></td><td></td><td></td><td></td><td></td><td></td><td></td><td></td><td></td></tr>
<tr><td></td><td></td><td></td><td></td><td></td><td></td><td></td><td></td><td></td></tr>
</table>

(2)**图纸部分**。

1)**平面图**。**通风空调平面图包括建筑物各层通风空调平面图、空调机房平面图、制冷机房平面图等**。

①通风空调平面图。通风空调平面图主要说明通风空气调节系统的设备、系统风道、冷热媒管道、凝结水管道的平面布置。其内容主要包括以下几个方面。

a. 风管系统。风管系统包括风管系统的构成、布置及风管上各部件、设备的位置，例如，异径管、三通接头、四通接头、弯管、检查孔、测定孔、调节阀、防火阀、送风口、排风口等，并注明系统编号、送回风口的空气流向，一般用双线绘制。

b. 水管系统。水管系统包括冷、热水管道、凝结水管道的构成、布置及水管上各部件、仪表、设备位置，例如，异径管、三通接头、四通接头、弯管、温度计、压力表、调节阀等，并注明各管道的介质流向、坡度，一般用单线绘制。

c. 空气处理设备。空气处理设备包括各处理设备的轮廓或位置。

d. 尺寸标注。尺寸标注包括各管道、设备、部件的尺寸大小、定位尺寸以及设备基础的主要尺寸，还有各设备、部件的名称、型号、规格等。

除此之外，还应标明图纸中应用到的通用图、标准图索引号。

②通风空调机房平面图。通风空调机房平面图一般应包括空气处理设备、风管系统、水系统、尺寸标注等内容。

a. 空气处理设备。空气处理设备应注明按产品样本要求或标准图集所采用的空调器组合段代号，空调箱内风机、表面式换热器、加湿器等设备的型号、数量以及该设备的定位尺寸。

b. 风管系统。风管系统包括与空调箱连接的送、回风管、新风管的位置和尺寸，用双线绘制。

c. 水管系统。水管系统包括与空调箱连接的冷、热媒管道，凝结水管道的情况，用单线绘制。

其他的还有消声设备、柔性短管、防火阀、调节阀门的位置尺寸。

2)**剖面图**。剖面图是与平面图对应的，用来说明平面图上无法表明的情况。因此，通风空调施工图中剖面图主要有系统剖面图、机房剖面图、冷冻机房剖面图等，剖面图上的内容应与在平面图剖切位置上的内容对应一致，并标注设备、管道及配件的标高。

3)**系统图**。通风空气调节系统图应包括系统中设备、配件的型号、尺寸、定位尺寸、数量，以及连接于各设备之间的管道在空间的曲折、交叉、走向和尺寸、定位尺寸等，并应注明系统编号。系统图可用单线绘制也可用双线绘制，工程上多采用单线绘制系统图。

4)**原理图**。空气调节系统的原理图主要包括系统的原理和流程；空调房间的设计参数、冷热源、空气处理及输送方式；控制系统之间的相互连接；系统中的管道、设备、仪表、部件；整个系统控制点与测点之间的联系；控制方案及控制点参数，用图例表示的仪表、控制元件型号等。

5)**详图**。详图是对图纸主题的详细阐述，是在其他图纸中无法表达但却又必须表达清楚的内容。通风空调施工图中的详图主要有设备、管道的安装详图，设备、管道的加工详图，设备、部件的结构详图等。部分详图有标准图可供选用。

### 3.2.2 通风空调施工图的识图

通风空调施工图识读时要切实掌握各图例的含义，把握风管系统与水系统的独立性和完整性。识读时要弄清楚系统，摸清楚环路，分系统阅读。

**1. 识图方法与步骤**

(1)**认真阅读图纸目录**。根据图纸目录了解该工程图纸张数、图纸名称、编号等概况。

(2)**认真阅读领会设计施工说明**。从设计施工说明中了解系统的形式、系统的划分及设备布置等工程概况。

(3)**仔细阅读有代表性的图纸**。在了解工程概况的基础上，根据图纸目录找出反映通风空气调节系统布置、空调机房布置、冷冻机房布置的平面图，从总平面图开始阅读，然后阅读其他平面图。

(4)**辅助性图纸的阅读**。平面图不能清楚地全面反映整个系统情况，因此，应根据平面图上提示的辅助图纸(如剖面图、详图)进行阅读。对整个系统情况，可配合系统图阅读。

(5)**其他内容的阅读**。在读懂整个系统的前提下，再回头阅读施工说明及设备材料明细表，了解系统的设备安装情况、零部件加工安装详图，从而把握图纸的全部内容。

**2. 识图举例**

如图 3-45、图 3-46、图 3-47 所示是某建筑多功能厅空气调节系统的平面图、剖面图及系统图。

从图中可以看出，该空气调节系统的空调箱设在机房内，空调机房Ⓒ轴外墙上有一带调节风阀的风管，即新风管，管径为 630 mm×1 000 mm。空气调节系统的新风由室外经新风管补充到室内。

在空调机房②轴内墙上，有一消声器 4，这是回风管，室内大部分空气经此消声器吸入，并回到空调机房。

空调机房内有一空调箱 1，从剖面图 3-46 看出在空调箱侧下部有一个接风管的进风口，新风与回风在空调机房内混合后，被空调箱由此进风口吸入，经冷热处理后，经空调箱顶部的出风口送至送风干管。

送风经过防火阀，然后经消声器 2，流入管径为 1 250 mm×500 mm 的送风管，在这里分支出管径为 800 mm×500 mm 的第一个分支管；继续向前，经管径为 800 mm×500 mm 的管道分支出第二个分支管，管径为 800 mm×250 mm；再往前走，又分支出管径为 800 mm×250 mm 的第三个分支管，在该分支管上有管径为 240 mm×240 mm 方形散流器(送风口)3 共 6 只，通过散流器将送风送入多功能厅。然后，大部分回风经消声器 4 回到空调机房与新风混合被吸入空调箱 1 的进风口，完成一次循环。另一小部分室内空气经门窗缝隙渗至室外。

由 $A$—$A$ 剖面图可以看出，房间高度为 6 m，吊顶距地面高度为 3.5 m，风管暗装在吊顶内，送风口直接开在吊顶面上，风管底标高分别为 4.250m 和 4.000m，气流组织为上送下回。

由 $B$—$B$ 剖面图可以看出，送风管通过软接头直接从空调箱接出，沿气流方向高度不断减小，由 500 mm 变为 250 mm。从该剖面图上还可以看到三个送风支管在总风管上的接口位置，支管断面尺寸分别为 500 mm×800 mm、250 mm×800 mm、250 mm×800 mm。

系统图则清楚地表明了该空气调节系统的构成、管道的走向及设备位置等内容。

将平面图、剖面图、系统图对应起来看，就可以清楚地了解这个带有新、回风的空气调节系统的情况：首先，是多功能厅的空气从地面附近通过消声器 4 被吸入空调机房；同时，新风也从室外被吸入到空调机房，新风与回风混合后从空调箱进风口吸入到空调箱内，经过空调箱处理后经送风管送至多功能厅送风方形散流器风口，空气便送入了多功能厅。这显然是一个一次回风(新风与室内回风在空调箱内混合一次)的全空气系统。

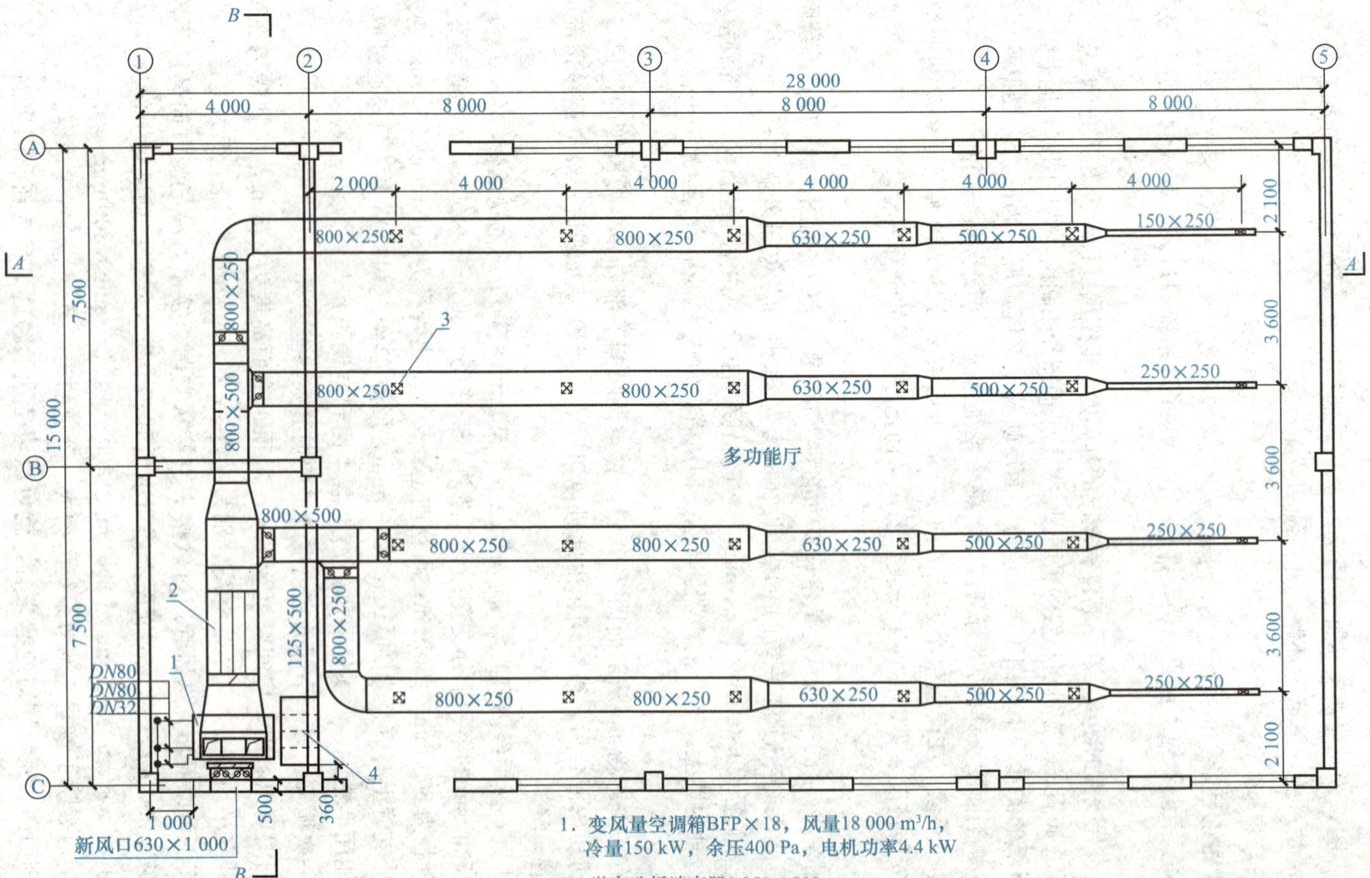


1．变风量空调箱BFP×18，风量18 000 m³/h，
冷量150 kW，余压400 Pa，电机功率4.4 kW

2．微穿孔板消声器1 250×500

3．铝合金方形散流器240×240，共24只

4．阻抗复合式消声器1 600×800，回风口

图 3-45　多功能厅空调平面图

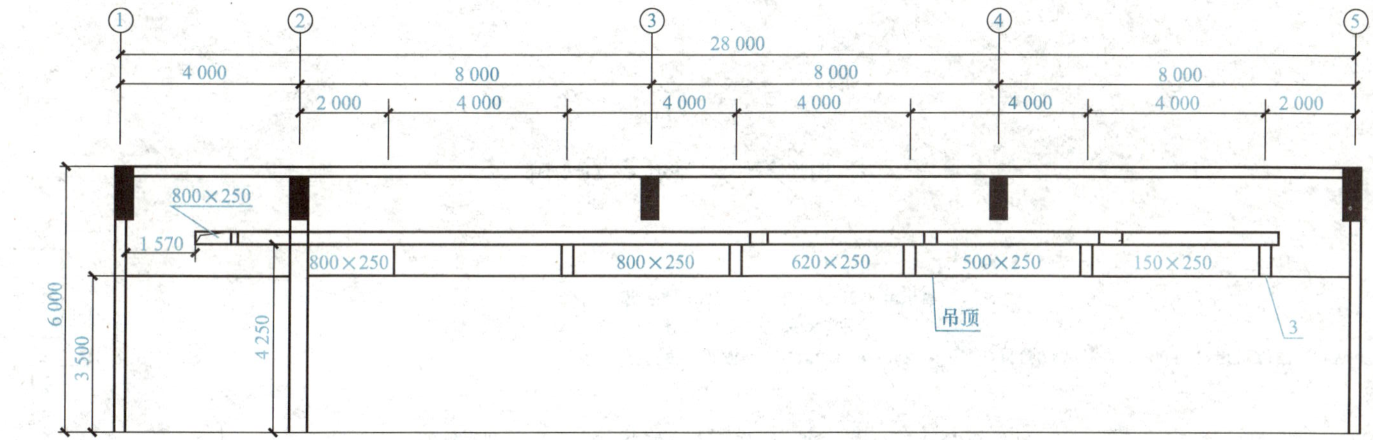


*A—A*剖面1：150

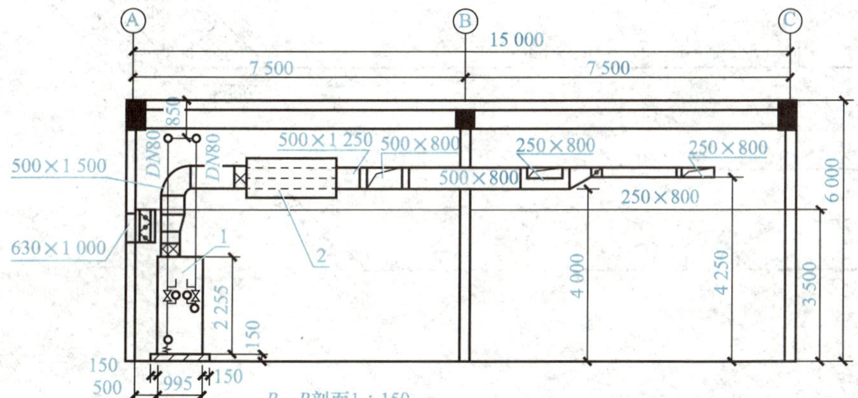


*B—B*剖面1：150

1．变风量空调箱BFP×18，风量18 000 m³/h，冷量150 kW，余压400 Pa，电机功率4.4 kW
2．微穿孔板消声器1 250×500
3．铝合金方形散流器240×240，共24只
4．阻抗复合式消声器1 600×1 800

图 3-46　多功能厅空调剖面图

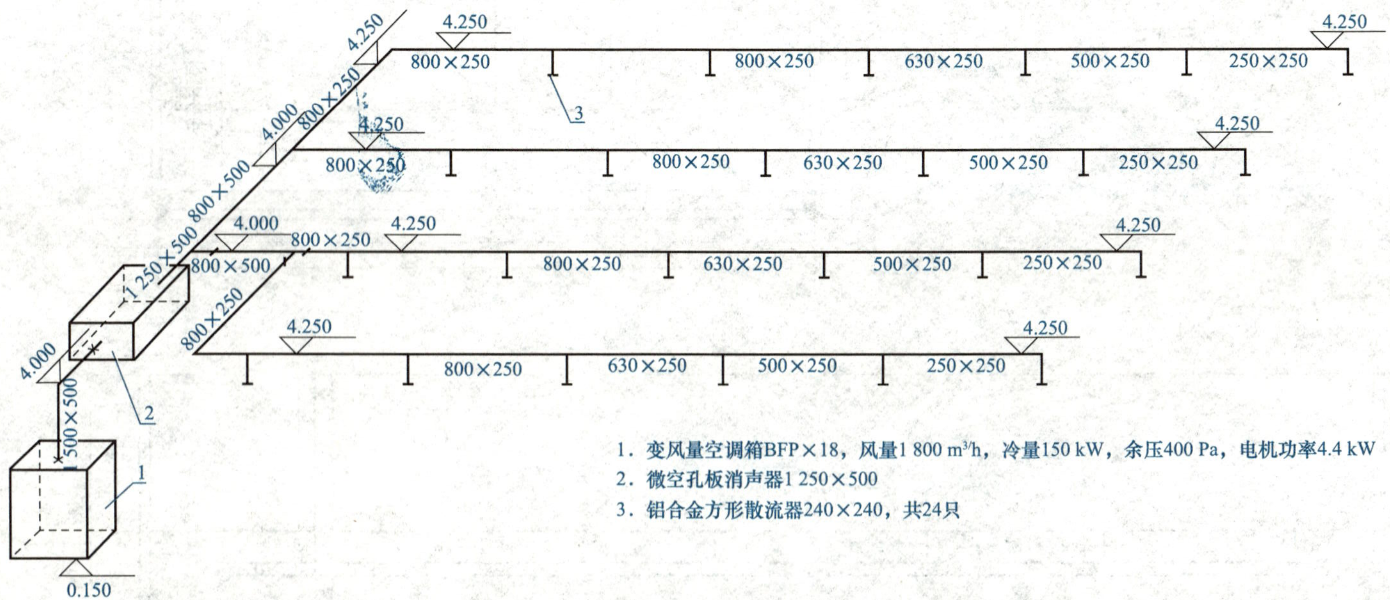


1．变风量空调箱BFP×18，风量1 800 m³/h，冷量150 kW，余压400 Pa，电机功率4.4 kW

2．微空孔板消声器1 250×500

3．铝合金方形散流器240×240，共24只

图 3-47　多功能厅空调系统图

识读详图时，一般是在概括了解这个设备在管道系统中的地位、用途和工作情况后，从主要的视图开始，找出各视图间的投影关系，并参考明细表，再进一步了解它的构造及零件的装配情况。

图 3-48 所示为叠式金属空调箱。它的构造是标准化的，详细构造可由采暖通风标准图集 T706—3 号图样查阅。本图所示为空调箱的总图，分别为 *A*—*A*、*B*—*B*、*C*—*C* 剖面图。

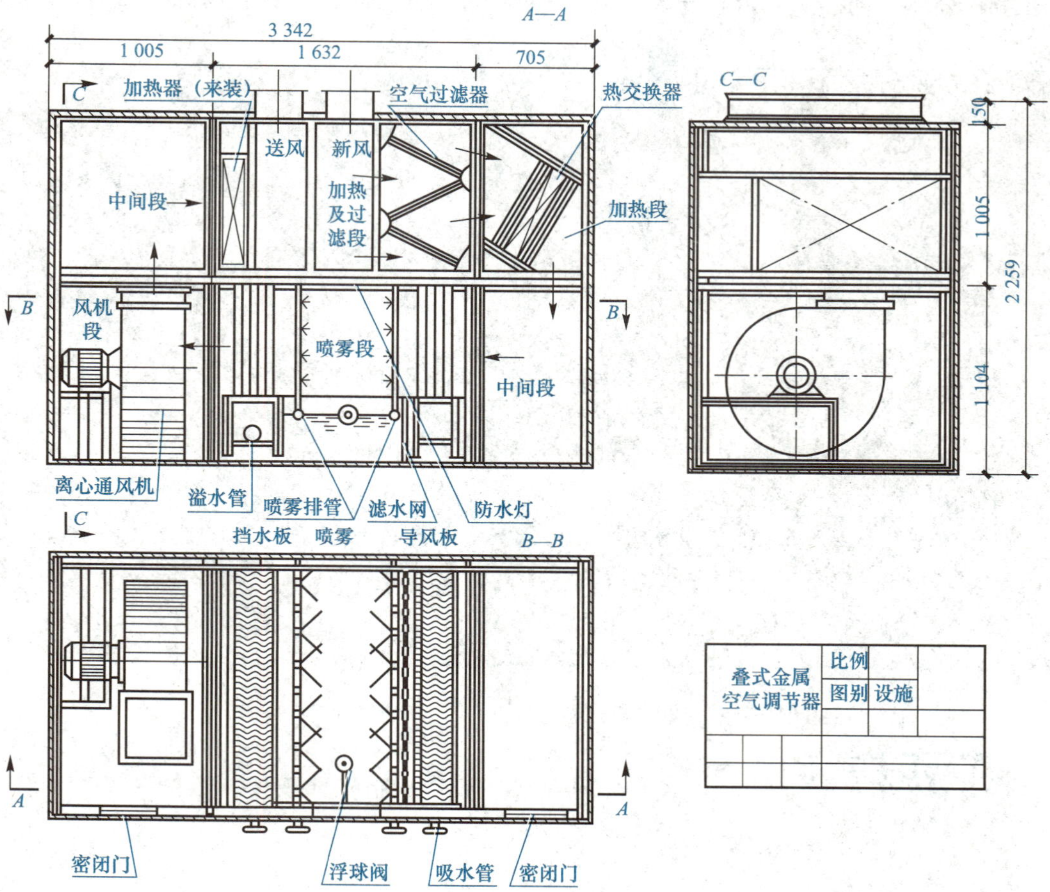


**图 3-48　叠式金属空调箱详图**

从三个剖面图及标注的零部件名称来看，这个空调箱总体分为上下两层，每层有三段，总共有六段。制造时也分成六段，分别用型钢、钢板等制成箱体，再装上各类配件，分段制造完成后再拼装成整体。

上层的三段分别是：①左面的为中间段，它是一个空的箱体，里面没有设备，只供空气从此通过。②中间的一段为加热和过滤段，本段比较大并且作用重要。它的左方是装加热器的部位(本工程中因不需要而没装)；中部顶上有两个带法兰盘的矩形管，是用来与新风管和送风管相接的，两管中间的下方用钢板把箱体隔开；右部装设过滤器，过滤器装呈之字形，以增加空气流通的面积。③右段为加热段，热交换器倾斜装在角钢托架上。

下层的三段分别是：①右面的为中间段，里面没有设备，只供空气流通。②中间段为喷淋段，是很重要且构造较复杂的一段。右部装有导流风板，中部为 2 根 *DN*50 的水平冷水管，每根水平管上装有 3 根 *DN*40 的立管，每根立管上有 6 根 *DN*15 的水平支管，支管上装有喷嘴，喷淋段入口和出口均装有挡水板，其作用是挡水并使空气均匀地流入和流出喷淋段。喷淋段的下部设有水池，喷淋后的冷水经过滤网过滤，由吸水管吸出送回到制冷机房的冷水箱以备循环使用，作去湿处理时水池内的水面上升，至控制高度水位时，则由设在左侧溢水槽溢出回到冷水管，备循环使用。如果水池水位过低，则可以从浮球阀控制的给水管补给。③左部为风机段，内部装有离心式风机。

可见，空调箱的总体情况是新风从上层中间顶部的新风口进入，转向右面经过滤器过滤，再经热交换器加热或冷却，之后进入下层中间段，转变流向进入喷淋段处理后经风机段，由风机压送到上层左部向上方送风口送出，再由与空调箱相连的送风管道到空调机房。

## 知识梳理与总结

(1)建筑通风的任务是将室内被污染的空气直接或经过净化后排到室外，把室外新鲜空气或经过净化的空气补充进来，以保持室内的空气环境满足卫生标准和生产工艺的要求。

在高层建筑的设计中，必须认真慎重地进行防火排烟设计，以便在火灾发生时，顺利地进行人员疏散和消防灭火工作，使室内人员在疏散过程中得到安全保护。

空气调节对空气温度、湿度、空气流动速度及清洁度进行人工调节，以满足人体舒适和工艺生产要求。

(2)通风空调施工图由文字与图纸两部分组成。文字部分包括图纸目录、设计施工说明、设备材料明细表；图纸部分包括基本图和详图。基本图包括通风空气调节系统的平面图、剖面图、系统图(轴测图)、原理图等；详图包括设备、管道的安装详图，设备、管道的加工详图，设备、部件的结构详图等。

(3)风道的布置应在进风口、送风口、排风口、空气处理设备、风机的位置确定之后进行。风道布置应服从整个通风系统的总体布局，并与土建、生产工艺和给水排水等各专业互相协调、配合。风道的敷设、防腐与保温。

## 复习思考题

1. 建筑通风的主要任务有哪些?
2. 建筑通风有哪些类型? 各自的主要特点是什么?
3. 举例说明高层建筑中，需要设置防烟排烟设施的部位有哪些?
4. 高层建筑中防火分区和防烟分区的划分有什么不同?
5. 什么是空气调节? 一个空气调节系统通常由哪几部分组成?
6. 试说明集中式空气调节系统、分散式空气调节系统和半集中式空气调节系统的主要特点和适用场合。
7. 分析压缩式制冷的工作原理。
8. 影响空调房间气流组织的主要因素有哪些?
9. 常见的气流组织形式有哪几种? 简述各自的主要特点和使用场合。
10. 阻性、抗性和共振消声器的消声原理和主要特点是什么?
11. 通风空调施工图有哪些组成?
12. 如何识读通风空调施工图?
13. 如何布置风道?
14. 如何布置进风口、排风口?
15. 风管的防腐保温措施有哪些?

# 模块 4

# 建筑采暖

## 教学导航

| 项目引领 | 项目 4.1　建筑采暖系统<br>项目 4.2　建筑采暖施工图 | 学时 | 理论：8 学时<br>实训：2 学时 |
|---|---|---|---|
| 教学载体 | 多媒体课室、教学课件及教材相关内容 | | |
| 教学目标 | 知识目标 | 了解建筑采暖系统的基础知识；熟悉建筑采暖施工图的识读；掌握建筑采暖系统的管道布置和安装 | |
| | 能力目标 | 能够识读建筑采暖施工图，能够安装建筑采暖系统 | |
| 过程设计 | 任务布置及知识引导—学习相关新知识点—解决与实施工作任务—自我检查与评价 | | |
| 教学方法 | 项目教学法 | | |

## 项目 4.1　建筑采暖系统

### 项目引领

在冬季，人们用一定的方式向房间补充热量，以维持热平衡来保证日常生活、工作和生产活动所需要的环境温度。

建筑采暖是由室外的热源将生产的热媒通过采暖管道送至建筑物内设置的散热器，采暖系统采用什么管网能使建筑物内每层每个采暖房间的温度不随建筑物高度和所在位置有所不同，合适的采暖方式、热媒种类、散热器的散热效果、管材的耐压耐腐蚀性、正确合理的坡向和坡度、膨胀水箱、集气装置等设备的性能，是保证采暖效果的基础。

采暖系统由热源、管道系统和散热设备三部分组成。

(1)热源是指使燃料产生热能并将热媒加热的部分，如锅炉。

(2)管道系统是指热源和散热设备之间的管道。热媒通过管道系统将热能从热源输送到散热设备。

(3)散热设备是将热量散入室内的设备，如散热器、暖风机、辐射板等。

采暖系统可按下列方法分类。

(1)**按热媒的不同分类**。在采暖系统中，用以传递热量的媒介物质称为热媒。采暖系统中常用的热媒有热水、蒸汽、热空气、烟气等。

1)**热水采暖系统**。以热水为热媒，把热量带给散热设备的采暖系统，称为热水采暖系统。当热水采暖系统的供水温度为 95 ℃，回水温度为 70 ℃时，为低温热水采暖系统；供水温度高于100 ℃的，为高温热水采暖系统。低温热水采暖系统多用于民用建筑的采暖系统，高温热水采暖系统多用于生产厂房。

2)**蒸汽采暖系统**。以蒸汽为热媒，把热量带给散热设备的采暖系统，称为蒸汽采暖系统。蒸汽相对压力小于 70 kPa 的，称为低压蒸汽采暖系统；蒸汽相对压力为 70～300 kPa 的，称为高压蒸汽采暖系统。蒸汽采暖系统主要应用于工业建筑。

3)**热空气采暖系统**。以热空气为热媒，即把空气加热到适当的温度(一般为 30 ℃～50 ℃)，直接送入房间来满足采暖的要求。根据需要和实际情况，可设独立的热空气采暖系统或与通风和空调结合的系统。热空气采暖系统主要应用于大型工业车间。

4)**烟气采暖系统**。它是直接利用燃料在燃烧时所产生的高温烟气，在流动过程中向房间散出热量，来满足采暖的要求。

(2)**按采暖的作用范围分类**。

1)**局部采暖系统**。热源、管道系统和散热器在构造上连成一个整体的采暖系统。其仅适用于一个房间，如火炉采暖、电热采暖、燃气红外辐射器等。

2)**集中采暖系统**。采用锅炉或水加热器对水集中加热，通过管道向一幢或数幢房屋供应热能的采暖系统。

3)**区域采暖系统**。以区域性锅炉房作为热源，供一个区域的许多建筑物采暖的系统。它的供热规模比集中采暖要大得多，在我国北方一些城市的采暖系统就是利用热电厂或区域锅炉供热的。

### 4.1.1 热水采暖系统

在热水采暖系统中，热媒是热水。热源产生热水，经过输热管道流向采暖房间的散热器中，散出热量后经管道流回热源，重新被加热。热水采暖系统可按下列方法分类：

(1)**按热水采暖循环动力的不同，可分为自然循环系统和机械循环系统**。热水采暖系统中的水如果是靠供、回水温度差产生的压力循环流动的，称为自然循环热水采暖系统；系统中的水若是靠水泵强制循环的，称为机械循环热水采暖系统。

(2)**按供、回水方式的不同，可分为单管系统和双管系统**。热水经立管或水平供水管顺序通过多组散热器，并顺序地在各散热器中冷却的系统，称为单管系统。热水经供水立管或水平供水管平行地分配给多组散热器，冷却后的回水自每个散热器直接沿回水立管或水平回水管流回热源的系统，称为双管系统。

(3)**按系统管道敷设方式的不同，可分为垂直式和水平式系统**。

(4)**按热媒温度的不同，可分为低温水采暖系统和高温水采暖系统**。

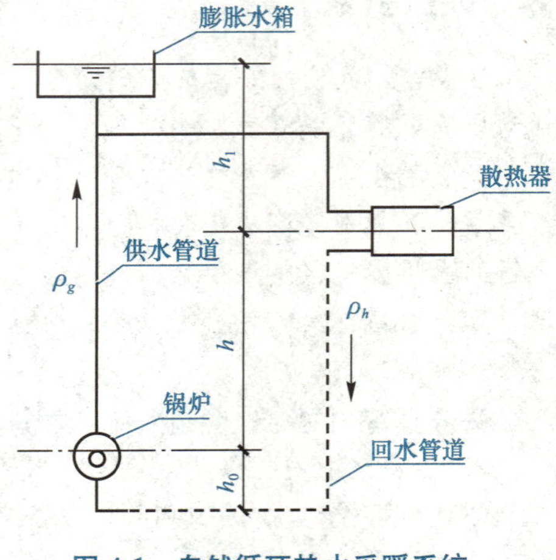

图 4-1　自然循环热水采暖系统

#### 1. 自然循环热水采暖系统

图 4-1 所示为自然循环热水采暖系统的原理图。其主要由热水锅炉、散热器、供水管和回水管组成，在系统的最高处设一个开式膨胀水箱，用来容纳系统水受热后膨胀的体积。在系统工作之前，先将

系统中充满水。当水在锅炉内被加热后，它的密度减小，同时受着从散热器流出来密度较大的回水的驱动，使热水沿着供水干管上升，流入散热器。在散热器内水被冷却，再沿回水管流回锅炉。这样，水连续被加热，热水不断上升，在散热器及管路中散热冷却后的回水又流回锅炉被重新加热，形成如图 4-1 中箭头所示的方向循环流动。这种水的循环称之为自然(重力)循环。

## 温馨提示

假设热水在管道中损失的热量可以忽略不计，在散热器中心和锅炉中心以下两边水的密度相同，实际上水温只在锅炉和散热器两处发生变化，如图 4-1 所示，$h$ 为散热器中心和锅炉中心的高度差，$\rho_h$ 为回水密度，$\rho_g$ 为供水密度，$g$ 为重力加速度，则其循环作用力可简化为 $gh(\rho_h-\rho_g)$，即散热器中心和锅炉中心之间这段高度 $h$ 内的水柱密度差，便促使系统产生循环流动。

自然循环系统具有装置简单、操作方便、维护管理省力、不耗费电能、不产生噪声等优点；但是，由于系统作用压力有限，管路流速偏小，致使管径偏大，造成初次投资较高，应用范围受到一定程度的限制。自然循环系统由于循环压力较小，其作用半径(总立管至最远立管的水平距离)不宜超过 50 m，只能在单幢建筑物中使用。

### 2. 机械循环热水采暖系统

对于管路较长、建筑面积和热负荷都较大的建筑物，则要采用机械循环热水采暖系统。在机械循环热水采暖系统中，设置水泵为系统提供循环动力。由于水泵的作用压力大，使得机械循环系统的采暖范围扩大很多，可以负担单幢、多幢建筑物的采暖，甚至还可以负担区域范围内的采暖，这是自然循环力不能及的，目前已经成为应用最为广泛的采暖系统。机械循环热水采暖系统常用的管网有如下形式：

(1)**机械循环双管上供下回式热水采暖系统**(图 4-2)。增加膨胀水箱、循环水泵、排气装置。热水的循环主要依靠水泵的作用压力，同时也存在着自然作用压力，上层作用压力大，流经散热器的流量多，下层作用压力小，流经散热器的流量少，因而造成上热下冷的“垂直失调”现象，楼层越多，失调现象越严重。因此，机械循环的双管上分式系统不宜在 4 层以 上的建筑物中采用。

(2)**机械循环单管上供下回式热水采暖系统**。单管系统散热器的供回水立管共用一根管，立管上的散热器串联起来构成一个循环环路，又称单管顺流式系统，如图 4-3 立管Ⅲ所示。从上到下各楼层散热器的进水温度不同，温度依次降低，每组散热器的热媒流量不能单独调节。为了克服单管式不能单独调节热媒流量且下层散热器热媒入口温度过低的弊病，又产生了单管跨越式系统，如图 4-3 立管Ⅳ、Ⅴ所示。热水在散热器前分成两部分，一部分流入散热器；另一部分流入跨越管内。

对单管系统，由于各层的散热器串联在一个循环管路上，从上而下逐渐冷却过程所产生的压力可以叠加在一起，形成一个总压力，因此，单管系统不存在双管系统的垂直失调问题。即使最底层散热器低于锅炉中心，也可以使水循环流动。由于下层散热器入口的热媒温度低，下层散热器的面积比上层要多。在多层和高层建筑中，宜用单管系统。

(3)**机械循环双管下供下回式热水采暖系统**(图 4-4)。该系统一般适用于顶层难以布置干管的场合，以及有地下室的建筑。当无地下室时，供水、回水干管一般敷设在底层地沟内。

与上供下回式系统比较，供水干管和回水干管均敷设在地沟或地下室内，管道保温效果好，热损失少。机械循环双管下供下回式热水采暖系统的供回水干管都敷设在底层散热器下面，系统内空气的排除较为困难，排气方法主要有两种：一种是通过顶层散热器的冷风阀，手动分散排气；另一种是通过专设的空气管，手动或集中自动排气。

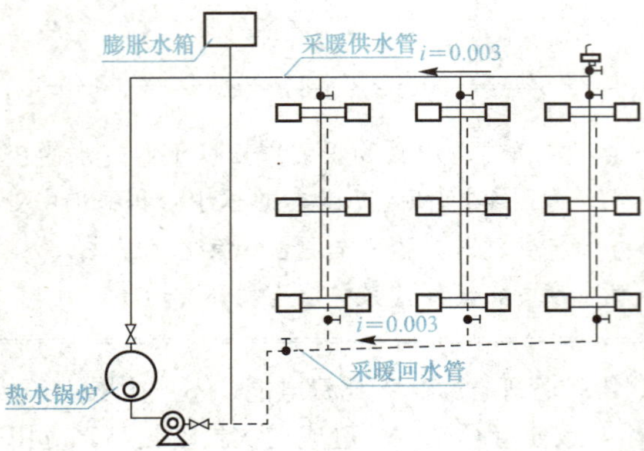


图 4-2　机械循环双管上供下回式热水采暖系统

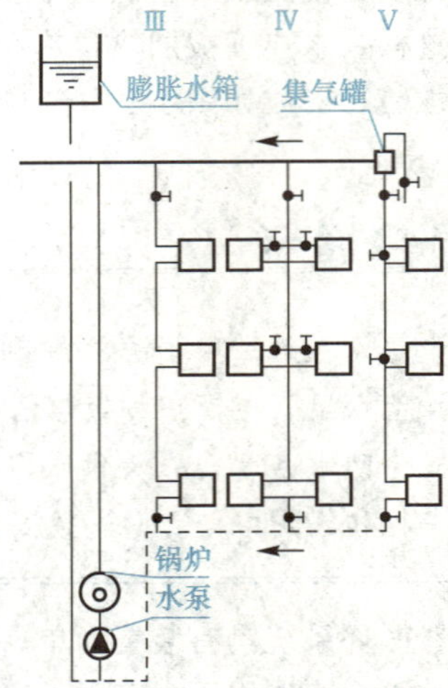


图 4-3　机械循环单管上供下回式热水采暖系统

(4)**机械循环中供式热水采暖系统**(图 4-5)。水平供水干管敷设在系统的中部，上部系统可用上供下回式，也可用下供下回式，下部系统则用上供下回式。

中供式系统减轻了上供下回式楼层过多而易出现垂直失调的现象。同时，可避免顶层梁底高度过低，导致供水干管挡住顶层窗户而妨碍其开启。中供式系统可用于加建楼层的原有建筑物。

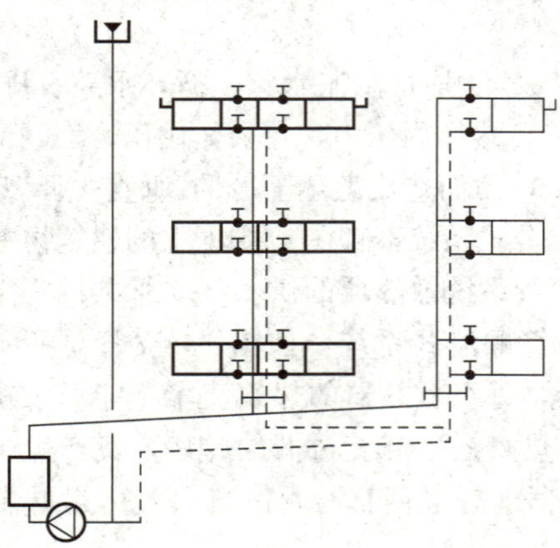

图 4-4　机械循环双管下供下回式热水采暖系统

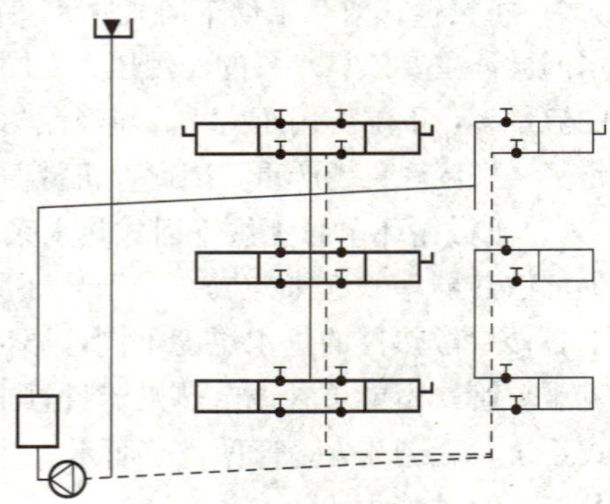

图 4-5　机械循环中供式热水采暖系统

(5)**机械循环下供上回式热水采暖系统**(图 4-6)。该系统的供水干管设在所有散热器的下面，回水干管设在所有散热器上面，膨胀水箱连接在回水干管上。回水经膨胀水箱流回锅炉房，再被循环水泵送入锅炉。这种系统具有以下特点：

1)水在系统内的流动方向是自下而上流动，与空气流动方向一致，可通过膨胀水箱排除空气，无须设置集中排气罐等排气装置。

2)对热损失大的底层房间，由于底层供水温度高，底层散热器的面积减小，便于布置。

3)当采用高温水采暖系统时，由于供水干管设在底层，这样可降低防止高温水汽化所需的水箱标高，减少布置高架水箱的困难。

4)供水干管在下部，回水干管在上部，无效热损失小。这种系统的缺点是散热器的放热系数比上供下回式低，散热器的平均温度几乎等于散热器的出口温度，这样就增加了散热器的面积。但用于高温水采暖时，这一特点却有利于满足散热器表面温度不致过高的卫生要求。

(6)**机械循环上供中回式热水采暖系统**。机械循环上供中回式热水采暖系统将回水干管设置在一层顶板下或楼层夹层中，可省去地沟，如图 4-7 所示。安装时，在立管下端设泄水堵丝，以方便泄水及排放管道中的杂物。回水干管末端需设置自动排气阀或其他排气装置。该系统适合不宜设置地沟的多层建筑。

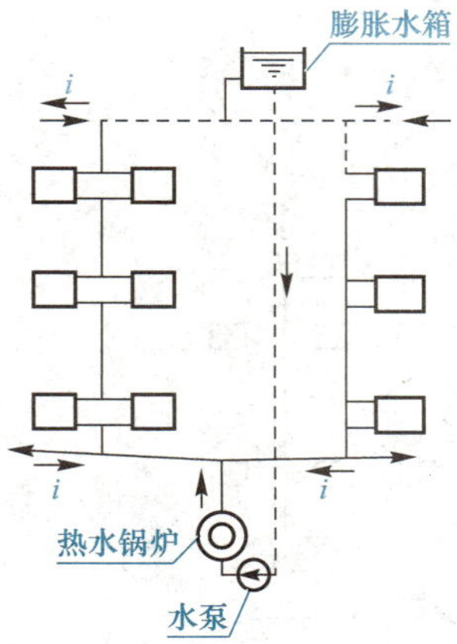


**图 4-6　机械循环下供上回式热水采暖系统**

(a)单管；(b)双管

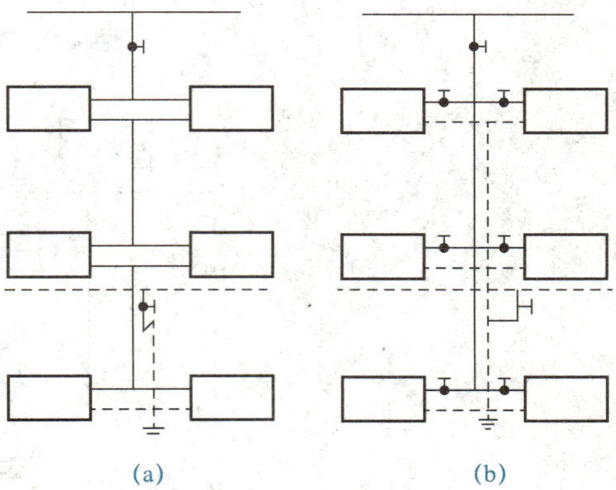


**图 4-7　机械循环上供中回式热水采暖系统**

(a)单管；(b)双管

(7)**水平串联式热水采暖系统**。水平串联式热水采暖系统是一根立管水平串联多组散热器的布置形式，如图 4-8 所示。按照供水管与散热器的连接方式可分为顺流式和跨越式两种。这两种方式在机械循环和自然循环系统中都可以使用。其优点是：系统简捷，安装简单，少穿楼板，施工方便；系统的总造价较垂直式低；对各层有不同使用功能和不同温度要求的建筑物，便于分层调节和管理。

单管水平式系统串联散热器很多时，运行中易出现前端过热，末端过冷的水平失调现象。一般每个环路散热器组以 8～12 组为宜。

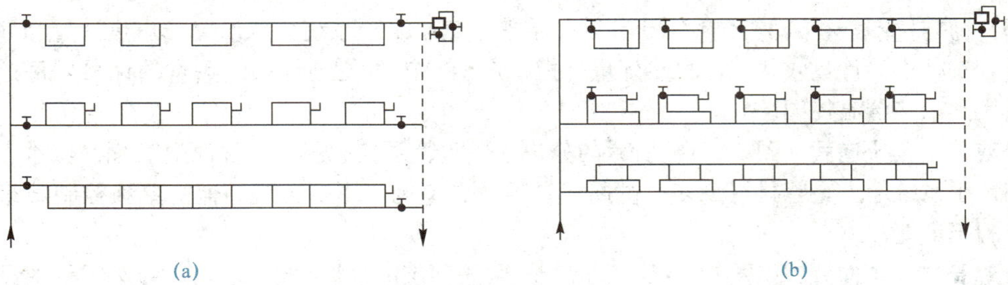


**图 4-8　水平串联式热水采暖系统**

(a)顺流式；(b)跨越式

(8)**异程式采暖系统与同程式采暖系统**。在采暖系统供、回水干管布置上，通过各个立管的循环环路的总长度不相等的布置形式称为异程式采暖系统，如图 4-9 所示；而通过各个立管的循环环路的总长度相等的布置形式则称为同程式采暖系统，如图 4-10 所示。

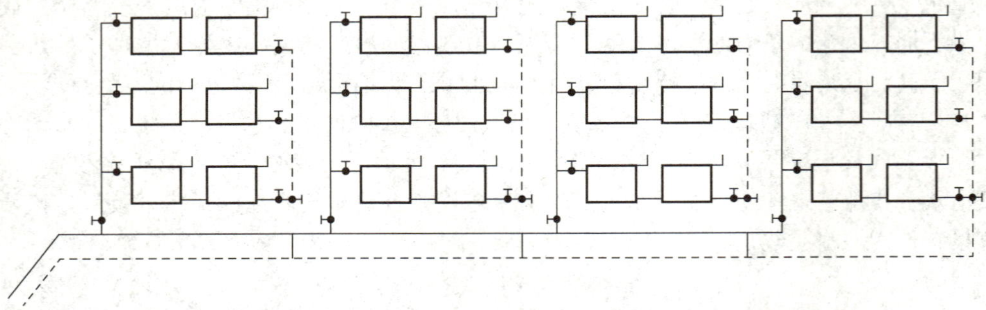

图 4-9　异程式采暖系统

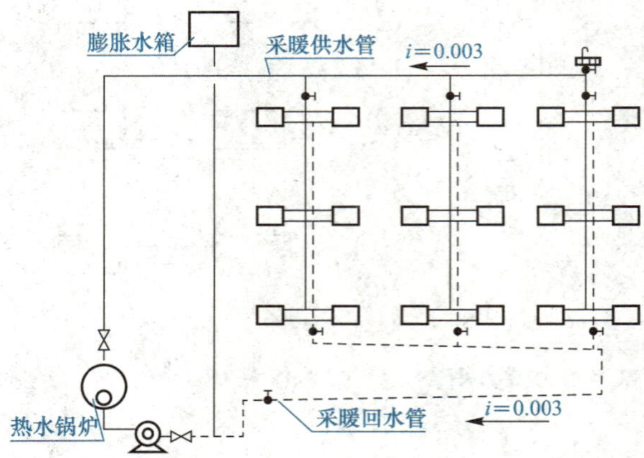


图 4-10　同程式采暖系统

在机械循环系统中，由于作用半径过大，连接立管较多，异程式系统各立管循环环路长短不一，各个立管环路和压力损失较难平衡，会出现近处立管流量超过要求，而远处立管流量不足。在远近立管处出现流量失调而引起在水平方向冷热不均的现象，为水平失调。

为了消除或减轻系统的水平失调，可采用同程式系统，通过最近立管的循环环路与通过最远立管的循环环路的总长度都相等，因而压力损失易于平衡。在较大的建筑物中，常采用同程式系统，但其管道的消耗量要多于异程式系统。

(9)**分户计量热水采暖系统**。对于新建住宅热水集中采暖系统，应设置分户热计量和室温控制装置，实行供热计量收费。分户热计量是指以户(套)为单位进行采暖热量的计量，每户需安装热量表和散热器温控阀。

1)**双管上供上回式**。图 4-11(a)所示的分户水平双管系统适用于旧房改造工程。供水、回水管道均设于系统上方，管材用量多，供回水管道设在室内，影响美观，但能单独控制某组散热器，有利于节能。

2)**双管下供下回式**。如图 4-11(b)所示，该系统适用于新建住宅，供水、回水干管埋设在地面层内，但由于暗埋在地面层内的管道有接头，一旦漏水，维修复杂。

3)**水平双管放射式**。如图 4-12 所示，该系统可用于新建住宅，供水、回水管均暗埋于地面层内，暗埋管道没有接头。但其管材用量大，且需设置分水器和集水器。

4)**带跨越管的单管系统**。如图 4-13 所示，该系统可用于新建住宅，干管暗埋于地面层内，系统简单，但需加散热器温控阀。

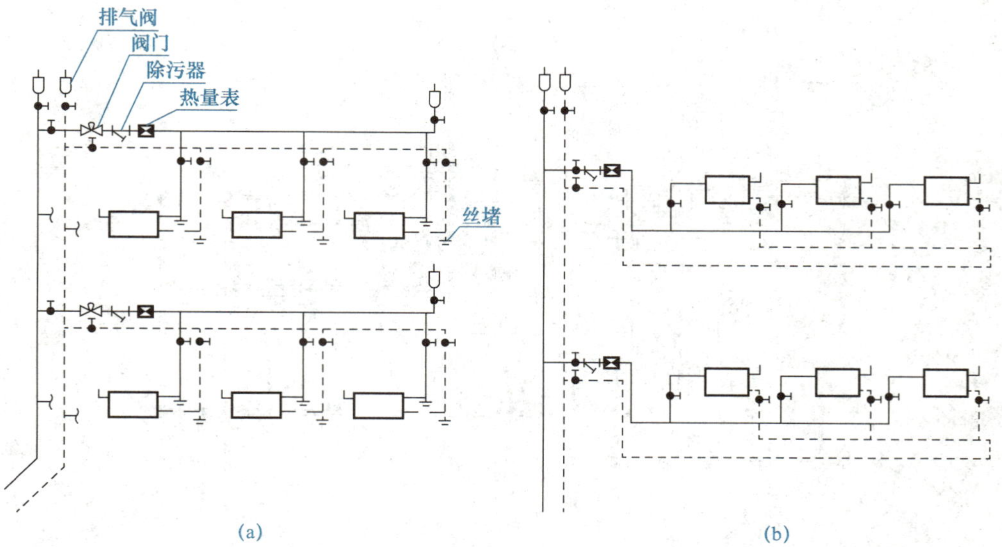


**图 4-11　分户计量热水采暖系统**

(a)双管上供上回式；(b)双管下供下回式

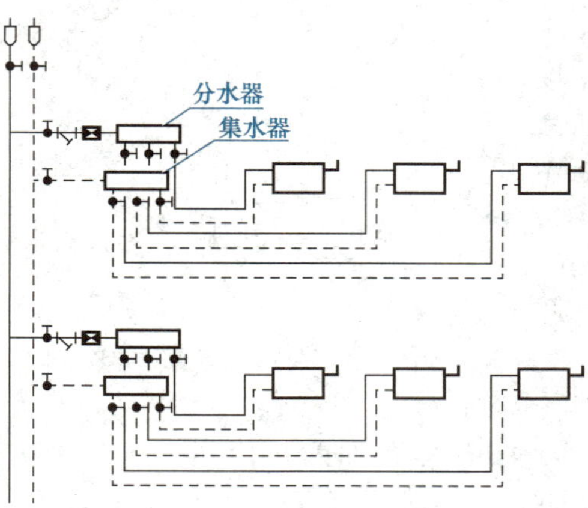


**图 4-12　水平双管放射式**

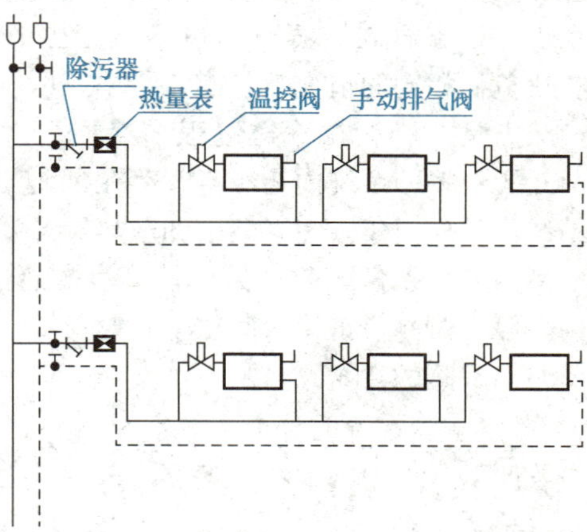


**图 4-13　带跨越的单管系统**

5)**低温热水辐射采暖**。低温热水辐射采暖具有节能、卫生、舒适、不占室内面积等特点，近年来在国内发展迅速。低温热水辐射采暖一般是指加热管埋设在建筑构件内的采暖形式，有墙壁式、顶棚式和地板式三种。目前，我国主要采用的是地板式，称为低温热水地板辐射采暖，如图 4-14 所示。低温热水地板辐射采暖的供、回水温差宜小于等于 10 ℃，民用建筑的供水温度不应超过 60 ℃。

## 4.1.2　蒸汽采暖系统

### 1. 蒸汽采暖系统的原理与分类

(1)蒸汽采暖系统的原理。蒸汽采暖系统以蒸汽作为热媒，应用极为广泛，图 4-15 所示为简单的蒸汽采暖系统原理图。水在蒸汽锅炉里被加热成为具有一定压力和温度的水蒸气，水蒸气靠自身压力通过管道流入散热器放出热量，蒸汽由于放出热量而凝结成水，经疏水器沿凝结

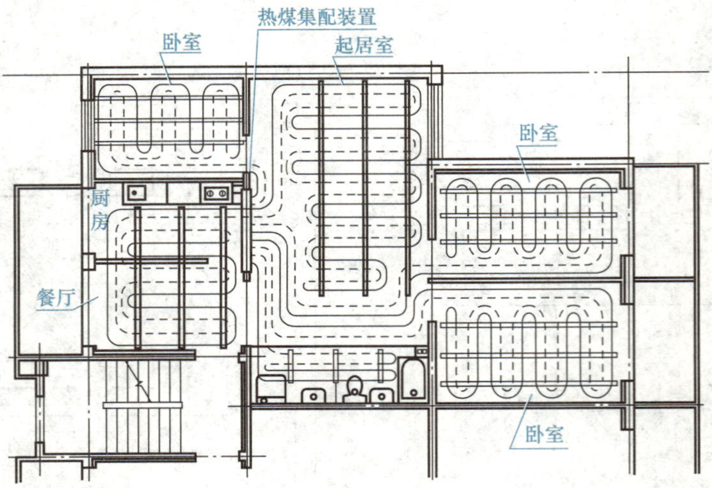


图 4-14　低温热水地板辐射采暖

水管道流入凝结水箱，再经凝结水泵注入锅炉重新加热成蒸汽，不断循环。

蒸汽采暖与热水采暖相比，其主要优点是：热媒平均温度高，所需散热器数量少；蒸汽流量大，管道的管径小，节省管材；蒸汽密度小，产生的静压力小；在热负荷相同的情况下热媒流量小，可以节省电能。其缺点是：蒸汽在输送过程中热损失大，易泄漏，消耗燃料多；系统内会有空气存在，尤其是凝结水管易锈蚀，使用年限短，管道和散热器温度高，易烫伤，室内卫生条件较差。另外，蒸汽的热惰性小，热得快，停气时冷得也快，间歇采暖时稳定性差，适用于短时间采暖的建筑物。

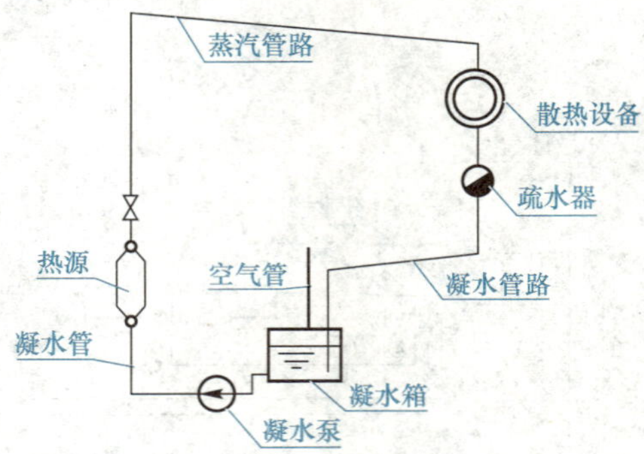


图 4-15　蒸汽采暖系统原理图

(2)蒸汽采暖系统的分类。

1)按照供汽压力的大小，将蒸汽采暖分为三类，即高压蒸汽采暖，供汽的表压力＞70 kPa；低压蒸汽采暖，供汽的表压力≤70 kPa；真空蒸汽采暖，压力低于大气压力。

2)按照蒸汽干管布置的不同，蒸汽采暖系统可分为上供式、中供式、下供式三种。

3)按照立管的布置特点，蒸汽采暖系统可分为单管式和双管式。目前，国内绝大多数蒸汽采暖系统采用双管式。

### 2. 低压蒸汽采暖系统

(1)低压蒸汽采暖系统的特点。如图 4-16 所示，蒸汽锅炉产生的蒸汽通过供汽干管、立管及散热设备支管进入散热器，蒸汽在散热器中放出热量后变成凝结水，凝结水经疏水器沿凝结水管流回凝结水池，由凝结水泵将凝结水送回锅炉重新加热。低压蒸汽采暖系统具有以下特点：

1)凝结水箱应设在低处，并应高于水泵。

2)在锅炉和凝结水泵间应设止回阀，以防止水泵停止工作时，水从锅炉倒流水箱。

3)安装疏水器，其作用是阻汽疏水，阻止蒸汽从凝结水管窜回锅炉。为了减少设备投资，在设计中多是在每根凝结水立管下部装一个疏水器，以代替每个凝结水支管上的疏水器。这样可保证凝结水干管中无蒸汽流入，但凝结水立管中会有蒸汽。

4)注意管道的安装坡度。

5)在每一个散热器上安装自动排气阀，随时排净散热器内的空气。

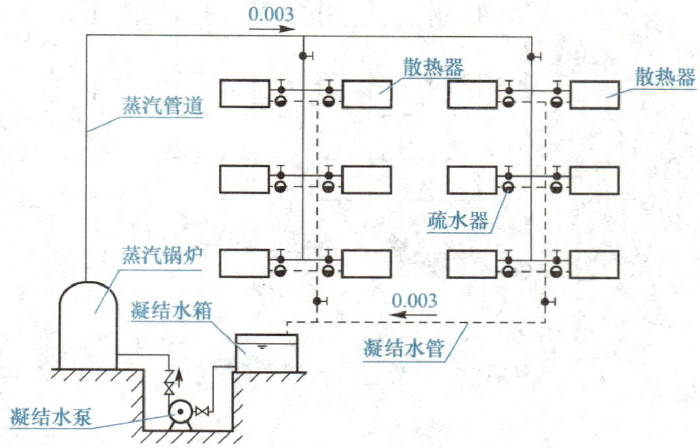


图 4-16　低压蒸汽采暖系统(双管上供式)

(2)低压蒸汽采暖系统的方式。

1)双管上供式蒸汽采暖系统。图 4-16 所示为双管上供式蒸汽采暖系统，是蒸汽采暖中使用最多的一种形式，采暖效果好，可用于多层建筑，但是耗费钢材，施工麻烦。

2)双管下供式蒸汽采暖系统。图 4-17 所示为双管下供式蒸汽采暖系统。当采用上供式系统蒸汽干管不好布置时，采用双管下供式系统。它与上供式系统所不同的是蒸汽干管布置在所有散热器之下，蒸汽通过立管由下向上送入散热器。当蒸汽沿着立管向上输送时，沿途产生的凝结水由于重力作用向下流动，与蒸汽流动的方向正好相反。由于蒸汽的运动速度较大，会携带许多水滴向上运动，并撞击在弯头、阀门等部件上，产生振动和噪声，这就是常说的水击现象。

3)双管中供式蒸汽采暖系统。图 4-18 所示为双管中供式蒸汽采暖系统。当多层建筑的采暖系统在顶层顶棚下面不能敷设干管时采用。

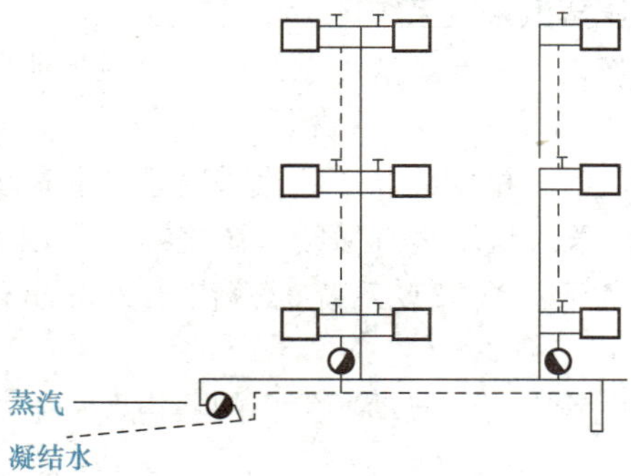


图 4-17　双管下供式蒸汽采暖系统

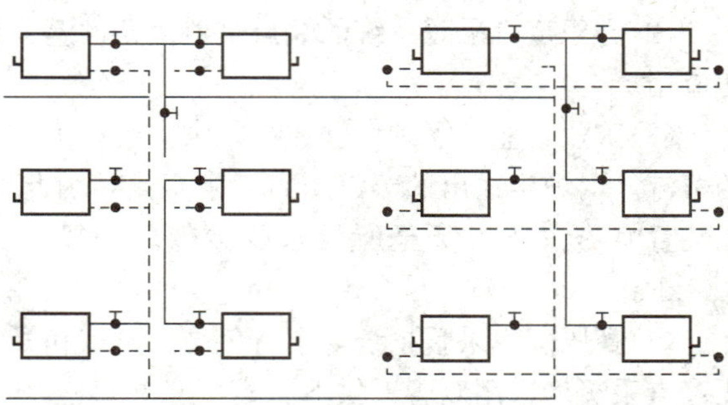

图 4-18　双管中供式蒸汽采暖系统

4)单管上供式蒸汽采暖系统。图 4-19 所示为单管上供式蒸汽采暖系统。由于立管中汽水同向流动，运行时不会产生水击现象，该系统适用于多层建筑，可节约钢材。

**3. 高压蒸汽采暖系统**

高压蒸汽采暖系统的热媒为相对压力大于 70 kPa 的蒸汽。如图 4-20 所示，高压蒸汽采暖系统由蒸汽锅炉、蒸汽管道、减压阀、散热器、凝结水管道、疏水器、凝结水池和凝结水泵等组成。

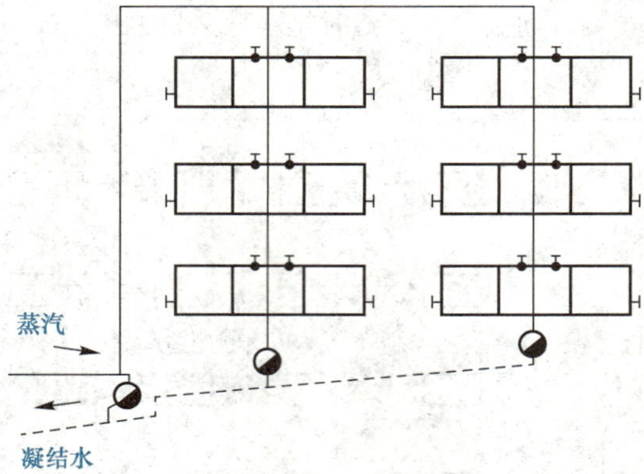


图 4-19　单管上供式蒸汽采暖系统

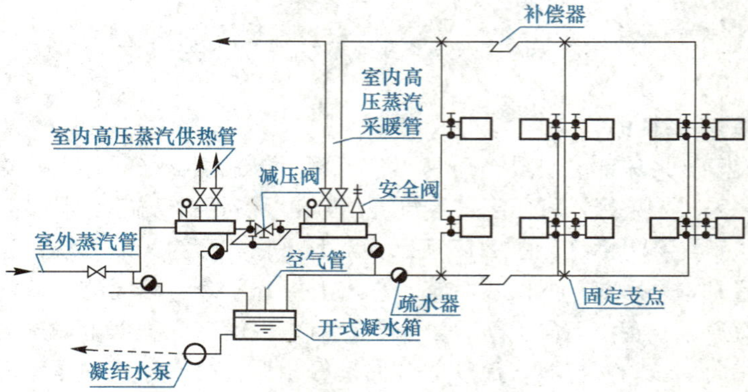


图 4-20　高压蒸汽采暖系统

高压蒸汽采暖系统具有以下特点：

(1)高压蒸汽采暖系统的管径和散热器片数都少于低压蒸汽采暖系统。

(2)高压蒸汽采暖系统的缺点是卫生条件差，容易烫伤人。因此，这种系统一般只在工业厂房应用。

(3)工业企业的锅炉房，往往既供应生产工艺用汽，同时，也供应高压蒸汽采暖系统所需要的蒸汽。锅炉房送出的蒸汽压力常常很高，因此，在蒸汽送入高压蒸汽采暖系统之前，要用减压装置将蒸汽压力降至所要求的数值。一般情况下，高压蒸汽采暖系统的蒸汽压力不超过 300 kPa。

(4)高压蒸汽采暖系统为了避免高压蒸汽和凝结水在立管中反向流动所发出的噪声，一般高压蒸汽采暖均采用双管上供下回式系统。

(5)高压蒸汽采暖系统在启动和停止运行时，管道温度的变化要比热水采暖系统和低压蒸汽采暖系统都大，应充分注意管道的伸缩问题。

(6)由于高压蒸汽采暖系统的凝结水温度很高，在它通过疏水器减压后，会重新汽化，产生二次蒸汽。在有条件的地方，要尽可能将二次蒸汽送到附近低压蒸汽采暖系统或热水供应系统中加以利用。

## 知识链接

**蒸汽与热水采暖系统的比较**

(1)蒸汽采暖系统靠水蒸气凝结成水放出热量，相态发生变化。蒸汽凝结放出汽化热比水通过温降放出的热量要大得多，因此，对同样的热负荷，蒸汽采暖所需的蒸汽量要比热水流量少得多。

(2)蒸汽和凝水在系统管路内流动时，其状态参数变化比较大，还会伴随相态变化。

(3)蒸汽采暖系统散热器热媒的平均温度一般都高于热水采暖系统。因此，对同样热负荷，蒸汽供热要比热水供热节省散热设备的面积，初投资低。

(4)蒸汽采暖系统散热器表面温度高，散热器上的灰尘产生异味，卫生条件较差。

(5)蒸汽采暖系统中的蒸汽比热容较热水比热容大得多。因此，蒸汽管道中的流速，通常可采用比热水流速高得多的速度，管径小，投资低。

(6)由于蒸汽具有比热容大、密度小的特点，在高层建筑采暖时，不会像热水采暖那样，产生很大的静压力。

(7)蒸汽供热系统的热稳定性差，供汽时热得快，停气时冷得也快，适用于间歇供热的用户。

### 4.1.3 采暖设备及附件

#### 1. 散热器

散热器是采暖系统的主要散热设备，是通过热媒把热源的热量传递给室内的一种散热设备。通过散热器的散热，使室内的得失热量达到平衡，从而维持房间所需要的空气温度，达到采暖的目的。

散热器按材质可分为铸铁、钢制、铝制、铜质散热器；按结构形式可分为柱型、翼型、管型、板式、排管式散热器等；按其对流方式可分为对流型和辐射型散热器。

(1)**铸铁散热器**。铸铁散热器具有结构简单、防腐性好、使用寿命长、适用于各种水质、造价低、热稳定性好等优点。长期以来，广泛使用于低压蒸汽和热水采暖系统中。

铸铁散热器有柱型、翼型和复合翼型。

1)**柱型铸铁散热器**。柱型铸铁散热器是呈柱状的中空立柱单片散热器。外表面光滑，每片各有几个中空的立柱相互连通，如图 4-21 所示。根据散热面积的需要，柱型铸铁散热器可以进行组装。

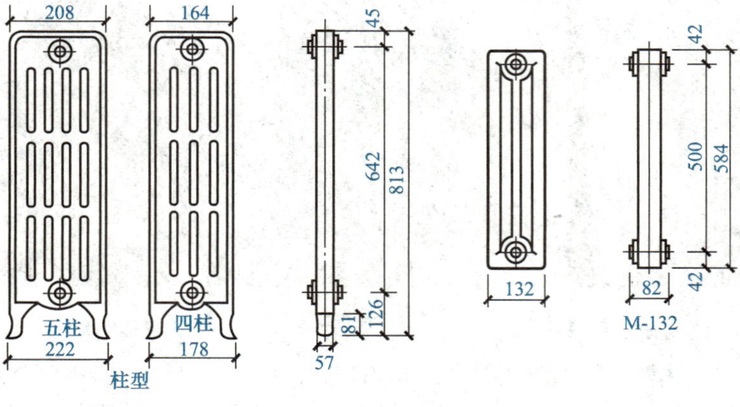


图 4-21 柱型铸铁散热器

2)翼型铸铁散热器。翼型铸铁散热器分为圆翼型和长翼型两类。圆翼型散热器是一根内径为75 mm的管子，外面带有许多圆形肋片，管子两端配置法兰。长翼型散热器的外表面具有许多竖向肋片，如图4-22所示。

3)柱翼型铸铁散热器(复合翼型散热器)。柱翼型铸铁散热器介于柱型散热器和翼型散热器之间，如图4-23所示。

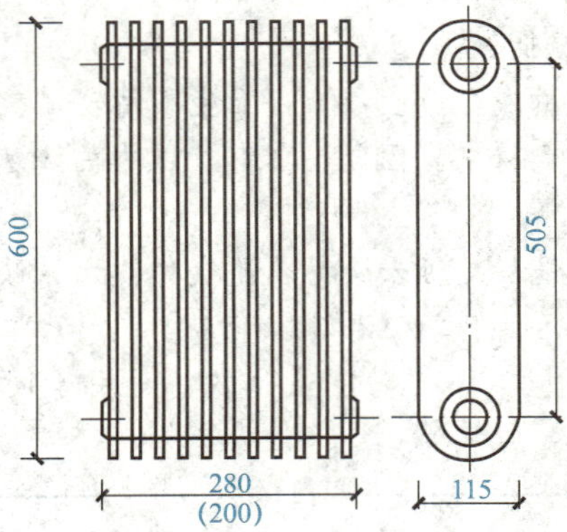


图4-22　长翼型铸铁散热器

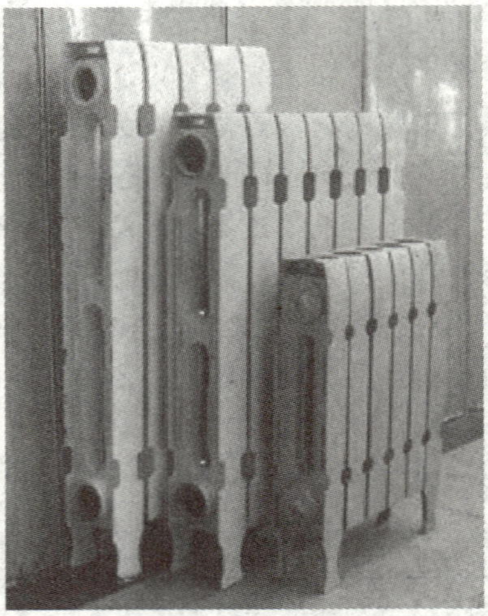

图4-23　柱翼型铸铁散热器

(2)钢制散热器。常用的钢制散热器有以下几种：

1)钢制柱型散热器。钢制柱型散热器的结构形式和铸铁柱型相似，每片也有几个中空的立柱，它是用1.5～2.0 mm厚的普通冷轧钢板经冲压加工焊接而成，如图4-24所示。其外形尺寸(高×宽)有600 mm×120 mm、600 mm×130 mm、600 mm×140 mm、640 mm×120 mm等几种。综合分析其热工性能以600 mm×120 mm为最佳。

钢制柱型散热器传热性能较好，承压能力较强，表面光滑、易清扫积灰。但其制造工艺复杂、造价较高、对水质要求高、易腐蚀，故使用年限短。

2)钢制扁管散热器。钢制扁管散热器是由数根矩形钢制扁管叠加焊接成排管，再与两端联箱形成水流通路，如图4-25所示。

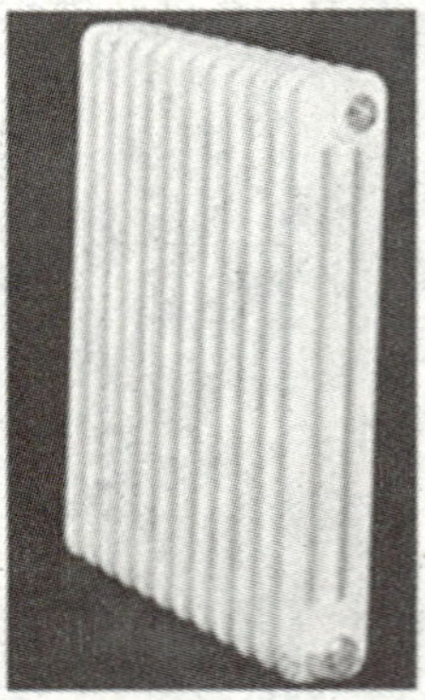

图4-24　钢制柱型散热器

图4-25　钢制扁管散热器

3)钢串片对流散热器。对流散热器是用联箱连通两根平行管，并在钢管外面串上许多弯边长方形肋片而成的，如图4-26所示。由于串片上、下端是敞开的，形成了许多相互平行的竖直空气通道，具有较大的对流散热能力，故也把这种散热器称为对流散热器。钢串片对流散热器体积小、质量轻、承压高、占地小，但使用时间较长时会出现串片与钢管的连接不紧或松动、接触不良，会大大影响散热器的传热效果。

图 4-26　钢串片对流散热器

随着人们生活水平越来越高，近几年，钢制散热器不断发展，其中以装饰型散热器发展尤为突出，出现了更多造型别致、色彩鲜艳、美观的散热器，如图 4-27 所示。

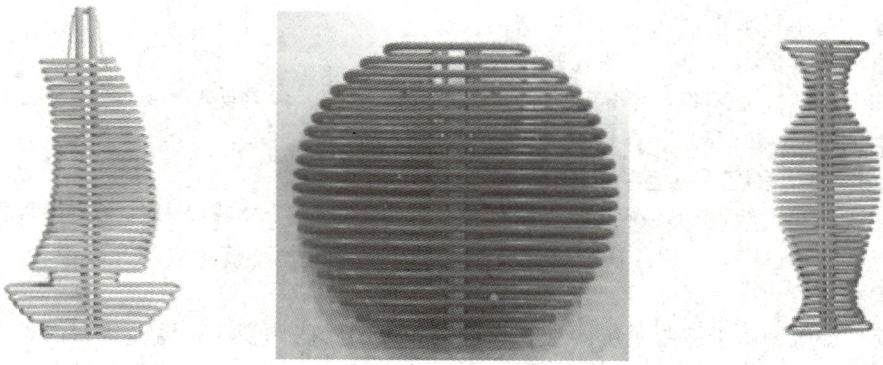

图 4-27　装饰型散热器

钢制散热器与铸铁散热器相比，具有以下特点：

1)钢质散热器的金属耗量少。

2)钢质散热器的耐压强度高。

3)外形美观、占地面积小、便于布置。

4)相比铸铁散热器，钢质散热器耐腐蚀性差，使用寿命短。

(3)合金散热器。

1)铝合金散热器。铝合金散热器是近年来我国工程技术人员在总结吸收国内外经验的基础上，潜心开发的一种新型、高效散热器。其造型美观大方，线条流畅，占地面积小，富有装饰性；其质量约为铸铁散热器的 1/10，便于运输安装；其金属热强度高，约为铸铁散热器的 6 倍；节省能源，采用内防腐处理技术。

2)复合材料型铝制散热器。复合材料型铝制散热器是普通铝制散热器发展的一个新阶段。随着科技发展和技术进步，从 21 世纪开始，铝制散热器迈向主动防腐。所谓主动防腐，主要有两种方法：一种方法是规范供热运行管理，控制水质，对钢制散热器主要控制含氧量，停暖时充水密闭保养，对铝制散热器主要控制 pH 值；另一种方法是采用耐腐蚀的材质，如铜、钢、塑料等。铝制散热器发展到复合材料型，如铜－铝复合、钢－铝复合、铝－塑复合材料等。这些新产品适用于任何水质、耐腐蚀、使用寿命长，是轻型、高效、节材、节能、美观、耐用、环保的优良产品。

**2. 膨胀水箱**

(1)膨胀水箱的作用及类型。膨胀水箱的作用是容纳水受热膨胀而增加的体积；在自然循环上供下回式热水采暖系统中，膨胀水箱连接在供水总立管的最高处，具有排除系统内空气的作用；在机械循环热水采暖系统中，膨胀水箱连接在回水干管循环水泵入口前，可以恒定循环水泵入口压力，保证采暖系统压力稳定。

膨胀水箱有圆形和矩形两种形式，一般是由薄钢板焊接而成。

(2)**膨胀水箱的配管**。

1)**膨胀管**。膨胀水箱设在系统的最高处，系统的膨胀水量通过膨胀管进入膨胀水箱。自然循环系统膨胀管接在供水总立管的上部；机械循环系统膨胀管接在回水干管循环水泵入口前，如图 4-28 所示。膨胀管上不允许设置阀门，以免偶然关断使系统内压力增高，以致发生事故。

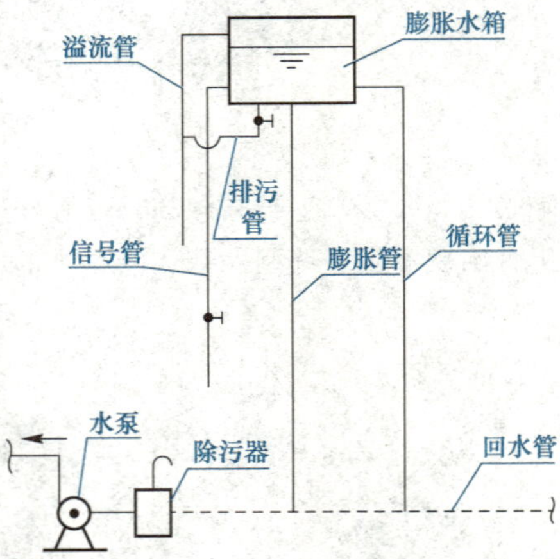


图 4-28　膨胀水箱与采暖系统连接示意图

2)**循环管**。当膨胀水箱设在不采暖的房间内时，为了防止水箱内的水冻结，膨胀水箱需设置循环管。机械循环系统循环管接至定压点前的水平回水干管上，如图 4-28 所示。连接点与定压点距离 1.5～3 m，使热水能缓慢地在循环管、膨胀管和水箱之间流动。自然循环系统循环管接到供水干管上，与膨胀管也应有一段距离，以维持水的缓慢流动。循环管上也不允许设置阀门，以免水箱内的水冻结。

3)**溢流管**。溢流管用于控制系统的最高水位。当水的膨胀体积超过溢流管口时，水溢出，就近排入排水设施中。溢流管上也不允许设置阀门，以免偶然关断，水从入孔处溢出。

4)**信号管(检查管)**。信号管用于检查膨胀水箱水位，决定系统是否需要补水。信号管控制系统的最低水位应接至锅炉房内或人们容易观察的地方，信号管末端应设置阀门。

5)**排污管**。排污管用于清洗、检修时放空水箱。可与溢流管一起就近接入排水设施中，其上应安装阀门。

**3. 排气装置**

系统的水被加热时，会分离出空气；在系统停止运行时，通过不严密处也会渗入空气，充水后，也会有些空气残留在系统内。系统中如果积存空气，就会形成气塞，影响水的正常循环。因此，系统中必须设置排除空气的设备。目前，常见的排气设备，主要有集气罐、自动排气阀和手动放风阀等几种。

(1)**集气罐**。**集气罐一般用直径为 100～200 mm 的钢管焊制而成，可分为立式和卧式两种**，如图 4-29 所示。集气罐顶部连接直径 $DN15$ 的排气管，排气管应引附近的排水设施处，排气管另一端装有阀门，排气阀应设在便于操作的地方。

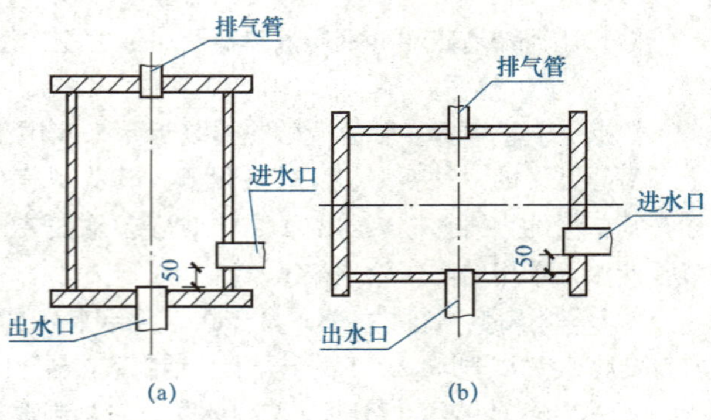


图 4-29　集气罐

(a)立式；(b)卧式

集气罐一般设于系统供水干管末端的最高点处，供水干管应向集气罐方向设上升坡度以使管中水流方向与空气气泡的浮升方向一致，有利于空气汇集到集气罐的上部，定期排除。当系统充水时，应打开集气罐上的排气阀，直至有水从管中流出，方可关闭排气阀。系统运行期间，应定期打开排气阀排除空气。

(2)**自动排气阀**。**自动排气阀是靠阀体内的启闭机构自动排除空气的装置**。它安装方便，体积小巧，且避免了人工操作管理的麻烦，在热水采暖系统中被广泛采用。目前，国内生产的自动排气阀，大多采用浮球启闭机构，当阀内充满水时，浮球升起，排气口自动关闭；阀内空气量增加时，水位降低，浮球依靠自重下垂，排气口打开排气，如图 4-30 所示。自动排气阀常会因水中污物堵塞而失灵，需要拆下清洗或更换，因此，排气阀前需加装一个截止阀、闸阀或球阀，此阀门常年开启，只在排气阀失灵，需检修时临时关闭。

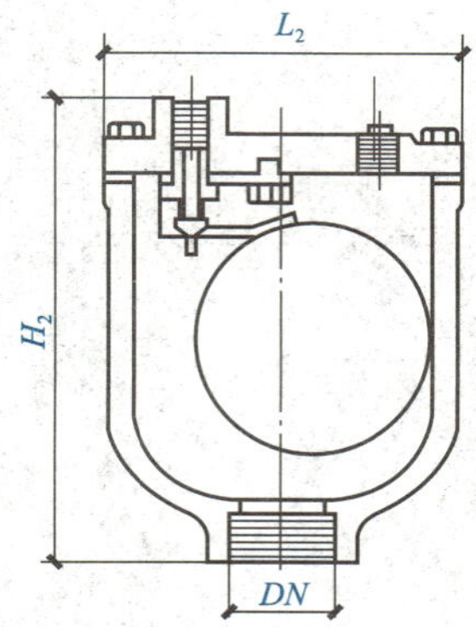


**图 4-30　自动排气阀**

(3)**手动放风阀**。**手动放风阀用于散热器或分集水器来排除积存的空气**。其适用于工作压力不大于 0.6 MPa、温度不超过 130 ℃的热水及蒸汽采暖散热器或管道上。

## 温馨提示

手动放风阀多为铜制，用于热水采暖系统时，应装在散热器上部丝堵上；用于低压蒸汽系统时，则应装在散热器下部 1/3 的位置上。

结合建筑物情况及管道布置情况确定集气装置的设置位置，并根据集气装置的设置位置确定管道的坡度及坡向。

### 4. 除污器

除污器的作用是阻留管网中的污物，以防造成管路堵塞，一般安装在用户入口的供水管道上或循环水泵之前的回水总管上，并设有旁通管道，以便定期清洗检修。

除污器的构造如图 4-31 所示。除污器为圆筒形钢制筒体，有卧式和立式两种。其工作原理是水由进水管进入除污器内，水流速度突然减小，使水中污物沉降到筒底，较清洁的水由带有大量小孔(起过滤作用)的出水管流出。

图 4-32 所示为 Y 形除污器。该除污器体积小、阻力小、滤孔细密、清洗方便，一般不需装设旁通管。清洗时关闭前后阀门，打开排污盖，取出滤网即可，清洗干净，原样装回，通常只需几分钟。Y 形过滤器的排污盖一般应朝下方或 45°斜下方安装，并留有抽出滤网的空间。安装时应注意介质流向，不可装反。

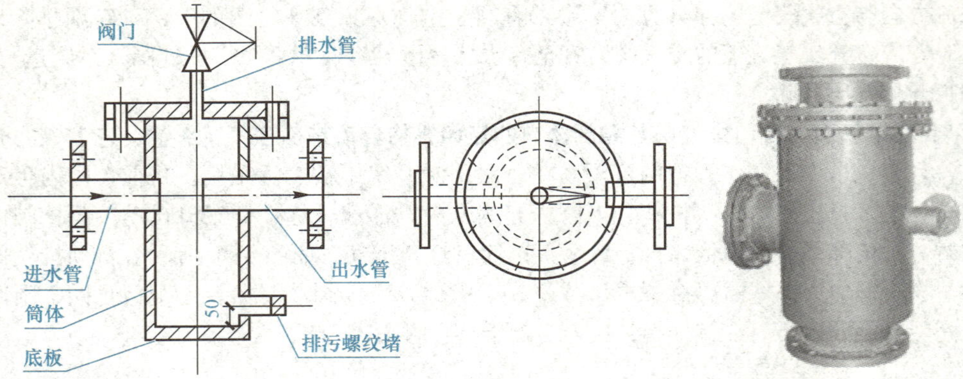


图 4-31　立式除污器

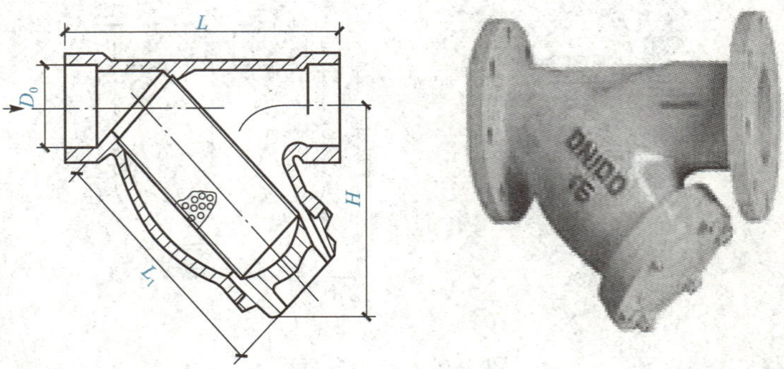


图 4-32　Y 形除污器

## 5. 疏水器

蒸汽采暖系统中，散热设备及管网中的凝结水和空气通过疏水器自动而迅速地排出，同时阻止蒸汽逸漏。

**疏水器种类繁多，按其工作原理可分为机械型、热力型和恒温型三种。**机械型疏水器是依靠蒸汽和凝结水的密度差，利用凝结水的液位进行工作，主要有浮桶式、钟形浮子式、倒吊桶式等；热力型疏水器是利用蒸汽和凝结水的热动力学特性来工作的，主要有脉冲式、热动力式、孔板式等，机械型和热力型疏水器均属高压疏水器；恒温型疏水器是利用蒸汽和凝结水的温度差引起恒温元件变形而工作的，具有工作性能好、使用寿命长的特点，适用于低压蒸汽采暖及供热系统，如图 4-33 所示。

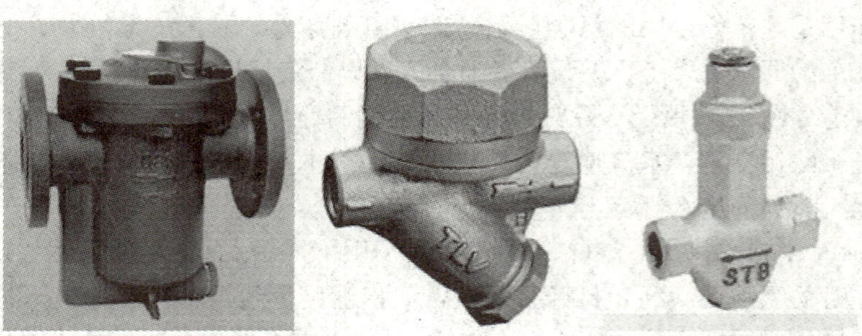


(a)　(b)　(c)

图 4-33　疏水器

(a)倒置筒式机械型疏水器；(b)热动力式热力型疏水器；(c)波纹管式恒温型疏水器

## 6. 伸缩器

伸缩器又称补偿器。在采暖系统中，金属管道会因受热而伸长，每米钢管本身的温度每升高 1 ℃时，便会伸长 0.012 mm。当平直管道的两端都被固定不能自由伸长时，管道就会因伸长而弯曲；当伸长量很大时，管道的管件就有可能因弯曲而破裂。因此，需要在管道上补偿管道的热伸长，同时，还可以补偿因冷却而缩短的长度，使管道不致因热胀冷缩而遭到破坏。常用伸缩器有以下几种：

(1)**L 形和 Z 形伸缩器**。L 形和 Z 形伸缩器利用管道自然转弯和扭转处的金属弹性，使管道具有伸缩的余地，如图 4-34(a)、(b)所示。进行管道布置时，应尽量考虑利用管道自然转弯做伸缩器，当自然补偿不能满足要求时，可采用其他伸缩器。

(2)**方形伸缩器**。方形伸缩器如图 4-34(c)所示。它是在直管道上专门增加的弯曲管道，管径小于或等于 40 mm 时用焊接钢管，直径大于 40 mm 时用无缝钢管弯制。方形伸缩器具有构造简单、制作方便、补偿能力大、严密性好、不需要经常维修等特点，但占地面积大，大管径不易弯制。

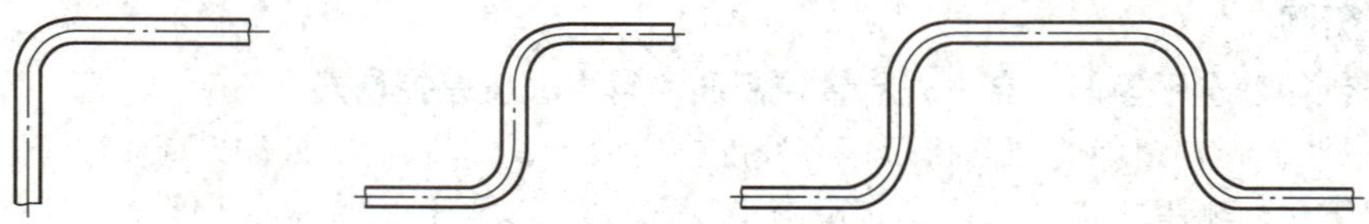

(a) (b) (c)

**图 4-34 伸缩器**

(a)L 形伸缩器；(b)Z 形伸缩器；(c)方形伸缩器

(3)**套筒伸缩器**。套筒伸缩器是由直径不同的两段管子套在一起制成的。填料圈可保证两管之间接触严密，不漏水(或汽)，填料圈用浸过煤焦油的石棉绳，加些润滑油后安放进去。热媒温度高、压力大时，用聚四氟乙烯圈。套筒伸缩器管径大，用法兰连接，其外形尺寸小，补偿量大，但造价高，易漏水、漏气，需经常维修和更换填料。

(4)**波形伸缩器**。波形伸缩器是用金属片焊接成的像波浪形的装置。利用这些波片的金属弹性来补偿管道热胀冷缩的长度，减轻管道热应力作用。波形伸缩器补偿能力较小，一般用于压力较低的蒸汽管道和热水管道上。

为使管道产生的伸长量能合理地分配给伸缩器，使之不偏离允许的位置，在伸缩器之间应设固定卡。

## 7. 热量表

热量表是用于测量及显示热载体为水时，流过热交换系统所释放或吸收热量的仪表。它由流量传感器、一对温度传感器和积算仪组成。常用热量表有楼栋用热量表和户用热量表，如图 4-35 所示。户用热量表的流量传感器宜安装在供水管上。热量表前应设过滤器，安装热量表和温控阀的热水采暖系统不宜采用水流通道内含有黏砂的铸铁等散热器。

(a) (b)

**图 4-35 热量表**

(a)楼栋用热量表；(b)户用热量表

**8. 散热器温控阀**

散热器温控阀是一种自动控制进入散热器热媒流量的设备，它由阀体部分和温控元件控制部分组成。散热器温控阀的外形图如图 4-36 所示。

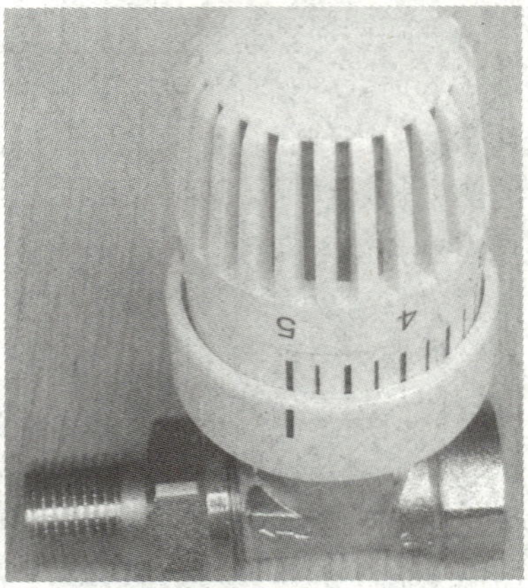


图 4-36　散热器温控阀

温控阀的控温范围为 13 ℃～28 ℃，控温误差为±1 ℃。散热器温控阀具有恒定室温、节约热能等优点，但其阻力较大。

**9. 气候补偿器**

气候补偿器安装在采暖系统的热源处，当室外温度降低时，气候补偿器自动调整，增大电动阀的开度，使进入换热器的蒸汽或高温水的流量增大，从而使进入采暖用户的供水温度升高；反之，减小电动阀的开度，使进入换热器的蒸汽或高温水的流量减小，从而降低进入采暖用户的供水温度。

**10. 平衡阀**

**平衡阀包括静态平衡阀、自力式流量控制阀和自力式压差控制阀。**

(1)静态平衡阀有精确的开度指示；有开度锁定装置，非工作人员不能随意改变开度；阀体上有两个测压孔，测压装置与其连接，可测出阀门前后的压差，并进而计算流量；既可安装在供水管上，也可安装在回水管上，如图 4-37(a)所示。根据流体力学原理，在管路上阻力不改变的情况下，系统总流量变化时，各管段及各用户的流量成比例变化。即根据热负荷的大小，调节系统总流量，使用户的流量成比例的增大或减小，也就是各用户得到相应的调节。

(2)自力式流量控制阀的名称较多，如自力式流量平衡阀、动态流量平衡阀等。自力式流量控制阀是由一个手动调节阀组和一个自动平衡阀组组成，如图 4-37(b)所示。调节阀组的作用是设定流量，自动平衡阀组的作用是维持流量恒定。工作时，手动调节阀调到某一位置，当系统流量增大时，手动调节阀前后压差超过允许的给定值，此时，通过感压膜和弹簧作用使自动调节阀组自动关小，直到流量重新维持到设定流量；反之亦然。与静态平衡阀一样，其具有开度指示和锁定功能；可装在供水管上，也可安装在回水管上。

(3)自力式压差控制阀根据结构不同分为供水式和回水式两种，对应安装在供水管和回水管上，两者不能互换。其由阀体、双节流阀座、阀瓣、感压膜、弹簧及压差调整装置等组成，如图 4-37(c)所示。其原理是利用阀体内部的感压膜和阀瓣的上、下移动，调节阀门的开度，进而控制压差。

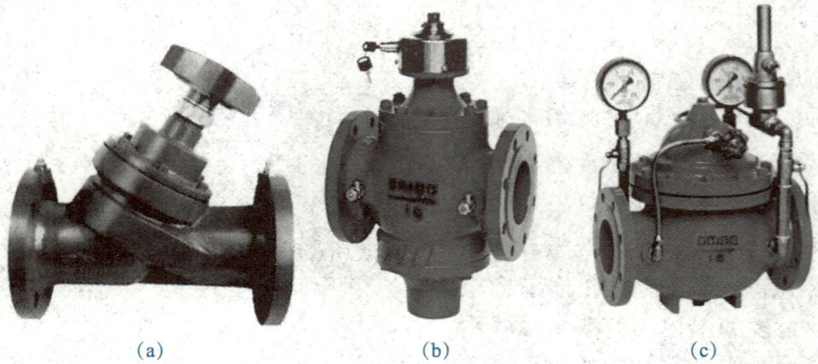

(a)　　(b)　　(c)

图 4-37　平衡阀

(a)静态平衡阀；(b)自力式流量控制阀；(c)自力式压差控制阀

### 4.1.4 供热管道的布置、敷设与安装

#### 1. 室外供热管道的布置与敷设

因为室外供热管网是集中供热系统中投资最多、施工最繁重的部分，所以，合理地选择供热管道的敷设方式以及做好管网平面的定线工作，对节省投资，保证热网安全、可靠运行和施工维修方便等，都具有重要的意义。

(1)管道的布置。小区供热管道应尽量经过热负荷集中的地方，且以线路短、便于施工为宜。管线尽量敷设在地势较平坦、土质良好、地下水水位低的地方，同时，还要考虑和其他地上管线的相互关系。

地下供热管道的埋设深度一般不考虑冻结问题，对于直埋管道，在车行道下为0.8～1.2 m，在非车行道下为0.6 m左右；管沟顶上的覆土深度一般不小于0.3 m，以避免直接承受地面的作用力。架空管道设于人和车辆稀少的地方时，采用低支架敷设，交通频繁之处采用中支架敷设，穿越主干道时采用高支架敷设。埋地管线坡度应尽量采用与自然地面相同的坡度。

(2)**管道的敷设**。室外采暖管道的敷设方式可分为管沟敷设、埋地敷设和架空敷设三种。

1)**管沟敷设**。厂区或街区交通特别频繁，以至管道架空有困难或影响美观时，或在蒸汽供热系统中，凝水是靠高度差自流回收时，适用于采用地下敷设。管沟是地下敷设管道的维护构筑物，其作用是承受土压力和地面荷载，并防止水的侵入。根据管沟内人行通道的设置情况，可分为通行管沟、半通行管沟和不通行管沟，如图 4-38 所示。

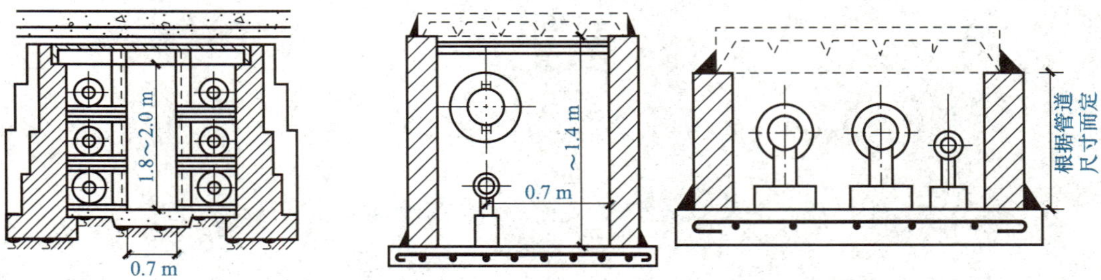


(a)　　　　(b)　　　　(c)

**图 4-38　管沟**

(a)通行管沟；(b)中通行管沟；(c)不通行管沟

2)**埋地敷设。对于 *DN*≤500 mm 的热力管道均可采用埋地敷设**。一般使用在地下水水位以上的土层内，它是将保温后的管道直接埋于地下，从而节省了大量建造地沟的材料、工时和空间。直埋管道，在车行道下为0.8～1.2 m，在非车行道下为0.6 m左右；管沟顶上的覆土深度一般不小于0.3 m，以避免直接承受地面的作用力。

3)**架空敷设**。架空管道设于人和车辆稀少的地方时，采用低支架敷设，交通频繁之处采用中支架敷设，穿越主干道时采用高支架敷设。埋地管线坡度应尽量采用与自然地面相同的坡度。

低支架上管道保温层的底部与地面间的净距通常为0.5～1.0 m，两个相邻管道保温层外面的间距，一般为 0.1～0.2 m。中支架净空高度为 2.5～4.0 m。高支架净空高度为4.5～6.0 m，如图 4-39 所示。

#### 2. 热力入口的布置与敷设

室内采暖系统与小区供热管道的连接处，称为室内采暖系统热力入口，入口处一般装有必要的设备和仪表。

如图 4-40 所示为以热水采暖系统热力入口的一种形式。**热力入口处设有温度计、压力表、**

旁通管、调压板、除污器、阀门等。

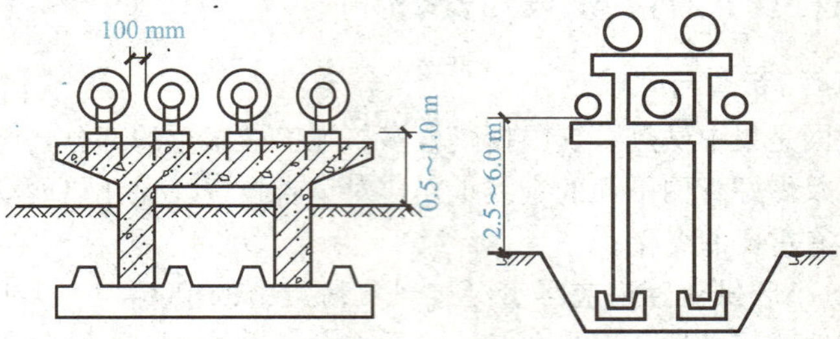


(a)　　(b)

**图 4-39　支架敷设**

(a)低支架敷设；(b)中、高支架敷设

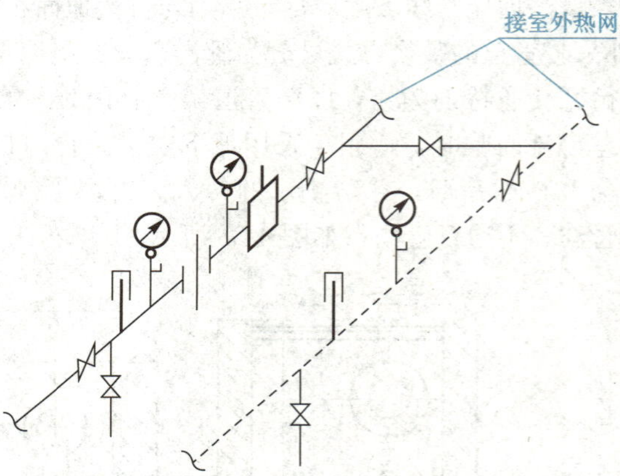


**图 4-40　采暖系统热力入口示意图**

温度计用来测量采暖供水和回水的温度；压力表用来测量供、回水的压力差或调压板前、后的压力差；当室外供热管网和室内采暖系统的工作压力不平衡时，调压板就用来调节压力，使室外供热管网与室内采暖系统的压力达到平衡；旁通管只在室内停止采暖或管道检修时而外网仍需运行时打开，使引入用户的支管中的水可继续循环流动，以防止外网支路被冻结。

### 3. 建筑采暖管道的布置与敷设

室内采暖系统的种类和形式应根据建筑物的使用特点和要求来确定，一般是在选定了系统的种类(热水还是蒸汽系统)和形式(上供还是下供，单管还是双管，同程还是异程)后进行系统的管网布置。

(1)热水采暖系统管路的布置与敷设。管路布置直接影响到系统造价和使用要求。因此，系统管道走向布置应合理，以节省管材，便于调节和排除空气，而且要求各并联环路的阻力损失易于平衡。

采暖系统的引入口一般宜在建筑物中部。系统应合理地设若干支路，而且尽量使各支路的阻力易于平衡。

在布置采暖系统管网时，一般先在建筑平面图上布置散热器，然后布置干管，再布置立管，最后绘出管网系统图。布置系统时力求管道最短，便于管理，并且不影响房间的美观。

采暖管道的安装方法有明装和暗装两种。采用明装还是暗装，要依建筑物的要求而定。一般民用建筑、公共建筑以及工业厂房都采用明装；装饰要求较高的建筑物，采用暗装。

1)干管的布置。对于上供式系统，供热干管应布置在建筑物顶部的顶棚下；布置供热干管时应考虑到供热干管的坡度、集气罐的设置要求。回水或凝水干管一般敷设在地下室顶板之下或底层地面以下的采暖地沟内。

对于下供式系统，供热干管和回水或凝水干管均应敷设在建筑物地下室顶板之下或底层地下室之下的采暖地沟内，也可以沿墙明装在底层地面上。暖沟断面净尺寸不应小于800 mm×1 000 mm×1 200 mm。沟底应有3‰的坡向采暖系统引入口的坡度用以排水。

### 温馨提示

采暖供水干管和回水干管结合建筑物具体情况布置，并结合排水和泄空要求设置合理的坡向和坡度。无论是热水采暖系统还是蒸汽采暖系统，坡度都要引起重视。

2)立管的布置。立管可布置在房间窗间墙或墙身转角处，对于有两面外墙的房间，立管宜设置在温度低的外墙转角处。楼梯间的立管尽量单独设置，以防结冻后影响其他立管的正常采暖。要求暗装时，立管可敷设在墙体内预留的沟槽中，也可以敷设在管道竖井内。管井每层应用隔板隔断，以减少管道井中空气对流而形成无效的立管传热损失。

3)支管的布置。支管的位置与散热器的位置、进水和出水口的位置有关。支管与散热器的连接方式有上进下出式、下进上出式和下进下出式三种。散热器支管进水、出水口可以布置在同侧，也可以在异侧。设计时，应尽量采用上进下出、同侧连接方式，这种连接方式具有传热系数大、管路最短、外形美观的优点。下进下出的连接方式散热效果较差，但在水平串联系统中可以使用，因为安装简单，对分层控制散热量有利。下进上出的连接方式散热效果最差，但这种连接有利于排气。

连接散热器的支管应有坡度以利排气。当支管全长小于500 mm时，坡度值为5 mm；大于500 mm时，坡度值为10 mm，进水、回水支管均沿流向顺坡。

### 温馨提示

考虑到支管的热胀冷缩因素，支管必须采用乙字管连接散热器和立管。

(2)蒸汽采暖系统管路的布置与敷设。蒸汽采暖系统管路布置的基本要求与热水采暖系统相同，还要注意以下几点：

1)水平敷设的供汽和凝水管道必须有足够的坡度并尽可能地使汽、水同向流动。

2)布置蒸汽采暖系统时，应尽量使系统作用半径小、流量分配均匀。系统规模较大，作用半径较大时，宜采用同程式布置，以避免远近不同的立管环路因降压不同造成环路凝水回流不畅。

3)合理地设置疏水器。为了及时排除蒸汽系统的凝水，除应保证管道必要的坡度外，还应在适当位置设置疏水装置，一般低压蒸汽采暖系统每组散热设备的出口或每根立管的下部设置疏水器，高压蒸汽采暖系统一般在环路末端设置疏水器。水平敷设的供汽干管，为了减少敷设深度，每隔30～40 m需要局部抬高，局部抬高的低点处设置疏水器和泄水装置。

4)为避免蒸汽管路中的沿途凝水进入立管造成水击现象，供汽立管应从蒸汽干管的上方或侧上方接出。干管沿途产生的凝结水，可通过干管末端设置的凝水立管和疏水装置排除。

5)水平干式凝水干管通过过门地沟时，需将凝水管内的空气与凝水分流，并在门上设空气绕行管。

(3)**低温热水地板辐射加热管的布置与敷设**。

1)**低温热水地板辐射采暖构造**。加热管的布置要保证地面温度均匀，一般将高温管段布置在外窗、外墙侧。加热管的敷设管间距应根据地面散热量、室内计算温度、平均水温及地面传热热阻等通过计算确定，一般为100～300 mm。加热管应保持平直，防止管道扭曲，加热管一般无坡度敷设。埋设在填充层内的每个环路加热管不应有接头，其长度不大于120 m。环路布置不宜穿越填充层内的伸缩缝，必须穿越时，伸缩缝处应设长度不小于200 mm的柔性套管。

加热管弯曲管道时，圆弧的顶部应加以限制，并用管卡进行固定，不得出现“死折”现象。采用塑料及铝塑复合管时，其弯曲半径不宜小于6倍管外径；采用铜管时，弯曲半径不宜小于5倍管外径。加热管应设固定装置。

2)**系统设置**。在户内需设置分水器和集水器，另外，当集中采暖热媒的温度超过低温热水地板辐射采暖的允许温度时，可设集中的换热站以保证温度在允许的范围内，如图4-41所示。

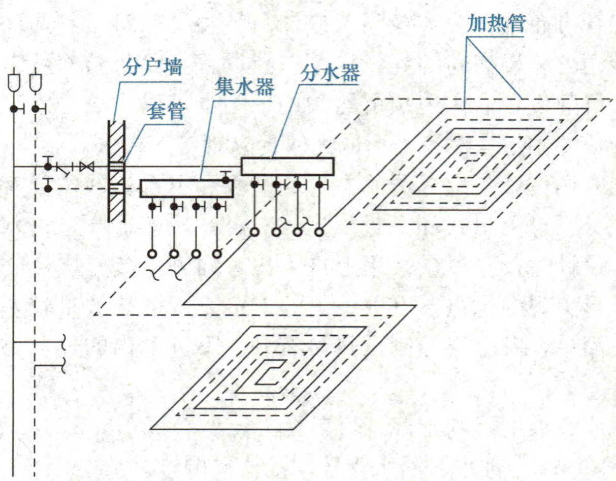


**图4-41 低温热水地板辐射采暖系统示意图**

低温热水地板辐射采暖的楼内系统一般通过设置在户内的分水器、集水器与户内埋在地面层内的管路系统连接，每套分、集水器宜接3～5个回路，最多不超过8个。分、集水器宜布置在厨房、卫生间等地方，注意应留有一定的检修空间，且每层安装位置应相同。

### 4. 采暖系统的安装

(1)**采暖系统常用管材**。采暖系统的管材有以下几种：

1)**焊接钢管**。焊接钢管及镀锌钢管常用于输送低压流体，是采暖工程中最常用的管材。焊接钢管使用时，压力≤1 MPa，输送介质的温度≤130 ℃。当焊接钢管 *DN*≤32时，用螺纹连接；*DN*≥40时，用焊接连接。

2)**无缝钢管**。无缝钢管主要用于系统需承受较高压力的室内采暖系统，焊接连接。

3)**其他管材**。其他管材有交联铝塑复合管(XPAP)、聚丁烯管(PB)、交联聚乙烯管(PE—X)、无规共聚聚丙烯管(PP—R)，用于低温热水地板辐射采暖系统。

(2)**采暖系统的安装**。

1)**采暖管道的安装**。为了更好地发挥采暖系统的作用，保证采暖系统的安装质量，安装时必须遵循以下工艺流程：热力入口→干管安装→立管安装→支管安装，即一般按安装准备→预制加工→总管及其入口装置→干管→立管→散热器→支管的施工顺序进行。

①热力入口的安装。建筑采暖热力入口由供水总管、回水总管及配件构成。供、回水总管

一般并行穿越建筑物基础预留洞进入室内。热力入口处设有温度计、压力表、旁通管、调压板、除污器、阀门等，安装时应预先装配好，必要时经水压试验合格后，整体穿入基础预留洞。

②干管安装。干管的安装按下列程序进行：管道定位、画线→安装支架→管道就位→接口连接→开立管连接孔、焊接→水压试验、验收。

a. 确定干管位置。根据施工图所要求的干管走向、位置、坡度，检查预留孔洞，画出管道安装中心线。

b. 管道预加工。根据设计图纸进行管道的预加工，包括下料、套丝、焊法兰盘、调直等。

c. 管道就位。

干管悬吊式安装：安装前，将地沟、地下室、技术层或顶棚内的吊卡穿于型钢上，管道上套上吊卡，上、下对齐，再穿上螺栓，拧紧螺母，将管子初步固定。

干管在托架上安装：将管子搁置于托架上，先用U形卡固定第一节管道，然后依次固定各节管道。

d. 管道连接。在支架上把管段对好口，按要求焊接或螺纹连接，连成系统。

e. 管道找坡。管道连接好后，应校核管道坡度，合格后固定管道。

③立管安装。立管安装应从底层到顶层逐层安装，安装时首先确定安装位置，管道距左墙净距不得少于150 mm，距离右墙不得少于300 mm。

画好立管垂直中心线，确定管卡安装位置，安好各层管卡。

立管逐层安装时，一定要穿入套管，并将其固定好，再用立管卡将管子固定。

2) **散热器的安装**。散热器的安装主要包括散热器的组对，散热器的试压，在墙上画线、打眼、安装支架或托钩，安装散热器等。

①组对。常用散热器有钢制和铸铁两大类。钢制散热器在出厂前，已经根据设计要求的片数焊接完成。铸铁散热器除翼型散热器外，都要根据设计要求进行组对。

散热器组对前，应检查每片散热器有无裂纹、砂眼及其他损坏，接口断面是否平整。将散热器用钢刷将对口处螺纹内的铁锈处理干净，按正扣向上，依次放齐。组对常用的对丝、丝堵、补心等部件应放在易取位置。组对密封垫采用石棉橡胶垫片，其厚度不超过1.5 mm，用机油随用随浸。组对的散热器要求平直、严紧，垫片不得外露。

②试压。将散热器抬到试压台上，用管钳子上好临时丝堵和临时补心，连接试压泵；试压时一般按工作压力的1.5倍作为试验压力，稳压5 min，逐个观察每个接口是否有渗漏，不渗漏为合格。

将试压合格后的散热器表面除锈，刷防锈漆，刷银粉漆。运至集中地点，堆放整齐，准备安装。

③画线、打眼、安装托钩和支架。根据安装位置及高度在墙上画出安装中心线、孔洞，安装支托架。

④散热器安装。散热器的安装与外墙的距离应符合设计要求和产品说明书要求，如未注明，应为30 mm。

3) **低温热水地板辐射采暖系统的安装**。低温热水地板辐射采暖系统的施工工序为：地面清理→绝热层安装→安装分水器、集水器→安装加热管→水压试验→填充层→面层。

①地面清理。地暖施工前，先进行地面清理。清除地面上的积土和各类杂物，保持地面干净，防止损坏保温板。

②绝热层安装。绝热层一般采用聚苯乙烯泡沫塑料板。绝热层做在找平层上，保温板要平整，板块接缝应严密，下部无空鼓及凸起现象。保温板与四周墙壁之间留出伸缩缝。

③安装分水器、集水器。分水器、集水器安装宜在开始铺设加热管之前进行安装。

水平安装时，宜将分水器安装在上，集水器安装在下，中心距宜为200 mm，集水器中心距地面不应小于300 mm。每个环路加热管的进、出水口，应分别与分水器、集水器相连接。分水器、集水器一般布置在不影响室内使用并操作方便的地方，并加以固定。

④安装加热管。加热管安装前，应对材料的外观和接头的配合公差进行仔细检查，并清除管道和管件内外的污垢和杂物。注意管与管之间的距离，管卡的间距，加热管出地面到分水器、集水器连接处的明装部分，外部加套管，套管高出装饰面150～200 mm，以保护加热管。

⑤水压试验。地暖系统打压前，必须事先冲洗管道。水压试验进行两次，分别是在浇捣混凝土填充层前和填充层养护期满后。地暖系统试验压力为工作压力的1.5倍，且不应小于0.6 MPa。在试验压力下稳压1 h，其压力降不应大于0.05 MPa。不宜以气压试验替代水压试验。水压试验宜采用手动泵缓慢升压，升压过程中应随时观察与检查，系统各处无任何渗漏后，方可带压充填细石混凝土。

⑥填充层及面层做法。细石混凝土的搅拌、运输、浇筑、振捣和养护等一系列的施工要求混凝土层在施工完毕后要进行养护。混凝土层养护期不少于21 d。

4)**建筑采暖系统的试压与冲洗**。

①试压。

a. 试验压力。系统安装完毕，应作水压试验，水压试验的试验压力应符合设计要求，当设计未注明时，应符合下列规定：

蒸汽、热水采暖系统，应以顶点工作压力加0.1 MPa作水压试验，同时，在系统顶点的试验压力不小于0.3 MPa。

高温热水采暖，试验压力为系统顶点工作压力加0.4 MPa。

使用塑料管及复合管的热水采暖系统，应以系统顶点工作压力加0.2 MPa作水压试验，同时，系统顶点的试验压力不小于0.4 MPa。

b. 试压方法。室内采暖系统的水压试验，可分段或分层进行，也可以整个系统进行试压。对于分段或分层试压的系统，如有条件，还应进行一次整个系统的试压。对于系统中需要隐蔽的管段，应作分段试压，试压合格后方可隐蔽，同时填写隐蔽工程验收记录。

试压准备：打开系统最高点的排气阀阀门；打开系统所有的阀门；采取临时措施隔断膨胀水箱和热源；在系统下部安装手摇泵或电动泵，接通自来水管道。

系统充水：依靠自来水的压力向管道内充水，系统充满水后不要进行加压，应反复地进行充水、排气，直到将系统中的空气排除干净；关闭排气阀。

系统加压：确定试验压力，用试压泵加压。一般也应分2～3次升至试验压力。在试压过程中，每升高一次压力，都应停下来对管道进行检查，无问题再继续升压，直至升到试验压力。

系统检验：采用金属及金属复合管的采暖系统，在试验压力下观测10 min，压力降不应大于0.02 MPa，然后降到工作压力进行检查，不渗、不漏为合格。采用塑料管的采暖系统，在试验压力下稳压1 h，压力降不得超过0.05 MPa，然后在工作压力的1.15倍状态下稳压2 h，压力降不大于0.03 MPa，同时检查各连接处，不渗、不漏为合格。

c. 试压注意事项。气温低于4 ℃时，试压结束后及时将系统内的水放空，并关闭泄水阀。系统试压时，应拆除系统的压力表、打开疏水器旁通阀，避免压力表、疏水器被污物堵塞。试压泵上的压力表应为合格的压力表。

②冲洗。系统试压合格，应对系统进行冲洗，冲洗的目的是清除系统的泥砂、铁锈等杂物，保证系统内部清洁，避免运行时发生阻塞。

热水采暖系统可用水冲洗。冲洗的方法是：将系统内充满水，打开系统最低处的泄水阀，让系统中的水连同杂物由此排出，反复多次，直到排出的水清澈、透明为止。

蒸汽采暖系统可采用蒸汽冲洗。冲洗的方法是：打开疏水装置的旁通阀，送汽时，送汽阀门慢慢开启，蒸汽由排汽口排出，直到排出干净的蒸汽为止。

采暖系统试压、冲洗结束后，方可进行防腐和保温。

### 5. 管道、设备的防腐与保温

(1)防腐。在管道工程中，各种管材、设备为了防止其产生锈蚀而受到破坏，需要对这些管材和设备进行防腐处理。

1)管道防腐的程序。防腐处理的程序：除锈→刷防锈漆→刷面漆。

2)常用油漆。

①红丹防锈漆。多用于地沟内保温的采暖及热水供应管道和设备。它是由油性红丹防锈漆和 200 号溶剂汽油按 4∶1 比例配置的。

②防锈漆。多用于地沟内不保温的管道。它是由酚醛防锈漆与 200 号溶剂汽油按 3.3∶1 比例配置的。

③银粉漆。多用于室内采暖管道、给水排水管道及室内明装设备面漆。它是由银粉、200 号汽油、酚醛清漆按照 1∶8∶4 比例配置的。

④冷底子油。多用于埋地管材的第一遍漆。它是由沥青和汽油按照 1∶2.2 比例配置的。

⑤沥青漆。多用于埋地给水或排水管道的防水。它是由煤焦沥青漆和苯按照 6.2∶1 的比例配置的。

⑥调合漆。多用于有装饰要求的管道和设备的面漆。它是由酚醛调合漆和汽油按照 9.5∶1 的比例配置的。

3)防腐的要求。

①明装管道和设备必须刷一道防锈漆、两道面漆，如需保温和防结露处理，应刷两道防锈漆，不刷面漆。

②暗装的管道和设备应刷两道防锈漆。

③埋地钢管的防腐应根据土壤的腐蚀性能来定，按表 4-1 的规定执行。

④出厂未涂油的排水铸铁管和管件，埋地安装前应在管道外壁涂两道石油沥青。

⑤涂刷应厚度均匀，不得有脱皮、起泡、流淌和漏涂等现象。

⑥管道、设备的防腐，严禁在雨、雾、雪和大风天气操作。

**表 4-1　埋地钢管防腐层做法**

| 防腐层层数（从金属表面算起） | 防腐层种类 | | |
|---|---|---|---|
| | 正常防腐 | 加强防腐 | 超加强防腐 |
| 1 | 冷底子油 | 冷底子油 | 冷底子油 |
| 2 | 沥青漆涂层 | 沥青漆涂层 | 沥青漆涂层 |
| 3 | 外包保护层 | 加强包扎层 | 加强包扎层 |
| 4 | | （封闭层） | （封闭层） |
| 5 | | 沥青漆涂层 | 沥青漆涂层 |
| 6 | | 外包保护层 | 外包保护层 |
| 7 | | | （封闭层） |
| 8 | | | 沥青漆涂层 |
| 9 | | | 外包保护层 |
| 防腐层层数 | 共 3 层 | 共 6 层 | 共 9 层 |

(2)保温。

1)保温的一般要求。为了减少在输送过程中热量损失，节约燃料，必须对管道和设备进行保温。保温应在防腐和水压试验合格后进行。对保温材料的要求是：质量轻；来源广泛；热传导率小，隔热性能好；阻燃性能好；吸声率良；绝缘性高；耐腐蚀性高；吸湿率低；施工简单，价格低廉。

2)常用的保温材料。

①水泥膨胀珍珠岩管壳，如图 4-42 所示。具有较好的保温性能，产量大，价格低廉，是目前管道保温常用的材料。

②岩棉、矿棉及玻璃棉管壳，如图 4-43 所示。保温效果好，施工方便。

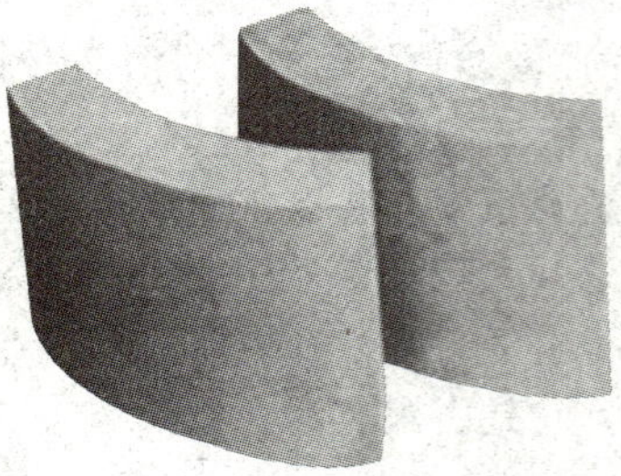

图 4-42　水泥膨胀珍珠岩管壳

图 4-43　玻璃棉管壳

3)保温层的做法。保温结构一般由保温层和保护层两部分组成。保温层主要由保温材料组成，具有保温绝热的作用；保护层主要保护保温层不受风、雨、雪的侵蚀和破坏，同时，可以防潮、防水、防腐，延长管道的使用年限。

①涂抹法。用于石棉灰、石棉硅藻土。其做法是先在管子上缠以草绳，再将石棉灰调和成糊状抹在草绳外面。这些材料由于施工慢、保温性能差，已逐步被淘汰。

②预制法。在工厂或预制厂将保温材料制成扇形、梯形、半圆形或制成管壳，然后将其捆扎在管子外面，可以用钢丝扎紧。这种预制法施工简单，保温效果好，是目前使用比较广泛的一种保温做法。

③包扎法。用矿渣棉毡或玻璃棉毡，先将棉毡按管子的周长搭接宽度裁好，然后包在管子上，搭接缝在管子上部，外面用镀锌钢丝缠绑。包扎式保温必须采用干燥的保温材料，宜用油毡玻璃丝布作保护层。

④填充式。将松散粒状或纤维保温材料如矿渣棉、玻璃棉等充填于管道周围的特制外套或钢丝网中，或直接充填于地沟内或无沟敷设的槽内。这种保温方法造价低，保温效果好。

⑤浇灌式。用于不通行地沟或直埋敷设的热力管道。具体做法是把配好的原料注入钢制的模具内，在管外直接发泡成型。

4)保护层的做法。保温层干燥后，可作保护层。

①沥青油毡保护层。具体做法与包扎法相似，所不同的是，搭接缝在管子的侧面，缝口朝下，搭接缝用热沥青粘住。

②缠裹材料保护层。在室内采暖管道常用玻璃丝布、棉布、麻布等材料缠裹作为保护层。如需做防潮，可在布面上刷沥青漆。

③石棉水泥保护层。泡沫混凝土、矿渣棉、石棉硅藻土等保温层常用石棉水泥保护层。具体做法是先将石棉与优质高强度等级水泥按照 3∶17 的质量比搅拌均匀，再用水调和成糊状，涂抹在保温层外面，厚度为 10～15 mm。

④镀锌薄钢板保护层。为了提高保护层的坚固性和防潮作用，可采用镀锌薄钢板保护层。

镀锌薄钢板保护层适用于预制瓦片保温和包扎保温层中。其具体做法是镀锌薄钢板下料后，用压边机压边，用滚圆机滚圆。镀锌薄钢板应紧贴保温层，不留空隙，纵缝搭口朝下，镀锌薄钢板的搭接长度为环向 30 mm；纵向不小于30 mm，镀锌薄钢板用半圆头自攻螺钉紧固。

# 项目 4.2 建筑采暖施工图

**项目引领**

建筑采暖施工图由文字部分和图示部分组成。文字部分包括设计施工说明、图纸目录、图例及设备材料表等；图示部分包括平面图、采暖系统图和详图。施工图是设计结果的具体体现，它表示出建筑物的整个采暖工程。建筑采暖施工图是建筑设备施工图的重要组成部分，它主要反映一栋建筑物内采暖管道的走向，室内采暖系统形式、管道敷设方式及安装要求，所用材料和附件的规格型号及散热设备在建筑中的位置与建筑结构的关系。其是重要的技术文件。

## 4.2.1 采暖施工图的组成与内容

### 1. 图例

采暖管道阀门与附件、调控装置和仪表等，一般用图例表示，表 4-2 所示为水、汽管道阀门和附件图例。

表 4-2 水、汽管道阀门和附件图例

| 序号 | 名 称 | 图 例 | 备 注 |
|---|---|---|---|
| 1 | 截止阀 |  | — |
| 2 | 闸阀 |  | — |
| 3 | 球阀 |  | — |
| 4 | 柱塞阀 |  | — |
| 5 | 快开阀 | 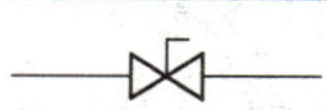 | — |
| 6 | 蝶阀 |  | 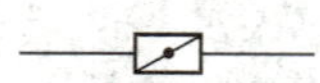 |
| 7 | 旋塞阀 | 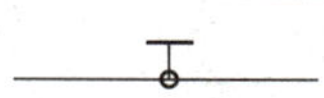 | — |
| 8 | 止回阀 |  |  |
| 9 | 浮球阀 |  | — |
| 10 | 三通阀 | 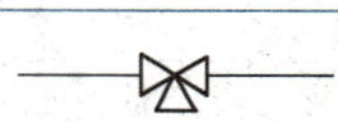 | — |

续表

| 序号 | 名 称 | 图 例 | 备 注 |
|---|---|---|---|
| 11 | 平衡阀 |  | — |
| 12 | 定流量阀 |  | — |
| 13 | 定压差阀 |  | — |
| 14 | 自动排气阀 | 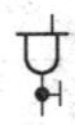 | — |
| 15 | 集气罐、放气阀 |  | — |
| 16 | 节流阀 |  | — |
| 17 | 调节止回关断阀 |  | 水泵出口用 |
| 18 | 膨胀阀 |  | — |
| 19 | 排入大气或室外 |  | — |
| 20 | 安全阀 | 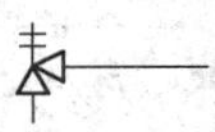 | — |
| 21 | 角阀 | 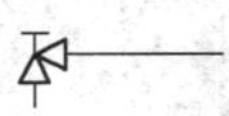 | — |
| 22 | 底阀 |  | — |
| 23 | 漏斗 | 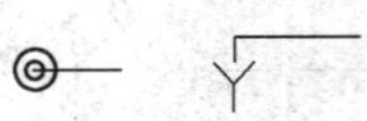 | — |
| 24 | 地漏 | 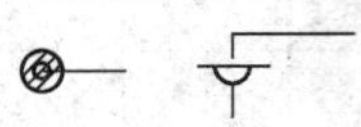 | — |
| 25 | 明沟排水 | 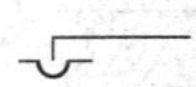 | — |
| 26 | 向上弯头 | 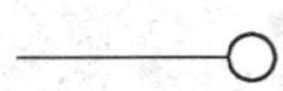 | — |
| 27 | 向下弯头 | 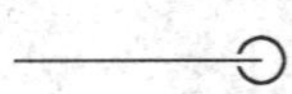 | — |
| 28 | 法兰封头或管封 | 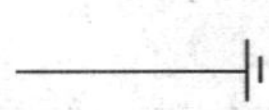 | — |

续表

| 序号 | 名　称 | 图　　例 | 备　　注 |
|---|---|---|---|
| 29 | 上出三通 |  | — |
| 30 | 下出三通 |  | — |
| 31 | 变径管 |  | — |
| 32 | 活接头或法兰连接 | 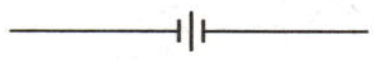 | — |
| 33 | 固定支架 | 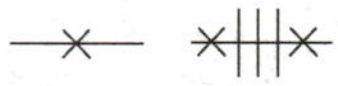 | — |
| 34 | 导向支架 |  | — |
| 35 | 活动支架 |  | — |
| 36 | 金属软管 |  | — |
| 37 | 可屈挠橡胶软接头 |  | — |
| 38 | Y 形过滤器 |  | — |
| 39 | 疏水器 |  | — |
| 40 | 减压阀 |  | 左高右低 |
| 41 | 直通型(或反冲型)除污器 | 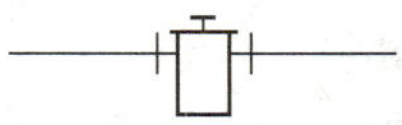 | — |
| 42 | 除垢仪 | 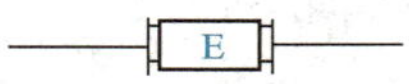 | — |
| 43 | 补偿器 |  | — |
| 44 | 矩形补偿器 |  | — |
| 45 | 套管补偿器 |  | — |
| 46 | 波纹管补偿器 | 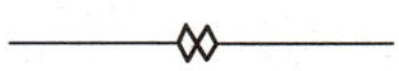 | — |
| 47 | 弧形补偿器 |  | — |

续表

| 序号 | 名　称 | 图　　例 | 备　　注 |
|---|---|---|---|
| 48 | 球形补偿器 |  | — |
| 49 | 伴热管 |   | — |
| 50 | 保护套管 | 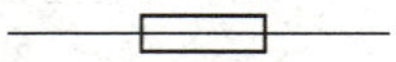 | — |
| 51 | 爆破膜 |  | — |
| 52 | 阻火器 |  | — |
| 53 | 节流孔板、减压孔板 | 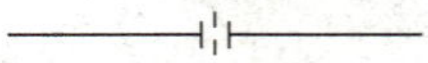 | — |
| 54 | 快速接头 | 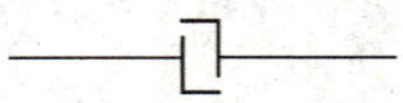 | — |
| 55 | 介质流向 | → 或 ⇨ | 在管道断开处时，流向符号宜标注在管道中心线上，其余可同管径标注位置 |
| 56 | 坡度及坡向 | $i$=0.003 → 或 → $i$=0.003 | 坡度数值不宜与管道起、止点标高同时标注。标注位置同管径标注位置 |

**2. 采暖施工图的组成与内容**

**建筑采暖施工图由文字部分和图示部分组成。文字部分包括设计施工说明、图纸目录、图例及设备材料表等；图示部分包括平面图、采暖系统图和详图。**

(1)文字部分。

1)设计施工说明。设计图纸无法表达的问题一般用设计施工说明来表达。设计施工说明是设计图的重要补充，其主要内容有以下几项：

①建筑物的采暖面积、热源的种类、热媒参数、系统总热负荷。

②采用散热器的型号及安装方式、系统形式。

③在安装和调整运转时应遵循的标准和规范。

④在施工图上无法表达的内容，如管道保温、油漆等。

⑤管道连接方式、所采用的管道材料。

⑥在施工图上未作表示的管道附件安装情况，如在散热器支管与立管上是否安装阀门等。

2)图纸目录。图纸目录包括设计人员绘制部分和选用的标准图部分。

3)图例。建筑采暖施工图中的管道及附件、管道连接、阀门、采暖设备及仪表等，见表 4-2。

4)设备材料表。为了使施工准备的材料和设备符合图纸要求，并且便于备料，设计人员应编制主要设备材料明细表，包括序号、名称、型号规格、单位、数量、备注等项目，施工图中涉及的采暖设备、采暖管道及附件等均列入表中。

(2)图示部分。

1)平面图。采暖平面图是表示建筑物各层采暖管道及设备的平面布置，一般包括以下内容：

①建筑的平面布置(各房间分布、门窗和楼梯间位置等)。在图上应注明轴线编号、外墙总

长尺寸、地面及楼板标高等与采暖系统施工安装有关的尺寸。

②散热器的位置(一般用小长方形表示)、片数及安装方式(明装、半暗装或暗装)。

③干管、立管(平面图上为小圆圈)和支管的水平布置，同时注明干管管径和立管编号。

④主要设备或管件(如支架、补偿器、膨胀水箱、集气罐等)在平面上的位置。

⑤用细虚线画出的采暖地沟、过门地沟的位置。

2)系统图。采暖系统图主要表达采暖系统中管道、附件及散热器的空间位置及空间走向。其主要包括以下内容：

①采暖管道的走向、空间位置、坡度，管径及变径的位置，管道与管道之间的连接方式。

②散热器与管道的连接方式。

③管路系统中阀门的位置、规格，集气罐的规格、安装形式。

④疏水器、减压阀的位置，其规格及类型。

⑤立管编号。

3)详图。在采暖平面图和系统图上表达不清楚、用文字也无法说明的地方，可用详图画出。

详图是局部放大比例的施工图，因此，也称大样图。例如，一般采暖系统入口处管道的交叉连接复杂，因此，需要另画一张比例比较大的详图。

### 4.2.2 采暖施工图的识读

现以某学校实训楼采暖工程施工图(图 4-44～图 4-48)为例介绍采暖施工图的识读方法和步骤。

#### 1. 平面图的识读

从图 4-46 首层采暖平面图中可以看出，采暖总管热力入口布置在建筑物西北角楼梯间内，供水干管从西侧外墙进入建筑物，向上出地面接入热力入口，通过热力入口后向东，沿楼梯间梁下穿墙进入专用卫生间，穿楼板至二楼杂物间，向北至北外墙拐向东沿北外墙分别引出 L1～L10 共 10 根立管，到二楼女卫生间东侧内墙向南穿墙进入走廊，向东至东外墙向南穿内墙进入暖通实训室，向南至南外墙沿南外墙屋顶下敷设分别引出 L11～L 22共 12 根立管，系统总共引出立管 22 根。从平面图中可以看出，室内散热器除办公室、储藏室因采用落地窗无法在窗下布置而沿内墙布置外，其他房间内的散热器均安装在窗台下。本工程采用铜铝复合散热器，每组散热器的柱(片)数均标注在窗口墙外或其附近处。采暖干管沿顶层；回水干管沿首层顶棚下敷设，呈矩形同程式布置，汇集采暖立管 L1～L 22回水于总回水管。在首层和二层采暖平面图中，分别标注有回水干管、供水干管的管径尺寸及管道安装坡度。供、回水干管末端最高点处设自动排气阀。

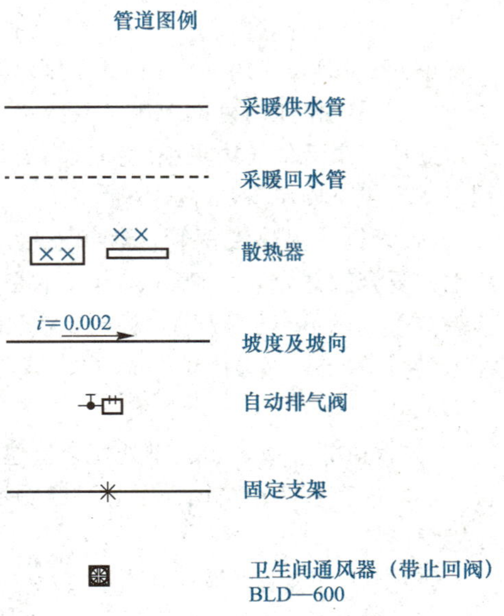


图 4-44　管道图例

#### 2. 系统图的识读

图 4-48 所示为本工程的采暖系统图。将该图与平面图对照，可以清楚地看出该采暖系统整个管道系统组成、管道走向及其与设备部件连接的空间位置。采暖总管从楼房南面正中地下标高－1. 400 m 处穿基础，进入建筑，然后向上出地面于1. 350 m 标高处进入热力入口，通过热力入口后向上到一楼屋面下，沿一楼楼梯间梁下 2. 800 m 标高处穿墙进入专用卫生间抬头向上，穿楼板至二楼杂物间，在二楼顶棚下向北至北外墙内侧拐向东分别向下引出L1～L 10共 10 根立

管，至二楼女卫生间东侧内墙向南穿墙进入走廊，向东至东外墙再向南穿内墙进入暖通实训室，至南外墙沿南外墙屋顶自东向西敷设分别向下引出 L 11～L 22共 12 根立管，供水干管自末端向热力入口方向保持 0.002 坡度，末端标高为 6.950 m。回水干管的起点在一楼男卫生间 L1 立管处，末端设自动排气阀，标高为 2.850 m。沿一层顶棚呈顺时针围绕建筑外墙敷设，分别接收北侧 L1～L 10和南侧 L 11～L 22立管的回水，按 0.002 下降坡度引回一楼西侧楼梯间，降低高度至标高 0.800 m 接入热力入口。通过热力入口后埋入地下与室外热力管网连接。系统中散热器立管采用单管串联式连接。系统中每根立管供回水流程长度大致相等构成同程式系统，有利于系统的水力平衡。由于系统采用上供中回式干管布置形式，首层散热器位置低于回水干管，故每组散热器立管的最低点均设有泄水阀。图中标注了各管段管径大小、散热器数量、管道坡度，水平干管起末端标高，以及在立管上标注的楼层地面标高。

### 3. 详图的识读

图 4-45 所示为热力入口安装大样图，比例为 1∶25。该热力入口及配管阀门安装详细尺寸和做法可查阅 05N1 标准图集，由图中可看出，热力入口主要设备包括闸阀，粗、精过滤器，平衡阀，压力表，温度计及旁通管、泄水阀等。

**工程实例**

设计施工说明

(1)本工程为某学校实训楼采暖设计。

(2)室内设计参数。

(3)采暖热媒采用 80 ℃/60 ℃热水，由外网集中供应，系统定压由外网解决。系统最大热负荷及入口处所需最低值压力见系统图入口处标注。本工程采用上供下回单管顺序式采暖系统。

(4)管材采用热镀钢管，丝扣连接。散热器选用铜铝复合散热器，同侧进、出口中心距 700 mm 挂装。散热量不小于 172 W/柱($\Delta T$=64.5 ℃)。单柱长为 80 mm，宽为 75 mm。立、支管管径均为 $DN$20。

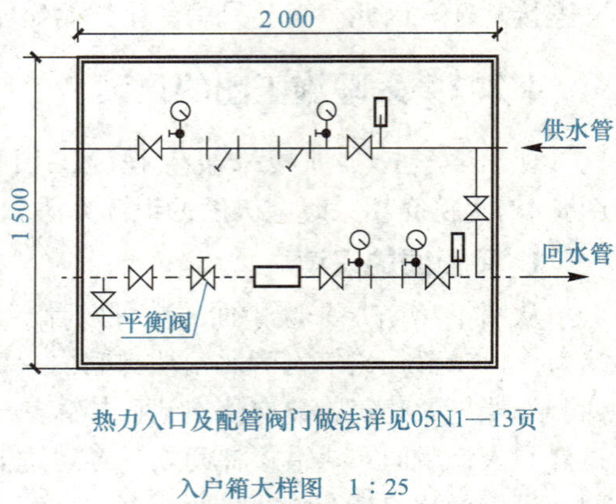


图 4-45 热力入口安装大样图

(5)管道穿楼板，墙、梁处配合土建预埋大号钢套管，楼板内套管顶部高出地面 2 cm，底部相平，墙内套管两端与饰面平齐。穿厕所的管道与套管间填实油麻。管道穿沉降缝处设橡胶挠性接管连接。

(6)供、回水干管最高处设 E121 型自动排气阀。

(7)楼梯间、走道及不采暖房间内管道均采用3 cm 超细玻璃棉管壳保温，外包铝箔，做法见国标 87 R411。

(8)管道上必须配置必要的支、吊、托架，具体形式由施工及监理单位根据现场实际情况确定，做法参见国标 88 R420。

(9)管道系统安装完毕并经试压合格后应对系统进行反复冲洗，直至排出水中无杂质且水色不浑浊，方为合格。

(10)地埋部分供、回水干管采用氰聚塑直埋保温管，直埋管出地坪后应高于地面 10 cm。

(11)图中标高以米计(管中标高)，尺寸以毫米计。

(12)未尽施工事项应遵守现行施工及验收规范。

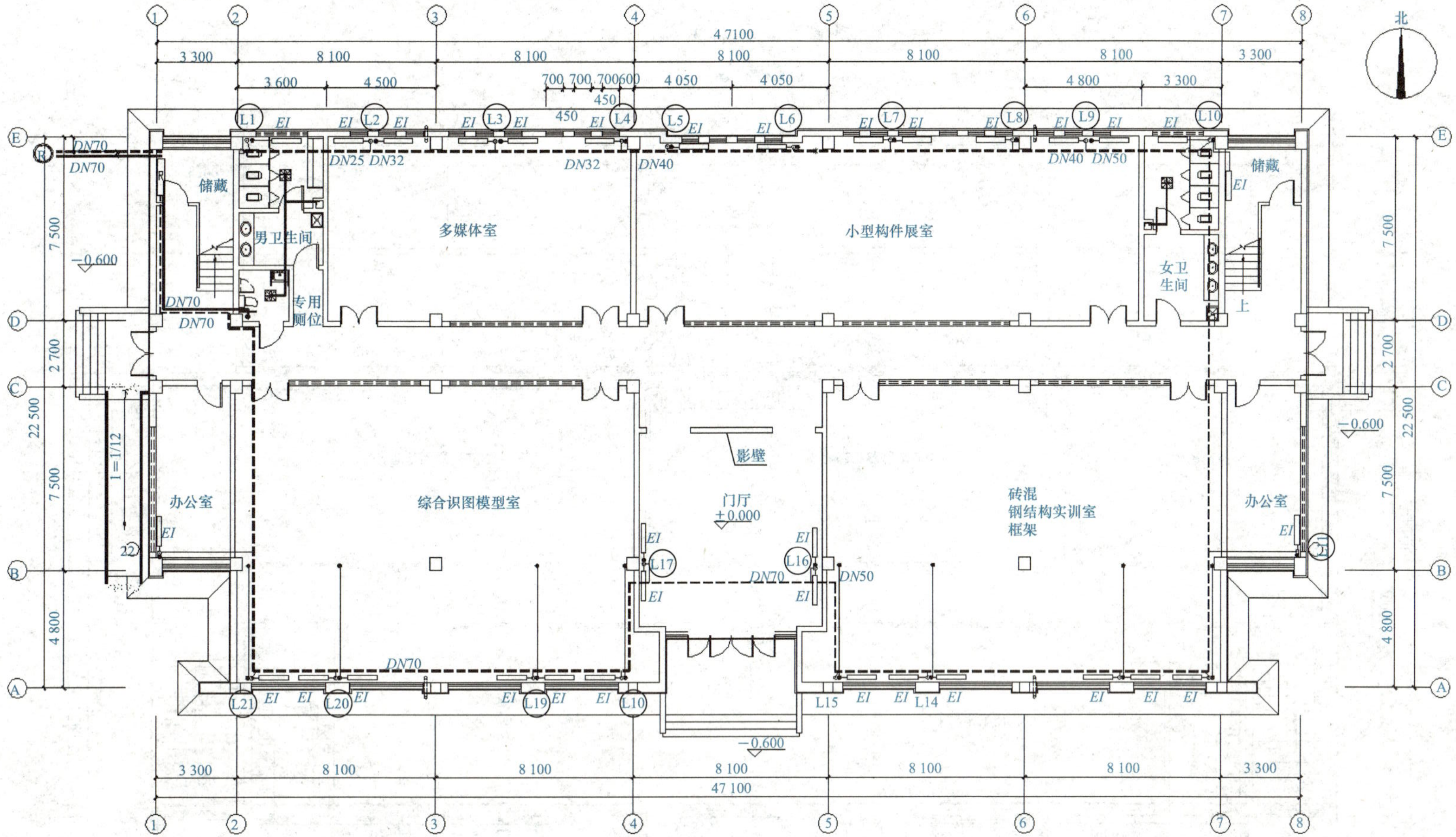


首层采暖平面图 1 : 100

图4-46 首层采暖平面图

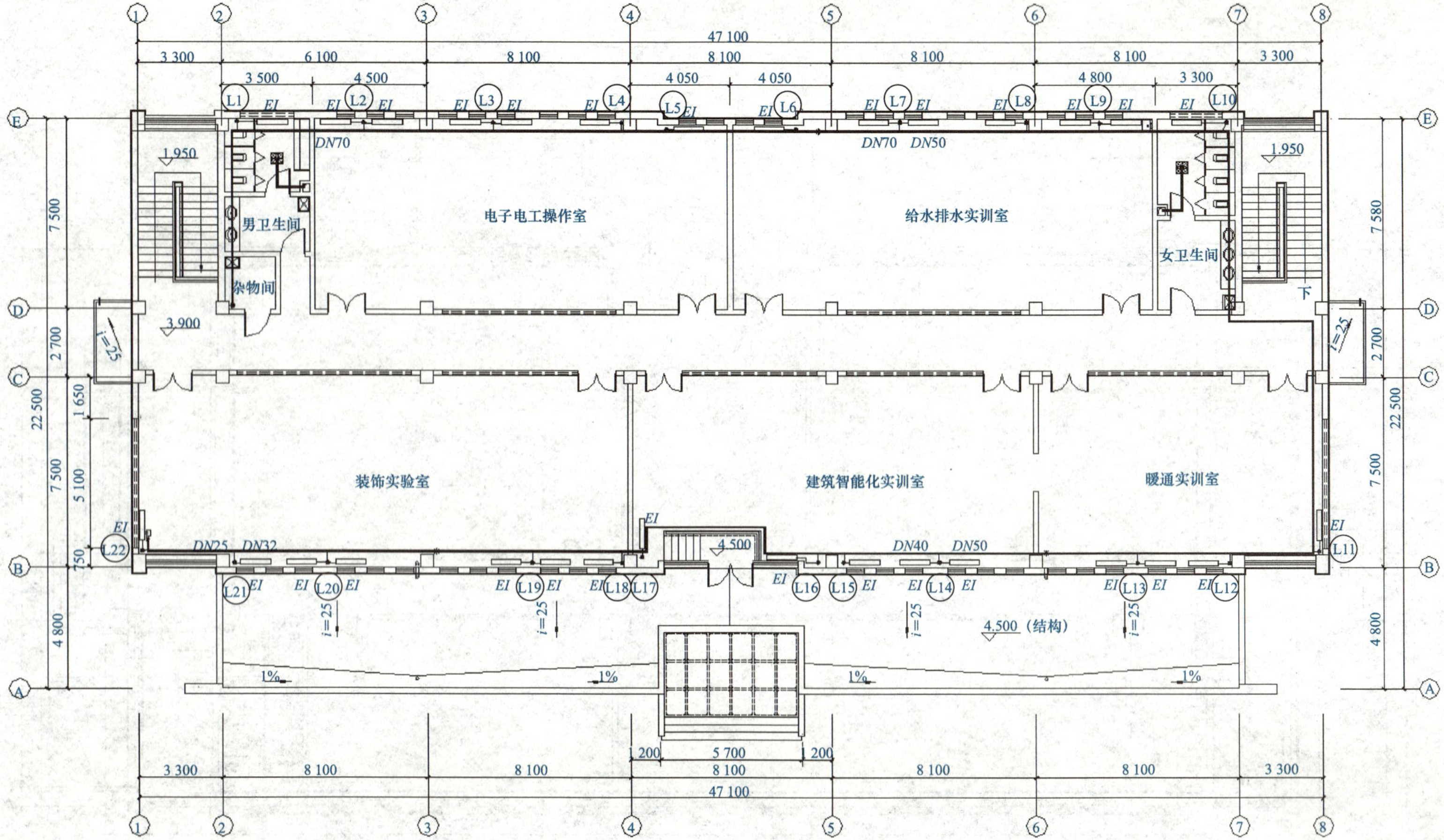


二层采暖平面图　1：100

图 4-47　二层采暖平面图

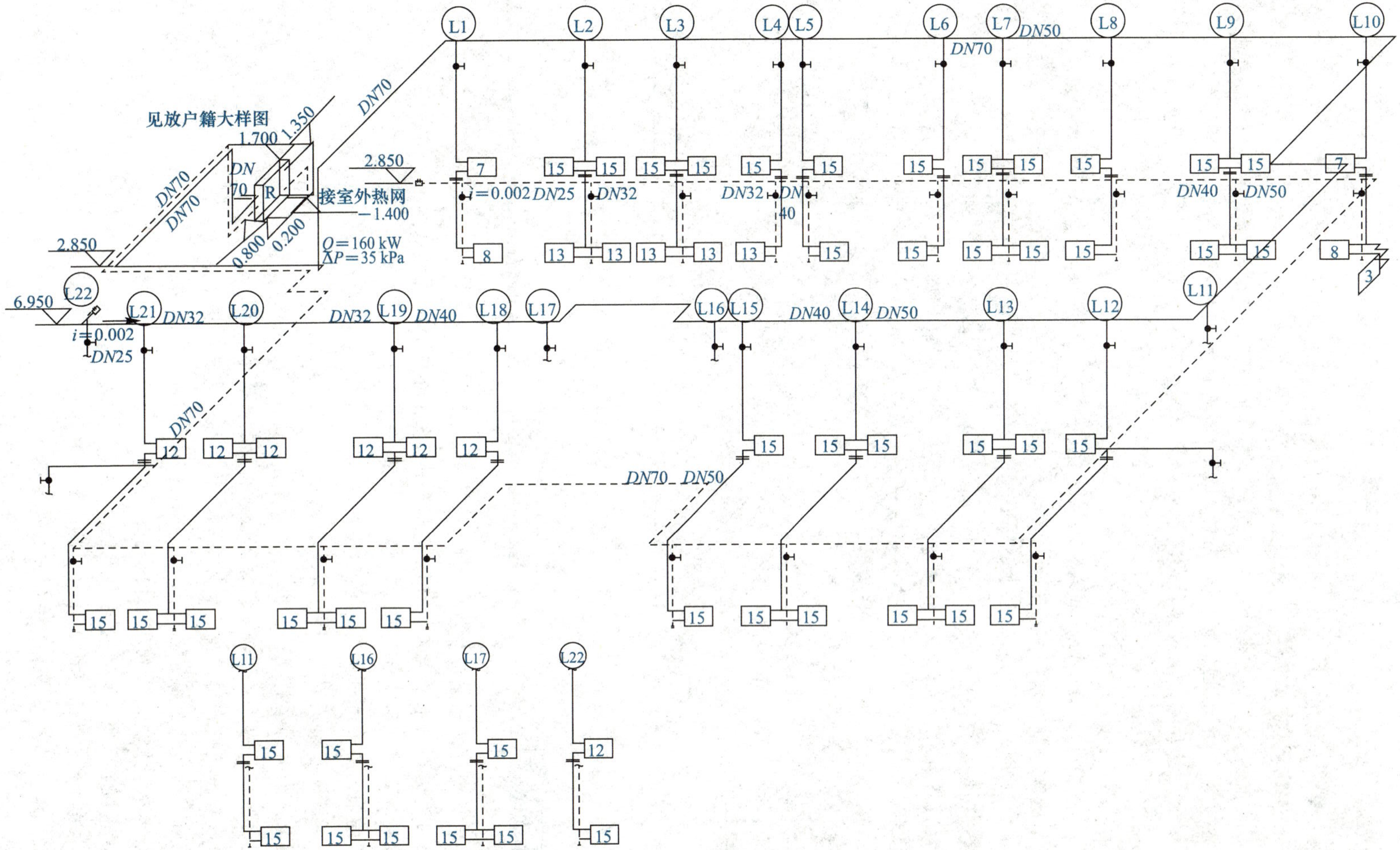


采暖系统图　1 : 100

图 4-48 采暖系统图

## 知识梳理与总结

(1)在冬季，人们用一定的方式向房间补充热量，以维持热平衡来保证日常生活、工作和生产活动所需要的环境温度，这就是采暖系统的任务。

以热水为热媒，把热量带给散热设备的采暖系统，称为热水采暖系统。当热水采暖系统的供水温度为 95 ℃，回水温度为 70 ℃时，为低温热水采暖系统；供水温度高于 100 ℃的为高温热水采暖系统。低温热水采暖系统多用于民用建筑的采暖系统；高温热水采暖系统多用于生产厂房。空气调节对空气温度、湿度、空气流动速度及清洁度进行人工调节，以满足人体舒适和工艺生产要求。

以蒸汽为热媒，把热量带给散热设备的采暖系统，称为蒸汽采暖系统。蒸汽相对压力小于 70 kPa 的，称为低压蒸汽采暖系统；蒸汽相对压力为 70～300 kPa 的，称为高压蒸汽采暖系统。蒸汽采暖系统主要应用于工业建筑。

(2)建筑采暖施工图由文字部分和图示部分组成。文字部分包括设计施工说明、图纸目录、图例及设备材料表等；图示部分包括平面图、采暖系统图和详图。

(3)因为室外供热管网是集中供热系统中投资最多、施工最繁重的部分，所以，合理地选择供热管道的敷设方式以及做好管网平面的定线工作，对节省投资，保证热网安全、可靠运行和施工维修方便等，都具有重要的意义。

为了更好地发挥采暖系统的作用，保证采暖系统的安装质量，安装时必须遵循以下工艺流程：热力入口→干管安装→立管安装→支管安装，即一般按安装准备→预制加工→总管及其入口装置→干管→立管→散热器→支管的施工顺序进行。

## 复习思考题

1. 简述自然循环热水采暖系统的工作原理。
2. 列出自然循环热水采暖系统与机械循环热水采暖系统的不同之处。
3. 热水采暖系统常用的管网形式有哪些，各有什么特点？
4. 在采暖系统中采用同程式的优点有哪些？
5. 简述蒸汽采暖系统的工作原理。
6. 钢制散热器有哪些特点？
7. 绘制膨胀水箱的示意图，并简述膨胀水箱及其配管的作用。
8. 热水采暖系统中常用的排气装置有哪几种？并简述其各自特点。
9. 采暖施工图由什么组成？
10. 简述采暖平面图、系统图的内容。
11. 简述采暖施工图的识图方法和步骤。
12. 室外采暖管道的敷设方式有哪几种？各有何特点？
13. 热力入口上有哪些仪表？分别起什么作用？
14. 建筑热水采暖管道的布置与敷设应注意哪些问题？
15. 简述采暖系统的安装工艺流程。

16. 简述管道、设备的防腐处理程序。
17. 管道常用的保温材料有哪些？各有什么特点？
18. 简述保温层的做法。
19. 简述保护层的做法。

# 模块 5

# 建筑燃气

## 教学导航

<table>
<tr><td rowspan="2">项目引领</td><td colspan="2">项目 1　建筑燃气供应系统</td><td rowspan="2">学时</td><td rowspan="2">理论：4 学时<br>实训：2 学时</td></tr>
<tr><td colspan="2">项目 2　建筑燃气施工图</td></tr>
<tr><td>教学载体</td><td colspan="4">多媒体课室、教学课件及教材相关内容</td></tr>
<tr><td rowspan="2">教学目标</td><td>知识目标</td><td colspan="3">了解建筑燃气供应的基础知识；熟悉建筑燃气施工图的识读；掌握建筑燃气供应系统的安装</td></tr>
<tr><td>能力目标</td><td colspan="3">能够识读建筑燃气施工图，能够安装建筑燃气供应系统</td></tr>
<tr><td>过程设计</td><td colspan="4">任务布置及知识引导—学习相关新知识点—解决与实施工作任务—自我检查与评价</td></tr>
<tr><td>教学方法</td><td colspan="4">项目教学法</td></tr>
</table>

## 项目 5.1　建筑燃气供应系统

### 项目引领

燃气是热水生产与制备所用燃料之一，也是工业与民用建筑必有的系统之一。由于燃气供应属于气体的输送，同时，由于其燃烧性和爆炸性，使燃气供应系统的学习重点与给水排水、消防、热水供应系统有所区别。

燃气是指可以作为燃料的气体，通常是以可燃气体为主要成分、多组分的混合气体。20 世纪 50 年代以前，燃气普遍采用煤加工生产，人们习惯称为“煤气”，但随着社会生产的发展，燃气的来源、生产方式及组分等都有了很大变化，“燃气”具有更广泛的含义和适用性。

### 5.1.1　燃气供应

燃气作为气体燃料，它与固体、液体燃料相比，有许多优点：使用方便，燃烧完全，热效率高，燃烧温度高，易调节、控制；燃烧时没有灰渣，清洁卫生；可以利用管道和瓶装供应等。在人们日常生活中采用燃气作为燃料，对改善人民的生活条件，减少空气污染和保护环境，都具有重要的意义。但燃气易引起燃烧或爆炸，火灾危险性较大。人工煤气具有强烈的毒性，容易引起中毒事故。所以，对于燃气设备及管道的设计、加工和敷设，都有严格的要求；同时，必须加强维护和管理，防止漏气。

### 1. 燃气的种类及性质

燃气的种类较多，按照其来源及生产方式可分为天然气、人工煤气、液化石油气和沼气四大类。其中，天然气、人工煤气、液化石油气可作为城镇供应气源；沼气热值低、二氧化碳含量高，不宜作为城镇气源。

(1)**天然气**。天然气热值高，容易燃烧且燃烧效率高，是优质、清洁的气体燃料，是理想的城市气源。天然气一般可分为四种，即从气井开采出来的纯天然气(或称气田气)、随石油一起开采出来的石油伴生气、含石油轻质馏分的凝析气田气、从井下煤层抽出的矿井气(又称矿井瓦斯)。

天然气从地下开采出来时压力很高，有利于远距离输送。但需经降压、分离、净化(脱硫、脱水)，才能作为城市燃气的气源。天然气可作为民用燃料或作为汽车清洁燃料使用。天然气经过深度制冷，在−160 ℃的情况下就变成液体成为液化天然气，液态天然气的体积为气态时的1/600，有利于储存和运输，特别是远距离越洋输送。

天然气主要成分是甲烷，比空气轻，无毒无味，但是极易与空气混合形成爆炸混合物。空气中含有5%～15%的天然气泄漏量时，遇明火就会发生爆炸，供气部门在天然气中加入少量加臭剂(如四氢噻吩、乙硫醇等)，泄漏量只要达到1%，用户就会闻到臭味，避免发生中毒或爆炸等事故。

(2)**人工煤气**。人工煤气是指以固体或液体可燃物为原料加工制取的可燃气体。一般将以煤为原料加工制成的燃气称为煤制气，简称煤气；用石油及其副产品(如重油)制取的燃气称为油制气。**我国常用人工煤气有干馏煤气、气化煤气、油制气**。

1)干馏煤气。干馏煤气的主要成分为氢、甲烷、一氧化碳等，是对煤进行干馏，将煤隔绝空气加热到一定温度，所获得的煤气。

2)气化煤气。将煤或焦炭在高温下与氧化剂(如空气、氧、水蒸气等)相互作用，通过化学反应使其转变为可燃气体，此过程称为固体燃料的气化，由此得到的燃气称为气化煤气。其主要成分为氢、甲烷。

3)油制气。利用重油(炼油厂提取汽油、煤油和柴油之后所剩的油品)制取的城市煤气称为油制气。其含有氢、甲烷和一氧化碳。

人工煤气有强烈的气味及毒性，含有硫化氢、烯苯、氨、焦油等杂质，容易腐蚀及堵塞管道，因此，出厂前需经过净化。煤制煤气只能采用储气罐气态储存和管道输送。

(3)**液化石油气**。液化石油气是石油开采和炼制过程中，作为副产品而获得的碳氢化合物。有两种：一是在油田或气田开采过程中获得的，称为天然石油气；另一种来源于炼油厂，是在石油炼制加工过程中获得的副产品，称为炼厂石油气。

液化石油气的主要成分是丙烷、丁烷、丙烯、丁烯等。常温常压下呈气态，常温加压或常压降温时，很容易转变为液态，以进行储存和运输，升温或减压即可气化使用。从液态转变为气态其体积扩大250～300倍。气态液化石油气比空气重，约为空气的1.5倍。液化石油气可进行管道输送，也可加压液化灌瓶供应。随着我国石油工业的发展，液化石油气已成为城市燃气的重要气源之一。

(4)**沼气**。沼气的主要成分为甲烷(约占60%)、二氧化碳(约占35%)。另外，有少量的氢、氧、一氧化碳等。在农村，利用沼气池将薪柴、秸秆及人畜粪便等原料发酵，产生人工沼气，可提供农户炊事所需燃料，偏远地区还可使用沼气灯照明。

### 2. 城市燃气管道的输配

目前，城市燃气的供应方式有两种：一种是管道输送；另一种是瓶装供应。

(1)**城市燃气管道的分类**。燃气管道可根据输气压力、用途、敷设方式、管网形状进行分类。

1)**根据输气压力分类**。燃气管道漏气可能导致火灾、爆炸、中毒或其他事故，因此，其气密性与其他管道相比有特别的要求。燃气管道中的压力越高，危险性越大。管道内燃气的压力不同，对管道材质、安装质量、检验标准和运行管理的要求也不同。

我国城市燃气管道根据输气压力分级：

低压管网：$p \leqslant 5$ kPa

中压管网：5 kPa$< p \leqslant 150$ kPa

次高压管网：150 kPa$< p \leqslant 300$ kPa

高压管网：300 kPa$< p \leqslant 800$ kPa

超高压管网：$p > 800$ kPa

居民和小型公共建筑用户一般直接由低压管道供气。中压B和中压A管道必须通过区域调压站或用户专用调压站，才能给城市分配管网中的低压和中压管道供气，或给工业企业、大型公共建筑用户或锅炉房供气。

2)**根据用途分类**。根据用途可分为长距离输气管线、城市燃气管道、工业企业燃气管道。长距离输气管线的干管及支管的末端连接城市或大型工业企业，作为该供应区的气源点；城市燃气管道包括分配管道、用户引入管和室内燃气管道。

3)**按敷设方式分类**。按敷设方式可分为埋地管道和架空管道。

4)**根据管网形式分类**。根据管网形状可分为环状管网、枝状管网和环枝状管网。环状管网是城镇输配管网的基本形式，同一环中输气压力处于同一级制；枝状管网在城镇管网中一般不单独使用；环枝状管网是将环状与枝状混合使用，是工程设计中常用的管网形式。

(2)**城市燃气管道的输配**。城市燃气供应系统由长距离输送系统、城市燃气输配系统和室内燃气供应系统构成。

1)**长距离输送系统**。长距离输送系统的任务是连接气源以及远离气源的用气区，为用气区供应燃气并满足用气区对燃气量、燃气压力的要求。

2)**城市燃气输配系统**。城市燃气输配系统由低压、中压以及高压等不同压力级制的燃气管网，城市燃气分配站或压送机站、调压计量站或区域调压站，储气站，计算机控制中心等组成。

城市燃气输配系统的主要部分是燃气管网，根据所采用的管网压力级制不同可分为一级系统、二级系统、三级系统和多级系统四种。

①一级系统。只有一个压力级制，即仅用一级压力的管网输送、分配和供应燃气的系统，过去多指低压单级系统。

②二级系统。有两个压力级制的管网系统，两级管网系统一般是指中压和低压两种压力的管网系统。有中压B、低压系统和中压A、低压系统两种形式。

a. 中压B、低压系统，如图5-1所示。其采用的气源是人工燃气或低压储气罐储气，它的特点是供气范围比单级系统大、压力较低。一般适用于人口密集、街道狭窄的老城区。

b. 中压A、低压系统，如图5-2所示。其采用的气源是天然气或长输管线末段储气，它的特点是供气范围比中压B、低压系统大，压力较高。一般适用于街道宽阔、建筑物密度较小的大中城市。

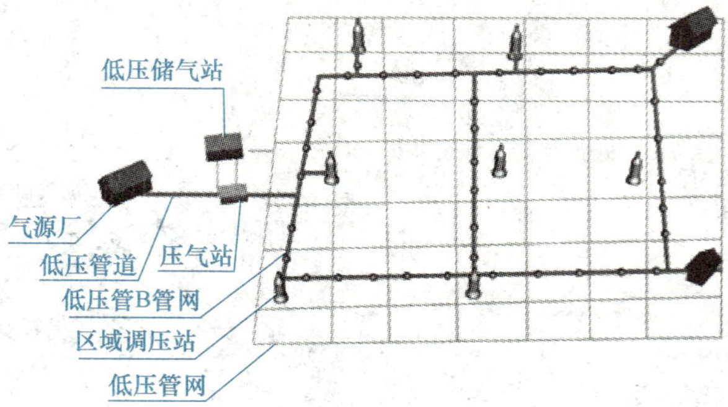


图 5-1　中压 B、低压系统示意图

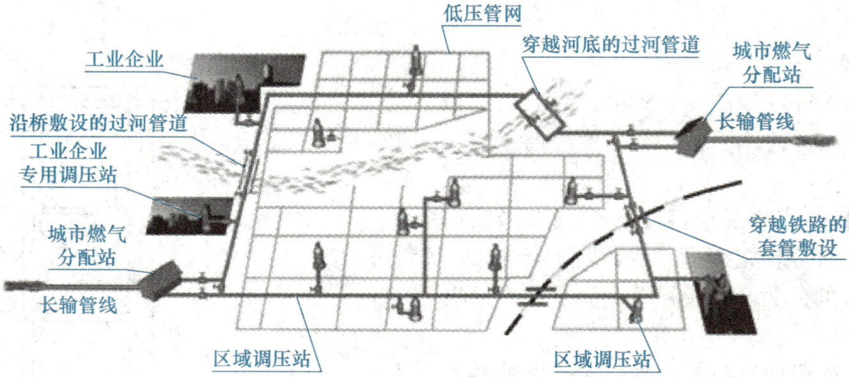


图 5-2　中压 A、低压系统示意图

③三级系统。由高、中、低压三级管网级制构成，如图 5-3 所示。其采用的气源是天然气、加压气化煤气和高压储气罐储气。它的特点是供气范围比中压 A、低压系统大，压力较高。

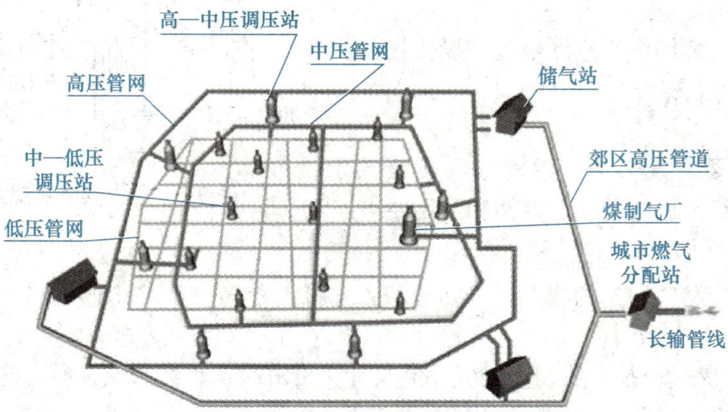


图 5-3　三级系统示意图

④多级系统。多级系统由三个以上级制的管网构成，如图 5-4 所示。其采用的气源是天然气、加压气化煤气和高压储气罐储气。它的特点是供气范围比三级系统大、压力较高。

3)**室内燃气供应系统**。室内燃气管道系统属低压管道系统，由管道及附件、燃气计量表、用具连接管和燃气用具所组成。管道包括引入管、干管(立管和水平管)、用户支管等，附件有

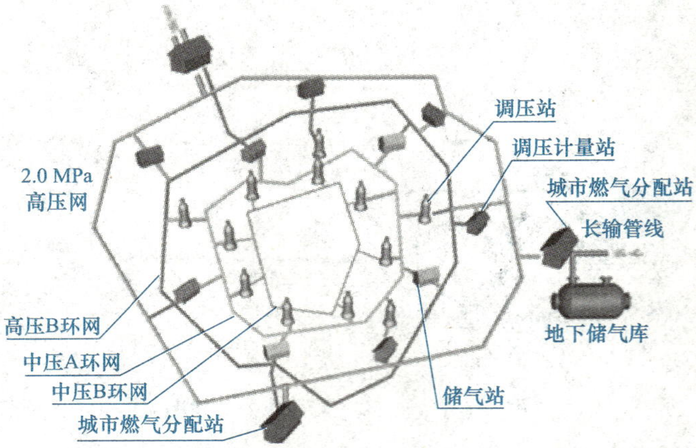


图 5-4　多级系统示意图

阀门及其他配件，如图 5-5 所示。安装在室内的燃气管道，若室内通风不良，往往有中毒、燃烧、爆炸的危险。

(3)**瓶装供应**。目前液化石油气多采用瓶装供应。液化气的盛装充满度不允许超过容积的 85%。钢瓶的规格可分为 10 kg、15 kg(主要为家庭用)、20 kg 和 25 kg。

钢瓶的放置地点要考虑到便于换瓶和检查，但不得装于卧室及没有通风设备的走廊、地下室及半地下室。为了防止钢瓶过热和压力过高，钢瓶与燃气用具以及设备采暖炉、散热器等的距离至少应为 1 m。钢瓶与燃气用具之间用耐油耐压软管连接，软管长度不得大于 2 m。

钢瓶在运送、装卸中，应严格遵守操作规程。

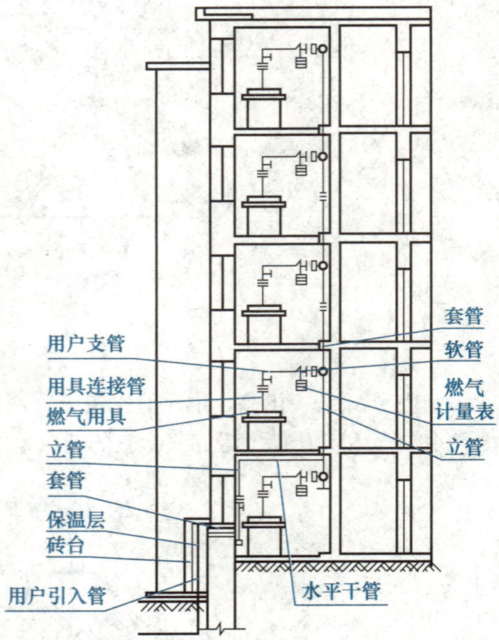


图 5-5　室内燃气管道系统的组成

## 5.1.2　燃气用具

**燃气用具主要有燃气表、燃气灶和燃气热水器**。这里主要介绍它们的种类、特性和使用要求。

### 1. 燃气表

燃气表是计量燃气用量的仪表，家庭常用的有膜式燃气表、IC 卡燃气表、远传信号膜式燃气表三种。

(1)家用膜式燃气表是皮膜装配式气体流量计，由滑阀、皮袋盒、计数机等部件组成。常用的家用燃气计量表规格为 1.6～6.0 $m^3/h$。通常是一户一表，使用量最多。

(2)IC 卡燃气表是一种具有预付费及控制功能的新型膜式燃气表，它是在原来的燃气计量表上加一个电子部件、一个阀门以及在机械计数器的某一位字轮处加一个脉冲发生器，计数器字轮每转一周发出一个脉冲信号送入 CPU，CPU 根据编制的程序进行计数和运算后发出报警、显示及开闭进气阀等指令。

IC 卡是有价卡，IC 卡插入卡口，燃气表内的阀门即会开启，燃气即可使用，并在燃气表上、下两个窗口显示燃气使用量和卡内货币的使用数，抽出 IC 卡，燃气表内阀门即行关闭。当卡内货币即将用完前，会以光和声进行提示。当提示后卡内货币用完仍不换卡，燃气计量表将自动切断气源。IC卡燃气计量表的特点是计量精确、安装方便、付费用气、避免入户抄表。

(3)为解决不入户即能抄到居民使用燃气的消费量，在有条件的居民小区设置一个计算机终端(如设置在物业管理办公室内)，用电子信号将每一燃气用户的燃气消费量远传至计算机终端。这不仅可解决入户抄表的难题，而且能准确、及时地抄到所有燃气用户的燃气消费量，是目前家庭燃气用户计量燃气消费量的理想仪表。

以上三种燃气表适用于人工煤气、液化石油气、天然气、沼气、空气和其他无腐蚀性气体的计量。

燃气表宜安装在通风良好的非燃结构的房间内，严禁安装在卧室、浴室、危险物品和易燃物品存放及类似地方。当燃气表安装在灶具上方时，燃气表与炉灶之间的水平距离应大于30 cm。

### 2. 燃气灶

家用燃气灶常用的有单眼灶、双眼灶，一般家庭住宅配置双眼燃气灶。公共建筑可采用三眼灶、四眼灶、六眼灶等。

不同种类燃气的发热值和燃烧特性各不相同，所以，燃气灶喷嘴和燃烧器头部的结构尺寸也不同，燃气灶与燃气要匹配才能使用。人工煤气灶具、天然气灶具或液化石油气灶具是不能互相代替使用的，否则，轻则燃烧情况恶劣，满足不了使用要求；重则出现危险、发生事故，甚至根本无法使用。

### 3. 燃气热水器

燃气热水器是一种局部热水供应的加热设备，按其构造和使用原理可分为直流式和容积式两种。

(1)直流式快速燃气热水器目前应用最多，其工作原理为冷水流经带有翼片的蛇形管时，被流过蛇形管外部的高温烟气加热，得到所需温度的热水。

(2)容积式燃气热水器是一种能够储存一定容积热水的自动加热器，其工作原理是与调温器、电磁阀及热电耦联合工作，使燃气点燃和熄火。

燃气热水器不宜直接设在浴室内，可装在厨房或通风良好的过道内，但不宜安装在室外。热水器应安装在不燃的墙壁上，安装在难燃的墙壁上时，应垫以隔热板。热水器的安装高度以热水器的观火孔与人眼高度平齐为宜，一般距离地面1.5 m。

## 5.1.3 烟气排除及安全常识

### 1. 烟道的设置

楼房内，为了排除燃气燃烧的烟气，需设置烟道。当建筑物层数少时，可设置各自独立的烟囱；当建筑物层数多时，需设置总烟道连通各层的燃气用具，并有防止下部的烟气窜入上层房间的措施。图5-6所示为一种总烟道示意图，总烟道是一根通过建筑各层、直径为300～500 mm的管道，每层排除燃烧烟气的支烟道采用直径为100～125 mm的管道且平行于总烟道。每层支烟道在其上面一到二层处接入总烟道，最上面的支烟道也要升高，然后平行接入总烟道。

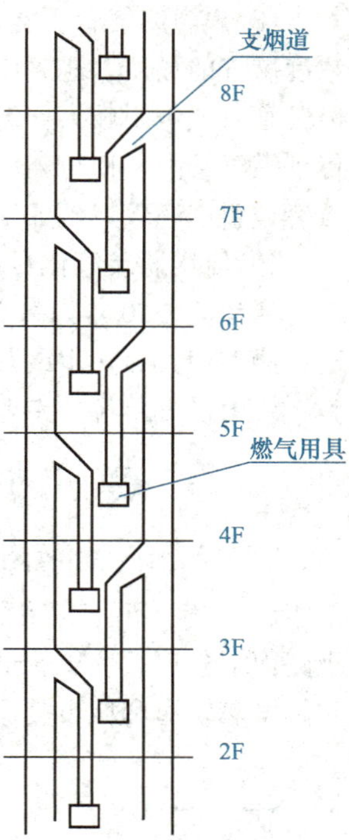

图5-6 总烟道示意图

### 2. 安全常识

燃气燃烧后所排出的废气成分中含有浓度不同的一氧化碳，空气中的一氧化碳容积浓度超过0.16%时，人呼吸20 min会在2 h内死亡。因此，设有燃气用具的房间，都应有良好的通风设施。

为保证人身和财产安全，使用燃气时应注意以下几点：

(1)管道燃气用户应在室内安装燃气泄漏报警切断装置。

(2)使用燃气应有人看管。

(3)如果发现燃气泄漏，应进行以下处理：

1)切断气源。

2)杜绝火种。严禁在室内开启各种电器设备，如开灯、打电话等。

3)通风换气。应该及时打开门窗，切忌开启排气扇，以免引燃室内混合气体，造成爆炸。

4)不能迅速脱下化纤服装，以免由于静电产生火花引起爆炸。

5)如果发现邻居家有燃气泄漏，不允许按门铃，应敲门告知。

6)到室外拨打当地燃气抢修报警电话或 119。

(4)用户在临睡、外出前和使用后，一定要认真检查，保证灶前阀和炉具开关关闭完好，以防燃气泄漏，造成伤亡事故。

(5)不准在燃气灶附近堆放易燃、易爆物品。

(6)燃气灶前软管的安装和使用应注意以下几点：

1)灶前软管的安装长度不能大于 2 m。

2)灶前软管不能穿墙使用。

3)对于天然气和液化石油气一定要使用耐油的橡胶软管。

4)要经常检查软管是否已经老化，连接接头是否紧密。

5)要定期更换灶前软管。

(7)燃气设施的标志性颜色是黄色。城市中的黄色管道和设施一般都是城市燃气设施。

(8)户内燃气管不能做接地线使用。这是因为燃气具有易燃、易爆的特性。凡是存在有一定浓度燃气的场所，遇到由静电产生的火花，能使燃气点燃，引起火灾或爆炸的可能。由于户内燃气管对地电阻较大，若把户内燃气管作为家用电器的接地线使用时，一旦家电漏电或感应电传到燃气管上，使户内的燃气管对地产生一定的电位差，可能引起对临近金属放电，产生火花，点燃或引爆燃气，造成安全事故。因而，户内燃气管道不能做接地线用。

(9)使用瓶装液化石油气时还应注意：钢瓶应严格按照规程进行定期检验和修理，钢瓶按出厂日期计起，20 年内每 5 年检验一次，超过 20 年每两年检验一次；不得将钢瓶横卧或倒置使用；严禁用火、热水或其他热源直接对钢瓶加热使用；减压阀如出现故障，不得自己拆修或调整，应由供气单位的专业人员维修或更换；严禁乱倒残液。

### 5.1.4　燃气管道的布置、敷设与安装

#### 1. 室外燃气管道的布置与敷设

(1)燃气管道应按规划道路布线，并应与道路轴线或建筑物的前沿相平行，尽可能避免在高级路面下敷设。燃气管道埋设的最小覆土厚度(路面至管顶)见表 5-1。管道穿越铁路、高速公路、电车轨道和城市交通干道时，一般采用地下穿越。若在矿区和工厂区，一般采用架空敷设。

表 5-1　燃气管道埋设的最小覆土厚度

| 序号 | 项目 | 最小覆土厚度/m |
|---|---|---|
| 1 | 埋设在车行道 | ≥0.9 |
| 2 | 埋设在非车行道(含人行道) | ≥0.6 |
| 3 | 埋设在庭院内、绿化带及载货车不能通行之处 | ≥0.3 |
| 4 | 埋设在水田 | ≥0.8 |

(2)在大城市里，市政燃气管网大都布置成环状，只有边缘地区才采用枝状管网。燃气由街道高压管网或次高压管网，经过燃气调压站，进入市政中压管网。然后，经过区域的燃气调压站，进入市政低压管网，再经小区管网接入用户。调压站(含调压柜)与其他建筑物、构筑物的水平净距，见表 5-2。临近街道的建筑物也可直接由小区管网引入。在小城市里，一般采用中低压或低压燃气管网。

**表 5-2　调压站(含调压柜)与其他建筑物、构筑物的水平净距**　　m

| 设置形式 | 调压装置入口燃气压力级制 | 建筑物外墙面 | 重要公共建筑物 | 铁路(中心线) | 城镇道路 | 公共电力变配电柜 |
|---|---|---|---|---|---|---|
| 地上单独建筑 | 高压(A) | 18.0 | 30.0 | 25.0 | 5.0 | 6.0 |
| | 高压(B) | 13.0 | 25.0 | 20.0 | 4.0 | 6.0 |
| | 次高压(A) | 9.0 | 18.0 | 15.0 | 3.0 | 4.0 |
| | 次高压(B) | 6.0 | 12.0 | 10.0 | 3.0 | 4.0 |
| | 中压(A) | 6.0 | 12.0 | 10.0 | 2.0 | 4.0 |
| | 中压(B) | 6.0 | 12.0 | 10.0 | 2.0 | 4.0 |
| 调压柜 | 次高压(A) | 7.0 | 14.0 | 12.0 | 2.0 | 4.0 |
| | 次高压(B) | 4.0 | 8.0 | 8.0 | 2.0 | 4.0 |
| | 中压(A) | 4.0 | 8.0 | 8.0 | 1.0 | 4.0 |
| | 中压(B) | 4.0 | 8.0 | 8.0 | 1.0 | 4.0 |
| 地下单独建筑 | 中压(A) | 3.0 | 6.0 | 6.0 | — | 3.0 |
| | 中压(B) | 3.0 | 6.0 | 6.0 | — | 3.0 |
| 地下调压箱 | 中压(A) | 3.0 | 6.0 | 6.0 | — | 3.0 |
| | 中压(B) | 3.0 | 6.0 | 6.0 | — | 3.0 |

(3)由城市中压管网直接引入小区管网，或直接接入大型公共建筑物内时，需要设置专用调压室。调压室内设有调压器、过滤器、安全水封及阀门等，因此，调压室宜为地上独立的建筑物。要求其净高不小于 3 m，屋顶应有卸压措施。与一般房屋的水平净距不小于6 m，与重要公共建筑物净距不应小于 25 m。

(4)小区燃气管网也即庭院燃气管是指燃气总阀门井后至各建筑物前的户外管路，应根据建筑群的总体布置，宜与建筑物轴线平行，一般敷设在人行便道或绿化带内。为了保证在施工和检修时互不影响，也为了避免由于泄漏出的燃气影响相邻管道的正常运行，甚至逸入建筑物内，燃气管不能与其他室外地下管道同沟敷设。地下燃气管道与建筑物、构筑物以及其他各种管道之间应保持必要的水平净距(表 5-3)和垂直净距(表 5-4)。根据燃气的性质及含湿状况，当有必要排除管网中的冷凝水时，管道应具有不小于 0.003 的坡度坡向凝水器，如图 5-7 所示。凝结水应定期排除。

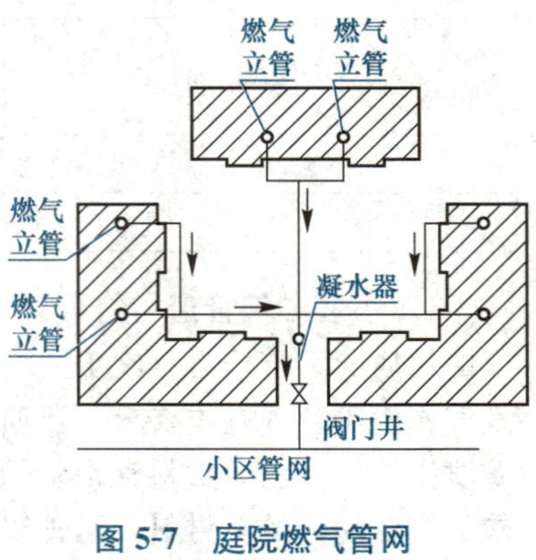


**图 5-7　庭院燃气管网**

表 5-3　地下燃气管道与建筑物、构筑物、相邻管道之间的水平净距　m

<table>
<tr><td colspan="2" rowspan="3">项目</td><td colspan="5">地下燃气管道</td></tr>
<tr><td rowspan="2">低压</td><td colspan="2">中压</td><td colspan="2">高压</td></tr>
<tr><td>B</td><td>A</td><td>B</td><td>A</td></tr>
<tr><td rowspan="2">建筑物的</td><td>基础</td><td>0.7</td><td>1.0</td><td>1.5</td><td>—</td><td>—</td></tr>
<tr><td>外墙面(出地面处)</td><td>—</td><td>—</td><td>—</td><td>4.5</td><td>6.5</td></tr>
<tr><td colspan="2">给水管</td><td>0.5</td><td>0.5</td><td>0.5</td><td>1.0</td><td>1.5</td></tr>
<tr><td colspan="2">污水、雨水排水管</td><td>1.0</td><td>1.2</td><td>1.2</td><td>1.5</td><td>2.0</td></tr>
<tr><td rowspan="2">电力电缆<br>(含电车电缆)</td><td>直埋</td><td>0.5</td><td>0.5</td><td>0.5</td><td>1.0</td><td>1.5</td></tr>
<tr><td>在导管内</td><td>1.0</td><td>1.0</td><td>1.0</td><td>1.0</td><td>1.5</td></tr>
<tr><td rowspan="2">通信电缆</td><td>直埋</td><td>0.5</td><td>0.5</td><td>0.5</td><td>1.0</td><td>1.5</td></tr>
<tr><td>在导管内</td><td>1.0</td><td>1.0</td><td>1.0</td><td>1.0</td><td>1.5</td></tr>
<tr><td rowspan="2">其他燃气管道</td><td>$DN \leqslant 300$ mm</td><td>0.4</td><td>0.4</td><td>0.4</td><td>0.4</td><td>0.4</td></tr>
<tr><td>$DN > 300$ mm</td><td>0.5</td><td>0.5</td><td>0.5</td><td>0.5</td><td>0.5</td></tr>
<tr><td rowspan="2">热力管</td><td>直埋</td><td>1.0</td><td>1.0</td><td>1.0</td><td>1.5</td><td>2.0</td></tr>
<tr><td>在管沟内(至外壁)</td><td>1.0</td><td>1.5</td><td>1.5</td><td>2.0</td><td>4.0</td></tr>
<tr><td rowspan="2">电杆(塔)基础</td><td>$\leqslant 35$ kV</td><td>1.0</td><td>1.0</td><td>1.0</td><td>1.0</td><td>1.0</td></tr>
<tr><td>$> 35$ kV</td><td>2.0</td><td>2.0</td><td>2.0</td><td>5.0</td><td>5.0</td></tr>
<tr><td colspan="2">通信照明电杆(至电杆中心)</td><td>1.0</td><td>1.0</td><td>1.0</td><td>1.0</td><td>1.0</td></tr>
<tr><td colspan="2">铁路路堤坡脚</td><td>5.0</td><td>5.0</td><td>5.0</td><td>5.0</td><td>5.0</td></tr>
<tr><td colspan="2">有轨电车钢轨</td><td>2.0</td><td>2.0</td><td>2.0</td><td>2.0</td><td>2.0</td></tr>
<tr><td colspan="2">街树(至树中心)</td><td>0.75</td><td>0.75</td><td>0.75</td><td>1.20</td><td>1.20</td></tr>
</table>

表 5-4　地下燃气管道与建筑物、构筑物、相邻管道之间的垂直净距　m

<table>
<tr><td colspan="2">项目</td><td>地下燃气管道(当有套管时，以套管计)</td></tr>
<tr><td colspan="2">给水管、排水管或其他燃气管道</td><td>0.15</td></tr>
<tr><td colspan="2">热力管的管沟底(或顶)</td><td>0.15</td></tr>
<tr><td rowspan="2">电缆</td><td>直埋</td><td>0.50</td></tr>
<tr><td>在导管内</td><td>0.15</td></tr>
<tr><td colspan="2">铁路轨底</td><td>1.20</td></tr>
<tr><td colspan="2">有轨电车轨底</td><td>1.00</td></tr>
</table>

(5)小区燃气管道材料可选用铸铁管、钢管、聚乙烯(PE)塑料管和复合管等，一般应根据燃气的性质、系统压力、施工要求以及材料供应情况等来选用，并满足机械强度、抗腐蚀、抗压及气密性等各项基本要求。普通铸铁管耐腐蚀，但脆性大。无缝钢管性能优良，施工时应做好防腐措施。聚乙烯塑料管耐腐蚀、流动阻力小、有一定的柔性、易绕过障碍物，是目前埋地管较为广泛使用的新材料。钢骨架聚乙烯复合管是以钢丝作为加强骨架，用高密度聚乙烯材料和钢丝网均匀复合在一起的复合管，具有金属和塑料两者的优点，在燃气工程中被广泛使用。

**2. 室内燃气管道的布置与敷设**

(1)**引入管**。引入管是室内燃气系统的始端，指小区或庭院低压燃气管网和一栋建筑物室内燃气管道连接的管段。引入管有地下管、地上管等多种形式。

燃气地下引入管穿过墙壁、基础或管沟时，均应设在套管内，并应考虑沉降的影响。常见做法是在穿墙处预留管洞，管洞与敷设的燃气管管顶的间隙应不小于建筑物的最大沉降量，两侧保留一定的间隙，并用沥青油麻堵严，如图 5-8 所示。对于高层建筑等沉降量较大的地方，还应采取柔性接管等更有效的补偿措施。室内引入管上距离地面 0.5 m 处安装 $DN20$ 或 $DN25$ 的斜三通为清扫口。引入管采用无缝钢管。

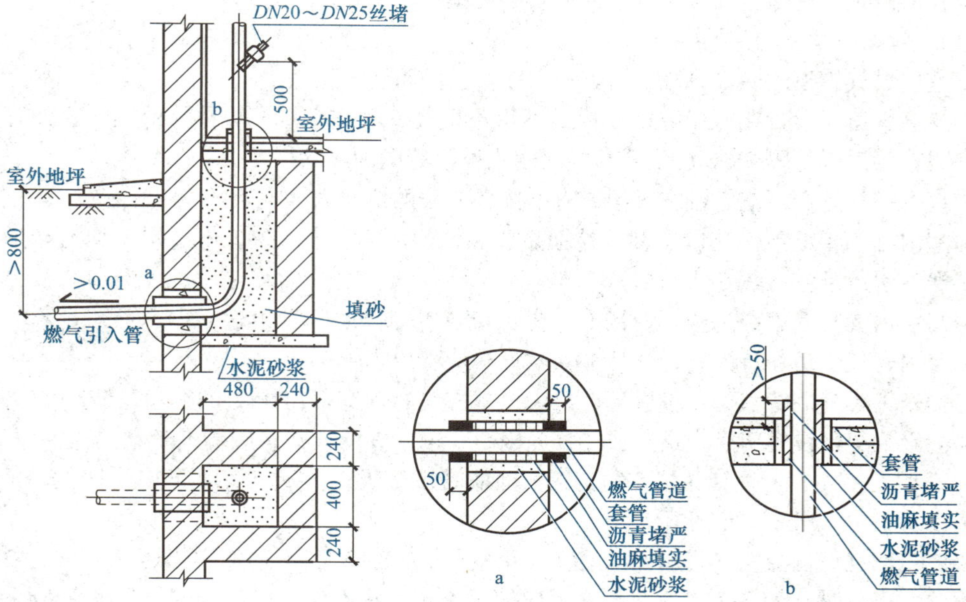


**图 5-8　燃气地下引入管做法**

图 5-9 所示为燃气地上引入管安装示意图，地上引入管穿墙处理同地下引入管的做法。

燃气引入管应设在厨房或走廊等便于检修的非居住房间内。当确有困难，可从楼梯间引入，此时引入管阀门宜设在室外。燃气引入管不得敷设在卧室、浴室、地下室、易燃或易爆品的仓库、有腐蚀性介质的房间、配电间、变电室、电缆沟、烟道和进风道等地方。输送湿燃气的引入管，埋设深度应在土壤冰冻线以下 0.1～0.2 m，并且应有不小于 0.01 的坡度坡向凝水缸或燃气分配管道。引入管的最小公称直径，当输送人工燃气和矿井气等燃气时，不应小于 25 mm；当输送天然气和液化石油气等燃气时，不应小于 15 mm。

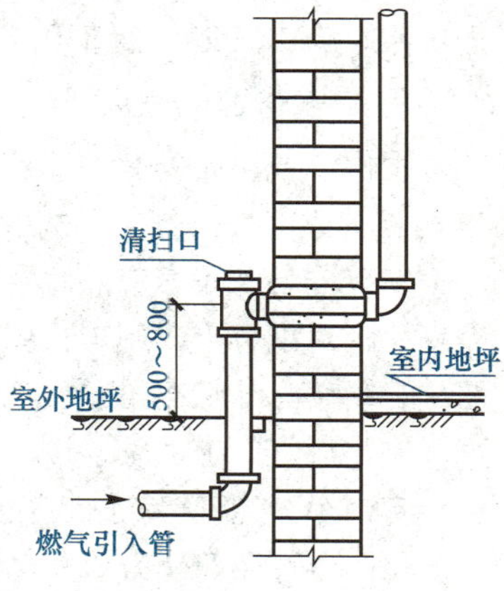


**图 5-9　燃气地上引入管示意图**

(2) **水平干管**。引入管连接多根立管时，应设水平干管。水平干管可沿楼梯间或辅助间的墙壁敷设，坡向引入管，坡度不小于 0.002。管道经过的楼梯间和房间应有良好的通风。

(3) **立管**。立管是将燃气由水平干管(或引入管)分送到各层的管道。立管一般敷设在厨房、走廊或楼梯间内。每一立管的顶端和底端设丝堵三通，作清洗用，其直径不小于25 mm。当由地下室引入时，立管在第一层应设阀门。阀门应设于室内，对重要用户应在室外另设阀门。

立管通过各层楼板处应设套管。套管高出地面至少 50 mm，底部与顶棚面平齐。套管与立管之间的间隙用油麻填堵，沥青封口。

立管在多层建筑中可以不改变管径，直通上面各层。

(4)**用户支管**。由立管引向各单独用户计量表及燃气用具的管道为用户支管。用户支管在厨房内的高度不低于1.7 m，敷设坡度应不小于0.002，并由燃气计量表分别坡向立管和燃气用具。支管穿墙时也应有套管保护。

室内燃气管道应明装敷设。当建筑物或工艺有特殊要求时，也可以采用暗装。但必须敷设在有人孔的闷顶或有活盖的墙槽内，以便安装和检修。

(5)**室内燃气管道的设置要求**。

1)室内燃气管道应明设。燃气管道应涂以黄色的防腐识别漆。

2)燃气管道可设置在专用管道井内。不得与电线、电缆、氧气等易燃助燃管道设置在同一管道井内。管道应每隔2～3层设置与楼板耐火极限等同的隔断层。

3)室内燃气管道不应敷设在潮湿或有腐蚀性介质的房间内。

4)室内燃气管道不得穿过易燃、易爆品仓库、配电间、变电室、电缆沟、烟道和进风道等地方。严禁引入卧室。

5)当室内燃气管道穿过楼板、楼梯平台、墙壁和隔墙时，必须安装在套管中。

6)室内燃气管道在有人行走的地方，敷设高度不应小于2.2 m。

7)输送干燃气的管道可不设置坡度。输送湿燃气的管道，其敷设坡度不应小于0.003。

8)立管一般敷设在厨房、走廊或楼梯间内。每一立管的顶端和底端设丝堵三通，作清洗用，其直径不小于25 mm。立管穿楼板的套管上部应高出楼板30～50 mm，下部与楼板齐平。立管在一幢建筑物中一般不改变管径。

9)燃气燃烧设备与燃气管道的连接宜采用硬管(如镀锌钢管)连接。当燃气燃烧设备与燃气管道为软管连接时，其连接软管的长度不应超过2 m，并不应有接口；燃气用软管应采用耐油橡胶管；软管不得穿墙、窗和门。

10)燃气管道安装完成后应做严密性试验，低压管道试验压力不应小于5 kPa，试验时间，居民用户为15 min，商业和工业用户为30 min，观察压力表，无压力降为合格。

### 3. 燃气管道的安装

室内燃气系统安装的工艺流程为：安装准备→预制加工→支架安装→管道安装→燃气计量表安装→管道吹扫→管道试压(强度试验、严密性试验)→管道防腐、涂装→燃气用具安装。

安装准备阶段，应熟悉燃气施工图，核对管道的位置是否正确，核对管道交叉、排列是否合理，核对配合土建施工预留洞尺寸和位置是否准确，核对套管和预埋件的位置等。根据施工图结合现场具体情况绘制施工草图，并按草图进行管道的预制加工。

室内燃气管道的安装顺序是：引入管→水平干管→立管→用户支管→下垂管→用具连接管。

室内燃气管道应明装，明装燃气管道与墙面的净距：当管径 $DN \leqslant 25$ 时，不宜小于30 mm；当管径 $DN$ 为25～40时，不宜小于50 mm；当管径 $DN$ 为50时，不宜小于60 mm；当管径 $DN > 50$ 时，不宜小于90 mm 。

当燃气立管管径 $DN < 50$ 时，一般每隔一层装设一个活接头，其位置距地面不小于1.2 m；$DN \geqslant 50$ 的立管上可不设活接头，但当立管上设阀门时，必须设活接头。

高层建筑燃气立管的管道长、自重大，需在立管底部设置支墩，立管中间应安装方形或波纹管等补偿装置以吸收管道的变形。

敷设在套管内的燃气管道不得有接头，且套管应管口平整、固定牢固。

燃气用具连接管应采用耐油橡胶软管，软管与燃气管道接口、与燃气用具接口均应采用专用固定卡固定。软管长度不应超过2 m。

# 项目 5.2　建筑燃气施工图

项目引领

建筑燃气施工图由文字部分和图示部分组成。文字部分包括图纸目录、设计施工说明、图例和主要设备材料表；图示部分包括平面图、系统图和详图。

## 5.2.1　建筑燃气施工图的组成

与前面的建筑通风空调施工图一样，建筑燃气施工图由文字部分和图示部分组成。文字部分包括图纸目录、设计施工说明、图例和主要设备材料表；图示部分包括平面图、系统图和详图。

## 5.2.2　建筑燃气施工图的识读

### 1. 建筑燃气施工图的识读方法

识读燃气施工图，首先应熟悉施工图纸，对照图纸目录，核对整套图纸是否完整，确认无误后再正式识读。识读的方法没有统一的规定，也没有规定的必要，识读时应注意以下几点：

(1) 认真阅读施工图的设计施工说明。读图之前应先仔细阅读设计施工说明，通过文字说明了解燃气工程的总体概况，了解图纸中用图形无法表达的设计意图和施工要求，如管材及连接方式、管道防腐保温做法、管道附件及附属设备类型、施工注意事项、系统吹扫和试压要求、施工应执行的规范规程、标准图集号等。

(2) 以系统为单位进行识读。识读时以系统为单位，可按燃气的输送流向识读，按用户引入管、水平干管、立管、用户支管、下垂管、燃气用具等顺序识读。

(3) 平面图与系统图对照识读。识读时应将平面图与系统图对照起来看，以便于相互补充和说明，以全面、完整地理解设计意图。平面图和系统中进行编号的设备、材料等应对照查看，以正确理解设计意图。

(4) 仔细阅读安装详图。安装详图多选用全国通用的燃气安装标准图集，也有单独绘制用来详细表示工程中某一关键部位，或平面图及系统图无法表达清楚的部位，以便正确指导施工。

### 2. 建筑燃气施工图实例识读

图 5-10～图 5-14 所示为某 11 层住宅楼燃气施工图，表 5-5 为图例及主要设备材料表，现以这套图为例介绍施工图的识读方法。

**设计施工说明**

一、总则

1. 本设计说明是依据《城镇燃气设计规范》(GB 50028—2006)编制。

2. 图中尺寸标注单位：标高、管长以米计，其他以毫米计。

3. 图中所标注高以首层室内地面标高为±0.000，燃气管道标高以管中心计。

4. 管道界限：以建筑物外墙为界，外墙皮以内为室内管道，外墙皮以外为室外管道。

二、阀门、管材及连接方式

1. 阀门：应符合现行国家及行业有关标准及规范的规定。

2. 管材：室内燃气管道采用镀锌钢管、螺纹连接；室外管道采用无缝钢管，焊接。

3. 灶具与燃气管道间用专用耐油橡胶管连接。

三、套管安装

燃气管道穿过楼板、墙壁时，必须加设套管。套管应符合下列要求：

1. 穿墙套管两端需与墙面齐平，穿楼板时套管应高出地面 50 mm，下端与下层棚顶齐平。

2. 套管与管道之间的空隙用油麻填塞，穿墙时两端用石膏封堵、抹平，穿楼板时，上端用热沥青封口。下端用石膏封堵、抹平。套管与墙及楼板的间隙用水泥砂浆填塞、抹平。

3. 套管中的燃气管道不得有接口。

4. 套管规格比相应管道规格大两级。

四、图纸说明

1. 本设计中燃气热水器、燃气灶为示意，由用户自行购买，购买应符合图纸要求。

2. 设在室外的球阀为快速切断阀，应设置保护箱。

五、试压规定

1. 室内燃气管道自引入管总阀门至表前阀门之间的管段。应进行强度试验和严密性试验。燃气表及表后管段只进行严密性试验。

2. 强度试验压力为 0.05 MPa，在稳压过程中，以无泄漏即压力表无明显下降且无异常现象为合格。

3. 强度试验合格后，进行严密性试验。自引入管总阀门至表前阀门之间的管段，试验压力为 700 mm 水测 10 min，无压降为合格。

**表 5-5　图例及主要设备材料表**

| 序号 | 图例 | 名称 | 型号及规格 | 单位 | 数量 | 备　注 |
|---|---|---|---|---|---|---|
| 1 |   | 燃气管道 | | | | |
| 2 | 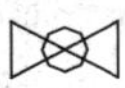 | 旋塞阀 | | | | |
| 3 | 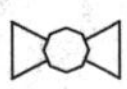 | 球阀 | | | | |
| 4 |  | 变径管 | | | | |
| 5 | 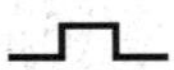 | 补偿器 | | | | |
| 6 |  | IC 卡燃气表 | 膜式：$Q$=2.5 $m^3/h$ | 个 | 22 | 适用天然气 |
| 7 |  | 燃气灶 | 双眼灶 | 台 | 22 | 适用天然气 |
| 8 |  | 热水器 | 强排式或强制平衡式 | 台 | 22 | 适用天然气 |
| 9 | 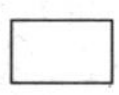 | 中低压悬挂式调压柜 | 额定流量：50 $m^3/h$<br>入口压力：中压 B 级 | 台 | 1 | 适用天然气 |
| | | | 出口压力：2～3 kPa 可调<br>箱底安装高度：1.2 m | | | |

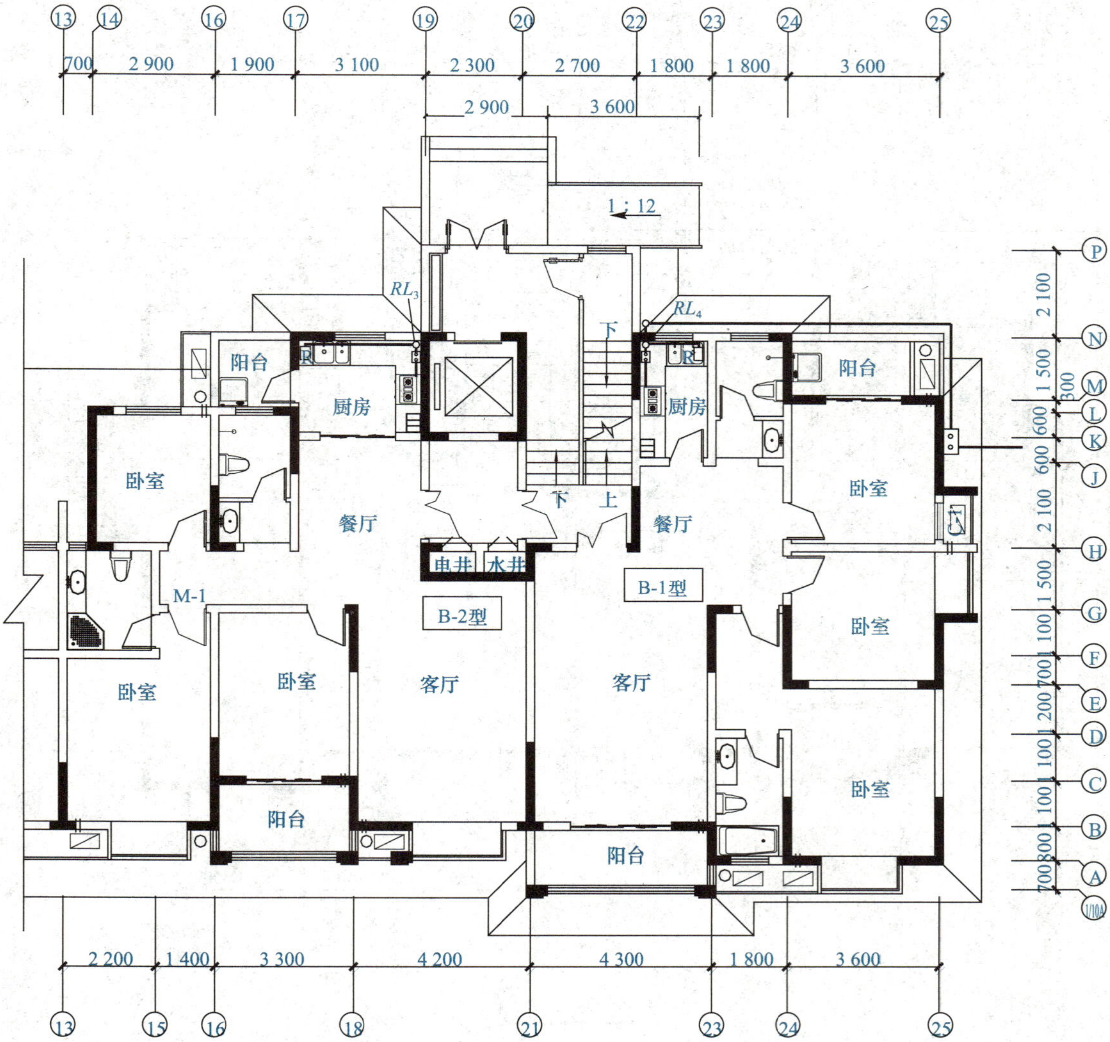


一层燃气平面图　1：100

**图 5-10　一层燃气平面图**

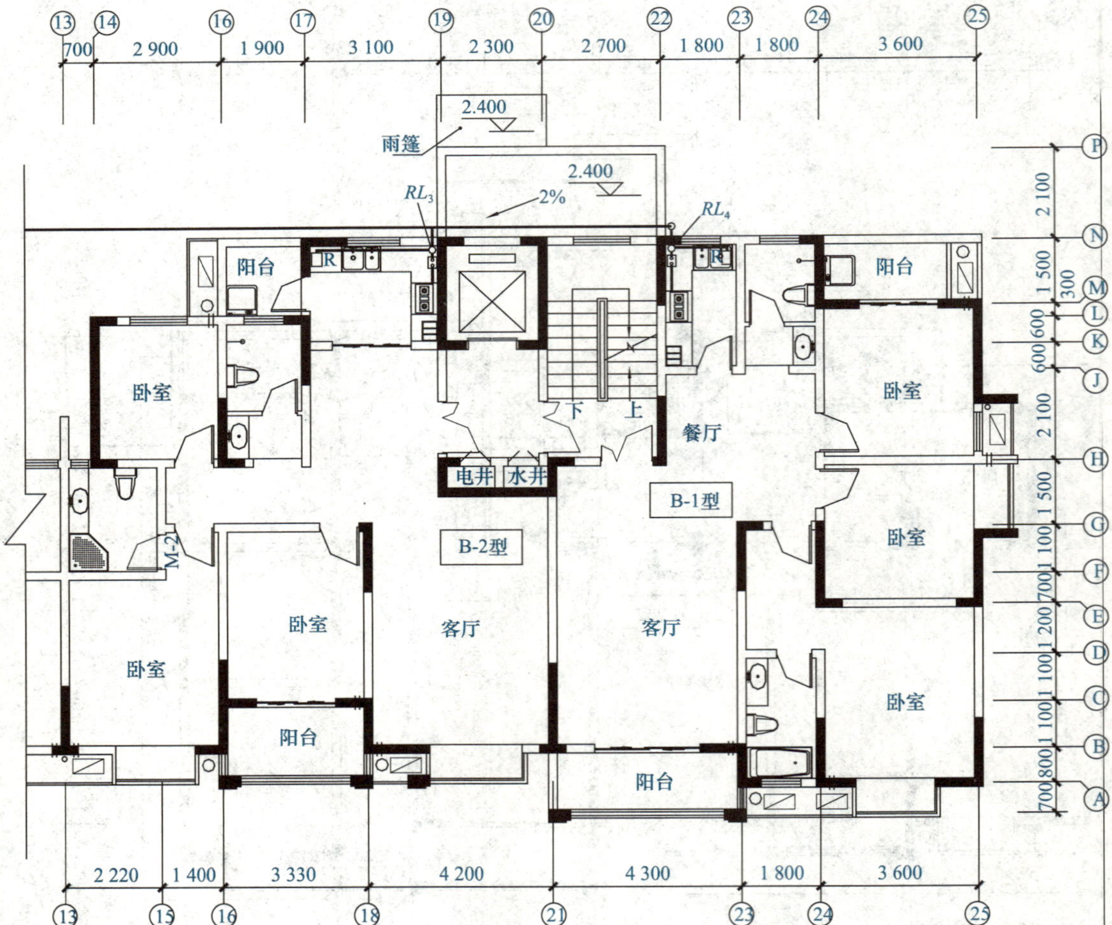


二~十层燃气平面图　1 : 100

图 5-11　二~十层燃气平面图

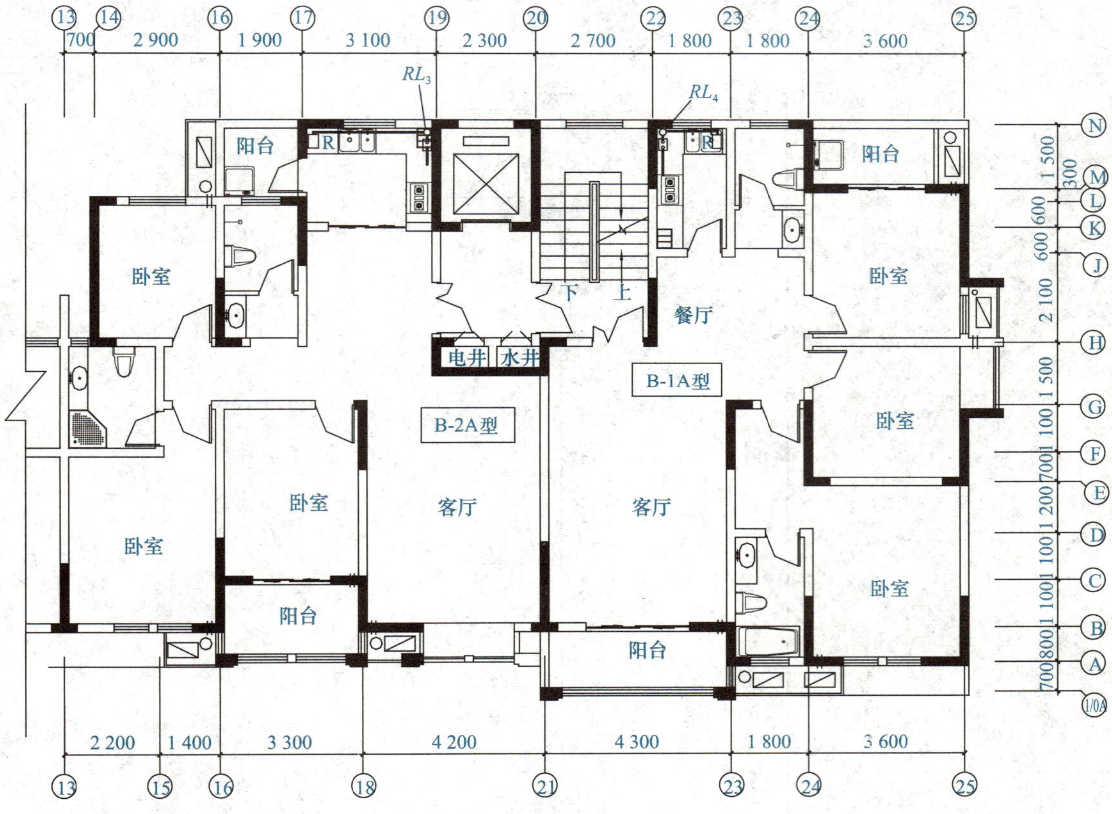


十一层燃气平面图　1：100

图 5-12　十一层燃气平面图

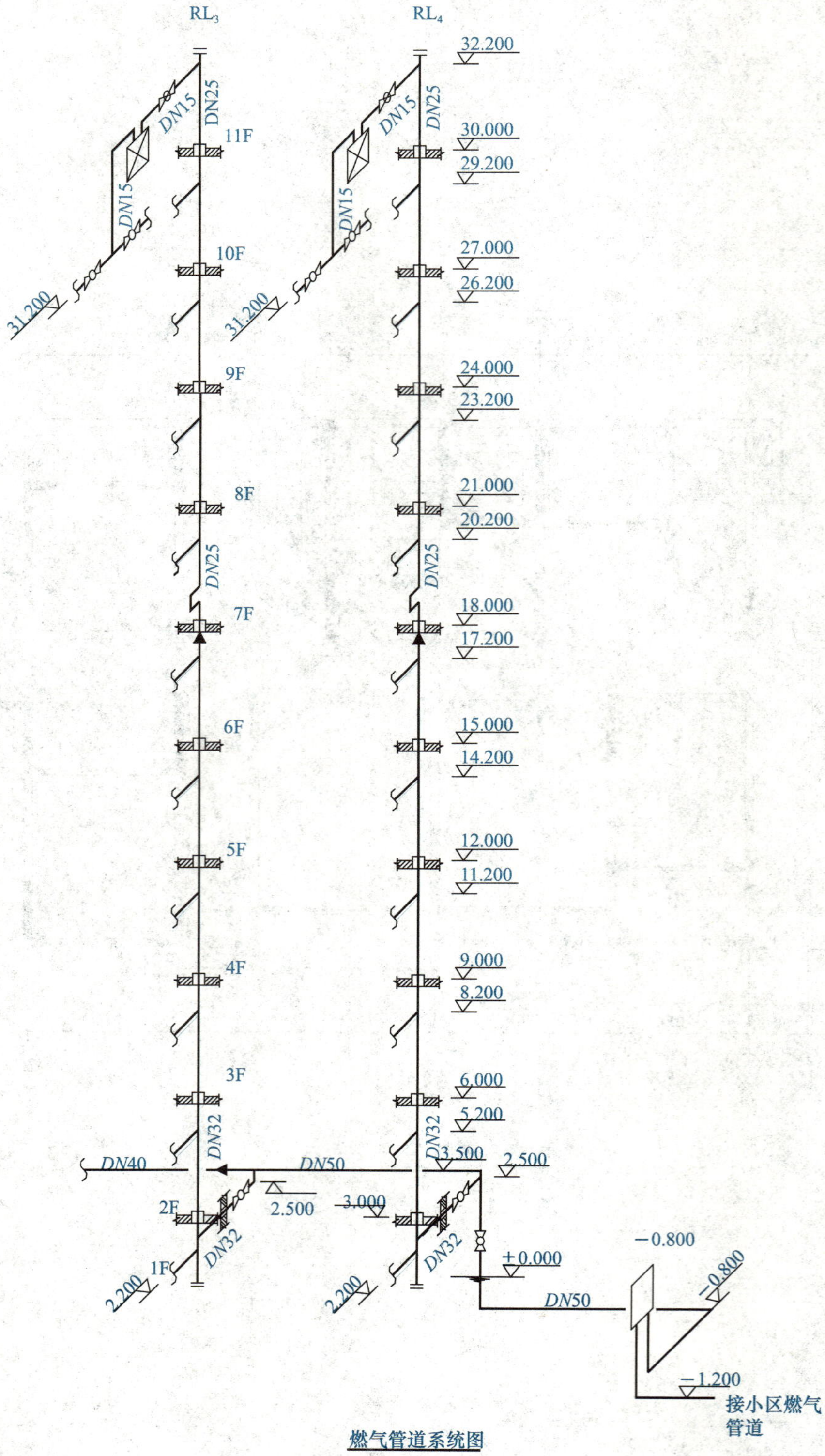


图 5-13　燃气管道系统图

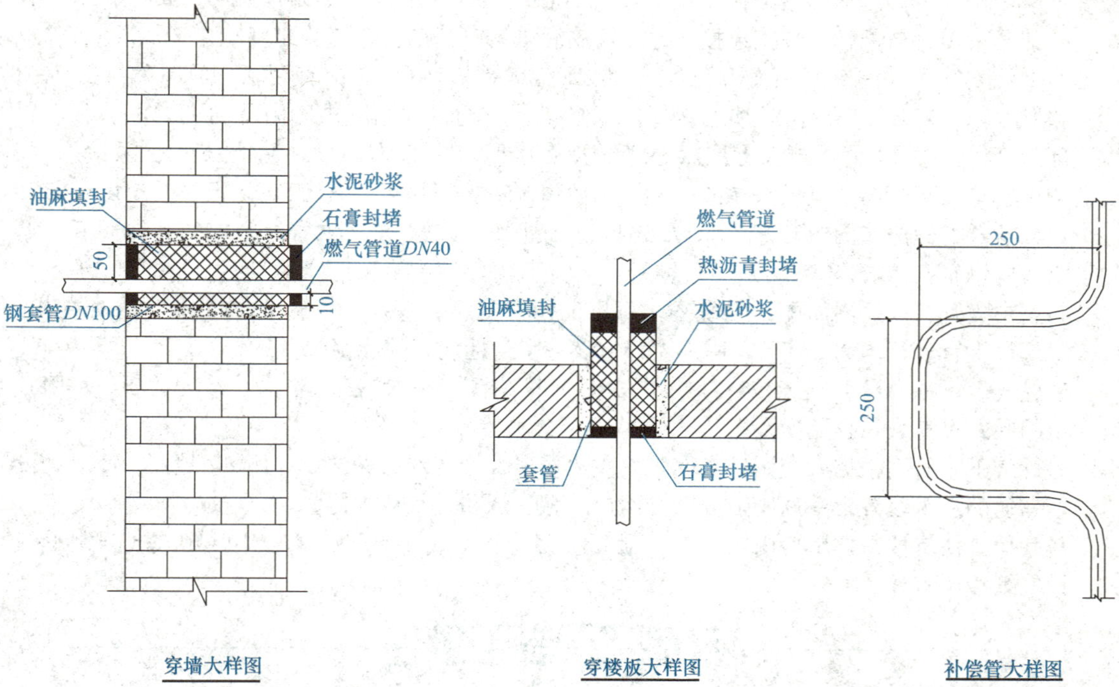


**图 5-14 详图**

(1)施工图纸简介。本套图纸包括设计施工说明、图例和主要设备材料表一张(表 5-5)、平面图三张(图 5-10、图 5-11、图 5-12)、系统图一张(图 5-13)、详图一张(图 5-14)。所示图样为本工程截取的部分图样。

(2)工程概况。本工程为十一层的住宅楼,层高为 3 m,室内外高差为 0.450 m,室外地面标高为−0.450 m。本工程采用天然气,气源为小区中压燃气管道,经室外燃气调压柜调至低压后,由室外燃气干管→单元用户引入管,穿外墙引至室内,通过立管供应给各燃气用户。每户按一台双眼燃气灶和一台燃气热水器设计。

(3)施工图识读。识读时先看设计施工说明,了解工程概况;然后粗看系统图,了解管道的走向和大致的空间位置;将平面图与系统图对照起来看,按燃气的流向,从室外燃气干管→各单元用户引入管→立管→用户支管→燃气表→下垂管,按介质的顺序识读,查阅各管段的管径、标高、位置等。

1)室外燃气干管。从一层燃气平面图和燃气管道系统图中可以看出,本住宅楼燃气接自小区燃气管道,接管在㉕轴线与Ⓚ轴线交叉处,管径为 *DN*50,标高为−1.200 m,由右向左引至外墙外侧的中低压悬挂式调压柜。从主要设备材料表中可以看出,该调压柜箱底安装高度为 1.2 m。经调压后,低压燃气管道由调压柜下部接出,向下至标高−0.800 m 处后,由前向后,至Ⓝ轴线处折向左到㉒轴线处向上穿出地面。从二层平面图和系统图可以看出,管道升高至标高为 3.500 m 处沿外墙向左敷设。从设计施工说明中可以看出,室外燃气干管采用无缝钢管,焊接连接。

2)各单元用户引入管。从图 5-10 一层燃气平面图和图 5-13 燃气管道系统图可以看出,各用户引入管从室外燃气干管接入,引入管的标高为 2.500 m,管径均为 *DN*32,穿外墙处设套管,并且用户引入管在室外水平管段处设快速切断球阀。从设计施工说明中可以看到,快速切断阀需设置保护箱，引入管穿墙做法在图 5-14 中的详图中有明确表示。从设计说明中得知，引入管在室外部分采用无缝钢管，焊接连接；过外墙皮后采用镀锌钢管，螺纹连接。

3)燃气立管。从三个平面图和系统中可以看出，本套施工图中有两根立管，编号分别为 $RL_3$ 和 $RL_4$。立管沿各户厨房外墙角设置，立管上、下均设丝堵，供气由下向上。六层及六层以下部分管径为 $DN32$，七层及七层以上部分管径为 $DN25$，变径管设在六楼三通之上。穿越楼板处均设套管，套管的节点做法在图 5-14 的详图中有详细表示。每根燃气立管在七层设补偿器一个，补偿器的做法如图 5-14 所示。从设计施工说明中可以看出，立管及室内的其他燃气管道均采用镀锌钢管，螺纹连接。

4)用户支管。根据平面图和系统图，每层的用户支管在每层地面以上 2.2 m 立管处接出，各楼层用户支管管径均为 $DN15$，用户支管上设一密封性能好的旋塞阀。

5)燃气表。每户设 IC 卡燃气表，从表 5-5 中可以看出，燃气表的流量为 2.5 $m^3/h$，采用右进左出的膜式燃气表，挂墙安装。

6)燃气下垂管。根据系统图，由燃气表左边接出，管径均为 $DN15$，下降至地面 1.2 m 处设三通，三通的水平段各设一球阀，分别接用户的燃气灶和燃气热水器。

7)其他。住宅楼每户厨房内安装燃气泄漏报警器，燃气热水器必须选用强排式或强制平衡式，排气管接至室外。

## 知识梳理与总结

(1)燃气作为气体燃料，它与固体、液体燃料相比，有许多优点：使用方便，燃烧完全，热效率高，燃烧温度高，易调节、控制；燃烧时没有灰渣，清洁卫生；可以利用管道和瓶装供应。在人们日常生活中采用燃气作为燃料，对改善人民的生活条件，减少空气污染和保护环境，都具有重要的意义。但燃气易引起燃烧或爆炸，火灾危险性较大。人工煤气具有强烈的毒性，容易引起中毒事故。所以，对于燃气设备及管道的设计、加工和敷设，都有严格的要求；同时，必须加强维护和管理，防止漏气。

燃气的种类较多，按照其来源及生产方式可分为天然气、人工煤气、液化石油气和沼气四大类。其中，天然气、人工煤气、液化石油气可作为城镇供应气源。沼气热值低、二氧化碳含量高，不宜作为城镇气源。

燃气用具主要有燃气表、燃气灶和燃气热水器。这里主要介绍它们的种类、特性和使用要求。

(2)建筑燃气施工图由文字部分和图示部分组成。文字部分包括图纸目录、设计施工说明、图例和主要设备材料表；图示部分包括平面图、系统图、详图。正确识读施工图，并将其应用到土建施工、设备安装、工程预算、建筑装饰、工程监理和工程验收等相关工程中。

(3)室内燃气系统安装的工艺流程为：安装准备→预制加工→支架安装→管道安装→燃气计量表安装→管道吹扫→管道试压(强度试验、严密性试验)→管道防腐、涂装→燃气用具安装。

## 复习思考题

1. 简述燃气的种类及其特点。
2. 室内燃气管道布置时应注意哪些方面？

3. 燃气管上哪些部位应设置阀门？
4. 室内燃气管道由哪些管道组成？
5. 室内燃气系统安装的工艺流程是怎样的？
6. 室内燃气管道的安装顺序是怎样的？
7. 建筑燃气施工图有哪些组成？
8. 怎样识读建筑燃气施工图？
9. 室内燃气管道应明装，明装燃气管道与墙面的净距有哪些要求？
10. 室内燃气系统安装准备阶段应做好哪些工作？

# 参考文献


[1] 中华人民共和国国家标准．GB/T 50001—2010 房屋建筑制图统一标准[S]. 北京：中国计划出版社，2010.

[2] 中华人民共和国国家标准．GB/T 50106—2010 建筑给水排水制图标准[S]. 北京：中国计划出版社，2010.

[3] 中华人民共和国国家标准．GB/T 50114—2010 暖通空调制图标准[S]. 北京：中国计划出版社，2010.

[4] 中华人民共和国国家标准．GB 50242—2002 建筑给水排水及采暖工程施工质量验收规范[S]. 北京：中国计划出版社，2002.

[5] 中华人民共和国国家标准．GB 50019—2015 工业建筑采暖通风与空气调节设计规范[S]. 北京：中国计划出版社，2015.

[6] 中国建筑设计研究院．建筑给水排水设计手册[M]. 北京：中国建筑工业出版社，2008.

[7] 程文义．建筑给水排水工程[M]. 北京：中国电力出版社，2009.

[8] 陆耀庆．实用采暖通风设计手册[M]. 2 版．北京：中国建筑工业出版社，2008.

[9] 中国建筑设计院．建筑设备施工安装图集[M]. 北京：中国建筑工业出版社，2005.

[10] 贺平，孙刚．供热工程[M]. 4 版．北京：中国建筑工业出版社，2009.

[11] 龚延风．建筑设备[M]. 天津：天津科学技术出版社，2001.

[12] 张清．房屋卫生设备[M]. 3 版．武汉：武汉理工大学出版社，2009.

[13] 高绍远．房屋卫生设备[M]. 北京：高等教育出版社，2007.

[14] 赵淑敏．通风与空气调节[M]. 北京：中国建筑工业出版社，2001.

[15] 马铁椿．建筑设备[M]. 3 版．北京：高等教育出版社，2013.

[16] 张建英．建筑设备与识图[M]. 北京：高等教育出版社，2005.

[17] 刘昌明，鲍东杰．建筑设备工程[M]. 武汉：武汉理工大学出版社，2007.

[18] 杜渐．采暖与供热管网系统安装[M]. 北京：中国建筑工业出版社，2006.

[19] 王东萍，王维红．建筑设备工程[M]. 哈尔滨：哈尔滨工业大学出版社，2009.

[20] 孙桂良，张齐欣．建筑设备[M]. 合肥：合肥工业大学出版社，2009.

[21] 张孟同，张月霞．房屋卫生设备[M]. 武汉：武汉理工大学出版社，2012.

[22] 曾澄波．建筑设备[M]. 武汉：武汉理工大学出版社，2013.

[23] 靳慧征，李斌．建筑设备基础知识与识图[M]. 2 版．北京：北京大学出版社，2014.